陇东学院教材学术著作基金资助出版

作物栽培学实验实训

◎ 曹　宏　马生发　主编

中国农业科学技术出版社

图书在版编目（CIP）数据

作物栽培学实验实训／曹宏，马生发主编．—北京：中国农业科学技术出版社，2018.11（2021.8 重印）

ISBN 978-7-5116-3928-8

Ⅰ．①作…　Ⅱ．①曹…②马…　Ⅲ．①作物-栽培技术-实验　Ⅳ．①S31-33

中国版本图书馆 CIP 数据核字（2018）第 258530 号

责任编辑　徐定娜　周丽丽
责任校对　李向荣

出 版 者　中国农业科学技术出版社
　　　　　北京市中关村南大街 12 号　邮编：100081
电　　话　（010）82105169（编辑室）　（010）82109702（发行部）
　　　　　（010）82109709（读者服务部）
传　　真　（010）82106650
网　　址　http://www.castp.cn
经 销 者　各地新华书店
印 刷 者　北京中科印刷有限公司
开　　本　787mm×1 092mm　1/16
印　　张　25.5
字　　数　636 千字
版　　次　2018 年 11 月第 1 版　2021 年 8 月第 3 次印刷
定　　价　45.00 元

《作物栽培学实验实训》

编写人员

主　　编　曹　宏　马生发

副主编　陈　红　化　烨　李　茜

前　言

作物栽培学是农业科学门类中直接为生产服务的应用学科，是农学类各专业的主干课程和必修课之一，在作物生产、粮食安全及现代农业发展中具有重要的地位和作用。作物栽培学实验是一门既紧密配合作物栽培学理论教学、又相对独立的实践课程，侧重于对学生的感性认识、动手能力、创新意识、实践能力和严谨科学态度的培养，具有综合性高、涉及面广、实践性和季节性强的特点。

但目前全国高等农业院校的作物栽培学教学普遍存在着作物种类增加与课时减少、授课时间与生长季节不一致、学生实践动手能力与掌握知识不一致的三大矛盾。要解决这一问题，就必须强化农学类专业的实践技能教育，优化作物栽培学实验教学结构、整合实验教学内容，增加实验教学时数和比重，改进实验教学方法，构建新的实践教学体系，加大对学生实践动手能力和创新能力的培养。为此，我们借鉴其他高校经验，进行了多年的作物栽培学教学改革，探索出作物栽培学课程“1234 教学模式”，即：“凸现培养宽口径、厚基础、会生产、懂管理的农业复合型人才 1 个教学目的，把握提高学生的自主学习能力和实践动手能力 2 个教学重点，融合理论课、实验课、实训实习课 3 种教学形式，夯实实验室–试验田–实习实训基地–毕业论文设计 4 个教学阵地”。

特别是在实践教学上，总结出“四性一训”的实践教学方法，即把实验按性质分验证性、综合性、技能性和创新性 4 类，在保证基础性实验的前提下，减少验证性实验，重点加大综合性、技能性、创新性的田间实训，同时安排 4 周生产见习考察项目，这一模式经过多年的实践取得了显著成效。《作物栽培学实验实训》教材的编写，正是结合多年的教改成果，在自编教材的基础上，参考国内同类教材，不断实践、不断修正的结果。

全书共 8 章，包括 71 个实践项目（其中验证性实验 27 个，综合性实验 23 个，设计性实训 18 个，创新性实习 3 个）和 23 个作物的田间试验记载标准。涉及作物播种育苗、形态类型识别、田间生产诊断、产品品质分析、生理与抗性鉴定、综合实训与实习、试验记载标准等实践教学内容。编写时，以作物生长发育规律和学生实践技能认知规律为主线，遵循减少验证性项目、增加综合性和设计性项目、确保系统性和完整性的原则，对涵盖作物生产类主干课程如作物栽培学、耕作学、植物生理学、旱农学、农业生态学等实验教学内容进行优化整合，力求具有较高的科学性、先进性和实用性，帮助学生掌握作物生产及试验研究所必需的基本技能，培养学生综合分析和解决作物生产实际问题的能力。

本书由陇东学院农林科技学院组织编写。主要编写人员如下：第一章陈红副教授，第二章曹宏教授，第三章马生发教授，第四章李茜助理实验师，第五章化烨副教授，第六章马生发教授、陈红副教授，第七章马生发教授，第八章曹宏教授、李茜助理实验师。全书由曹宏教授进行统稿修改，李茜助理实验师负责电脑技术编录。本书编写出版过程中，得到了陇东学院著作教材基金的资助和中国农业科学技术出版社的大力支持，承蒙出版社教育出版中心主任李雪编审提出了宝贵的修改意见。在此向相关部门的领导、参编老师、编辑人员一并表示感谢！由于编者水平有限，书中错误及不足之处在所难免，恳请同行专家和广大师生提出意见，以便进一步完善修订。

本书主要适用于农学、园艺、植保、农业资源与环境等农业类各专业的本、专科学生，同时可供农学领域从事教学、科研、推广人员参考。

编　者

二〇一八年四月

目　　录

第一章　作物播种育苗技术

实验一　播种材料的质量检验与播种量的计算

一、目的要求

了解播种材料品质检验的内容和方法，掌握主要作物的发芽试验操作技术和播种量的计算方法。

二、材料、试剂及用具

材料：主要农作物的当年种子和陈种子。小麦新旧种子各5kg，玉米及大豆种子各2.5kg，谷子和油菜种子各1kg。

用具：烘箱、温箱、1%天平、检样器、分样器、称量瓶、干燥器、发芽皿、滤纸、纱布、瓷盘、小匙、铝盒、刀片、镊子、手摇粉粹机、直尺、标签、温度计、烧杯、放大镜等。

试剂：0.1%TTC溶液，0.1% BTB，5%红墨水溶液等。

三、内容及方法

播种材料的品质检验，是农业生产的一项重要技术措施。它对评定种子质量、调换种子、管理种子、确定适宜播种量、保证全苗等有重要作用。在生产上由于播种材料用量大，全部进行细致检验是不可能的，只有从中抽取小量的样本进行检验分析，但小量样本必须具有该批种子的代表性。

种子检验的内容：

（1）扦样部分：种子批的扦样程序、实验室分样程序、样品保存。

（2）检测部分：净度分析（包括其他植物种子的数目测定）、发芽试验、真实性和品种纯度鉴定、水分测定、生活力的生化测定、重量测定、种子健康测定、包衣种子检验。

（3）结果报告：容许误差、签发结果报告单的条件、结果报告单。其中检测部分的净度分析、发芽试验、真实性和品种纯度鉴定、水分测定为必检项目，生活力的生化测定等其他项目检验属于非必检项目。

（一）样本的选取

1. 抽样及4种试样的概念

（1）一批种子：必须是同一作物，同一品种、且在产地来源、收获时期、贮藏条件及品质等方面都应基本上均匀一致。种子的选取和检验，一般指在一批种子中进行。

（2）抽样：从一批种子中，按规定方法抽取有代表性的种子的过程，也就是从样本中选取少量种子过程。抽取的样品按照程序一般分为小样、原始样品、平均样品、试样4种。

（3）小样：从一批种子或部分种子中，用抽样器每次抽取的小量种子。

（4）原始样品：即各个小样混合在一起的种子。

（5）平均样品：把原始样品充分混合后，从中取出1/2或1/4的样品。

（6）试样：在平均样品中，按规定要求和分析项目的需要，而分取的样品称之为试样。

2. 抽取的方法

（1）小样的抽取：采用抽样器，一般有两种，一为袋装式抽样器，主要用来抽取袋装种子的样品。一为散装式抽样器（也叫长柄抽样器），主要用来抽取散装或堆藏种子的样品。抽样时，根据一个检验单位种子的数量及种子堆放形式确定抽样的数量，抽样的部位和每一部位抽取的点数。从各点抽取的小样，分别摊开，仔细观察，如发现各样品间在颜色、气味、湿度、种子大小或其他品质上显著不同时，不应混合，如基本一致，则将小样混合，就得到原始样本。

（2）平均样品的种子数量：一般要求在4万粒左右，其重量依种子大小而定，如玉米、大豆约1 500g，稻麦1 000g，谷子500g，油菜250g，烟草取20g，分样采用分样器或四分法进行。

（3）四分法（对角线分样法）：将平均样品充分混合，倒在平板上，摊匀并作成正方形，厚度不超过1.5cm（大粒种子不超过5cm）然后用直尺就对角线分成4个三角形，取出相对的两部分混合铺平，按照前法分成4个部分，如此重复数次，直至所获得的样品与所需要的试样数量相近时为止。

（二）种子检验

1. 色泽鉴定

成熟而干燥的种子，其色泽较深而有光泽；受虫害、病害为害的种子其色泽暗淡而无光泽，并呈青灰色或灰白色；堆积发热的种子，其色泽为棕色至暗红色；受潮的种子，其色泽呈晦色并略现白色；陈旧种子，其色泽呈暗晦色而无光泽。

检验方法：种子平铺在黑色底盘（或黑面桌面上）观察。注意不应放在强光下进行。

2. 气味鉴定

新鲜种子有清香气味，发芽种子具有麦芽味，受病害种子有霉臭味。

检验方法：用鼻子闻，或将其置于铁丝网上，用蒸汽蒸2~3min后进行鉴定。

3. 净度测定

种子的净度又叫纯净度、清洁度。是指样品中去掉杂质后，留下本作物好种子的重量占样本总重量的百分率。

杂质种子包括废种子、有生命的杂质和无生命的杂质。废种子包括无胚种子、用规定筛子筛下来的小粒种子、幼根突破种皮的种子、霉烂的种子、压碎压扁的种子、胚乳受伤达1/3以上的种子。有生命的杂质包括杂草种子、其他作物种子、菌核孢子、害虫的卵和蛹等。无生命杂质包括土块、石子、砂子、碎茎秆、谷壳、种子碎屑等。

好种子的标准：完整饱满发育正常的种子，胚根或胚芽突破种皮，但未露在种皮外面的种子，胚乳和子叶受伤不到 1/3 以上的种子。

测定方法：测定净度的试样，稻麦一般为 50g，玉米、大豆为 100g，高粱、谷子为 25g，油菜为 10g。测定时，必须从平均样品中取定量试样两份（精确到 0.01g），将杂质和好种子分别分开，然后计算出好种子占样本的百分率，即为净度，若两份结果之间差距超过±0.2%～3.8%，则应再做第 3 份，最后取两符合允许误差的结果，求其平均值，作为样本的净度。注意：在原始样品中，如有特别大的不可能平均分布在全样品中的混杂物，则在平均样品中应单独排出求其百分率，以后加在杂质百分率中。

4. 发芽率与发芽势的测定

（1）发芽率的相关概念如下。

发芽力：种子在适宜的条件下，在规定的时间里所具有的发芽能力，称为发芽力。发芽力通常用发芽势和发芽率来表示。

发芽势：是种子在发芽试验初期和规定的较短时间（一般为 3～4 天）内发芽的种子占供试种子的百分数，是用来表示种子生活力的强弱、发芽快慢和整齐度的一项指标。

发芽率：是指种子在适宜发芽条件下，在一定期限内，能正常发芽的种子占其试验用种子的百分数。发芽率是衡量种子好坏及能否发芽的指标。

（2）种子发芽的技术规定如下。

种子发芽的标准：种子的胚根长达该种子的长度，胚芽长达种子长度的 1/2。而有根无芽，发霉、腐烂、畸形等均为不发芽种子。作物种类的不同，计算发芽势和发芽率的时间不同。禾谷类作物大多数采用在适宜发芽条件下（温度、湿度、氧气），3 天计算发芽势，7 天计算发芽率。各种作物种子发芽试验技术规定见表 1-1-1。

表 1-1-1　种子发芽试验的技术规定

作物类别	发芽床	温度条件（℃）	光照条件	测定发芽势天数	测定发芽率天数
水稻	滤纸或砂	30、20～30	暗	籼 4 粳 5	10
软粒小麦	滤纸或砂	20	暗	3	7
硬粒小麦	滤纸或砂	20	暗	4	8
大麦	砂	20	暗	3	7
燕麦	滤纸或砂	20	暗	4	7
黑麦	滤纸或砂	20	暗	3	7
荞麦	滤纸或砂	30、20～30	暗	4	8
玉米	砂	20～30	暗	3	7
高粱	砂	20～30	暗	4	8
谷子	滤纸或砂	20～30	暗	3	7
大豆	砂	20	暗	4	7
蚕豆	砂	20	暗	4	10

（续表）

作物类别	发芽床	温度条件（℃）	光照条件	测定发芽势天数	测定发芽率天数
棉花	砂	30、20~30	暗	3	9
亚麻	滤纸或砂	18~20	暗	3	10
烟草	滤纸	20~30	暗	6	12
油菜	滤纸	20、20~30	暗	3	7
花生	砂	25、20~30	暗	4	10
向日葵	滤纸	20~30	暗	3	7

发芽指数：种子的活力指标，是发芽粒数/逐日之和，是在发芽试验期间，每天记载发芽粒数，然后计算发芽指数。发芽指数高，活力就高。发芽指数是发芽率指标的细化和深化，它放大了种子活力的特征，使好坏种子的差异加大。

发芽指数（Gi）$= Gt/Dt$

式中：Dt——发芽试验第几日；Gt——第几日的发芽数。

（3）几种主要的发芽试验方法如下。

砂培法：随机数取经过净度检验的种子 2 组，每组 50~100 粒；将过筛消毒的细砂放在两个发芽皿中，加水使砂湿润并不积水，摊平，镇好，备好芽床；将每组种子均匀地排列在发芽床上，轻轻压入砂中，使种子与砂面拍平，在发芽皿上贴上标鉴，注明组别、品种、日期，置于 20~25℃的恒温箱中；注意：如有发霉的种子，应取出用水冲洗，有 5%的种子发霉，应换芽床。每天进行检查，加定量水，注意通风，记载发芽粒数，在规定的时间里测定发芽率（势）。

垫纸法：发芽皿内垫 2~3 层吸湿性很强的纸，加水湿润做为发芽床，其他作法同砂培法。

田间法：当外界气温较高时可用此法。在湿润的田间开沟播种，可播几个重复，深 2~3cm，观察同砂培法。

快速发芽法（高温盖砂法）：随机取净度检验后的种子 2 组，每组 50~100 粒，在 30℃温水浸 4h，水面不超过种子 2cm；将过筛消毒的细砂放在两个发芽皿内，轻轻压入土中，与砂面相平；每个发芽床上盖一块略大于培养皿的湿纱布，再盖上约 2cm 厚的湿砂，压实，贴标鉴，注明品种、组别、日期；放入预调到 30℃的恒温箱内，经 48h，揭去上层纱布和砂，检查种子发芽数，计算发芽率。注意：种子的发芽势（率）系指两组的平均值；若结果超出允许误差（2.0%~5.0%）应重做第 3 份。

5. 种子生活力测定

种子的生活力就是指种子发芽的潜在能力或种胚所具有的生命力。一般了解种子的生活力是通过发芽试验而测定。但当种子处于休眠状态时，其发芽率偏低，因而不准确反映其生活力强弱。这样可采用快速测定其生活力的方法。

其测定原理是：植物死细胞质具有被染色的能力，而活的细胞质则无染色能力，即植物生活细胞的质膜具有选择性，对正常生活不需要的物质（染料）不吸收或很少吸收，所以种胚不染色，相反，无生活力的种胚易被染色。

$$种子生活力=\frac{供试种子数-着色的种子数（胚数）}{供试种子数}\times 100$$

测定的方法如下。

（1）红四氮唑法（TTC 法）：取小麦种子 50 粒预浸 2~3h，保持浸种温度 30℃以加速种子吸水；将浸好的麦粒，沿腹沟纵切两半（其他种子测定的一半一定要带胚），取其一半置于培养皿中，加入 0.1%TTC 溶液浸没种子，再把培养皿置于 40℃恒温箱中约 30~40min，然后根据种子胚部是否产生红色反应以计算生活力。

（2）红墨水法：红墨水的化学名称为四溴荧光素，分子式为 $C_{20}H_8Br_4O_5$。将经过浸泡的种子纵切，置于培养中加少量 5%的红墨水，染色 10~15min，取出洗净，凡胚不着色或着色浅者为活种子，种胚染成红色者为死种子。注意：不论活种子或死种子的胚乳均染成红色，只根据未着色的种胚数计算生活力。

（3）溴麝香草酚蓝法（BTB 法）：浸种同上述 TTC 法；BTB 琼脂凝胶的制备（取 0.1% BTB 溶液 100mL 置于烧杯中，将 1g 琼脂剪碎后加入，用小火加热并不断搅拌。待琼脂完全溶解后，趁热倒在 4 个干洁的培养皿中，使成一均匀的薄层，冷却后备用）；取吸胀的种子 200 粒，整齐地埋于准备好的琼脂凝胶培养皿中，种子胚朝下平放，间隔距离至少 1cm。然后将培养皿置于 30~35℃下培养 1~2h，在蓝色背景下观察，如种胚附近呈现较深黄色晕圈则为活种子，否则为死种子。

6. 千粒重测定

千粒重是指种子的绝对重量，一般用风干状况下 1 000 粒种子的重量（g）表示，凡是粒大、饱满充实的种子，其千粒重就高，将来出苗齐全而健壮。

测定方法：从平均样本中，随机取出两组试样，每组 500 粒（小粒种子 1 000 粒），分别称重（根据种子大小精确到 0.1~0.01g），每组样本允许误差不超过平均数的 3%~5%，否则应做第 3 份，从中取相近的 2 份，求其平均值。

7. 种子用价

种子用价是指种子的实用价值，实际上是指该种子在生产上可以被利用的百分率，也可将其称为种子利用率，其公式为：

种子用价（%）= 种子净度（%）×种子发芽率（%）

在生产上，种子用价是决定种子播种量的重要标准，种子用价高，播种量可小些，种子用价低，则播种量应适当增加。

8. 种子含水量测定

种子含水量的测定对播种、收获、贮藏、运输等均有重要意义。各种作物的种子规定的安全水分含量是不同的（表 1-1-2），超过规定水分，则将会发热、霉烂、变质，从而降低发芽率。

表 1-1-2　几种作物种子安全水分最高限度

种子名称	含水量（%）	种子名称	含水量（%）
水稻、大麦、小麦、高粱	13.5	玉米	13.0
谷子、荞麦	9.5	油菜、花生	6~9

（续表）

种子名称	含水量（%）	种子名称	含水量（%）
大豆、棉花、蚕豆	12.0		

种子含水量测定步骤如下。

①均样品中取2万粒种子（麦类500~900g、油菜175g、烟草10g），将其粉碎。②用小匙在不同部位取两份定量试样，每份5g，装入称量瓶称重（精确到0.01g）。③再将称量瓶放入120~130℃烘箱中烘40~60min（根据作物而异），取出后放到干燥器中冷却15~30min，待样品冷却到与室温相近时称重，两次之差即为该样品的含水量，计算含水百分率。两份试样测定结果允许误差不超过0.5%，否则做第3次。

$$种子含水量（\%）= \frac{烘干前试样重-烘干后试样重}{烘干前试样重}\times 100$$

9. 签证

由持证检验员对合格种子批签发《种子检验合格证书》的过程。

（三）播种量的计算

根据历年生产总结和密度试验，首先确定每公顷所要求的基本苗数，即计划播种量，然后根据测得的种子用价和田间出苗率，计算实际播种量：

$$计划播种量（kg/hm^2）= \frac{每公顷基本苗\times 千粒重（g）}{1\ 000\times 1\ 000}$$

$$实际播种量（kg/hm^2）= \frac{计划播种量}{种子用价\times 田间出苗率}$$

作业与思考

1. 检验实验完成后，将实验结果填写于下表。

<table>
<tr><td>作物名称</td><td></td><td>品种名称</td><td></td><td>代表数量</td><td></td></tr>
<tr><td rowspan="3">净度测定</td><td>净种子（%）</td><td colspan="2">其他植物种子（%）</td><td colspan="2">杂质（%）</td></tr>
<tr><td></td><td colspan="2"></td><td colspan="2"></td></tr>
<tr><td colspan="5">其他植物种子的种类及数目：
杂质的种类：</td></tr>
<tr><td>含水量（%）</td><td colspan="5"></td></tr>
<tr><td>千粒重</td><td colspan="5"></td></tr>
<tr><td>种子纯度</td><td colspan="5"></td></tr>
</table>

（续表）

作物名称		品种名称		代表数量	
种子生活力	红四氮唑法（TTC 法）： 红墨水法： 溴麝香草酚蓝法（BTB 法）：				

2. 将每天种子发芽数记入下表，按规定时间计算发芽势、发芽率。

项目	试验天数（d）								
	1	2	3	4	5	6	7	8	……
发芽数									
发芽势									
发芽率									

3. 小麦每公顷播种量计划 150kg，田间出苗率以 85%计，现根据你的种子用价实验数据，计算每公顷播种量。

4. 室内发芽率和大田出苗率有何差别？为什么？

实验二 作物播种材料处理技术

水稻种子处理

一、目的要求

了解水稻种子处理的意义和常用方法，掌握石灰水浸种消毒的操作方法与注意事项。

二、材料、试剂及用具

用具：筛子、水桶、箩箕等。
试剂：1%石灰水（50kg 水加入 0.5kg 生石灰，即为 1%石灰水）。
材料：待处理稻种。

三、内容与方法

石灰水浸种杀菌的原理：石灰水与空气中的二氧化碳接触会在水面形成碳酸钙结晶薄膜，达到隔绝空气的目的，使种子上的病菌及害虫得不到空气而窒息。即利用种子的耐缺氧能力高于病菌这一特点来杀灭病虫而不伤害种子的发芽能力。

（一）1%石灰水的制备

先计算一下水桶可加入的水量（不宜太满），然而按 50kg 水加入 0.5kg 生石灰的比例计算需要的生石灰量。将水桶盛上水，再用箩箕盛石灰，将桶内水舀起倒入箩箕，注意要先用少量水化开生石灰，滤去杂质，然后对水到 1%浓度的石灰水。

（二）浸种

将稻种子放入石灰水内，以石灰水高出种子 15~20cm 为宜。在浸种过程中，注意不要搅动，以免弄破石灰水表面结膜而导致空气进入影响杀菌效果。浸种时间因季节不同而异。一般早稻浸种期间，外界气温 15~20℃ 时浸 3~4d，晚稻浸种期间，外界气温在 25℃ 左右，浸种 1~2d，浸种期间，注意观察种谷外壳的变化。气温较低时，可先用石灰水浸种 2d 后，再用清水浸种，直至完成浸种要求为止。浸种后用清水冲洗干净，进行催芽。

甘薯种薯处理技术

一、目的要求

学习并掌握甘薯育苗前种薯的处理技术。

二、材料、试剂及用具

用具：大台称、天平、量筒、大缸、水桶、铁丝筐或竹筐、锅灶、温度计、钟表等。
试剂：50%托布津。
材料：种用夏红薯。

三、内容与方法

甘薯是以营养器官作为繁殖材料的作物，可作为薯类作物播种材料处理的代表。甘薯种薯处理也是甘薯育苗前必须采取的措施，其中包括：精选种薯；消毒处理和码薯上床3项内容。

（一）精选种薯

检查种薯在贮藏期间是否受淹、受冻，掰开一块种薯，看其断面有无白色汁液流出。取种薯50块，剔去有病斑、破损、皮色形状有异和薯块过大过小者。将选好的薯块分别称重并用统计方法表示其整齐度。

（二）种薯消毒

（1）药剂浸种：取50%托布津200g对水100kg，制成500倍液，倒入大缸中，在铁丝筐中装入20~30kg种薯，沉入药液中10min，捞出冲净，晾干。
（2）温汤浸种：用大锅烧开水，兑成60℃热水100kg，取种薯20~30kg装入铁丝筐中，沉入热水中，保持51~54℃ 10min。不断添加开水以保持温度。如此处理，直到种薯处理完毕。

（三）码薯上床

将处理好的种薯在温床上码放，首先要分清头尾，一般头部皮色较深，根眼多，纤维根少。种薯要斜放，首尾相压1/4，要求做到上平下不平。

棉花种子处理技术

一、目的要求

学习并掌握棉花种子的处理技术。

二、材料、试剂及用具

用具：砂锅、电磁炉、陶瓷缸、玻璃棒等。
试剂：工业用硫酸（比重1.8）、402（浓度0.1%）、多菌灵（按有效成分0.5%）等。草木灰或干细土。

材料：棉花种子。

三、内容与方法

生产中常用的棉花播种前的种子处理方法有下列几种：种子精选、晒种、温水浸种等。本书主要介绍实验室常采用的几种方法。

1. 脱除短绒

棉子上的短绒，常影响棉子吸水，防碍播种时的均匀落子，且往往携带病菌。先将工业用硫酸（比重 1.8），在砂锅中加热至 100～120℃，按棉子 1kg 加硫酸 100mL 的比例，将浓硫酸倒入已晒过的棉子上，宜在陶瓷缸中进行迅速搅拌，至短绒发黑发黏，短绒脱尽，即捞出清水反复冲洗，至水色不发黄，种子不带酸味为止，随即晒干贮藏，或进行药剂拌种处理。

2. 药剂拌种或浸种

此法主要作用杀灭种子内外的病菌，在一定程度上保持种子或幼芽免受土壤中病菌侵染。可用 402（浓度 0.1%，浸种 24h），多菌灵（按有效成分 0.5%拌种）等。

3. 温汤浸种（定温时浸种）

此法主要作用是杀灭种子内外的病菌，同时促进种子吸水，使出苗快、出苗齐，减少苗病，通常按三开一凉对好温水（约 70℃），然后按 1kg 种子对温水 2.5kg 的比例，将种子放入，迅速搅拌，水温很快下降至 55～60℃，继续搅动直至水不烫手，再浸 3～4h，捞出沥干，即可拌药播种。成熟度差和用硫酸脱绒的种子，耐热力较差，浸种水温要适当降低。或开水浸种，使水温降至 60℃以下，待其自然冷却，继续浸种几小时。开水烫种能促进棉子吸水，解除硬子，并能杀灭种子所带病菌。

4. 拌灰搓种

未脱绒棉子在播种之前，为了使拌药均匀，同时使播种时种子易于散开，便于均匀播种，往往先将要拌的药剂与草木灰或干细土，按一定比例拌匀后，再进行拌种或搓种，灰重为种子重的 8%～10%。

作业与思考

1. 根据作物播种材料处理技术，如何选择不同作物的最适宜播种材料处理技术？
2. 大田生产中，玉米和小麦的种子在播种前是否进行处理？为什么？

实验三　小麦的播种技术

一、目的要求

掌握基本的播种技术要点及田间管理措施。

二、材料与用具

材料：小麦种子。
用具：测绳、开沟锄、皮卷尺、耙子、铁锹。

三、内容与方法

（一）整地施肥

（1）整地：要做到深耕耙实，进行机械深耕时，为蓄水保肥，要打破犁地层，秋茬地要深耕 23~26cm，耕细耙透。特别是旋耕麦田，一定要多耙几遍，踏实土壤，要达到上虚下实，“深、平、绒、净”的标准，即耕层深厚，地面平整，无坷垃，干净无根茬。

（2）配方施肥：土壤的肥沃与否，在很大程度上决定了小麦的优质高产。因此，要想得到优质小麦，对土壤肥力的要求是比较高的。以配方施肥为主，坚持无机肥与有机肥相结合，掌握稳氮增磷补钾配微肥的原则。推广使用含 N、P、K 等主要元素的小麦专用配方肥。

高产麦田（即高水肥地块），要求每公顷施农家肥 60 ~ 75t，纯氮 150 ~ 225kg，纯磷 105 ~ 150kg，纯钾 60 ~ 75kg。具体操作：尿素 450 ~ 600kg，12%过磷酸钙750 ~ 1 125kg，硫酸钾 150kg，硫酸锌 15 ~ 30kg；一般麦田需每公顷施有机肥 30 ~ 45t，硝酸磷肥 600kg，适当补施钾肥，同时随着水地麦田秸秆还田的逐年实施，秸秆分解要消耗土壤中的氮素，要加大氮肥的用量，肥料要深施于土壤 6 ~ 10cm 以下。

（二）品种选用

要选择优质的小麦品种，一般选择一代小麦作为种子。小麦种子应该没有虫、籽粒饱满、干燥，为一代新小麦。品种选用原则：一是根据本地区的气候条件，特别是温度条件选用冬性或半冬性品种种植。二是根据生产条件选用良种，在旱薄地应选用抗旱耐瘠品种；在土层较厚、肥力较高的旱肥地，应选用抗旱耐肥的品种；在肥水条件良好的高产田，应选用丰产潜力大的耐肥、抗倒品种。三是根据不同耕作制度选择良种。四是根据当地自然灾害的特点选用良种。五是籽粒品质和商品性好。六是选用良种要经过试验、示范。

（三）种子处理

（1）种子清选：播前要进行种子清选，质量要达到种子分级标准二级以上。纯度不低于99.5%，净度不低于98%，发芽率不低于90%（出苗率不低于85%），种子含水量不高于14%。

（2）种子包衣：种子包衣可防治小麦苗期病虫危害，达到苗全、匀、壮。方法：播前选种，去除秕粒、杂粒，晒种1~2d，用小麦17号种衣剂进行处理，不加水、不用水直接接触药剂；种子量0.2%的40%拌种双拌种，防治小麦腥、散黑穗病；种子量0.3%的50%福美双拌种，防治小麦腥黑穗病，兼治根腐病。包衣要求均匀一致。

（3）药剂拌种：小麦品种选择好以后，在播种前要拌种，以防小麦种粒被虫吃掉。在拌种时注意几个问题：一是拌种时水份不能太大以免影响播种时下种不顺，影响每公顷的种子用量。二是要拌匀，要让每一粒小麦都要拌上农药，以免被虫吃掉。三是在拌种结束后小麦要晾晒一下。播种前可用2%立克秀按种子量的0.1%~0.15%拌种；或20%粉锈宁乳油50mL，对水2~3kg拌麦种50kg。防治地下害虫可用40%甲基异柳磷乳油或35%甲基硫环磷乳油，按种子量0.2%拌种或用50%辛硫磷100mL对水2~3kg，拌麦种50kg，堆闷2~3h后播种。

（四）播种技术要求

（1）计算播种量掌握的原则：一是品种特性。主要指分蘖力、分蘖成穗率的高低和每公顷穗数的多少。二是播种期早晚。三是土壤的肥力水平。一般分蘖力强、成穗率高的品种，播期较早和土壤肥力较高的条件下，基本苗宜稀，播种量宜少些。在地力、肥水条件较好的基础上，可采用精量、半精量播种技术，可较好地处理群体与个体的矛盾，使麦田群体较小，群体动态比较合理，改善群体内的光照条件，使个体营养好，发育健壮，从而使穗足、穗大、粒重、高产。一般来说，大穗大粒型品种，每公顷用种165kg。中穗多粒型品种，每公顷用种105kg。

（2）确定播期："晚播弱，早播旺，适时播种麦苗壮"。小麦播种过迟，因为天气变冷，气温降低，出苗时间较长，冬前植株较小，分蘖也少，根系生长发育差，形不成壮苗，麦苗抗寒力减弱；同时，由于冬前低位分蘖少，分蘖成穗率低，每公顷穗数少。晚播不好，播种过早也不好。因为播种过早麦苗在较高温度条件下生长迅速，幼苗素质嫩弱，不仅易受病虫为害，而且分蘖较多，群体变大，容易形成旺苗，但旺盛而不健壮，干物质积累少，有的在冬前拔节，越冬期很容易遭受冻害。因此，要根据品种特性，合理确定播种时期。

（3）适宜播种深度：因为气候条件、土壤质量、土壤墒情等情况不同而异。气候干旱、土质松软、墒情不足时，播种应深些，一般播深以4~5cm为宜；土质黏度重、墒情充足的地块，可稍浅一些，一般播深以4~4.5cm为宜。沙质土壤一般播深4.5~5cm，但不宜超过6cm，7天出苗为宜。播后注意及时镇压，弥合土缝，踏实土壤，使种子和土壤紧密结合，有利于提墒，早出苗，争齐苗。

（4）播种质量：采用机械播种，一定要调整好机械，行距20~22cm。播量要准确，下籽要均匀，深浅要一致，平播、播行要直，不重不漏，到地头到地边，不断条，无浮籽，无天窗。

（五）种植方式

（1）等行距窄幅条播：行距一般有 16cm、20cm、23cm 等机播。这种方式的优点是单株营养面积均匀，能充分利用地力和光照，植株生长健壮整齐，对 5 250kg/hm^{2}以下的产量水平较为适宜。

（2）宽幅条播：行距和播幅都较宽，如宽幅耧，播幅 7cm，行距 20～23cm。优点是：减少断垄，播幅加宽，种子分布均匀，改善了单株营养条件，有利于通风透光，适于 5 250kg/hm^{2}以上的产量水平的麦田使用。

（3）宽窄行条播：各地采用的配置方式有窄行 20cm、宽行 30cm，窄行 17cm、宽行 30cm，窄行 17cm、宽行 33cm 等，高产田采用这种方式一般较等行距增产 5%～10%。其原因一是株间光照和通风条件得到了改善；二是群体状态比较合理；三是叶面积变幅相对稳定。

（4）小窝密植：西南地区麦田土质比较黏重，兼以秋雨较多，整地播种比较困难，采用小窝密植方式。675 万窝/hm^{2}左右，行距 20～22cm，窝距 10～12cm，开窝深度为 3～5cm，氮、钾化肥一般配在人畜粪水中充分搅匀后集中施于窝内；过磷酸钙、油饼等混在整细的堆厩肥中盖种，盖种厚度以 2cm 左右为宜。使用工具为小橇橇窝、小锄挖窝点播，近年来研制的简易点播机，也可开沟点播一次完成。

作业与思考

1. 如何确定小麦的播种量？应掌握的原则是什么？
2. 小麦的播种技术的要求有哪些？

实验四　玉米的播种技术

一、目的要求

掌握玉米播种的注意事项及关键技术措施，了解玉米播种技术与实现高产高效生产目标的关系，加深对玉米播种质量要求的认识。

二、材料与用具

材料：玉米种子。

用具：皮卷尺、开沟锄、点播器。

三、内容与方法

（一）选茬、整地

1. 选茬

实现3年以上轮作，选正茬、肥茬、软茬。通常优先选择大豆茬、西瓜茬或马铃薯茬，不要选用甜菜、向日葵、白菜等耗地较大作物做前茬。

2. 整地

采用以深松为基础，松、翻、旋相结合的土壤耕作制，3年深翻一次。

（1）秋翻整地：最好秋翻、秋耙、秋施肥和秋起垄，随后镇压。翻深20~23cm，做到无漏耕、无立垡、无坷垃；如不能秋起垄则应在早春土壤化冻10~15cm时顶浆打垄并立即镇压，严防跑墒。

（2）耙茬、深松整地：适用于土壤墒情较好的大豆茬和马铃薯茬。先灭茬深松垄台或先松原垄沟，再破原垄合成新垄，然后及时镇压，严防跑墒。

（二）选种、处理

1. 选种

（1）审定品种：要选用经审定推广的耐密植的优良品种。

（2）生育期：生育期所需活动积温应比当地平均活动积温少100~150℃，保证品种在正常年份能充分成熟，并有一定的田间脱水时间；积温应选择2 500~2 600℃左右的玉米品种。

（3）种子质量：纯度不低于96%，净度不低于99%，发芽率不低于90%，含水量不高于16%。

2. 种子处理

（1）试芽：播种前15d进行发芽试验。选定播种的品种，每一个培养皿放置20~25粒种子，重复3次，温度设为25℃，光照为500~1 000lx，在光照培养箱中培养。

（2）晒种：选择晴朗微风天气，把种子摊在干燥向阳地上或席上，连续晒2~3d，经常翻动种子，晒匀，白天晒晚上收，防止受潮。

(3) 药剂处理：根据地下害虫和玉米丝黑穗病发病程度选择不同药剂拌种。

①35%多克福种衣剂，按药种比 1∶70 进行种子包衣，防丝黑穗和地下害虫。②2%立克秀按种子重量 0.4%拌种，预防玉米丝黑穗病。③播种时每公顷再用辛硫磷颗粒剂 30~45kg 随种肥下地，防地下害虫。

3. 浸种催芽

将种子放在 30~35℃水中，大粒种子浸泡 8~10h，小粒种子浸泡 6~8h，然后放到 20~25℃室温条件下湿润催芽，防止粉种。通常每隔 2~3h 翻动一次，48h 即可出芽，根尖长 0.5cm 后，置于阴凉处炼芽待播。

4. 计算播种量

根据种子发芽率、种植密度要求等确定，要求播种量稳定，要求排种量稳定，下种均匀。单粒播种要求每穴一粒种子，株距均匀，单粒率≥90%，空穴率小于 5%。一般条播每公顷用种量为 45~60kg，点播为 30~45kg，精播为 15~22.5kg。

单粒播种、每穴 1 粒的需种量计算如下式，若每穴 2~3 粒，则需要扩大 2~3 倍。

玉米需种量 (kg) = 计划种植面积 (hm^2) ×计划种植密度 (株/hm^2) ×种子千粒重 (g) / (种子出苗率×10^6)

(三) 播种

1. 适宜播种期的确定

参考标准：种子萌发的最低温度；播种时的土壤墒情；保证能够在生长季节正常成熟(这对无霜期较短地区的玉米制种十分关键)。在入春时过早播种，由于土温低、季节性气温尚未稳定，从播种到出苗往往需要 20d，其间如遇阴雨或寒潮，常造成出苗不齐或种子霉烂。玉米种子在 10~12℃的温度下发芽较快而且整齐，生产上把这一温度作为开始播种的最低温度指标。所以，当耕层 5~10cm 的地温稳定通过 7~8℃时抢墒适期早播。

2. 播种质量要求

按精准播种技术要求，达到行距一致，接行准确，下粒准确均匀、深浅一致，覆土良好、镇压紧实，一播全苗。种子与种肥分别播下，严防种、肥混合。

3. 种植密度

合理密植是玉米高产的重要措施。播种密度应根据不同栽培方式、不同品种、不同水平、地力等因素而定。

(1) 根据品种株型确定密度：紧凑型、半紧凑型中晚熟玉米，如郑单 958、掖单 22、农大 108、新玉 11 号等，适宜的种植密度为 7.5 万~9 万株/hm^2；平展型中晚熟玉米种植密度为 6 万~6.75 万株/hm^2。同类型早熟品种每公顷增加 7 500~15 000 株。

(2) 根据土壤肥力、质地确定密度：土壤肥力高的地宜密植，土壤肥力低宜稀植；土壤质地轻、通透性好的土壤宜密植，土壤质地黏重、透气透水差的黏土地宜稀植。

(3) 根据管理水平、水肥投入确定密度：管理水平高、水肥投入多的地宜密植；反之，管理水平较低，水肥投入达不到的地宜稀植。

4. 种植方法

(1) 人工点播：每穴播种 2~3 粒，注意保持株距和行距的一致性。

（2）机械条播：用免耕播种机进行播种，播前要认真调整播种机的下籽量和落粒均匀度，控制好开沟器的播种深度，做到播深一致，落粒均匀，防止因排种装置堵塞而出现的缺苗断垄现象。

（3）机械精量点播：使用精量点播机进行点播，每穴 1~2 粒。

（四）施肥

玉米是需肥较多的高产作物，在生长发育过程，需要吸收大量营养元素，其中氮、磷、钾需要量最多，其次是钙、镁、硫、硼、锌、锰等元素。根据玉米需肥规律和生产实践，玉米施肥应遵循以下基本原则：基肥为主、追肥为辅；氮肥为主、磷肥为辅；穗肥为主，粒肥为辅。基肥最好是优质腐熟农家肥或翻压绿肥等有机肥。施肥量和施肥方法还要依据产量指标、土壤肥力基础、肥料种类、种植方式以及品种和密度等综合运用。

1. 有机肥

玉米底肥每公顷施优质有机肥 30~45t。

2. 常规化肥

（1）施肥量：每公顷用尿素 350~400kg，二铵 150~180kg，氯化钾 100~150kg。偏碱性土壤每公顷增施硫酸锌 15kg。

（2）施肥方法：氮肥 1/3~1/2，磷肥、钾肥、锌肥全部机械深施做底肥，余下的氮肥在玉米 7~9 片叶，在株间刨埯或在垄侧开沟深施，并及时覆土。

3. 复合肥

（1）施肥量：如采用壮家宝 50%含量（$N_2$8、$P_2O_5$14、K_2O12）长效生态掺混肥，每公顷掺混肥 500~550kg，有机肥 40~80kg。

（2）施肥方法：掺混肥全部做底肥应用，播种时配合 40~80kg 有机肥做基肥，效果更佳，深度在种下 7cm。

（五）播种技术要求

1. 播种深度

根据土壤水分、质地和种子大小等情况确定。以镇压后计算，一般黑土区播种深度 3~5cm，白浆土及盐碱土区 3~4cm，风沙土区 5~6cm，最深不超过 10cm。机械作业标准是播深误差不大于 1cm。

2. 镇压

播后压实可增加上层土壤紧实程度，使下层水分上升、种子紧密接触土壤，有利于发芽出苗。适度压实在干旱地区及多风地区是保证全苗的有效措施。镇压时间视土壤墒情而定，一般在种子周围土壤含水率为田间持水量的 80%左右、手握成团，掷地可散，表层土壤因风见干的情况下进行镇压。

3. 种肥

一般每公顷用复合肥或磷酸二铵 60~105kg（春玉米播种时遇低温可施用磷酸二铵做种肥），肥料应掩埋并避免与种子直接接触。可播种施肥同时进行，肥料施在距种子 5~6cm 的侧下方确保不烧根、不烧苗。尿素、碳酸氢铵等不宜作种肥施用，以免烧种烧苗。秋施肥量足的可不用种肥。

4. 其他要求

种子损伤率要小，播行直，种子左右偏差不大于4cm，行距一致，地头整齐，不重播、不漏播。联合播种时能完成施肥、喷药、洒除草剂等作业。

（六）播后管理

查苗、补苗：如果播后出现缺株少苗，但没有明显的缺行断垄现象，可以在缺株的邻近株穴，在定苗的时候，留双株来补足密度；也可在缺行断垄严重的区域种植耐荫性较强的作物如大豆、马铃薯等。如出苗只有一半，可播种间作作物。出苗不足一半时，建议毁种重播。

作业与思考

1. 计算种子的发芽率。
2. 玉米播种常用的播种方式是什么？
3. 根据已知的密度和行距，计算玉米的株距。

实验五　水稻的育苗及移栽技术

一、目的要求

学会和掌握简塑钵盘育苗的要领和操作方法，掌握移栽的技术要领。

二、材料、工具与试剂

工具与试剂：苗床地、育苗剂、床土、化肥调酸剂、800 倍乐果、敌稗、多种微量元素、播种器、简塑钵盘、木板、喷雾器、塑料薄膜。

材料：水稻种子。

三、内容与方法

简塑钵盘育苗，秧苗素质好、根系干重比旱育苗多一倍，耐低温。移栽时不伤根，返青快，分蘖节位低，增多低位蘖，比旱育苗提早成熟 2~4d，增产 7%~15%。秧龄 40d 秧苗壮秧标准为株高 15cm，叶龄 4.5，百株干重 4g，茎粗 3mm，根数 30 条，其中有 7 条白根，第一叶鞘长不到 3cm，可带 1~2 个分蘖。叶片宽厚挺直有弹性，叶色青绿无病害。

（一）水稻的育苗技术

1. 选用优良品种

选用丰产、优质、分蘖力强、穗大粒多、抗病、抗倒伏、抗逆性强的优良品种。

2. 苗床地选择与培养

苗床地应选浇水方便，地势平坦，地下水位低，排水良好，土质肥沃而疏松，背风向阳，pH 值 4.5~5 的旱田地。应避免低洼地，易涝地，瘠薄地。同时苗床地培养要增施有机肥。有机肥保温、保湿、通气性好，秧苗生长健壮而根数多。

3. 苗床准备

苗床地秋翻后进行秋耙，粗作床。春季细作床，翻深 10cm，适时干耙平后作床。作床宽度根据当地情况而定。同时注意施基肥与调酸同步进行，pH 值应控制在 4.5~5。将床土、化肥调酸剂均匀撒在床面，刨床，混拌在 10cm 床土中，用耙子耙平床面。

4. 浇水及床土消毒

播种前浇透水，应湿透到 5~6cm 土层。并分 2~3 次浇水，用水量 20kg/m^2。使用育苗剂时不必再进行消毒。土壤消毒也可以用立枯灵喷 2kg/m^{2}药液，土壤消毒后第 2 天可以播种。

（1）盘土配制：70%旱田土+30%农家肥+育苗剂。

（2）播种：气温稳定通过 5℃时可以播种。每穴 3 粒，粒过多秧苗素质差（不要超过 5 个粒）。其播种方法是用播种器播种。先装土钵高的 1/3~2/3，播种 3 粒，再进行覆土。其优点是出苗整齐，生长均匀。在安放秧盘时要将秧盘放置在浇透水的平整置床上，摆放盘后在盘上面放木板，压入土中，使盘底实实的接触土壤。

5. 育苗管理

育苗管理可分为出苗前管理、出苗开始~1.5叶期管理、1.5叶~3.5叶管理、3.5叶~移栽前管理4个时期。

（1）出苗前管理：播种后苗床地上面平铺塑料薄膜。起保温、保湿、防止透风的作用。白天防止床面温度超过40℃，夜间防止低于5℃。

（2）出苗开始~1.5叶期管理：播种后5~7d，开始出苗，白天膜内温度超过30℃时要降温，最适温度为30℃，出苗率20%~30%时，平铺塑料拿出来，防止烧苗。秧苗出齐后膜内温度控制在20~25℃，旱育苗一般情况下1.5叶期前不浇水。盘育苗根据干燥情况及时浇水。

（3）1.5叶~3.5叶管理：水稻三叶期（2.8叶期）是离乳期，胚乳养分耗尽，对低温和各种病害的抵抗能力最弱的时期。温度控制在20~25℃，注意通风炼苗，防止高温徒长，三叶期开始进行大通风。三叶期前尽量少浇水，需浇水时应浇透水。没有进行土壤封闭的苗床的应进行灭草。稗草1.5~2叶期进行打敌稗。打药选择晴天上午9~10时，叶片无露水时喷药，打药后24h不浇水。注意补充营养剂，多种微量元素隔7~10d打一次。

（4）3.5叶~移栽前管理：三叶期以后，叶面积大，水分蒸发量大，每天浇水1~2次，浇水要浇透，移栽前7d开始晚上揭膜，炼苗。移栽前5d追一次送嫁肥。浇匀，随后用清水冲洗，以防烧苗。移栽前一天用喷雾器喷洒800倍乐果稀释液，以防大田潜叶蝇。4.5~5叶期可以移栽。

（二）水稻的移栽技术

1. 移植期

一般气温稳定通过12~13℃时即可移栽。水稻移栽时应浅水栽秧，做到匀、直、浅、稳，尽量不伤苗，把植伤率降低到最小程度，提高栽插质量。浅，即栽的要浅，一般不超过1.5~2cm，浅栽能使发根节处于地温较高的浅土层，有利早发、多发根，以吸收养分。匀，即株行距要整齐、均匀，每丛苗数相对一致，便于通风透光，各单株营养均衡，全田生长整齐。直，即苗要正，不栽倒秧，有利于返青。稳，即栽秧后无飘秧。

2. 整地与施肥

（1）整地：整地要做到旱整平，水耢平，耢耙结合，整平耙细，田面高低不过寸。从时间上分为秋整地和春整地；从方法上分为水整地和旱整地。秋整地主要是在水稻脱谷后到上冻前进行旱翻地、旱耙地。秋整地有利于土壤熟化，节省泡田用水20%左右。在水源丰富，盐碱地和地下水位高的地区，可采取秋旱翻春旱耙的整地方式这样有利于晒垡熟化土壤，灭虫灭草。在翻地上，深度一般在15~18cm，也不宜过深，最好不要打破犁底层。每2~3年翻一次。秋翻可适当深一些，以利于土壤熟化，春天可适当浅一些，深则土凉，对发苗不利。瘦田浅翻多耙，防止犁底层生土上翻。盐碱地不宜翻得过深，与瘦田一样，应结合施用有机肥料，逐年加深耕层。5月初开始放水泡田，水耙地水耢平一定要提前结束，留出足够的沉降和封闭时间。

（2）施肥：应注意施肥原则及方法。

合理施肥原则：应以保证水稻安全成熟，不倒伏、不得病为原则。尽量做到以下几点：①各种肥料配合施用。如有机肥和化肥、氮磷钾肥及微肥等应配合施用，水稻生长需要各种营养元素，只有各种元素均衡，才能使水稻正常生长发育。②测土配方施肥。有条件的地区，最好对自己种植稻田各种养分含量进行测定，缺啥补啥，使施肥更具有针对性。③看品种、看天气施肥。抗病性、抗倒伏性强的品种可适当多施；抗病性、抗倒伏性弱的，要尽量减少氮肥的施用量，增加钾肥的施用量。在水稻生育中期，即孕穗期，追施钾肥的效果比较好。这个时期施用钾肥可以增强水稻茎秆韧性，促进根系发育。从而增强水稻抗病、抗倒伏能力。在水稻中后期出现持续低温的情况下，应减少计划中的氮肥施用量。

施用量及方法：施肥比例：一般可采取比例氮：磷：钾为2：0.75：1，如果是老稻田，可采取氮：磷：钾为2：1：1.5的比例，与上一种施用比例相比，钾的施用量增加50%，可做为后期追肥施用。主要是老稻田长年处于淹渍条件下，土壤通透性及活性较差，影响水稻根系生长发育，后期增施钾肥可以改善土壤通透性。

大田基肥的施氮量占前期施氮总量的35%~40%（其中有机肥占基肥总量的50%以上），施纯氮3kg左右，即每公顷施土杂肥和家栏肥7 500kg，或绿肥15 000kg、碳铵225kg、过磷酸钙300kg左右；每公顷采用复合肥作基肥的可施225~300kg。大田基肥不论施化肥或施有机肥，最好实行全层施（即施后耙田）。此外，还可根据品种特性、当时的气象条件及目标产量有所增减。另外，还可根据实际情况，增施锌肥、硅肥等。在水稻返青后，氮肥总量的20%~30%做为追肥施入。在7月上旬，氮肥总量的30%左右和剩余50%钾肥做为穗肥施入。可在氮肥的计划用量中，预留10%做为调节肥，可做为分蘖肥或粒肥灵活使用。根据水稻中后期的生育状况，可补充喷施磷酸二氢钾和植物激素类的药剂，增强水稻植株活力，提高水稻的结实率和千粒重。

3. 合理密植

密植上要本着肥地宜稀、薄地宜密；早熟品种宜密、晚熟品种宜稀；早插宜稀晚插宜密的原则。密植栽培行距20~30cm，穴距10~20cm，每穴插3~5株苗；稀植栽培，行距30cm，穴距13~20cm，每穴2~3株；超稀植栽培，行距30cm、穴距27~30cm，每穴插2~3株苗。要做到浅插、匀插。

4. 水层管理

插完秧后，不要马上灌水，最好1d后再灌，防止漂苗。如果气温低，可加深水层，灌到苗高的2/3处，不要淹没苗心。返青灭草后，可采取浅水灌溉或间歇灌溉的方法，浅水灌溉就是返青后到孕穗期一直保持3~5cm的水层，间歇灌溉就是下一茬水不见上一茬水，待上一茬水完全消失之后再灌下一茬水。在孕穗期则不能缺水，水层最好保持在7~10cm，如果遇到17℃以下的低温，则要加深水层至15~20cm。抽穗开花期保持浅水，灌浆期以后开始间歇灌水，改善土壤通气状况，增强根系活力。达到以气养根，养根保叶，活秆成熟，到黄熟期停灌。晒田：有条件的地块，还可在6月下旬采取晒田措施，可减少无效分蘖，还可增加土壤的通透性，排出有毒气体，促进根系活力，增加水稻抗倒伏能力。

5. 防治病虫草害

水稻病害主要有座蔸、稻瘟病和纹枯病。稻瘟病防治：稻瘟病区应在移栽前用20%的三环唑750倍液浸秧苗后再移栽。稻瘟病防治是水稻保产的关键，特别是穗颈瘟防治，时间紧、技术性强，要作为水稻病虫防治的重点。

水稻虫害主要有蓟马、螟虫、稻飞虱。蓟马主要是在水稻苗期为害叶片，可用蚜虱净等农药防治。螟虫在水稻苗期造成枯心，在孕抽穗期造成白穗，防治时应根据预测预报和田间发生情况来防治，药物防治主要是杀虫单、杀虫双。稻飞虱主要发生在水稻抽穗后，可用蚜虱净进行防治。

作业与思考

1. 水稻育苗期的管理关键之处是什么？
2. 移栽期如何确定？
3. 结合南方和北方的地域特点，说明南方和北方在水稻栽培上有什么不同的技术要求。

实验六　大豆的播种技术

一、目的要求

掌握大豆的种子处理和播种技术。

二、材料、试剂与用具

材料：大豆种子。

试剂：根瘤菌、氟乐灵、拉索、多菌灵、辛硫磷、灵丹粉、福美双、克菌丹、钼酸铵。

用具：划线绳、开沟锄、铁锹、小型点播器。

三、内容与方法

大豆是不耐连作的作物，合理轮作是大豆增产的一项重要措施，它不仅可以减少病虫草害的发生，而且能调节土壤养分，培肥地力。

（一）土壤准备

（1）播前整地：大豆对土壤要求不严，适应性比较广，但土层深厚、疏松、排水良好，有机质含量高，通气状况良好的土壤最有利于大豆生长。为给大豆生长创造良好的土壤条件，播种前要进行深耕整地，播前整地包括播前进行的土壤耕作及耙、耢、压等。由于采用了不同的整地技术，因此，播前整地工作也有所不同。如平翻、垄作、耙茬、深松等。一般要深耕 25～30cm，做到二犁二耙，耕深耙细，要把土耙碎，耙平、耙匀，使土壤松软。大豆根瘤菌最怕渍水，因此，整好地后要开好排水沟，防止田间渍水。

（2）播前施肥：施用有机肥特别是厩肥作基肥对大豆有明显的增产效果，土壤瘠薄的地块施用有机肥更为重要。大豆基肥可以用厩肥，土杂肥等，一般 22.5～30t/hm^2，在整地前施入。如果来不及施用大量有机肥，也可用饼肥和少量氮肥做基肥，每公顷用饼肥 525～600kg，磷肥 300～375kg、尿素 22.5～52.5kg。

（3）播前封闭除草：在播前采用机械喷施除草剂，进行大田封闭除草。氟乐灵、拉索等除草剂可在播前进行土壤喷雾。

（二）播前准备

（1）精选种子：具有良好播种品质的种子，发芽率和发芽势高，苗整齐苗壮。所以在播种前应将病粒、虫蛀粒、小粒、秕粒和破瓣粒拣出。同时还要根据本品种固有的典型特征，如粒型、粒色、种子大小、种脐大小和颜色深浅，剔除混杂的异品种种子，以提高种子纯度。

（2）种子测定和发芽试验：见本章实验一。

（3）种子处理：为防治蛴螬、地老虎、根蛆、根腐病等苗期病虫害，常用种子量

0. 1%～0. 15%辛硫磷或 0. 7%灵丹粉或 0. 3%～0. 4%多菌灵加福美双（1∶1），或用0. 3%～0. 5%多菌灵加克菌丹（1∶1）拌种。

（4）根瘤菌拌种：大豆根系易形成根瘤，幼苗生长旺盛，分枝多，结荚多，瘪粒少，产量增加 5%～15%。在没有种过大豆的土地、新垦地和贫瘠地，土中根瘤菌很少，甚至没有，更应该用根瘤菌拌种。用钼酸铵拌种有明显增产效果。拌种方法为先用少量温水溶解钼酸铵后，再加水配成 1%～2%的溶液，用喷雾器在种子上，边喷边搅拌，待搅拌均匀，溶液全被种子吸收阴干后即可播种。

要注意采用根瘤菌拌种后，不能再拌杀虫剂和杀菌剂。

（5）播种粒数的计算：根据实际情况计算出每公顷保苗株数，然后按照当地耕作条件和管理水平，加上一定数量的损失率（如机械、人、畜在田间管理过程中和人工间苗所造成的损失），一般田间损失率可按 15%～20%计算。计算每公顷播种量。

其公式如下：每公顷播种量（kg）= 每公顷播种粒数/（每千克种籽粒数×发芽率）。

例如，计划每公顷播种 45 万粒，已测得每千克种籽粒数为 5 000粒，已测得发芽率为95%。代入公式：每公顷播种量：450 000/（5 000×0. 95）= 94. 5（kg）。

（三）播种期和播种密度的确定

根据当地气候和耕作制度，决定春大豆播种期的主要因素是温度，一般是 7～10cm 左右深的土层日平均温度达到 10～12℃时就可以开始播种。

适宜的播种密度既能保证单株有足够的营养面积，增加单株结荚数、粒数及粒重，又能达到单位面积上有足够的株数，以充分利用土地与光能，增加单位面积上的总荚数、总粒数和总粒重，以达到增产目的。因此，合理的密度必须使个体和群体生长发育得到合理的统一。一般在中等肥力水平下，春大豆每公顷植 21 万～24 万株，夏大豆每公顷植 22. 5 万～27 万株，秋大豆每公顷植 30 万株左右。

（四）播种方法

（1）窄行密植播种法：缩垄增行、窄行密植，是国内外都在积极采用的栽培方法。改 60～70cm 宽行距为 40～50cm 窄行密植，一般可增产 10%～20%。从播种、中耕管理到收获，均采用机械化作业。机械耕翻地，土壤墒情较好，出苗整齐、均匀。窄行密植后，合理布置了群体，充分利用了光能和地力，并能够有效地抑制杂草生长。

（2）等距穴播法：机械等距穴播提高了播种工效和质量。出苗后，株距适宜，植株分布合理，个体生长均衡。群体均衡发展，结荚密，一般产量较条播增产 10%左右。

（3）60cm 双条播：在深翻细整地或耙茬细整地基础上，采用机械平播，播后结合中耕起垄。优点是，能抢时间播种，种子直接落在湿土里，播深一致，种子分布均匀，出苗整齐，缺苗断垄少机播后起垄，土壤疏松，加上精细管理，故杂草也少。

（4）精量点播法：在秋翻耙地或秋翻起垄的基础上刨净茬子，在原垄上用精量点播机或改良耙单粒、双粒平播或垄上点播。能做到下籽均匀，播深适宜，保墒、保苗，还可集中施肥，不需间苗。

（5）原垄播种：为防止土壤跑墒，采取原垄茬上播种。这种播法具有抗旱、保墒、保苗的重要作用，还有提高地温、消灭杂草、利用前茬肥和降低作业成本的好处，多在干旱情况下应用。

(6) 耧播：黄淮海流域夏播大豆地区，常采用此法播种。一般在小麦收割后抓紧整地，耕深15~16cm，耕后耙平耢实，抢墒播种。在劳力紧张、土壤干旱情况下，一般采取边收麦、边耙边灭茬，随即用耧播种。播后再耙耢1次，达到土壤细碎平整以利出苗。

(7) 麦地套种：夏播大豆地区，多在小麦成熟收割前于麦行间套种大豆。一般5月中下旬套种，用耧式镐头开沟，种子播于麦行间，随即覆土镇压。

(五) 播后管理

(1) 查苗、补苗：全苗是保证产量的主要指标，所以要及时查苗，对断垄缺苗的及时补种。

(2) 追肥：大豆在分枝期到初花期进行一次追肥，有良好增产效果。选择速效肥料如人粪尿、硫酸铵等。注意氮、磷、钾的合理配合及施用微量元素肥料。一般每公顷施硫酸铵150kg左右，也可在初花期进行叶面喷施，对大豆增荚、增粒、增加粒重具有显著效果，其使用浓度为：① 3%~5%过磷酸钙溶液：每公顷用过磷酸钙22.5~37.5kg，加水750kg浸泡24h，浸泡中不断搅拌，过滤出澄清液即可使用。②钼肥和磷肥混合喷洒，效果更好：每公顷用钼酸铵375g，加水750kg，再加450g磷酸铵搅拌均匀即可施用。③磷酸二氢钾2.25~3kg加水750kg。

作业与思考

1. 计算大豆种子的发芽率。
2. 根据实际要求，计算播种粒数。
3. 大豆种子进行根瘤菌拌种的好处有哪些？

实验七　油菜的播种技术

一、目的要求

了解油菜育苗的适宜时期，苗床的选择，种子处理及苗床管理等技术措施的基本原理及操作要领。

二、材料与用具

材料：油菜种子。

用具：划线绳、开沟锄、皮卷尺。

三、内容与方法

油菜对播种期的反应敏感，播期的迟早直接影响油菜生长发育的好坏，对生育期苗龄、秧苗素质、移栽期等都有影响，最终影响产量，因此生产上强调适期播种至为重要。

（一）播种期的确定

播种一般应考虑以下几个条件。

（1）温度：油菜发芽最适温为 16～20℃，幼苗出叶也需要 10～15℃才能顺利进行。无论移栽、直播，都要求培育成壮苗确保安全越冬，至越冬时一般有 8 片左右绿叶，直播油菜无移栽缓苗期，一般可比育苗移栽油菜推迟 10～15d 播种。

（2）品种特征：大面积栽培油菜的地区，可根据品种进行分批分期育苗。长江流域一般是白菜型春性较强的品种，适宜迟播，甘蓝型冬性较强的品种，应适当早播，掌握“冬性在前，春性在后，半冬性不前不后”的原则。

（3）病虫害的影响：早播油菜，由于气温高，病害和虫害均较迟播的重，尤其是病毒病与播期关系更为密切，甘蓝型品种较抗病毒病，故可适当早播，白菜型抗病力差，宜偏迟播。

（二）整地与施肥

（1）播种地的选择：油菜种子小，要求播种地土质疏松，肥沃，平整，故以旱地比水田好，早茬比晚茬好，砂性土比黏性土好，蔬菜地一般不宜作前茬。

（2）整地：由于油菜籽粒细小，整地要求比较严格，一般要求达到“平、细、实”的标准。“平”是指畦平整，雨后或浇水时不产生局部畦面积水，“细”是要求表土细碎，上无大土块，下无暗垡，土块细碎，绒土多。“实”是要求在细碎的基础上适当紧实，特别是砂性土，保水保肥能力差。

（3）施足底肥：结合耕地每公顷施优质腐熟厩肥 15～22.5t，播前每公顷施用过磷酸钙 375kg，再加速效氮肥约折合纯氮 37.5kg。总之，底肥要足，速效肥要迟，有机、无机肥兼顾，N、P、K 齐全，才能促苗早发长壮。

（三）适期播种

油菜生产要用当年收获的新种子播种，如为隔年陈种，必须经过发芽试验后适当增加播种量。

（1）种子处理：播前将种晒1~2d，每天3~4h，可提高种子活力。用盐水浸种可淘汰菌核，提高种子质量。一般用8%~10%的盐水，将种子浸入搅拌5s，捞去漂浮的菌核与秕子，然后立即将种子涝出，用清水冲洗数次，以免盐分影响发芽力，然后将种子摊开晒干备用。

（2）播种量：据种子大小确定，一般每公顷苗床留苗120万~150万株，按出苗率80%计算，千粒重为2.5~3g，每公顷苗床用种量为7.5~9kg，千粒重4g以上，每公顷苗床用种量为11.25kg。播种要求落籽均匀、浅播薄盖。播深与盖土深不超过2cm。播时掌握适宜的土壤湿度或播后浇透浇好出苗水，对早、齐、全、匀苗关系极大。

（3）播期：应在适宜播期内尽量早播，使植株冬前积累较多养分，有利于安全越冬。

（四）播种方法

（1）点播：开穴点播，简便易行。点播穴深3~4cm。穴底要平，土层要碎，行要直，株行距要匀，每穴下籽量要一致，播后盖薄土，适当镇压，以利出苗。

（2）沟播：是秋播油菜越冬保苗的措施之一。一般沟深10cm左右，每公顷用量4.5~6kg，浅覆土，适当镇压。

（3）条播：条播可以充分利用土地，增加种植密度，便于管理和机械操作。行距为50cm，沟深视墒情而定，一般2~3cm即可。

（五）播后管理

（1）间苗、补苗及定苗：对直播油菜，特别是点播的油菜，由于天气干旱，播种量偏大，而且出苗不匀，缺苗断垄现象比较普遍，对“疙瘩苗”要抓紧疏苗，以免拥挤，形成弱苗。同时，把间掉的油菜苗补栽在缺苗处。间苗要早要匀，定苗要稀。第1次间苗在齐苗后进行。主要拔除丛籽苗，以苗不挤苗为度。第2次间苗在幼苗一叶期进行，去小留大，去弱留强，做到叶不搭叶。第3次在3片真叶时进行定苗，苗距约8~10cm，留苗135~150株/m^2，即每公顷有120万~150万株壮苗。

（2）中耕培土：中耕培土不仅能使土壤疏松，提高地温，增强土壤供肥能力，还能促进根系生长，增强抗寒防倒能力。全苗后进行第1次中耕，定苗浇水后进行第2次中耕，第3次中耕多在低温来临之前。

（3）壅根埋心，覆土盖顶：在越冬前，结合追肥在油菜大垄间深中耕2遍，把碎土壅到小垄。这样就自然形成两行油菜有一条高垄，垄沟深15~20cm，垄面45cm。通过深中耕使大苗围茎，小苗埋心，高脚苗全部围住露茎。在培土壅根的基础上，到大冻前可用步犁在行间进行深耕覆土、盖顶，覆土盖顶的厚度以4~6cm为宜，以盖住生长点又不把苗全捂住为度。覆土的时间应掌握在11月中下旬，植株大叶发蔫时进行。

（4）浇越冬水：干旱、低温是秋播油菜越冬死苗的主要原因。浇越冬水不但可以保证油菜对水分的需求，增强抵抗能力，同时也可沉实土壤，弥合土缝，防止漏风冻根。

（5）防冻、控苗：在油菜畦面上覆盖稻草或撒施草木灰、猪牛栏粪，提高土温，增强抗冻性，也可每公顷用15%的多效唑525g，对水750kg均匀喷施，控制旺长苗。

作业与思考

1. 如何确定油菜的适宜播种期？
2. 如何有效防止油菜的越冬期的死苗现象？
3. 如何防治油菜的苗期病害和虫害？

实验八　马铃薯催芽与播种技术

一、目的要求

掌握马铃薯的切块催芽技术的要领，掌握马铃薯的播种技术。

二、用具、试剂和材料

用具：工具刀、铁锹。

试剂：小灰干拌或多菌灵粉、辛硫酸、多效唑、甲霜灵锰锌、薯瘟消、雷多米尔、金雷多米尔、敌百虫、20%乳油杀灭菊酯、2.5%乳油溪氰菊酯。

材料：薯种、拱棚薄膜、草帘、农家肥。

三、内容与方法

早熟栽培，可采用温床、暖炕热床、塑料小拱棚等方法提高温度进行催芽。选无病优良种薯，沿薯种顶向下切成数块，每块带1~2个芽眼，一般每块重20~50g。切块在催芽前1~2d进行，切后晾4~8h，这样使切口干燥不易感染。

切好的种薯块，芽眼向下（或侧）摆放在催芽床上。床内温度控制在15~18℃为好，一般不超过20℃，此时温度过高，会引起薯种优良性退化。床内相对湿度控制在60%~70%。通常20~30d，芽长1~5cm，并发生幼根时，即可种植。

（一）切块催芽

（1）切块大小：一般要求切块重量不应小于20~25g，即每500g种薯可切20~25块。每个切块上至少要带1~2个芽眼。

（2）切块方法：50g左右的种薯可从顶部到尾部纵切成2块；70~90g的种薯切成3块，方法是先从基部切下带2个芽眼的1块，剩余部分纵切为2块；100g左右的种薯可纵切为4块，这样有利于增加带顶芽的块数。对于大薯块来说，可以从种薯的尾部开始，按芽眼排列顺序螺旋形向顶部斜切，最后将顶部一分为二。

（3）杀菌消毒：切好后用草木灰干拌或多菌灵粉剂1：200倍对水浸种进行杀菌消毒。

（4）苗床催芽：一是在室温15℃以上的屋角内用沙催芽，一层沙一层种块；二是在室外的通风朝阳处东西方向挖坑催芽，坑深25cm左右，一层沙一层种块，3层为宜，然后加拱棚薄膜覆盖，夜间加盖草帘保温。以上两种方法在催芽期间要洒水1~2次，防止落干。马铃薯适宜的播种芽长是1.5~2cm。当芽长达到1.5~2cm时，将带芽薯块置于室内散射光下使芽变绿。幼芽变绿后，自身水分减少，变得强壮，在播种时不易被碰断，而且播种后出苗快，幼苗壮。

（二）整地开沟

下种前看土地墒情，若墒情不好，可考虑灌沟造墒，造墒期间宜在下种前7~10d。土豆种植一般为双沟定植，开沟时可采用大行 50cm，小行 40cm。

（三）播种盖膜

春分到清明为最佳期，在此应该特别提出的是：脱毒土豆可提前早播，春分前播完，株距可控制在 20cm。播种前先用辛硫酸 1∶10 000倍水顺沟喷洒，防止地下害虫。有机肥可直接撒入沟内或整地时撒入；化学肥可填入沟内或撒在种块之间（注意不能与种块直接接触）。

播种时，种块置入沟内的方法有两种：一是种芽朝下，此法长出的土豆根长苗壮，土豆少但块大，但苗晚 2~3d；另外方法是种芽朝上，此法长出的土豆根相对较短，土豆个小但多，且苗早 2~3d。下种结束后从大行内两边取土将土豆沟及小行的空间盖好耧平，加微膜盖严压实。

（四）出苗放风及苗期管理

播种后 20d 左右，即有苗露土，此时可冲苗处将地膜抠破放风，以防蒸苗。待苗长到 10cm 高时，将苗周围的膜用土压严，以保水压草。土豆生长的前期不宜浇水，待见花后再浇。若天旱无雨，可每隔 10d 浇水一次，一般浇 2~3 次水即可成熟，收获前 10d 停止浇水。苗期防蚜虫或蓟马等虫害。

（五）合理施肥

马铃薯喜施用农家肥，以 30~37.5t/ hm^2 为宜，同时适当施用化肥时要氮、磷、钾配合使用。土豆对钾需要量大，科学合理的氮、磷、钾投肥比例是 1.85∶1∶2.1。马铃薯喜铵态氮，对硫的吸收比较多。据实验，每增施 1kg 硫酸钾肥，可增产 100~150kg。

（六）加强播后管理

（1）查苗、补苗：当幼苗生长至 5~10cm，如发现有缺塘，应将附近出苗较多的苗间苗移栽到缺塘内。

（2）及时培土：厚培土是为避免生长前期匍匐茎伸出地面（外露）变成普通枝条和结薯后块茎外露变绿，人、畜食后中毒，在马铃薯生长前期要及时培土。播种时要浅覆土，而后结合中耕除草进行培土，要求培土 2~3 次，植株封行前最后一次要结合清沟厚培土，使垄高至少 25cm 以上，厚培土，土温稳定，可以减少畸形块茎产生，还可防止晚疫病的孢子从皮孔大量侵入块茎内部造成病薯或腐烂。

（3）防治病虫：马铃薯主要病害有晚疫病、青枯病、环腐病、疮痂病；主要虫害有地老虎。晚疫病是一种发生普遍且危害较重的病害。晚疫病的防治要以防为主，在生长中后期田间一旦发现晚疫情的中心病株，要马上喷药防治，每隔 7~10d 选用甲霜灵锰锌、薯瘟消、雷多米尔、金雷多米尔等农药，连喷 1~3 次，防治效果好。

青枯病是最难控制的病害。植株发病时出现一个主茎或一个分枝突然萎蔫青枯，其他茎叶暂时照常生长，但不久也会枯死。对青枯病目前尚无免疫的品种，它又可以土壤传病，需要采取综合防治措施才能收效。采取整薯播种，实行轮作，消灭田间寄生杂草，淘汰病株，禁止病烂薯混入肥料，锄草尽量不伤及根部。减少根系传病等，是防止青枯病的重要措施。

若发现地老虎危害，可用敌百虫毒饵诱杀或用20%乳油杀灭菊酯或2.5%乳油溪氰菊酯5 000倍稀释液喷雾1~2次。

（4）控制徒长：当冠层覆盖度达95%时选择晴天叶面喷施浓度为2/10 000的多效唑溶液，防止植株倒伏，确保高产稳产。

作业与思考

1. 马铃薯在切块时，切刀的消毒应注意什么？
2. 如何建立马铃薯的苗床？
3. 马铃薯最适宜的播种芽长是多少？
4. 获取高产的方法是什么？

实验九　棉花育苗与移栽技术

一、目的要求

通过实验掌握营养钵育苗和方块保温育苗的方法和技术。

二、材料与用具

材料：棉花种子、塑料薄膜。
用具：打钵器、开沟锄。

三、内容与方法

棉花种子要精选，最好经过硫酸脱绒，播前要浸种处理。

（一）备料

一般每公顷按 6 000~75 000 钵计算，约需 37. 5kg 肥料，以冬前经过充分腐熟的优质厩肥或人粪尿为宜，钵（块）土，一般在棉田就地建床，取肥沃表土；如在盐碱地育苗，则需换取无盐碱的好土制钵（块）；肥土比例，肥料应占 20%~30%，另外可加少量（1‰~2‰）磷肥；肥土要弄细，最好过筛掺匀。

（二）建床

育苗地点一般是就地建床，但应尽量选在地势高燥，背风向阳，离水源近，管理方便的地点育苗，苗床以南北向为宜，有利于防风护苗，苗床宽度约 100~130cm（视塑料薄膜宽度而定），床长 10m 左右，深度 17cm 左右，床底铲平，深浅一致，床底和床边要踩实，四周开好水沟，床底撒一薄层细砂或草灰，便于起苗。

（三）制钵和摆钵

采用直径约 6cm，高 10cm 左右的打钵器。制钵的关键是掌握好钵土湿度，以“手握能成团，平胸落地散”为宜。摆钵要做到整齐一致，“上平下不平”，使覆土均匀，利于出苗。采用方块育苗，不需制钵，苗床挖好后，填营养土 15~18cm，耙平踏实，然后灌足底墒水，待水下渗后，划成 6~8cm 的方格，以便播种，移栽时再切块起苗（也可先切块再播种）。方块育苗的优点是方法简便、省工、利于培育壮苗，已普遍推广，缺点是移栽起苗不如营养钵方便。

（四）播种覆盖

营养钵育苗，播前要浇好底墒水（渗透钵体），保证出苗前不浇水。以便“控制主根下扎，发展侧根为主”，以利于减轻苗病和培育壮苗。种子要精选，最好经过硫酸脱绒，播前要浸种处理。一般每钵（块）播种子 2~3 粒，种子质量好可以单粒播种，这样能减轻苗病传染，有利于壮苗。播后，均匀覆盖 2~2.5cm 厚的细沙壤土，有条件时可再撒上一薄层草木灰，有保温防病的作用。播种结束，随即搭棚架（棚顶距床面高 40cm 左右），加盖塑料薄膜，四周用土压实。大田移栽前 7~10d，要进行低温炼苗，炼苗过程要逐部进行，按要求控制好温度和水分，使苗床温度逐渐与大田接近。

（五）移栽地块的准备

（1）土地准备：选择地表平整，土壤肥力中等以上的常压滴灌地块，每公顷深施复混肥 300kg，二铵 120kg。及时进行耕翻、整地，使条田达到待播状态。

（2）土壤处理：播前严格整地质量，达到“齐、平、松、碎、净、墒”的标准，土壤化学处理每公顷用氟乐灵 1.5kg。

（3）适墒铺膜：在移栽地块土壤墒情合适时及时铺膜以防跑墒。

（六）移栽

（1）适时移栽。

（2）移栽密度：每公顷适宜的密度为 13.5 万~15 万株左右，若密度过大到生长后期田间通风透光性差，采用小三膜行距配置 15cm+56cm，株距 17cm 的打孔器打穴孔，使每公顷移苗株数 15 万株左右。

（3）移栽深度：移栽深度直接影响移栽质量和棉花的正常生长。棉花属直根系，根系扎的较深也较发达，栽苗质量必须深栽苗、细覆土、高配土。打孔深度在 8cm 左右，移栽时给穴盘中棉苗喷一些水，这样即保证棉苗有充足的水分，又能使棉苗从穴盘中取出时不容易散，棉苗移入穴孔后，覆细土并压实，确保根系与土壤充分接触，培土高出地面至棉苗的子叶节以下。移栽的同时边滴水边移苗，以提高棉苗成活率。

（七）栽后管理

（1）及时补施叶面肥：缓苗后及时喷施壮苗叶面肥，每公顷用磷酸二氢钾 1.5kg+尿素 1.2kg 进行喷施。

（2）及时中耕：中耕可起到增温，保墒，除草促进根系发育的作用，中耕深度 16~18cm。

（3）灌水：全生育期灌水 10 次，每公顷灌溉定额 4 800 m^3，苗期滴水量 300~375m^3/hm^2，花铃期滴水量 450~525m^3/hm^2，每水间隔周期 8~10d，做到滴水均匀，杜绝“跑、冒、漏”的现象发生，提高灌水质量。

（4）施肥：在全层施肥的基础上，坚持前轻、中重、后补充，轻施苗肥，重施花铃肥的原则。全生育期随水施肥 8 次，全期每公顷施标肥 2 100kg，保证棉花有充足的养分供应。

（5）化学调控：由于移栽棉苗缓苗期时间长，且棉苗的生长发育比较缓慢，苗期主要以促苗生长为主。打顶后 7d 每公顷用缩节胺 150g 进行重控。

（6）打顶：坚持“枝到不等时，时到不等枝”的原则。在 7 月中旬进行打群尖和整枝，除去无效营养枝和棉铃以上部分的营养枝。

（7）病虫害的防治：移栽大田后坚持“预防为主综合防治”的植保方针，发现棉叶螨中心株，采用专性杀螨剂点片挑治两遍，再用1 500倍液克螨特进行普治一次，降低棉叶螨的危害程度。

作业与思考

1. 棉花育苗制钵的关键技术是什么？
2. 棉花营养钵育苗的注意事项是什么？
3. 大田移栽的时期以什么为标准？

实验十　烟草的育苗与移栽技术

一、目的要求

掌握烟草漂浮育苗技术操作规程和关键技术，熟悉育苗过程管理，掌握烟草种子发芽特性的测定。

二、材料及工具

材料：聚苯乙烯格盘、漂浮育苗基质、黑色塑料薄膜、防虫网、无滴膜、包衣种子、剪苗器、育苗专用肥等。

工具：铁锨、皮尺若干、培养皿、滤纸、光照培养箱等。

三、内容与方法

（一）烟草的育苗技术

1. 育苗场地选择及周边设施

（1）选址：选地势平坦的开阔地带，东、南、西 3 面无高大树木、建筑物遮荫，西、北方向有防风屏障，与家禽、家畜隔离建棚，以防传染病害。

（2）周边设施：育苗区域的设施包括：①隔离带；②警示牌；③消毒池；④病残体处理池。

2. 苗床建设和覆盖物

（1）苗床建设：苗床多为长方形，用红砖、空心砖或木板等做成临时苗床，以便烟苗移栽后拆除。苗床宽度根据各地浮盘的规格而定，以大于 1.2m 为宜。苗床底部整平后拍实、做好水平后，用除草剂和杀虫剂喷洒进行池底消毒。用黑色尼龙塑料薄膜或 0.10~0.12mm 的黑色薄膜铺底，薄膜的边缘要盖在苗床上。同时在池的一侧做一标尺，便于掌握灌水高度和施肥浓度。苗床做好后，于播种前一周灌水，盖上 0.10~0.12mm 的无滴长寿膜以提高水温，并检查是否有漏水发生，如发现渗漏应及时更换薄膜或彻底补好漏洞。

（2）育苗棚建设：用直径 8~10mm 的钢筋或 5mm 厚的竹片做拱架，拱间距离约 1m，拱高大于 1m，弓架置于同一高度。为加固棚架，对苗床两头的弓架，各用 1 根高 1.0~1.2m 站桩支撑。苗床的内边缘与拱架的水平距离约 0.3m。棚架上盖 40 目尼龙网纱，以隔离虫源，防止病毒病和虫害等发生。最后覆上 0.10~0.12mm 无滴长寿膜。把橡皮筋或压膜带绑在钢筋两侧地面处，压住棚膜。棚膜在苗床间两端预留约 1.5m，将之束在一起，呈“马尾”状，并用高约 0.4m 的地桩固定在距离苗床两端 0.9~1.3m 的地方，便于掀起苗床两侧通风。

（3）育苗棚消毒：育苗前进行棚内外消毒，可选用 25%甲霜灵锰锌或 37%福尔马林，用 200~300 倍溶液喷雾。大棚内消毒后工作人员尽快离开棚室，密闭棚室升温提高消毒药效，棚外地面消毒也可用3%的石灰水喷撒地面，棚外走道、沟渠及棚室两侧必须同时进行消毒。塑料大棚消毒的原则是多次、多种药剂的消毒，消毒时间不少于两周。

3. 水源和水质要求

苗床用水必须清洁、无污染，可用自来水、井水，禁止用坑塘水或污染的河水，以防黑胫病、根黑腐病等发生。

4. 基质选择

一般情况下，基质以富含有机质的材料为主，如泥炭、草炭、碳化或腐熟的作物残体等物料，再配以适当比例的疏水材料，如蛭石和膨化珍珠岩等。

5. 基质装盘和播种

（1）装盘前苗盘消毒：首次使用的干净新盘不用消毒，旧盘在育苗前一周（最多不超过15d）必须消毒。先用清水（最好有高压水枪）将旧盘孔穴中的基质、烟苗残根等彻底冲刷干净；然后用漂白粉溶液消毒。用清洁水配制30%有效氯的漂白粉20倍液，将育苗盘浸入贮液池中浸泡15~20min。（或浸入后捞起整齐的堆码在垫有塑料薄膜的平地上放置20min），然后用清水将育苗盘冲刷干净备用。消毒后的苗盘在运输、保管过程中不接触任何烟叶制品，以确保不被污染。

（2）基质装盘：选择平整、卫生的场地作为装盘场地。装盘的原则是均匀一致，松紧适度。装盘前将基质喷水搅拌，让基质稍湿润，达到手握成团，触之即散的效果（含水量约30%~40%）。然后把基质于在盘上约30cm处均匀洒落，如此反复几次，使每个苗穴的基质装填均匀一致，装满后轻墩苗盘1~2次，让基质松紧适中，用刮板刮去多余的基质，检查并充实未装满基质的育苗孔。装填中切忌拍压基质，以防装填过于紧实。

（3）播前种子检验：随机取100粒洁净种子，放入滤纸培养皿中（其中最上层滤纸划10mm×10mm正方形格子共100个），均匀间隔，每格放1粒烟草包衣种子。第7d测定发芽势（%）；第14d测定发芽率（%），以胚根伸出与种子等长时为发芽标准，统计数字采用4次重复的平均值。

（4）播种：装盘后用压穴板在每个苗穴的中心位置压出整齐一致的小穴，然后用播种盘每穴播1~2粒包衣种子，播后喷水促进种子裂解，然后筛盖约2~5mm的基质，以隐约可见包衣种子为宜。

6. 施肥

根据苗床中水的容量决定施入肥料的量。

肥料（以氮-磷-钾比例为20-10-20）用量计算公式为：所需浓度/20×0.1=g/L水

例如：苗池盛1 000L水，想用20-10-20肥料配成100mg/L营养液，计算如下。

100/20×0.1=0.5g/L水

0.5g/L水×1 000L水=500g（肥料）

也就是说，需要称取500g（20-10-20的育苗专用肥料）加入苗池中，所得营养液中氮肥浓度就是100mg/L，其他肥料浓度也就在其中了。

肥料施入苗池前，需先将肥料完全溶解于一大桶水中，然后沿苗池走向，将溶液均匀倒入苗床的水中，稍作搅动，使营养液混匀。严格禁止从苗盘上方加肥料溶液和水。

播种或出苗后可施入100mg/L氮素浓度的肥料；播种后第5周、第6周苗池中各加一次营养液，氮素浓度为100mg/L；移栽前两周，根据烟苗长势施肥，氮素浓度为

50mg/L，方法同前。每次施肥时检查苗床水位，若水位下降要注入清水至起始水位。

7. 苗床管理

（1）温湿度管理：播种后棚内应采取严格的保温措施，使盘表面温度保持在25℃左右，以获得最大的出苗率，并保证烟苗整齐一致。从出苗到十字期，仍然以保温为主，晴天中午，若棚内温度高于30℃，应及时将棚膜两侧打开，通风排湿，下午及时盖膜保温，以防温度骤降伤害烟苗。从十字期到成苗，随着气温升高，要特别注意掀膜通风，避免棚内温度超过38℃产生热害（烟苗变褐死亡）。成苗期应将棚膜两边卷起至顶部，加大通风量，使烟苗适应外界的温度和湿度条件，提高抗逆性。注意在整个育苗过程中，大棚要经常通风排湿，使苗床表面有水平气流。

（2）间苗和定苗：当烟苗长至小十字期开始间苗、定苗，拔去苗穴中多余的烟苗，同时在空穴上补栽烟苗，保证每穴一苗，烟苗均匀。间苗定苗时注意保持苗床卫生和烟苗生长的一致。

（3）烟苗修剪：剪叶前要对剪叶工具进行消毒，当烟苗茎杆长至1cm~2cm高时开始剪叶，采用平剪的方法剪去中上部叶片的1/3至1/2，不能伤及生长点。

（4）炼苗：烟苗第三次剪叶后应逐步进行炼苗，揭去苗棚薄膜（保留防虫网），加强光照和通风，使烟苗完全接触外界环境，若育苗后期气温较高，可考虑昼夜通风。移栽前7~10d排去营养液，断水断肥。炼苗的程度以烟苗中午发生萎蔫，早晚能恢复为宜。如此反复，干湿交替炼苗。

8. 善后工作

烟苗移栽后，尽快将苗盘、塑料薄膜、棚架等收回，用水冲洗干净，存放备用，以降低育苗成本。浮盘应特别注意放于无鼠害之处，以防损坏。

（二）烟草的移栽技术

1. 移栽期的确定

气温显著影响烤烟的生长发育。烟草种子播种后到烟叶成熟期温度处在10~32℃的温度范围能正常萌发生长，烟草生长温度在25~28℃生长极为迅速。烟草大田期生长最适宜的温度为25~28℃，低于13℃以下，烟株生长缓慢，芯叶退黄，叶缘弯曲。移栽期的确定需要兼顾大田生育期两头的温度。至少移栽时温度高于13℃，并保证烟叶成熟期温度不低于25℃。

降水的分布也显著影响烤烟的移栽。雨季开始得早，可以早移栽，反之移栽则晚。

烟叶成熟期不仅要求有较高的热量，而且要求具有充足的光照才能形成优质烟叶。烟叶成熟期如正处在雨季，光照不足，光合效率低，叶片内含物少，内在质量差，外观色泽淡，而且叶片含水量过大，难排湿、难烘烤，烤出的烟叶重量轻，产量也不高。所以，要解决成熟期光照不足的问题，必须适时移栽，让烟株旺长期处在雨季，成熟期处在降雨较少光照较充足的季节。

2. 移栽技术

（1）移栽株行距标准：株距：50cm；行距：120cm。移栽密度视土壤肥力而定，一般移栽密度为1.58万~1.73万株/hm^2为宜，中等肥力、排灌方便的水田每公顷栽烟1.58万~1.65万株、旱地1.58万株/hm^2。

（2）打塘：打塘要根据栽烟密度确定的株距进行，一般田、地烟株距为50cm。打塘时要用有标记号的绳子或尺子打塘，做到塘与塘之间的距离一致，烟株的生长才能均匀整齐。打塘要打得深些有利于烟苗的深栽；当肥料用做底塘肥时，塘还要更深更大一些，使肥料与根系有一定的距离，避免烧苗，以利于烟苗成活。一般塘口直径20cm，塘深10cm。

（3）移栽方法：高茎明水深栽。先将塘内注满水（1.5~2kg），用一个大约20cm长的小铁铲顺塘中央插到塘里，插入深度为15cm，然后将铁铲向前方移动7~10cm，塘水会顺着铲子背面渗入土壤中，烟苗可以顺着铲子的背面放下，然后抽出铲子，向外移动5cm，再次插入土壤中，将铲子推回5cm，可以使湿润的土壤盖住所有的根部，并贴在烟茎秆的周围，这样可以确保根系周围的所有空隙向上排出空气，烟苗根茎与湿润的土壤紧密接触。等水全部渗进土壤后，用干细土将塘口盖好，阻断土壤毛细管的水分蒸发；墒面留1~2cm的苗头。

实践证明，漂浮苗移栽采用高茎明水深栽。可保证烟苗还苗快，成活率高，移栽后一周内不须浇保苗水，而且早生快发，提前进入团棵期。

（4）定位施肥：漂浮苗的基肥建议采用定位环施或条施，不施或少施塘肥，避免由于烟苗根系附近肥量浓度过大或根系直接接触肥料，造成烧苗或抑制烟苗生长。

（5）栽后加强病虫害防治：移栽后，地下害虫和根茎病害常造成烟草大田生长前期的缺塘、死苗，严重影响烟株的田间生长整齐度，从而影响烟叶的质量。因此，移栽后必须特别加强对地下害虫、根茎病害的防治。地下害虫类主要是在大田移栽初期为害，这些害虫不仅咬食烟根、烟茎，还在地下建造隧道，造成烟苗死亡。地下害虫尽管种类不一样，但一般都可以采用毒饵诱杀法进行防治。具体为：90%的晶体敌百虫0.5kg，加水0.5~5kg，喷在50kg磨碎炒香的棉籽饼或菜籽饼上；或用2.5%的敌百虫0.5kg，拌切碎的鲜青草10~35kg。将上述毒饵于傍晚撒到烟苗根际附近，每公顷用量225~450kg。

（6）查苗补缺：在移栽后2~7d，每天要进行查苗补缺。进行田间查苗时，发现缺苗的要及时补栽同一品种的预备苗；发现弱苗、小苗应做出标志，做到弱苗、小苗偏重管理；需要对成活后的补苗、弱苗和小苗施偏心肥、浇偏心水，促使其尽快生长，赶上其他烟苗，确保全田烟株大小一致，生长整齐，为适群体、壮个体的形成打好基础。

（7）使用生长调节剂，增强烟株的抗旱性：使用生长调节剂促进根系大量生长，增强叶片气孔阻抗、降低烟苗蒸腾强度，使抗旱能力显著增强，如生根粉、多效唑、黄腐酸。

（8）苗期病害的防治：要做到以“预防为主，综合防治”方针为指导，采取综合措施进行防治。对所有病害，首先应在病害发生前进行预防，一般可喷施波尔多液，10d左右喷一次进行预防；另外可根据诊断结果施用对症药剂，在病害发生初期及时施用。一般来说，野火病可用农用链霉素或细菌灵7~10d喷一次，喷2~3次即可。炭疽病、根黑腐病可选用多菌灵、甲基托布津、代森锰锌或福美双等任何一种进行叶面喷施或喷淋茎基部。

作业与思考

1. 简要描述烟草漂浮育苗基本流程，调查和计算各小组不同品种烟草种子发芽率报告，分析过程中出现的问题。

2. 如何确定烟草的移栽时期？根据种植地的不同，确定适宜移栽的最佳时期。

3. 在生产实际中，除实验中所涉及的方法以外，还有那些比较实用的移栽方法？

4. 在田间管理过程中，如何使用植物生长调节剂，使烟草可获得高产和优质？

第二章　作物形态特征及类型识别

实验一　麦类作物形态特征及类型识别

一、目的要求

认识5种小麦栽培种的穗部结构特征和主要区别；了解小麦、大麦、黑麦、燕麦（四种麦类）的形态特征及其区别。

二、材料及用具

材料：四种麦类作物的幼苗、穗子和种子。
用具：放大镜、镊子、米尺等。

三、内容与方法

（一）麦类重要类型简介

1. 小麦栽培种

小麦（*Triticum. aestivum* L.）属禾本科（Cramineae）小麦族（Triticeae = Hordeae）小麦属（*Triticum*）。在我国主要有5个亚种，即：普通小麦（*T. aestivum* L.）、密穗小麦（*T. compactum* Host.）、硬粒小麦（*T. adurum* Desf.）、圆锥小麦（*T. turgidum* L.）、波兰小麦（*T. polonicum* L.），其主要特征见表2-1-1。

表2-1-1　小麦栽培种的主要形态特征

项目	普通小麦	密穗小麦	硬粒小麦	圆椎小麦	波兰小麦
穗	疏松、长	紧密、很短	紧密	紧密或疏松	紧密或疏松
芒	有或无，短密或分散	有芒或无芒，短分散	有，很长、平行	有，很长、平行	有，长或短
护颖	草质，约与花颖等长，上部龙骨微突，下部则无	草质，上部龙骨等长，中部龙骨微突，下部则无	草质，约与花颖等长，龙骨明显突起，直达基部	草质、为花颖长1/3～1/2，有明显的龙骨，直达基部	膜质，较花颖长或等长
籽粒	裸粒，圆形，茸毛明显，断面粉质，很小角质	裸粒，圆形，茸毛明显，断面粉质，很少角质	裸粒，有棱角，茸毛不很明显，断面角质	裸粒，短厚，通常断面是粉质	裸粒很长，一般断面是角质的
茎秆	中空	中空	上部（穗下茎）充实或有空隙	上部（穗下茎）充实或有空隙	充实或中空

（续表）

项目	普通小麦	密穗小麦	硬粒小麦	圆椎小麦	波兰小麦
冬春性	冬性和春性	冬性或春性	春性	主要为冬性	主要为冬性

2. 大麦

大麦属有近30个种，但具有经济价值的仅有栽培大麦（*Hordeum aestivum* J.）一种。目前栽培大麦根据小穗发育特性与结实性，可分为3个亚种，即多棱大麦、中间型大麦和二棱大麦。多棱大麦每穗轴节上3个小穗均能发育结实，又分为六棱大麦和四棱大麦。中间型大麦每穗轴节片上有1~3个小穗结实，一般中间小穗也可结实，此亚种经济价值不大。二棱大麦每穗轴节上3个小穗，仅中间1个小穗正常结实，故穗轴上只有两行结实小穗，称为二棱大麦。

大麦包括有壳大麦（皮大麦）和裸大麦（裸麦）。通常所指的大麦是皮大麦。裸大麦在江浙一带称元麦，在青藏等地称青稞。

3. 黑麦

也叫洋麦，黑麦属有12种，分布于欧亚大陆的温寒带，有栽培黑麦和野生黑麦。黑麦与小麦的亲缘关系比较近，并且容易形成属间杂种。栽培黑麦（*Secale cereale* L.）只有一个种。其种子根有4条，吸水能力强；其芽鞘带紫色或褐色，有毛，茎杆强韧不易倒伏，茎叶上常被蜡质，这是抗旱特性的表现。籽粒比小麦的狭长，籽粒皮偏黑，千粒重比小麦低。

4. 燕麦

燕麦也叫玉麦、香麦、莜麦等，属于燕麦属一年生草本植物。属内有25个中世界上的栽培种有4个，即普通燕麦（*A. sativa* L）、东方燕麦（*A. orientalis Schreb.*）、地中海燕麦［*A. bazantina*（C. Kock）Tell］和裸燕麦（*A. nuda* L.）。我国的栽培种有野生燕麦和栽培燕麦两种类型。野生燕麦：外颖坚硬，密布茸毛，芒长，中部有拐角，芒基部扭曲，芒干缩时产生弹力帮助籽粒入土。栽培燕麦：外颖较薄而光滑，无芒，端直、无拐角，基部无扭曲。它有两种，一种为裸粒的（也叫莜麦、玉麦），一种为带壳的（也叫皮燕麦）。小麦（*Triticum aestivum* L.）、大麦（*Hordeum unlgare* L.）、黑麦（*Secale cereale* L.）、燕麦（*Avena sativa* L.）都是禾本科（Gramineae）作物中的几个不同属。四种麦类不但在生物学特性上有较大的差异，而且在植物学形态上也有明显的区别。

（二）四种麦类作物幼苗、穗部和种子的区别

1. 幼苗的形态特征

详见表2-1-2。

表2-1-2 麦类作物幼苗形态

部位	小麦	大麦	黑麦	燕麦
胚根数目	3~6	5~8	4	3
胚芽鞘颜色	淡绿、紫绿、无色	淡绿	紫或褐	淡绿

（续表）

部位	小麦	大麦	黑麦	燕麦
叶片大小及颜色	中、窄，绿，夹角中	大、宽，黄绿，夹角大	小、窄，深绿或灰绿，夹角小	中、宽，绿，夹角中
叶鞘上有无茸毛	有短茸毛	无茸毛	有长茸毛	无茸毛
叶舌	较短小、小圆形，有毛	较大、三角形	短、圆形、有缺刻	最长
叶耳	中等大、尖端有茸毛	宽大、无茸毛	最小、无茸毛、易落	无叶耳

2. 穗部的形态特征

详见表 2-1-3。

表 2-1-3　麦类作物穗部形态

项目	小麦	大麦	黑麦	燕麦
花序	穗状	穗状	穗状扁平	圆锥
每穗轴节上着生小穗数	1	3	1	小穗梗上着生 1 小穗
每小穗结实小花数	3~5	1（0）	2	1
颖片	宽大、多脉、有龙骨、顶齿	狭小，无龙骨	狭窄有明显龙骨	宽大，能包住花部
外颖	光滑、无龙骨	具有明显龙骨	龙骨明显有茸毛	光滑无龙骨
芒着生位置	外颖顶端	外颖顶端	外稃顶端	外颖背部顶端下方1/3处

3. 种子的形态特征

详见表 2-1-4。

表 2-1-4　麦类作物种子形态

项目	小麦	大麦	黑麦	燕麦
是否带壳	不带壳，少量带壳（如二粒小麦）小麦	带壳（内外颖与种子紧密粘连）或不带壳	不带壳	一般带壳，但内外颖与种子不粘连
顶端茸毛有无	有或少	无	有茸毛	有茸毛
籽粒表面	光滑	光滑或有皱纹	稍有皱纹	有茸毛易擦去
形状	椭圆、长圆、卵圆	长椭圆两头尖	较圆长、顶端平齐扁平	长圆形，顶端尖
颜色	白、红	白、紫、黄、棕	青灰、黄褐	白、黄、灰、褐

（三）实验步骤

（1）观察比较5个小麦栽培种的穗部结构特征。

（2）观察四种麦类作物的幼苗和籽粒形态特征，辨别其叶耳、叶舌、叶鞘、叶枕和叶片等器官之间异同，观察籽粒的形态、颜色及表面有无颖壳和茸毛。

（3）观察四种麦类作物的成熟麦穗的形态结构。

作业与思考

1. 认识5种小麦栽培种的穗形结构，指出青稞和大麦、栽培燕麦和野生燕麦的区别。
2. 根据四种麦类作物的观察结果，将其幼苗和穗部特征填入下列表格中。

四种麦类作物幼苗特征

麦类名称	叶片颜色	叶片叶鞘茸毛	叶舌特征	叶耳特征	株型特征
小麦					
大麦					
黑麦					
燕麦					

四种麦类作物穗部结构特征

麦类名称	花序类型	每穗轴节片上小穗数	每穗结实小花数	芒的位置	备注
小麦					
大麦					
黑麦					
燕麦					

实验二　水稻的植物学特征及类型识别

一、目的要求

了解水稻的主要植物学特征，掌握籼稻与粳稻、黏性与糯性水稻的区别，掌握稻与稗草的幼苗形态区别。

二、材料及用具

材料：籼、粳、粳稻的种子、幼苗和完整植株，或其标本、挂图等；稗草分蘖期幼苗。

用具：放大镜、载玻片、镊子、刀片、解剖镜、铅笔、记载本、米尺等。

试剂：

①碘-碘化钾溶液：称取 1.3g 碘化钾溶于 100mL 水中，再加 0.3g 结晶碘，加热搅拌至溶解，对蒸馏水至 100mL，配好后装入深色瓶中待用。

②1%石炭酸溶液：称取 1g 石碳酸（即苯酚），用蒸馏水在水浴中加热溶解，定容至 100mL，于 4℃保存待用。

三、内容与方法

（一）水稻的植物学特征

禾本科（Cramineae）稻属（*Oryza*）植物有 20 多种。世界上栽培稻有两种，即亚洲稻（*Oryza sativa* L.）和非洲稻（*O. Glaberrimab* Steud.），前者普遍栽培于世界各地；后者局限于西非一带。我国栽培稻种可分为籼稻和粳稻两个“亚种”，继而演变为水稻和陆稻、黏稻和糯稻。

1. 根

属于须根系，有种子根和不定根之别。种子根又称初生根，只有一条，由胚根直接发育而成。不定根又称永久根，由茎基部的茎节上生出，其上再发生支根。根的顶端有生长点，外有帽状根冠保护。根的横剖面由中柱、皮层和表皮等三部分构成，中柱内有木质部的大导管十余个成辐射状排列，韧皮部与后生木质部相间排列。皮层细胞间隙扩大呈空洞，形成裂生通气组织，以进行气体的输送。

2. 茎

一般呈圆筒形，中空，茎上有节，茎基部有 7~13 个节间不伸长，称为分蘖节；茎的上部有 4~7 个明显伸长的节间，形成茎秆。节的髓部与其上下节中心腔分界处具有肥厚细胞壁的石细胞层，称横隔壁，将两个中心腔隔开。叶、分蘖及根的输导组织都在茎内汇合。茎节是稻株体内输气系统的枢纽，各器官的通气组织在此相互联通，节部通气组织还与根的皮层细胞相连。所以这种从叶片到根系间以茎节部通气组织为枢纽的完善的输气系统是旱生禾谷类作物所没有的。

3. 叶

互生于茎的两侧，为1/2叶序。主茎叶数与茎节数一致，早熟品种有9~13片叶；中熟品种有14~16片叶；晚熟品种的叶数在16片以上。稻叶可分为叶鞘和叶片两部分，在其交界处有叶枕、叶耳和叶舌。整个叶鞘卷抱在茎的周围，在鞘的两缘重合部分为膜状，鞘呈绿色或红、紫色，也能进行光合作用。叶舌为膜状，无色。叶耳较小由较肥厚的薄壁细胞组成，边缘有茸毛，在叶鞘上端环抱茎秆，叶枕与叶片主脉连接成三角形。

4. 穗

为复总状花序，由穗轴（主梗）、一次枝梗、二次枝梗（间或有三次枝梗）、小穗梗和小穗组成。穗轴上一般有8~15个穗节，穗颈节为最下1个穗节。每个穗节上着生1个枝梗。每个枝梗上着生若干个小穗梗，小穗梗末端着生1个小穗，即颖花。小穗基部有两个颖片，退化呈两个小突起，称副护颖。每个小穗有3朵小花，只有上部1朵小花发育正常，下部两朵小花退化，各剩1个颖片，称为护颖。水稻颖花包括内外颖各1个，雄蕊6枚，浆片2枚和雌蕊1枚。雄蕊有花丝和花药两部分，雌蕊由二裂的帚状柱头、花柱和子房组成。

5. 谷粒

颖花受精结实成谷粒。谷粒一般内部含1粒糙米，即颖果。复粒品种含2~3粒甚至更多。糙米外部有内外颖包被的谷壳，其边缘互相钩合，钩合的缝线在扁形稻粒的中间而不在两边，此为稻属的分类特征。颖色因品种而异，一般为秆黄色，也有黄、棕、褐、红、紫、条斑等色，颖的顶端为颖尖，有黄、褐、淡黑褐、紫黑褐等色，为品种重要特征。颖的表面有钩状或针状茸毛。

6. 米粒

米粒与谷粒形状近似，有椭圆形、阔卵形、短圆形、直背形、新月形等。米粒构造分果皮、种皮、糊粉层、胚乳和胚等部分。米的色素在种皮内。胚乳在种皮之内，占米粒最大部分，由含淀粉的细胞组织构成。胚由胚轴、盾片、胚芽、胚芽鞘、胚根等组成。米色有白、乳白、红、紫等色。

（二）籼稻与粳稻的主要区别

栽培稻（*Oryza sativa* L.）可分为籼亚种（*Oryza sativa* L. Subsp *hsien* Ting）和粳亚种（*Oryza sativa* L. Subsp *keng* Ting）两个。其主要形态特征及生理特性差异见表2-2-1。

表2-2-1　籼稻与粳稻的主要区别

项目	形态特征	籼稻	粳稻
植物形态	叶形叶色	叶片较宽，色淡绿	叶片较窄，色深绿
	剑叶开度	小	大
	叶毛多少	多	少或无毛
	芒	多数无芒或短芒	从长芒到无芒，略呈弯曲状
	颖壳	颖毛短而稀，壳较薄	颖毛长而密，壳较厚
	谷粒形状	细而长，稍扁平	短而宽，较厚
	穗型	穗形较小，着粒较稀	穗形较大，着粒较密
	穗颈长短	一般较长	一般较短
	株型	植株高，秆软，株形松散	植株较矮，秆韧，株形紧凑

（续表）

项目	形态特征	籼稻	粳稻
经济形状	谷粒对石炭酸反应	能为石炭酸染色较深	不为石炭酸染色或染色较浅
	脱粒性	易脱粒	难脱粒
	出米率	出米率低，碎米多	出米率高，碎米少
	米质	米质黏性小，胀性大	黏性强，胀性小
生理特性	耐寒性	不耐寒	较耐寒
	发芽	12℃以上发芽，发芽较快	10℃以上发芽，发芽较慢
	分蘖力	分蘖力强，易繁茂	分蘖力弱，不易繁茂
	耐肥性	不耐肥，易倒伏	耐肥，不易倒伏
生育期		短	长

（三）黏稻和糯稻的区别

籼稻与粳稻是由许多变种所组成的，各自依其胚乳的性质不同，又可分为糯性（糯稻）和非糯性（黏稻）。两者在植物学形态上差异很小，主要区别在于米质黏性的大小不同。黏稻的米质黏性小，糯稻的米质黏性大。两者的重要区别如表 2-2-2。

表 2-2-2　黏稻与糯稻的区别

项目	黏稻	糯稻
胚乳颜色	亮白色，透明，有光泽	乳白色，不透明或半透明，无光泽
米质黏性	黏性小	黏性大
胚乳成分	含 70%～80% 支链淀粉，20%～30% 直链淀粉	只含支链淀粉，不含直链淀粉或极少
对 I-KI 液的反应	吸碘性大，呈蓝色	吸碘性小，呈棕色、紫红色

（四）稻和稗草幼苗的识别

稗草为水稻生产中的大敌，由于稻、稗同属于禾本科且形态近似，幼苗较难区别，故增加其防除上的困难。二者的区分见表 2-2-3。

表 2-2-3　水稻与稗草的形态差别

项目	稻	稗
叶耳、叶舌	有	无
中脉	不明显、色淡绿	宽而明显、色较白
叶形	短窄厚	长宽薄
叶色	黄绿	浓绿
茸毛	有	无
叶片着生角度	斜直、角度小	斜平、角度大

（五）实验步骤

1. 水稻的植物学特征观察

取水稻幼苗和刚抽穗的稻株，观察胚根、不定根、胚芽鞘、不完全叶、完全叶、剑叶、小穗、颖果等各部分的形态特征。

2. 籼稻、粳稻的识别

取籼、粳亚种植株，观察比较叶片、颖毛、米粒的形态特征，并比较米粒对石炭酸的反应。

取籼、粳型品种各若干，各品种取试样两份，每份取谷粒或米粒 100 粒，在 30℃温水中浸 6h，把水倒出，再置于 1%石炭酸溶液中染色 12h，然后将石炭酸液倒出，用清水洗种子，再置于吸水纸上过 24h，观察染色情况。

3. 黏稻、糯稻米的碘-碘化钾染色反应

取籼或粳亚种的黏稻和糯稻谷粒及米粒进行比较观察，然后将米粒横切，在横断面上滴碘-碘化钾溶液 1 滴，观察着色反应。

作业与思考

1. 绘一水稻幼苗图，标明胚根、不定根、芽鞘、不完全叶和完全叶。
2. 将观察鉴别籼稻、粳稻的结果填入下表。

籼稻、粳稻性状的调查鉴别

材料序号		1	2	3	4	5	备注
叶	形态						
	色泽						
	顶叶开角						
	叶毛多少						
芒	有无						
	长短						
颖毛							
谷粒	长度（mm）						
	宽度（mm）						
	长／宽						
脱粒性							
染色反应	重复Ⅰ						
	重复Ⅱ						
亚种							

3. 将观察鉴别黏稻、糯稻的结果填入下表。

黏糯稻米粒特性比较

材料序号	胚乳色泽	淀粉遇碘反应	黏或糯
1			
2			
3			
4			

实验三　玉米的形态特征及类型识别

一、目的要求

认识玉米的植物学形态特征，识别并掌握玉米的主要类型。

二、材料及用具

材料：玉米植株，玉米9大类型的果穗、籽粒标本。
用具：钢卷尺、解剖刀、剪刀、放大镜、镊子、铁锨、挂图等。
试剂：碘液。

三、内容与方法

（一）玉米的植株形态

玉米为禾本科（Gramineae）玉蜀黍属（*Zea*），学名为 *Zea Mays*，L.，各部分特征如下。

1. 根

玉米具有发达的须根系（图2-3-1），可深入土层140~150cm以上，向四周伸展可达100~120cm，主要分布在地表下30~50cm的土层内。根据根的发生时期、外部形态、部位和功能可以分为胚根、地下节根（次生根）和地上节根（气生根）。

图2-3-1　玉米的根系

（1）胚根：又称种子根、初生根。种子萌发时首先长出1条初生胚根，1~3 d后从下胚轴处再长出3~7条次生胚根（实为第一层节根）。因是从种子内长出的，因而与初生胚根统称为初生根，是玉米幼苗期主要吸收器官。

（2）地下节根：是三叶期至拔节期从密集的地下茎节上，自下而上轮生而出的根系。一般4~7层，多达8~9层，是玉米一生中最重要的吸收器官。

（3）地上节根：是玉米拔节后从近地面处茎节上轮生出的2~3层根系，又称支持根或气生根。支持根见光后成绿色，比较粗壮，具有吸收养分、合成物质及支撑防倒的重要作用。

2. 茎

由节和节间组成，直立，较粗大，圆柱形，一般高 1～3cm，通常有 14～25 个节，其中 4～6 个密集于地下部。节与节之间称为节间。每节生 1 片叶子，主茎各节除上部 3～7 节外，每节均有 1 个腋芽，其中基部茎上的腋芽能长成侧枝，称为分蘖。

3. 叶

着生在茎的节上，呈不规则的互生排列。全叶由叶鞘、叶片、叶枕、叶舌 4 部分组成。叶鞘紧包着节间，可保护茎秆、增强抗倒伏能力。叶片基部与叶鞘交界处由环状稍厚的叶枕，内生叶舌。叶片着生在叶鞘顶部，形较窄长，深绿色，互生，是光合作用的重要器官。叶片中央纵贯一条主脉，主脉两侧平行分布着许多侧脉，叶片边缘呈波状皱褶，有防止风害折断叶片的作用。

4. 花序

玉米是雌同株异花异位的作物，有 2 种花序。

（1）雄花序：位于茎顶端，为圆锥花序。花序的大小、形状、色泽因类型而异。在花序的主轴和分枝上成行地着生许多成对的小穗，小穗中一为有柄小穗，一为无柄小穗。每小穗的两片颖片中包被着 2 朵雄花，每雄花由内、外稃、浆片、花丝、花药等构成。发育正常的雄花序有 1 000～1 200 个小穗，2 000～2 400 朵小花，每朵小花中有 3 个花药，每 1 花药中有花粉粒 2 500 粒，故一个雄花药有 1 500～2 000 万个花粉粒。

（2）雌花序：由腋芽发育而成，为肉穗花序。玉米植株上除上部 4～6 片叶子外，全部叶腋中都有腋芽，但通常只有植株中部的 1～2 个腋芽能发育成果穗。果穗是变态的茎，具有缩短了的节间及变态的叶（苞叶）。果穗的中央部分为穗轴，红色或白色，穗轴上亦成行着生许多成对的无柄小穗，每 1 个小穗有宽、短的两片革质颖片，夹包着两朵上下排列的雌花，其中上位花具有内外稃、子房、花丝等部分，能接受花粉受精结实，而下位退化只残存有内外稃和雌雄蕊，不能结实。果穗为圆柱形或近圆锥形，每穗具有籽粒 8～24 行。

5. 籽粒（颖果）

籽粒由果皮、种皮、胚和胚乳 4 部分组成。果皮与种皮紧密相连不易分开。玉米籽粒的胚比较肥大，一般占粒重的 10%～15%。胚乳是贮藏有机营养的地方，根据胚乳细胞中淀粉粒之间有无蛋白质胶体存在，把胚乳分为角质胚乳和粉质胚乳两种类型；又由于支链淀粉和直链淀粉的含量不同，有蜡质胚乳和非蜡质胚乳之分。籽粒的颜色有黄、白、红、黑等单色的，也有杂色的，但生产上常见的是黄色和白色两种。种子外形有的近于圆形、顶部平滑，有的扁平形、顶部凹陷。种子大小不一，千粒重一般 200～250g，最小的只有 50 多 g，最大的达 400g 以上。每个果穗的种子占果穗重量的百分比（籽粒出产率）因品种而异，一般是 75%～85%。

（二）玉米的栽培亚种（类型）

通常根据籽粒形状、胚乳淀粉的结构分布，以及籽粒外部稃壳的有无等性状，将玉米划分为 9 大类型（亚种），具体特征如下。

1. 硬粒型（*Zea mays* L. indurate Sturt.）

又称普通种或燧石种。果穗多为圆锥形，籽粒顶部圆而饱满，顶部和四周均为角质胚乳，中间为粉质。籽粒外表透明、坚硬、有光泽、多为黄色，次为白色，少部分为红、紫色。品质较好，耐低温，适应性强，成熟早，产量虽低，但较稳定，是生产上的主要类型之一（图 2-3-2）。

2. 马齿型（*Zea mays* L. indentata Sturt.）

又称马牙种。果穗多呈圆筒形，籽粒较大，扁长、呈马齿状。籽粒胚乳两侧为角质淀粉，顶部和中部为粉质淀粉，成熟时顶部凹陷呈现马齿状。一般粉质淀粉越多，凹陷越深。品质较差，成熟晚，但株植高大、需肥水较多，增产潜力大，产量较高，目前栽培面积较大，是生产上的主栽类型之一（图 2-3-3）。

图 2-3-2　硬粒型玉米果实籽粒

图 2-3-3　马齿型玉米果实籽粒

3. 半马齿型（*Zea mays* L. semindentata Kulesh.）

又称中间型。是由硬粒型与马齿型杂交而成的。与马齿型相比，籽粒顶部凹陷不明显或呈乳白色的圆顶，角质胚乳较多，种皮较厚，边缘较圆。植株、果穗的大小、形态和籽粒胚乳的特性都介于硬粒型和马齿型之间。籽粒的颜色、形状和大小都具有多样性，产量一般较高，是各地生产上普遍栽培到一种类型（图 2-3-4）。

4. 蜡质型（*Zea mays* L. *sinensis* Kulesh.）

又称糯质型。籽粒胚乳全部为角质，透明而且呈蜡状，胚乳几乎全部由支链淀粉所组成。食性似糯米，黏柔适口。中国只有零星栽培（图 2-3-5）。

图 2-3-4　半马齿型玉米果实籽粒

图 2-3-5　蜡质型玉米果实籽粒

5. 粉质型（*Zea mays* L. *amylacea* Sturt.）

又名软质种。果穗和籽粒与硬粒种相似，但籽粒外观不透明，表面光滑，无光泽。该类型籽粒胚乳全部由粉质胚乳所构成，或仅在外层有一薄层角质淀粉。籽粒乳白色，含淀粉约 71.5%~82.66%，质地较软，极易磨成淀粉，是制淀粉和酿造的优良原料（图 2-3-6）。

6. 甜质型（*Zea mays* L. *saccharata* Sturt.）

又称甜质种（甜玉米）。果穗中等，苞叶长，籽粒扁平，成熟时表面皱缩，且坚硬而透明，表面及切面均有光泽，胚较大。乳熟期籽粒含糖量为15%~18%，高达25%，比普通玉米高2~4倍。籽粒形状及颜色多样，以黑色及黄色者较多。根据含糖量可分为普通甜玉米、超甜玉米和加强甜3种，近年来各地多有种植，多鲜食、做蔬菜或制作罐头（图2-3-7）。

图2-3-6　粉质型玉米果实籽粒

图2-3-7　甜质型玉米果实

7. 爆裂型（*Zea mays* L. *everta* Sturt.）

又称爆裂种。果穗较小，穗轴较细、粒小，胚乳及果实均很坚硬，籽粒圆形或顶端突出，除胚乳中心部分有极少量粉质胚乳外，其余均为角质胚乳，故蛋白质含较高。籽粒加热后，由于外层有坚韧而富弹性的胶体物质，内部胚乳在加热时体积又能猛裂膨胀冲破外层而翻到外面，故有爆裂性，其爆裂后籽粒的膨胀系数大25~45倍。根据籽粒形状不同，可分为两类：一类为米粒型，籽粒较大，顶端尖，呈大米米粒形，多白色；另一类为珍珠型，籽粒较小，顶部圆形如珍珠，多金黄色或褐色。此种类玉米多用于制作糕点之用（图2-3-8）。

8. 甜粉型（*Zea mays* L. *amyleo-sccharala* Sturt.）

又称甜粉种。籽粒上部为含糖分较多的角质胚乳，似甜质型，而下部为粉质胚乳。该类型我国目前没有种植（图2-3-9）。

图2-3-8　爆裂型玉米果实籽粒

图2-3-9　甜粉型玉米果实籽粒

9. **有稃型（*Zea mays* L. *tunicata* Sturt.）**

又称有稃种。有稃型属最原始的类型。果穗
上每一籽粒外面均由一变态长大的稃壳包住，稃壳顶端有时有长芒状物，籽粒坚硬，多圆形，其顶端较尖，外部多为角质淀粉，脱粒极难（图 2-3-10），无生产价值，我国各地均无栽培。

图 2-3-10 有稃型玉米果实籽粒

（三）特用玉米的分类

特用玉米也称专用玉米，是指除普通玉米以外品质或用途特用的各种玉米，一般包括食用型特用玉米（甜玉米、糯玉米、笋玉米、爆裂玉米）、工业特用玉米（高赖氨酸玉米、高油玉米、高淀粉玉米）及饲用玉米（青饲青贮）三大类型。

1. **甜玉米**

甜玉米因其籽粒在乳熟期含糖量高而得名。它的用途和食用方法类似于蔬菜和水果的性质，可蒸煮后直接食用，又被称为蔬菜玉米和水果玉米；它还可加工制成各种风味的罐头和加工食品、冷冻食品，也有人称之为罐头玉米。生产上应用的有普通玉米、超甜玉米和加强甜玉米类型。

2. **糯玉米**

糯玉米又称黏玉米。糯玉米籽粒中的淀粉完全是支链淀粉，籽粒中的水溶性蛋白和盐溶性蛋白的含量都较高，而醇溶蛋白比较低，其消化率可达 85%。而普通玉米籽粒中，支链淀粉仅占 72%，消化率仅为 69%。常食糯玉米有利于防止血管硬化、降低血液中的胆固醇含量，还可以预防肠道疾病和癌症的发生。因此，开发利用糯玉米具有较高的经济价值，既可以为市场提供鲜食、速冻或灌装玉米，又可生产籽粒供粮用、饲用或用作工业原料。

3. **笋玉米**

笋玉米是指以采收玉米幼嫩果穗为目的玉米。笋玉米食用部分为玉米的雌穗轴以及穗轴上一串串珍珠小花。它营养丰富、清脆可口、别具风味，是一种高档蔬菜。根据消费者的需要、通过添加各种佐料，可制成不同风味的罐头，这种罐头在国际市场上很有竞争力。也可用于爆炒鲜笋、调拌色拉生菜、研制泡菜等，是宴席上的名贵佳肴。

4. 爆裂玉米

爆裂玉米籽粒富含蛋白质、淀粉、纤维素、无机盐及维生素 B_1、维生素 B_2 等多种维生素。因此食用爆裂玉米花不仅可获得丰富的营养，而且常进食有利于牙齿保健，增加胃肠的蠕动，促进食物的消化吸收。在爆制玉米花过程中，加入糖、油、香料等调味品，可得到多种口味的玉米花，以满足消费者的需求。爆米花是一种色、香、味、形俱佳，营养丰富、容易消化、老幼皆宜的方便食品。

5. 高赖氨酸玉米

高赖氨酸玉米又称优质蛋白玉米。因为籽粒中氨基酸含量高得名。一般普通玉米的赖氨酸含量仅为 0.20%，色氨酸为 0.06%，而高赖氨酸玉米分别达到 0.48%和 0.13%，比普通玉米高一倍以上。此外，高赖氨酸玉米籽粒中组氨酸、精氨酸、天门冬氨酸、甘氨酸、蛋氨酸等含量略高于普通玉米，使氨基酸在种类、数量上更为平衡。因此高赖氨酸玉米的蛋白品质接近于鸡蛋，与牛奶相似，赖氨酸含量比小麦高。高赖氨酸玉米可制成饼干、蛋糕、饴糖等食品，其营养价值更高。同时，高赖氨酸玉米鲜穗可青食，籽粒也是畜禽优质的高营养饲料。

6. 高油玉米

高油玉米是指玉米籽粒含油量比普通玉米高 50%以上的玉米类型。普通玉米的含油量一般在 4%~5%，而高油玉米的含油量高达 7%~10%，有的高达 20%以上。其价值主要表现在由玉米胚芽榨出的玉米油。玉米油的主要成分是为脂肪酸甘油酯。高油玉米和普通玉米相比，具有高能、高蛋白、高赖氨酸、高色氨酸和高维生素 A、维生素 E 等优点。作为食用，不仅产热高，而且营养价值高、适口性好。作为饲料可提高饲料利益效率。用来加工，可比普通玉米增值 1/3 左右。

7. 高淀粉玉米

高淀粉玉米是指籽粒淀粉含量达 70%以上的专用型玉米，而且普通玉米只含有 60%~69%的淀粉。发展高淀粉玉米生产，不但可以为淀粉工业提供含量高、质量佳、纯度好的淀粉，而且加工淀粉后的废料还可提取玉米油、玉米蛋白粉、胚芽饼和粗饲料，加之玉米具有产量高、适应性强、易种植等特点，因此，种植高淀粉玉米可以获得较高的经济效益。

8. 青饲青贮玉米

青饲青贮玉米是指专门用于饲养家畜的玉米品种。按其植株类型，可分为单秆大穗型和分枝多穗型；按其用途可分为青贮专用型和粮饲兼用型。分枝多穗类型的青贮玉米分蘖性强，茎叶丛生，单株生物学产量高，并且多穗，可以使植株的青穗比例增加，蛋白质含量提高。单秆大穗类型的玉米基本上没有分蘖，一般植株高大，叶片繁茂，茎秆粗壮，着生 1~2 个果穗活秆成熟，单面积产量主要通过增加种植密度来实现。作为饲粮兼用的玉米，必须具有适宜的生育期和较高的籽粒、茎叶产量及活干成熟的性能，以保证在果穗籽粒达到完熟期进行收获时，仍能收获到保持青绿状态的茎叶以供青贮。

（四）实验步骤

(1) 取玉米幼苗（可室内培养）及成熟期植株，按根、茎、叶、花、穗、果实的顺序，仔细观察各部位的形态特征。

（2）取玉米各种类型的果穗和籽粒，结合挂图，辨识各类型的果穗及籽粒特征。并将籽粒纵剖开，观察剖面结构即角质胚乳与粉质的分布情况。

作业与思考

1. 观察玉米各部位形态特征，取果穗横断面，绘图并标明各部位名称。
2. 观察各类玉米籽粒的剖面结构，并绘剖面图，注明角质与粉质的分布。

实验四　高粱的形态特征及类型识别

一、目的要求

认识高粱的植物学形态特征，识别并掌握高粱的主要类型。

二、材料及用具

材料：不同高粱品种的植株及有关穗部、籽粒标本。
用具：解剖刀、剪刀、放大镜、镊子、挂图等。

三、内容与方法

（一）高粱的形态特征

高粱（*Sorghum bicolor* Linn. Moench）属于禾本科高粱属的一个栽培种，为一年生草本。各部分特征如下。

1. 根

高粱根系由初生根和永久根组成，永久根又分为次生根和支持根（也称气生根）两种。

（1）初生根：初生根（又称种子根）是由胚根发育形成的，只有1条。

（2）次生根：次生根（又称永久根）当幼苗长出3~4片叶时，从芽鞘基部长出几条此生不定根。随着幼苗的生长，从地下和地上基部各茎节的基部不断地产生次生不定根，有明显的层次，由它们构成高粱根系的主体。

（3）支持根：抽穗以后，在茎基部的1~3节上还生有支持根（又称气生根）。支持根暴露与空气中，表皮角质化，含胶质，有时含叶绿素，呈淡绿色。其厚壁组织发达，支撑能力强，能增强植株抗倒伏能力。

2. 茎

高粱茎又称茎秆，由节和节间组成。呈圆筒形，表面光滑。节间的多少和长短因品种和栽培条件而异。早熟种10~15节，中熟种16~20节，晚熟种20节以上。目前栽培的粒用高粱杂交种，其株高多2m左右的中高秆类型；饲用甜高粱杂交种多为3m以上的高秆类型。茎的地上部有伸长节间10~18个，地下部有5~8个不伸长的节间。高粱生育中后期，在茎秆表面能形成白色的蜡粉，可防止体内水分蒸发和外部水分渗入，是高粱增强耐旱耐涝能力的重要生理构造之一。高粱茎秆是实心的，髓既可以是坚实多汁的，又可以是干枯的（成熟时）。

高粱由近地面所发生的分枝同时又能产生不定根，故称为分蘖。最先产生的分蘖称为一级分蘖，由此再发生的分蘖称为二级分蘖，以此类推。

3. 叶

高粱叶由叶片、叶鞘和叶舌组成。叶片被有蜡质，叶片多呈披针形，中央有一个大的主脉（中脉），颜色因品种而异，多呈白、黄、暗绿三种。中脉色是一个相对稳定的遗传性状，可作为田间去杂鉴别的依据。我国高粱栽培种多为不透明白色叶脉，也有黄色叶脉。叶的数目和茎的节数相同，一般以上部的第二、第三叶片对籽粒产量的贡献最大。叶的两面有单列或双列气孔，叶上有多排运动细胞，干旱条件下，这些细胞能使叶片向内卷起，起到抗旱作用。

4. 花序

高粱的花序为圆锥花序，多数品种在穗的中间有一明显的直立主轴，称穗轴。穗轴具棱，由4~10节组成，每节轮生出5~10个第一级枝梗，第一级枝梗上着生第二、第三级枝梗，小穗成对着生在第二、第三级枝梗上。其中较大的是无柄小穗（可育的），较小的是有柄小穗（雄性可育或不育）。在第三级枝梗的顶端，一般着生3个小穗，中间为无柄小穗，两侧为有柄小穗。无柄小穗外有2枚护颖，中间着生2朵小花。其上位花能结实，由内外颖（外颖通常有芒，内颖则小而薄）、3枚雄蕊和1枚雌蕊组成。另一朵是下位花，为退化花，一般只有1枚膜状外颖。但也有个别品种能发育并结实。

5. 籽粒

高染籽粒，习惯上称为种子，属颖果。种子呈卵形或椭圆形，呈褐色、橙色、白色或淡黄色。开花受精18d后，籽粒已经基本形成，随后成熟过程也分乳熟期、蜡熟期和完熟期。小粒种的千粒重在15g以下，中粒种15~26g，大粒种26g以上。

高粱与玉米的根、茎形态大致相似，但高粱根群比玉米更发达，抗旱耐瘠能力比玉米强。高粱一般仅10~13个节，基部有2~3个芽发育成分蘖。

（二）高粱的类型

1. 根据穗形构造分类

根据穗的结构，普通高粱分为2个亚种。

（1）散穗高粱：穗型松散。因穗轴及侧枝的长短不同可分为2种，即直散穗型（具有长的穗轴和较短的分散侧枝）和下垂散穗型（具有短的穗轴和长的分散侧枝）。

（2）密穗高粱：穗型紧密，分枝很短，且密集在一起。在这个亚种中，根据穗颈的直立与弯曲又可分为穗颈直立、穗颈下弯型2种。

2. 根据栽培目的分类

通常按用途将高粱品种分5种类型。

（1）食用高粱：包括所有作为食用而栽培的品种。这类高粱植株高矮不等，分蘖力较弱，茎中的髓质呈干燥或半干燥状态，成长的植株叶片中脉呈黄色或白色，节间比叶鞘短。籽粒通常为颖片所包被或稍裸露，且易落粒（图2-4-1）。

（2）糖用高粱：植株高大，分蘖力强，茎髓多汁而甜，含糖分8%~19%，叶片中脉绿色，节间比叶鞘长，籽粒通常为颖片所包被或稍裸出，不易脱粒。可供制糖浆或饲料用（图2-4-2）。

（3）牧草用高粱（高丹草）：分蘖力强，茎细，生长势旺盛，收获产量较高，可作为青饲、干草、青贮、放牧之用（图2-4-3）。

（4）帚用高粱：通常无小穗轴较短。分枝发达，茎秆髓部完全部干燥，叶中脉白色，穗子下垂，不易落粒。主要供制扫帚所用（图2-4-4）。

图 2-4-1　食用高粱

图 2-4-2　糖用高粱

图 2-4-3　牧草用高粱（高丹草）

图 2-4-4　帚用高粱

（5）兼用高粱：籽粒品质较佳，分蘖力强，茎秆中又含有较多的汁液，收获后可供食用饲用及其他多用种用途（图 2-4-5）。

图 2-4-5　兼用高粱

（三）实验步骤

（1）取高粱幼苗（可室内培养）及成熟期植株，按根、茎、叶、花、穗、果实的顺序，仔细观察各部位的形态特征。

（2）取高粱各种类型的果穗，结合挂图，辨识各类型的果穗及籽粒特征。

作业与思考

1. 绘出各类型高粱花序和小穗的示意图。
2. 结合玉米的形态识别，列表比较玉米高粱的形态特征。

玉米、高粱植物学形态特征比较

形态特征	茎			叶			小穗和小花			果实	
	形状	颜色	蜡粉	大小	宽窄	颜色	小穗	小花	大小	形状	稃片包被
玉米											
高粱											

实验五　谷子等粟类作物形态特征观察

一、目的要求

从穗部性状上认识粟类作物的栽培种，从种子、幼苗、植株穗部的形态特征区别谷子、糜子等的不同类型。

二、材料用具

材料：粟类作物的挂图、标本和实物；不同类型谷子和糜子的种子、幼苗、穗部等实物。

用具：放大镜、镊子、剪刀、米尺、瓷盘。

三、内容与方法

（一）粟类作物及花序检索

粟类作物是指禾本科中，凡籽粒较小，茎叶繁茂、籽粒饲用的一年生和谷子有类似性状的作物合称为粟类作物。其栽培种有5种。

1. 粟（谷子）

俗称谷子，是我国北方最主要粟类作物之一，欧亚各国也普遍种植（图2-5-1）。它有可分为两个亚种类型）：一是大粟（食用粟），其穗型较大，且下垂，小穗着生较稀疏，多食品用，就是指平时说的小米。其植株高大，各部分发育旺盛，生长期长。二是小粟（饲用粟），穗短小而密，不下垂，多作饲用。其植株较矮，生长期短，抗旱性强。

2. 黍稷（糜子）

另一重要的粟类作物，我国西北和中亚广泛种植（图2-5-2）。糯性为黍（黏糜子、软糜子），粳性为稷（硬糜子）。

图2-5-1　粟（谷子）

图2-5-2　黍稷（糜子）

3. 食用稗

是稗的变种之一，米粒较稗大，蛋白质含

量高，可食用或饲用。我国低洼、盐碱地区和日本、印度有种植（图 2-5-3）。

4. 龙爪稗

原产非洲，现今马来西亚、印度、埃及等地有种植（图 2-5-4）。

图 2-5-3　食用稗

图 2-5-4　龙爪稗

5. 蜡烛稗（珍珠粟）

原产热带地方，为饲料作物（图 2-5-5）。

图 2-5-5　蜡烛稗（珍珠粟）

以上 5 种粟类作物，可从花序形态上加以区别，分类检索表如下。

（1）花序为总状或复穗状，即小穗长在中轴的短分枝上，外形似穗状，实为复总状，每个小穗柄的下部着生许多刺毛。

（2）单穗，每个小穗内具有 1 个完全花。

（3）穗型较疏，成熟时刺毛和小穗一同脱落，种子包在内外颖壳之内的为粟。

（4）穗型较密，成熟时刺毛与小穗一同脱落，种子与内外颖容易分离的为蜡烛稗。

（5）复穗，伞形，每小穗内具有 2~10 个完全花，种子成熟时容易与内外颖分离的为龙爪稗。

（6）花序为复总状，即穗轴分枝在一次以上，分枝较长，小穗长在分枝上，每小穗下部无刺毛。

（7）穗散开下垂，护颖无芒的为黍稷。

（8）穗较短，不散开，护颖无芒的为食用稗。

（二）粟（*seferia ifaliia* L.）的形态特征

1. 根

粟根系强大发达，入土深度可达 1.0~1.5 m，但大部分在 10~15cm 的耕作层中。

2. 茎

茎圆柱形，直立，中空，株高 60~150cm，地上部分有 10~15 节，茎色因品种不同而异，多绿色和紫色两种，单株分蘖 1~3 个，饲用粟多达 10 个以上。

3. 叶

叶片呈线状披针形，先端尖锐，叶面粗燥，长有褐色细毛。夜色可分深绿、紫和淡紫色。叶鞘较节间为长，叶舌短，无叶耳。

4. 花序

为圆锥花序，穗轴粗壮，密生茸毛，穗轴上一般可生出三级分枝，小穗成簇聚生于第三级分枝上，每小穗基部着生 3~5 根刚毛。小穗内有两朵花，一朵结实，一朵退化。结实花具有坚韧光滑的内、外稃各一，雄蕊 3 枚，雌蕊 1 枚。退化花剩外稃或退化的内稃。

5. 穗部形状

可分为 3 种类型，即纺缍形：穗顶端较尖；圆筒形：穗粗，呈棍棒状，先端齐头；异形穗：有鸡爪形、鸭嘴形、龙角形等。

6．果实

果实为小而圆的颖果，色分为黄白、黄、橙红等，千粒重 2~5g。

（三）黍（稷）（*Panicum milaceum* L.）的形态及类型

1. 形态

黍稷，又名糜子，是粟类作物里又一重要作物。一般认为秆上有毛、偏穗、糯性者为黍。秆上无毛，散穗、粳性者称为稷。黍、稷的形状相似。穗为圆锥花序，穗轴上有分枝，其顶端着生卵圆形小穗，内有两朵小花，上位花结实，下位花退化。结实花内有外稃、内稃各一，雄蕊一枚，雌蕊一枚。内外稃成熟时坚硬有光泽。籽粒比谷子略大，千粒重 5~7g。

2. 类型

我国栽培的黍（稷）主要类型有 3 种：①散穗型（又名稷型），穗的分枝向四面散开；②侧穗型（又名黍型）穗的分枝集中一侧而倾斜；③密穗型（又名黍稷型），穗的分枝密集而直立。

（四）粟和黍（稷）在形态上的主要区别

详见表 2-5-1。

表 2-5-1　粟和黍（稷）在形态上的主要区别

部位		粟（谷子）	黍（稷）（糜子）
幼苗		叶片、叶鞘较窄长，叶色较浅，茸毛短少，茎基部多呈扇形，直立性较强	叶长，叶鞘较宽短，叶色绿，密生灰白色长茸毛，茎基部多呈圆形、节间短，匍匐性较强
茎		直立，一般较高，茎中空稍有髓，稍细，分蘖节以上无分枝	倾斜或直立，一般较低，节间中空，节上生短毛，较粗，分蘖节以上可以产生分枝
叶	叶鞘	有短茸毛或光滑	密生长茸毛
	叶片	叶窄，色较深，茸毛少而短	叶宽，色较淡，茸毛多而长
花序及果实		枝梗密集，呈穗状，籽粒较小无光滑	枝梗松散，籽粒较大有光泽，且光滑

（五）实验步骤

（1）取粟类作物的果穗实物或标本，仔细观察，从穗部结构特点区分各粟类作物。

（2）观察黍和稷的成株及籽粒，并用碘液检查它们的淀粉成分。

作业与思考

1. 观察谷子、糜子、食用稗、龙爪稷、蜡烛稗的穗部特征，画出示意图。
2. 比较谷子和糜子的幼苗、花序和果实，将观察结果填入下表。

谷子糜子形态观察

项目		谷子	糜子
根系	类型		
茎	直立与否，形状，表面有无蜡粉等		
分蘖	数目		
叶	宽窄及边缘特征，有无茸毛及蜡粉，颜色、叶鞘包被节间与否，主脉颜色		
小穗及小花	由几朵花构成		
	颖片角质或膜质		
	内外稃的质地及退化与否		
	小穗下部有无硬毛		
果实	大小及形状，有无内外稃包被		
千粒重（g）			
其他			

3. 根据谷子、糜子种子特点，在播种时应注意什么问题？

实验六 荞麦的形态特征及类型观察

一、目的要求

了解荞麦的一般形态特征，并从幼苗、根系、花序、果实等形态特征识别甜荞和苦荞。

二、材料用具

材料：荞麦的植株标本、挂图；不同类型的幼苗、花序、果实等植株实物。
用具：放大镜、镊子、剪刀、米尺、瓷盘。

三、内容与方法

（一）荞麦的形态特征

荞麦（*Fagoprum esculenfum* Moench），又叫三角麦，属蓼科（Poiygonaceae）荞麦属（*Fagypyrum* Gaerth），但作物分类上按用途归于禾谷类作物。

1. 根系

荞麦根系属直根系，由种子根和次生根组成。种子根是由胚根发育而来的，又叫初生根。胚根长2~5cm时，开始生长侧根，即次生根；3叶期即可形成网状根系结构。荞麦的主根较粗长，侧根较细，成水平分布。

2. 茎

荞麦的茎直立，株高60~100cm，最高达130cm。主茎粗5~7mm，有10~15个节。茎为圆形，稍有棱角，绿色或红色。节处膨大，略弯曲。生长前期茎中部有髓，生长中后期逐渐变空并木质化。主茎节叶腋除长出的分枝为一级分枝，一级分枝叶腋处长出的分枝叫二级分枝。

3. 叶

荞麦的叶有子叶（胚叶）、真叶和花絮上的苞片。子叶出土，对生于子叶节上。真叶为完全叶，由叶片、叶柄和托叶三部分组成。甜荞叶片顶端渐尖，基部心形或剑形；苦荞叶片顶端急尖，基部心形。

4. 花序

荞麦为顶生或腋生的聚伞花序，直立或下垂，上面有密集的花。每一朵花，萼片5枚，花被中上部呈白色、粉红或红色。雄蕊8枚，外轮5，内轮3，基部有密腺8个。雌蕊1枚，三叉柱头。甜荞花较大，为两型花，有两种，异化授粉，即一种植株上的花为长花柱，短雄蕊的花；另一种植株上的花为短花拉，长雄蕊的花。

在同一种植株上只有一种花型。在同一群体长花柱花和短花柱花比例大致相等。只有同型花之间授粉才能结实。苦荞花较小，为同型花，雌雄蕊等长，自花授粉。

5. 果实

果实为三棱卵圆形瘦果，银灰褐至褐色或黑色，种皮薄，胚乳占大部分。千粒重约

18~32g。种子淡褐色。

（二）荞麦的栽培种

我国栽培的荞麦主要有两种。

1. 普通荞麦或称甜荞

籽实品质好，作食用。为我国各地栽培最多的一种（图 2-6-1）。荞麦优良品种主要有新疆荞麦、北海道荞麦、榆荞 1 号、平荞 2 号、晋荞麦（甜）1 号、定甜荞 1 号、美国甜荞日本大粒荞麦、宁荞一号等。

2. 鞑靼荞麦或称苦荞

籽实味苦，食用或饲用（图 2-6-2）。主要有晋荞麦（苦）2 号、六苦 2 号、宁荞二号（苦荞）等品种。

图 2-6-1　甜荞

图 2-6-2　苦荞

两者形态上的主要区别见表 2-6-1。

表 2-6-1　两种荞麦类型主要形态区别

性状	甜荞	苦荞
幼苗	子叶大，常有花青素色泽	子叶小，色由淡绿到浓绿
茎	细长，常有棱角，浅红绿色	粗矮，常光滑，绿色
根系	无菌根	有菌根
叶	三角形或戟形，基部有或无不太明显的花青素的斑点	形状与普通荞麦相同，但较圆，基部常有明显的花青素斑点
花序	总状花序短而密集成簇，而上部果枝为伞形花序	在所有果枝上有疏松的总状花序
花	较大，有香味，白色为主，也有红色，两型花、适于异花授粉	较小，主为紫色，也有淡黄绿色，无气味，有等长的雌雄蕊，适于自花授粉
果实	瘦果，较大，呈三棱形，棱角短，表面光滑	瘦果，较小，表面较粗糙，三棱形下明显，棱呈波纹，中央有凹陷

（三）实验步骤

（1）观察比较甜荞和苦荞的幼苗、成株和果实，记下二者之间的主要差别。

（2）仔细观察荞麦花的构造，了解其在生产上的意义。

作业与思考

1. 对照表 2-6-1，说明两种荞麦类型的主要区别。
2. 荞麦花的构造有怎样的特点，在生产上有何意义？

实验七　食用豆类作物形态特征识别

一、目的要求

了解豆类作物的一般形态特征，并从种子、幼苗、植株的形态特征区别大豆、蚕豆、豌豆、绿豆、小豆、豇豆。

二、材料用具

材料：主要食用豆类作物的新鲜植株或标本，花序及种子，幼苗。大豆的不同类型植株。

用具：放大镜、镊子、剪刀、米尺、瓷盘。

三、内容与方法

食用豆类作物是仅次于禾谷类作物的一大类作物，属于豆科（Leguminosae），蝶形花亚科（Papilionideae），大豆属（*Glycine*）。我国栽培的主要食用豆类作物有大豆、豌豆、蚕豆、绿豆、小豆、豇豆、菜豆等。

（一）食用豆类作物共同特征

1. 形态构造

根为直根系，有明显的主根与侧根，根上着生根瘤。茎上有节，节生分枝。食用豆类作物成株的叶为复叶，叶片基部都具有托叶，托叶的大小、形状依作物而异。花为蝶形花，花萼、花瓣各5片（旗瓣1片，翼瓣2片，龙骨瓣2片），雄蕊1个，雄蕊10枚，9个连在一起，1个离开，成为二体雄蕊，花序为腋生总状花序。

2. 种子形态

豆类作物种与禾谷类不同，它们本身就是植物学上的种子。通常大家看到的豆荚，就是果实，叫荚果，见表2-7-1。

豆类作物种子，没有胚乳，胚包在较坚硬的种皮之内。种皮一般光滑，有的则有皱褶，如甜豌豆。所有豆类作物种子表面均有一明显的种脐，是株柄与胚珠联接的地方。种脐的大小、颜色、形状以及在种子上的位置因作物不同而差异。紧靠种脐处的小孔为珠（萌芽孔），在种脐的附近，珠孔相对的一端有一小突起或小点，即合点。

去种皮后，可见种子内部构造有胚芽、胚轴、胚根和两片肥厚的子叶4部分。子叶是豆类作物贮存养分的器官，含有丰富的蛋白质、脂肪及淀粉等。

豆类作物的种皮较厚而硬，这主要是由其结构所决定的。在种皮的最外层被角质层包裹（胚处无角质），其内为厚壁的栅状细胞层，再内为一层（近胚处层数加多）厚壁的钟罩形柱状细胞，继之为压缩在一起的数层薄壁细胞。由于上述结构，所以豆类作物种子发芽时只能从种脐和珠孔处吸进水分，有时由于种子过于干燥，厚壁细胞排列过于密集，使水分难于渗入，即形成硬实。

3. 幼苗生长

食用豆类作物种子吸水萌发后，胚根自珠孔穿出扎入土中。在根生长的同时，主茎亦伸长，先拱成膝状，出土后逐渐伸直。一些豆类作物属于下胚轴伸长，所以在发芽后胚轴伸长时将子叶带出土面，称为子叶出土型。出土后，子叶逐渐展开，中加幼芽。这类如大豆、菜豆、豇豆和绿豆。另一些豆类作物则属于上胚轴伸长，子叶不露出地面，称为子叶留土型。这类如蚕豆、豌豆、小豆等。见表 2–7–2。

出苗后，陆续长出真叶，三出复叶类的豆类作物先长出一对单叶，然后长出本作物所具有的典型复叶；而羽状叶类的豆类作物则直接长出复叶，只是先长出的复叶的小叶数略少，后长出的复叶小叶数较多。

表 2–7–1　食用豆类作物种子的区别

豆类作物	种子			种脐		
	大小（mm）	形状	色泽	着生位置	形状	色泽
大豆	6~13	球形、椭圆形至长筒形	黄、绿、褐、黑、单色或杂色	偏于种子合点一端	长椭圆形合点凸起不明显	淡白色、褐色、黑色
蚕豆	22~30	扁平，扁椭圆形	褐色、黑色、单色	在种子末端凹槽上	长椭圆形	黑色、褐色等
豌豆	4~9	球形，圆中带棱，光滑或有小皱纹	白、黄、绿、灰褐、黑色常带花纹	居于种子中间	圆形	淡褐或黑色
扁豆	3~8	圆形扁平，边缘锐利或较钝厚	绿、黄褐至黑色，单色或有花纹	在种子棱上	细长形	多与种子同色
绿豆	3~5	圆至圆柱形	黄、绿、黑、略有斑点	居于种子中间	椭圆，合点凸起明显	白色
菜豆	8~15	半肾脏形或肾脏形	单或杂各种色，种皮有光泽	居种子中间凸处	椭圆形，合点凸起明显	
豇豆	6~13	肾脏形与长椭圆形	有单、复色两种。红、白、黑褐色，白斑红斑褐底花纹	偏于种子合点一端	三角形	有白、黑两色
小豆	3~7	斜圆柱形，靠合点端为平面，珠孔端为倾斜面	红色为主，有黑、白、淡绿、花灰等	靠近种子合点一端	长椭圆，种脐不凸出	白色

表 2–7–2　食用豆类作物的幼苗区别

豆类作物	子叶出土与否	初生真叶				复叶		
		结构	形状	类型	小叶形状	叶面茸毛性状	卷须有无	托叶
大豆	出土并变绿存留时长	单	长心脏形至卵圆形	三出	卵形至尖卵形	被密毛	无	披针形
蚕豆	不出土	复	倒卵形至椭圆	偶数羽状	椭圆至矩形	光滑，但被蜡粉	针状窄长	半箭头状

（续表）

豆类作物	子叶出土与否	初生真叶		复叶				
		结构	形状	类型	小叶形状	叶面茸毛性状	卷须有无	托叶
豌豆	不出土	复	卵圆形倒卵形	偶数羽状	椭圆至矩形	光滑被白蜡粉	有	大小卵形
扁豆	不出土	复	倒卵形椭圆形	偶数羽状	阔卵至椭圆形	被稀毛无白粉	有	披针形
绿豆	出土但脱落早	单	窄、披针形	三出	阔卵至菱卵形	光滑，稍有茸毛	无	三角卵形
豇豆	出土并变绿，脱落早	单	宽披针形	三出	斜阔卵形至棱形	光滑	无	三角卵形
菜豆	出土变绿脱落早	单	宽披针形	三出	卵形、心脏形	光滑、稍有绒毛	无	卵圆、披针形
蔓豆	不出土	单	窄、披针形	三出	三角卵形	光滑或被有毛	无	卵披针形

（二）各种食用豆类作物形态区别

1. 栽培种大豆（*Glycine max*（L）Merill）（图 2-7-1）

（1）根系：为直根系，主根四周多生侧根，大部分根群分布在 50cm 土层内。

（2）茎：茎粗硬强韧，略圆而中实，茎幼嫩进因品种呈紫色或绿色，一般紫色的开紫花，绿色的开白花，茎呈直立、蔓立、半蔓立 3 种形态。主茎上多丛生分枝，也有分枝少的。

（3）叶：叶为复叶，通常由 3 片小叶组成，幼苗出土后，子叶节上位的第一真叶为单叶，对生。叶呈披针形、卵圆形、椭圆形、心脏形等；叶全缘，表面有细毛，但也有光滑的；叶柄较长，基部有托叶一对。

（4）花序：总状花序，着生于主茎和分枝的叶腋间。或着生于两者的顶端，花梗短小，花成簇而生，每一花簇通常有花 15~20 朵；花为蝶形花，花色分紫、白两种，每朵花由花萼（5）、花瓣（5）、雄蕊（9+1）和雌蕊（1）组成。子房一室，呈扁平状，内有胚珠 1~4 个。

（5）果实：荚果，长 2. 5~7. 0cm，宽 0. 5~1. 5cm，内含种子 1~4 粒，通常为 2~3 粒，千粒重 200~500g。

（6）种子：球形、椭圆形或长圆形等，种子上的脐是珠柄与种子相联的痕迹，脐色是鉴别品种的重要特征。

2. 蚕豆（*Vicia faba* L.）（图 2-7-2）

（1）根：为直根系，主根较粗，根深可达 80~100cm 以上。

（2）茎：茎直立，较粗，呈四方形；表面无毛，中空。自子叶节以上的几个节都可以生分枝。

（3）叶：子叶不出土，初生叶为两片互生的不完全叶。其上各节着生由 2~8 片小叶构成的羽状复叶；下部小叶互生，顶部的对生，小叶全缘，卵形或椭圆形。叶面光滑无卷须，托叶呈箭头状着生于茎及叶柄交界之两侧；叶正面绿色，背面灰绿色，常有一紫色小班点似的蜜腺。

（4）花序：花是自叶腋间生出短花轴的总状花序，上生 2~6 朵，但成荚的只有 1~3 个。花为白色或淡紫色，花萼为淡绿色或淡紫色。翼瓣上有一个明显的大黑斑；花柱与子房几乎成直角，柱头上有明显的茸毛。

（5）果实：果荚大而皮厚，嫩时为绿色，成熟时呈黑色，每荚结籽 2~7 粒；小粒种百粒重>60g，大粒种百粒重>100g。

图 2-7-1　大豆

图 2-7-2　蚕豆

3. 豌豆（*Pisum Sativum* L.）（图 2-7-3）

栽培上常见的有蔬菜豌豆（作蔬菜用）和谷实豌豆（大多作粮食、饲）两个种。

（1）根：豌豆的根系发育较蚕豆为弱，其主根发达，侧根细长。

（2）茎：圆形，长、中空而脆，色浅绿，表面光滑。茎表面被有白色蜡粉，多为蔓生；茎基部各节均可生出分枝。

（3）叶：出苗时，子叶不出土，初生叶 2 片，互生。复叶为羽状，每个复叶有 1~3 对小叶，小叶呈卵形或椭圆形，全缘或小部分有锯齿，先端的 1~3 小叶常变为卷须。叶柄基部有心脏形大托叶，其大小常与小叶一样或略大，托叶的下部边缘有锯齿。

（4）花序：花序腋生，总状花序，从第 3 叶到第 12 叶起，由各叶腋间生出花梗，每花梗上着生 2~3 朵花，也有多至 5~6 朵的，但一般为 2 朵。花较大，花未开放时花药已裂开，为典型的自花授粉作物。

（5）果实：豌豆为荚果，内有 2~10 粒种子，荚果因内果皮的性状不同而有软、硬荚之别。软荚种的内果皮在成熟时保持软嫩的状态，荚果扁平，柔质可食用，果实成熟时荚不裂开；硬荚种则呈圆筒形，内果皮有羊皮纸状的厚膜组织，不能食用，荚成熟时开裂。种子球形，光滑或皱缩，百粒重为 40~250g。

4. 绿豆（*Phaseilusaureus*）（图 2-7-4）

（1）根：直根系，主根入土浅，侧根多而细。

（2）茎：多呈棱形，直立或先端分枝呈攀援状，茎上被有褐色长茸毛。

（3）叶：子叶出土，子叶上位第 1 对单叶呈披针形；三出复叶的小叶为卵形或心脏形，全缘，叶柄长，托叶小，形似椭圆；小托叶线形，叶和叶柄密披茸毛。

（4）花序：花自叶腋生出，总状花序，花轴上着生10~25朵花，花具有明显的长椭圆形的花外蜜腺，花黄色。二体雄蕊，花柱很长，向花内弯曲呈“之”字形，柱头两侧密生茸毛。

（5）果实：荚果细长，呈圆筒形，长8~12cm，内有4~18粒种子，成熟荚果为褐色或黑色，荚上布满茸毛。

（6）种子：种子较小，近圆球形或短柱形，绿色或黄绿色，种皮被有蜡质，脐白色，短而凸出，千粒重30~50g。

图2-7-3　豌豆

图2-7-4　绿豆

5. 小豆［*Vigna angularis*（Willd）Ohwi & Ohashi］

又名赤豆，原产中国。小豆形态与绿豆主要区别是：小豆茎上无毛或蔬生毛，托叶卵被针形；花浅黄色或淡银灰色；荚上无毛，含种籽粒数较少；籽粒通常为红色，较大，千粒重50~210g，矩圆形，种脐不凸出，脐大于子实长的1/2（图2-7-5）。

图2-7-5　小豆

（三）大豆类型及结荚习性

栽培种大豆，根据主茎与分枝生长特性分成以下几个类型。

1. 根据大豆茎的蔓生或直立程度划分

（1）蔓生型：植株高大，分枝多，细弱，节间长。

（2）半直立型：主茎较短，上部常缠绕。

（3）直立型：植株矮小，节间短。

2. 根据大豆生长的株型划分

（1）瘦弱式：分枝短少，荚多集中于主茎，且主茎细长。

（2）展开式：分枝与主茎所成角度大，分枝向外生长，结荚分散在主茎与分枝上，呈展开的株式。

（3）收敛式：分枝与主茎所成角度小，分枝向上生长，结荚密，多数为有限结荚习性。

3. 根据大豆的结荚习性划分

（1）有限结荚习性：主茎出现顶端花族，即主茎停止生长后，才开始开花，侧枝也是顶端花族早开，所以限制茎的生长。因而茎较矮，主茎粗大，节间短，束荚集中于主茎上。

（2）无限结荚习性：边开花，边生长，生长点无限；主茎与侧枝的顶端正到后期才出现顶端花序。植株高大，旁枝发达，荚果平均分布在全株，顶端只结一个小荚。

（3）亚有结荚习性：此种结荚习性介于上述两者之间，只是茎顶端的结荚率高，也形成一串荚果而结束顶端的生长。植株也很高大，偏向于无限结荚习性。

（四）实验步骤

1. 取各种豆类作物的成株、幼苗和种子，观察比较其形态特征上的异同，识别不同豆类作物。

2. 观察大豆的不同类型植株，认识大豆的不同分枝及结荚习性。

作业与思考

1. 将所观察的豆类作物形态特征上的区别填入下表。

主要食用豆类作物形态观察记载

豆类作物	叶						茎			花			荚		种子			
	子叶出土与否	初生叶		复叶			形状	姿态	茸毛有无	花色	花大小	其他	形状	每粒荚数	形状	色泽	种脐	
		结构	形状	类型	形状	茸毛托叶											位置	色泽

2. 列出大豆植株不同株型及不同开花结荚习性类型的主要区别，阐述大豆株型及结荚习性与栽培技术措施的关系。

实验八　花生形态特征观察及类型识别

一、目的要求

认识花生器官的形态特征，识别花生的四大类型，掌握区分花生类型的依据。

二、材料用具

材料：花生幼苗、成株、花、荚果、种子。四大类型花生的典型植株实物。
用具：放大镜、镊子、剪刀、米尺、瓷盘。

三、内容与方法

（一）花生的植物学形态特征

花生（*Arachis hypogaea* L.）属豆科（Leguminosae），蝶形花亚科（Papilionideae），落花生属（*Arachis*），是一年生草本植物，目前生产上所有栽培的花生品种都属于一个栽培种。

1. 根

为直根系，由主根和各级侧根组成。主根呈圆锥形，入土深度可达2m左右；侧根在主根上呈十字形排列，横向分布范围可达1~1.5m。在主根及侧根上具有球形根瘤，主要集中在靠近地表的主根及其附近的侧根上。

2. 茎和分枝

胚茎粗大，其长度多随播种深度而异，胚芽的顶芽发育成主茎，子叶叶腋的两个侧芽生长成为长一对侧枝，近乎对生，其余侧枝互生。主茎一般可着生4~12个侧枝。主茎及侧枝的叶腋处着生花序或分枝，其花序连续或与分枝间隔出现的特性是花生分类的依据。一般把主茎上着接着生的分枝称为一级分枝，一级分枝上着生的分枝称为二级分枝，二级分枝上着生的分枝称为三级分枝。

花生的分枝，有匍匐生长的，有直立生长的，也有介于两者之间的，因而把花生分为蔓生型、直立型和半蔓立型。

（1）蔓生型（或称匍匐型）：侧枝几乎贴地生长，仅前端向上翘起，其翘起部分小于匍匐部分，株型指数（第一对枝长度为主茎高度的比）一般大于2或接近2。

（2）半蔓生型：第一对侧枝近基部与地面呈30°角，中间向上翘起，翘起部分大于匍匐范围，株型指数1.5左右。

（3）直立型：第一对侧枝与主茎之间角度小于45°角（在生长中期观察），株型指数为1.1~1.2左右。

单株的分枝数变化很大，连续开花型的品种分枝少，一般为6~10条；稀植的可达20余条；交替开花型的品种一般在10条以上，其中蔓生型品种可达100余条。

3. 叶

花生的叶分为不完全叶（子叶）和完全叶（真叶）。种子发芽时，子叶半出土或不出土。真叶为羽状复叶，有4片小叶。复叶由小叶、叶轴、叶柄、叶枕和托叶几个部分组成。叶枕位于叶柄与托叶相连处，明显膨大，略透明，是控制叶片感夜运动的“关节”。在小叶片基部也有小叶枕。小叶片的形状有椭圆形，长椭圆形，倒卵圆形等，其大小、形状、颜色因类型和品种不同而异。

由于各类型品种的叶形较稳定，故常以叶形作为区分品种性状的依据之一。同一植株上不同部位叶片的大小有变化，鉴别叶片时应以中部叶形为准。

着生在花生每一枝条上的第一叶片或第一、二叶片，都属于不完全的变态叶，称为鳞叶或苞叶。

4. 花序和花

(1) 花序：为总状花序。花序的模式因品种而异。分为短花序（每花序着生1~3朵花，近似簇生)、长花序（花序轴明显伸长，其上可着生3~7朵花，多者可达15朵)、混合花序（在长花序上部又长出羽状复叶，不再着生花序，又变成营养枝）和复总状花序(在侧枝基部有几个短花序着生在一起，形似丛生)。

(2) 花：为蝶形花。花冠为橙黄色，由1片旗瓣、2片翼瓣和2片龙骨瓣组成。花萼5片，其中4片联合，1片分离，花萼的下部延长成细长的花萼筒。雄蕊10枚，2枚退化，8枚有花药。8枚雄蕊中，4个长形，4个圆形，相间而生。雄蕊基部联合成雄蕊管。雌蕊1枚，由柱头、花柱和子房构成。花柱成线形，穿过花萼筒和雄蕊管，顶部柱头成弯钩形，花瓣开放前就已散粉受精，为典型自花授粉作物，个别花异花授粉。子房上位1室，内含1~4个胚珠。花柄极短，苞叶位于花萼管基部外侧，共两片，呈绿色，其中一片较短，长桃形，包围在花萼管基部的最外层，成为苞叶。另一片较长，可达2cm，尖端形成2个锐三角的分权，称为内苞叶。

开花受精以后，子房基部的分生组织迅速伸长，约经3~6d，形成明显的子房柄，子房柄连同子房称为果针。此时子房并不膨大，在果针先端有一层木质化细胞形成，即为保护套。子房柄的表皮上密生茸毛。最初子房柄略显水平生长，其后表现出向地性而向下弯曲，钻入土中，深达2.5~5cm，有的类型可达7~10cm，随后子房开始横卧，肥大变白，体表生出密密的茸毛，可以直接吸收水分和各种无机盐等，供自己生长发育所需。靠近子房柄的第一颗种子首先形成，相继形成第二、第三颗。表皮逐渐皱缩，荚果逐渐成熟。

5. 果实和种子

(1) 果实：花生的果实为荚果，果壳坚硬，成熟时不开裂，多数荚果具有2室，也有3室以上者。各室间无横隔，有深或浅的缢缩，称果腰，内含种子2~4粒。果壳里面光滑，外部具有纵横网纹，果荚的先端突出似鸟喙状，称果嘴。果皮网纹的深浅，每荚所含种子数以及果腰明显与否，均为鉴定品种的主要特征（图2-8-1)。荚果大小和形状，因品种而不同。大体上可分为以下7种类型。

普通形：荚果多具2粒种子，果腰较浅。

斧头形：荚果多具2粒种子，前端平，后室与前室成折角。

葫芦形：荚果多具2粒种子，果腰深，形似葫芦。

蜂腰形：荚果多具2粒种子，果腰较深，果形稍细长，似细腰蜂形。

茧形：荚果多具2粒种子，果腰极浅，果嘴不明显。

曲棍形：荚果多具3粒以上种子，各室间有果腰，果壳腹缝方面形成几个突起，先端室向内弯曲，似拐棍，果嘴突出如喙。

串珠形：荚果多具3粒以上种子，排列似一串珠，各室间果腰不明显，果喙也不明显。

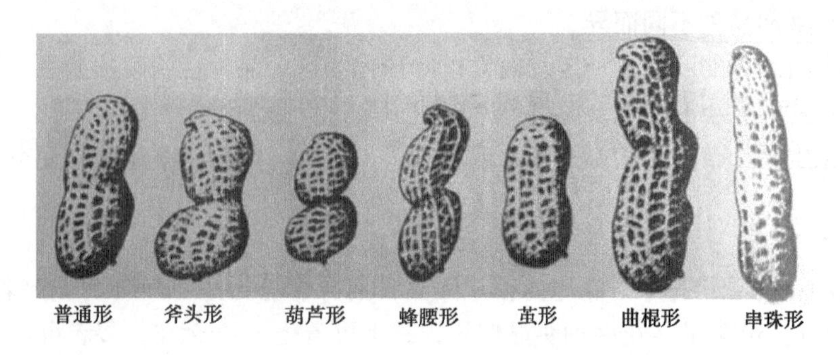

图 2-8-1 花生果实类型

（2）种子：花生的种子俗称花生仁或花生米。种子由种皮和胚组成，种皮很薄，一般为白色或褐色，或粉红、暗红、紫色等，杂色种皮较少。胚包括胚根、胚芽和两片子叶，子叶为象牙似的白色，或淡黄色。种子的形状和颜色均为品种独具的特征，其形状多受荚果形状的影响，一般分为桃形、椭圆形、圆锥形、三角形等。

（二）花生类型识别

我国栽培花生，一般划分为四大类型（表2-8-1）。

1. 普通型

一般通称大花生，主要特点是交替开花型，荚果通常壳厚，网纹浅，果型一般为大果，也有中果和小果的。

2. 龙生型

一般称小花生或蔓生小花生。交替开花，荚果一般为曲棍形（有的品种只2室），网纹深，壳薄，果嘴明显，有驼峰。种子一般小或中等。

3. 珍珠豆型

通称直立小花生，连续花序型，荚果一般两室，果皮较薄，网纹细，早熟。

4. 多粒型

直立小花生，连续花序型，荚果多室，果皮厚，网纹浅，种子籽粒小。

我国生产上大面积栽培的品种类型不一，大多数是珍珠豆型和普通型丛生花生。通过两个类型间的杂交育成的品种，在生产上显示出一定优越性。

表 2-8-1 花生四大类型的形态特征

类型	普通型	龙生型	珍珠豆型	多粒型
果型	普通形，大，多2粒荚，果嘴小至大	曲棍形，小，多3~4粒荚，果嘴大	葫芦形，中至小，多2粒荚，果嘴小	串珠形，中，多3~4粒荚，果嘴不明显
果壳	厚，网纹浅	薄，网纹深	较薄，网纹浅	厚，网纹浅平
种皮颜色	淡红	淡褐	粉红，易生裂纹	深红，易生裂纹

（续表）

类型	普通型	龙生型	珍珠豆型	多粒型
种籽粒型	大，椭圆至长椭圆形	小，瘦长，椭圆形、三角形、圆锥形	中至小，近圆形，桃形	中，短柱形、三角形或不规则形
开花习性	交替	交替	连续	连续
分枝习性	分枝多，直立、半直立或蔓生	分枝多，有3次以上分枝，蔓生，茸毛密长	分枝少，直立，	分枝少，直立，茎粗，较高大，红种皮者有花青素
株型指数	直立1.2；半蔓生1.6；蔓生2~3	5.5	1.1~1.5	1.2
叶片	倒卵形，叶中等大小，色浓绿	短扇形至倒卵形，叶较小，灰绿色，茸毛密	近圆形，叶较大，色淡绿	长椭圆形，叶较大
开花、成熟	中至晚	晚	早	早

（三）实验步骤

（1）仔细观察不同株型的花生植株、茎、叶片、分枝和花序的形态特征。

（2）测定不同株型花生主茎节数和长度，测定第一对侧枝上节数和长度、第一对侧枝上结果数占全株总果数的比重。

（3）比较不同类型荚果及种子的发育程度、性状、大小。

（4）观察四大花生类型品种植株，根据上述表格，逐项比较荚果、种子、叶片、分枝习性，将观察结果做记录，填入表格。

作业与思考

1. 绘制花生植株简图，注明以下部位名称：根、主茎、一级分枝、二级分枝、花序、子房柄、果实、叶和叶枕。

2. 将四大花生类型代表品种的观察结果，填表说明以下几方面的特点：株型、分枝性、分枝型、主茎着果与否、荚果形状、果实网纹和缢缩的深浅、种籽粒数和种皮颜色。

项目	普通型	龙生型	珍珠豆型	多粒型
株型				
分枝性				
分枝型				
主茎着果与否				

（续表）

项目	普通型	龙生型	珍珠豆型	多粒型
荚果形状				
果实网纹				
缢缩的深浅				
种籽粒数				
种皮颜色				

实验九 甘薯、马铃薯的形态特征观察

一、目的要求

认识和掌握甘薯和马铃薯的形态特征；了解甘薯块根和马铃薯块茎的内部构造。

二、材料用具

材料：不同品种、不同形状的甘薯块根；马铃薯块茎、整株材料及叶型标本、甘薯根的切片；甘薯、马铃薯形态及内部构造挂图。

用具：钢卷尺、菜刀；显微镜、解剖器。

三、内容与方法

（一）甘薯的形态特征与块根的内部构造

甘薯（*Ipomoea batatas* Lam.）属旋花科（Convolvulaceae），甘薯属，甘薯种，蔓生草本植物。又称白薯、红薯、山芋、地瓜等。在热带为多年生，能开花结实。在温带为一年生，通常不开花或花而不实，多用无性繁殖。

1. 根

甘薯由种子萌发发育而形成的根称为种子根，由薯苗或茎蔓生长的称为不定根。不定根依据形态不同可分为纤维根、柴根和块根3种（图2-9-1）。

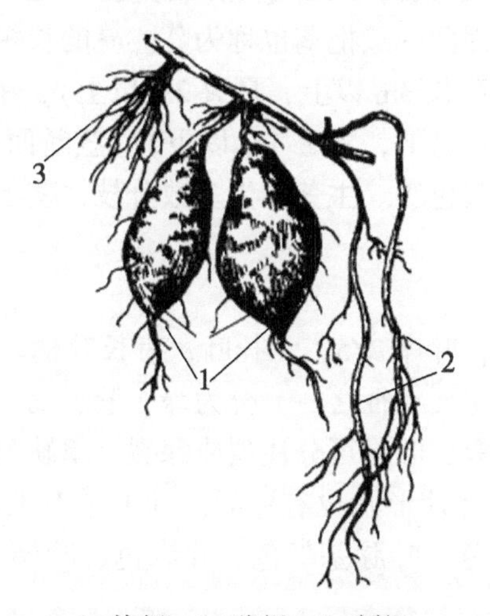

1. 块根，2. 柴根，3. 须根

图2-9-1 甘薯根的3种形态

（1）纤维根（细根）：又称吸收根、须根。其主要作用是吸收水分和养分，无次生形成层，不能形成次生结构。纤维根主要分布在30cm的土层内，入土深度可达1m以上，具有很强的吸收能力。

（2）柴根（梗根）：又称牛蒡根。形状细长，直径1cm左右，粗细均匀。它是由须根在发育过程中分化而来的。这类根木质化程度高，根中纤维多。无食用价值，徒耗养分，于生产无益，应防止产生。

（3）块根：块根是贮藏养分的主要器官，是收获的目的器官。它也是由须根发育分化膨大而成的。块根的形状因品种而不同，分纺锤形（又分上膨、下膨）、球形、筒形、块状形。

薯表有根眼30~60个，有的块根表面有裂纹，粗糙，但以无裂纹光滑的为好。块根的皮色分红、淡红、紫、褐、黄、白等色（图2-9-2）。肉色分白、黄、杏黄、桔红或带有紫晕等色。肉色深的含胡萝卜素较多。块根的皮色和肉色是鉴别品种的主要特征。

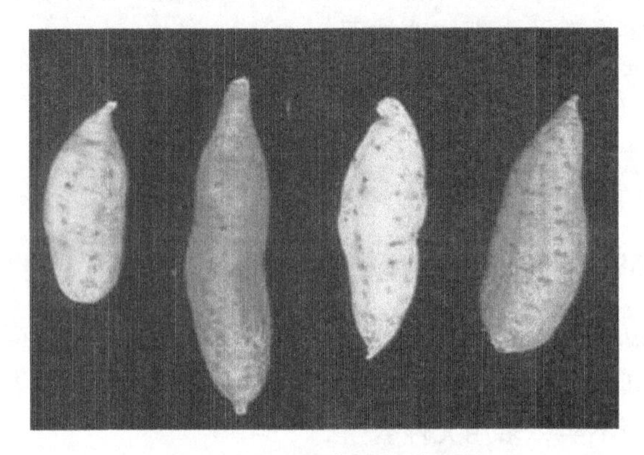

图2-9-2　甘薯块根的皮色

2. 茎

甘薯的茎既是输导和贮藏器官，又由于茎节能产生不定根，因此茎也是繁殖器官。茎多蔓生，匍匐或半直立型，因此一般把茎也称为蔓。蔓的长短因品种而有很大差异。依蔓的长短分为：长蔓型（春薯蔓长3m以上，夏薯2m以上），中蔓型（春薯1.5~3m，夏薯1~2m），短蔓型（春薯1.5m以下，夏薯1m以下）。茎断面呈圆形或有棱角，表面有茸毛，茎色有绿色、绿带紫、紫色等。主茎能生多数分枝，茎上每节生1叶，叶腋部有1腋芽，节上可产生不定根。

3. 叶

甘薯的叶为单叶，互生，叶序2/5，无托叶，有长叶柄。叶色有绿、淡绿、紫绿、浓绿等色。顶叶是识别品种的主要特征之一，分为绿、紫、褐或叶缘带紫等色。叶形分为心脏形、肾形、三角形和掌状等，叶缘可分浅裂或深裂，单缺刻或复缺刻（图2-9-3）。同一品种同一植株不同叶位的叶片形状也有差异。叶上常有毛，幼叶更为明显。叶脉色有绿、紫、绿带紫等色。叶脉色、叶脉基部色、叶缘色、叶柄基部色都是鉴别品种的重要特征。

4. 花序及花

甘薯属于短日照植物，在我国北纬23°以南大多品种能自然开花；而在北纬23°以北绝大多数很少自然开花。甘薯是异花授粉作物，花单生或3~7朵集成聚伞花序，花型如漏斗状（图2-9-4）。花冠呈紫、红、蓝、淡红、白色等。有雄蕊5个，花丝长短不一，花粉囊分为2室。雌蕊1个，柱头球状分2裂。基部萼片5个。

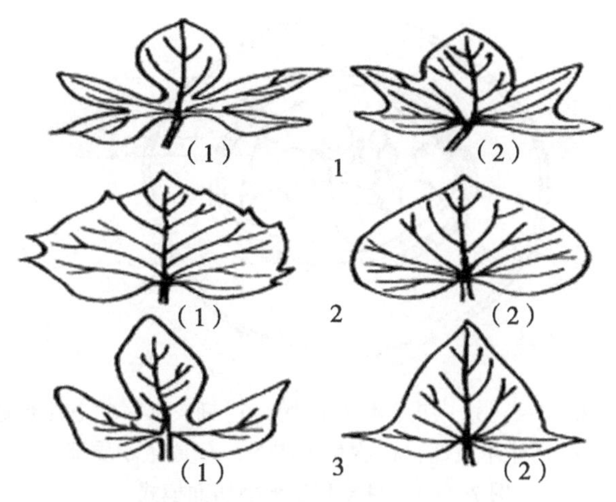

1. 掌状形：(1) 深复缺刻 (2) 浅复缺刻

2. 心脏形：(1) 带齿 (2) 全缘

3. 三角形或戟形：(1) 深单缺刻 (2) 浅单缺刻

图 2-9-3　甘薯的叶形

图 2-9-4　甘薯的花

5. 果实及种子

果实为球状蒴果，成熟时为褐色或灰白色。蒴果 4 室，有种子 1~4 粒。种子细小，黑色或褐色，呈不规则三角形、半圆形，种皮革质、坚硬不易透水。果实为蒴果，球形或扁球形，每果有种子 1~4 粒，种皮褐色。

6. 块根的内部构造

甘薯的 3 种根（块根、柴根、细根）同源于幼根，在其生长初期，内部构造相同，都由表皮、皮层、内皮层和中柱组成。中柱包括中柱鞘和 4~6 个放射状排列的初生木质部及后生木质部导管。

甘薯的块根在适宜的条件下，扦插 10d 后即可出现初生形成层，并进行分生活动，向内分生初生木质部，向外分生初生韧皮部。扦插 20d 后，初生形成层向外分生为次生韧皮部，由于次生木质部增加较快，迫使初生形成层发展成一个形成层圈（图 2-9-5）。初生形成层分裂出的薄壁细胞逐渐增多，并在薄壁细胞内开始积累淀粉，同时出现次生形成层，块根雏形形成。扦插 25d 后，次生形成层大量发生，大量薄壁细胞充满中柱内各部位，致使块根迅速膨大。

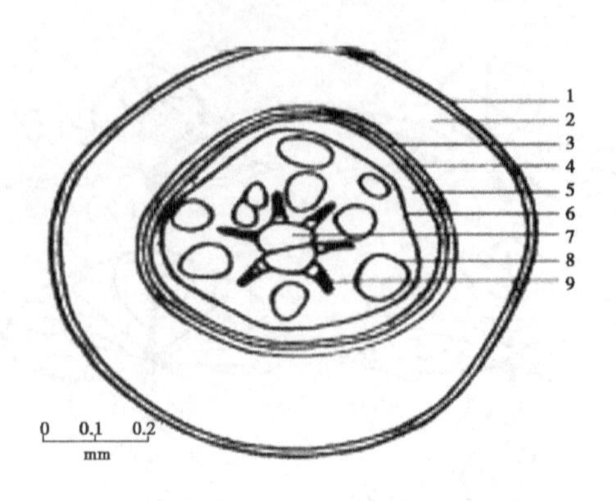

1. 表皮，2. 皮层，3. 内皮，4. 中柱鞘，5. 韧皮部，6. 初生形成根，
7. 后生木质部，8. 次生木质部，9. 原生木质部

图 2-9-5 甘薯初生根横切面模式

初生形成层活动力的强弱决定块根能否形成，次生形成层活动力的分布范围大小是块根膨大的动力。随着块根逐渐变粗，中柱直径加大，原来的皮层组织剥落，为木栓层即薯皮（周皮）所代替。因周皮含有花青素的色素不同，使甘薯出现不同的皮色。

（二）马铃薯的形态特征与块茎的内部构造

马铃薯是茄科（Solanaceae）茄属（*Solanum*）的草本植物。在生产上应用普遍、经济价值高的品种都属于茄属结块茎的种（*Solanum tuberosum* L.）。

1. 根

马铃薯用种子繁殖的根系为直根系，有主侧根之分。无性繁殖所发生的根系为须根系，由两种根组成（图 2-9-6）。一种是芽眼根，是指在初生芽的基部靠种薯处紧缩在一起的 3~4 节所发生的根，又称为初生根，是马铃薯根系的主体。另一种是匍匐根，由地下茎节处匍匐茎的周围发生，每节上 3~5 条成群，又称为后生根。

2. 茎

因部位和作用的不同，分为地上茎、地下茎、匍匐茎、块茎。

（1）地上茎：是由块茎芽眼抽出地面的枝条形成，直立，有分枝。茎内充满髓，亦有中空的，呈绿色，间有紫色的。茎的横切面在节处为圆形，节间部分为三棱或多棱形。在茎的棱上有翅状突起。茎上有茸毛和纤毛。

（2）地下茎：是主茎的地下结薯部位。地下茎节上每一腋芽都可能伸长形成匍匐茎，地下茎节数一般为 6~8 节，因覆土深度与培土高度而变化。

（3）匍匐茎：是地下茎节上的腋芽发育而成，具有向地性和背光性，略呈水平方向生长。茎上有节，节上有鳞片状的退化叶，节上可生根，亦能产生分枝。匍匐茎的顶端膨大形成块茎。

（4）块茎：是一短缩而肥大的变态茎。块茎具有地上茎的各种特征。块茎膨大后，鳞片状小叶凋萎，残留叶痕，呈月芽状，称芽眉。芽眉向内凹陷成为芽眼。芽眼在块茎上呈 2/5、3/8 或 5/13 的叶序排列，顶端芽眼密，基部稀。每个芽眼里有 3 个或 3 个以上未伸长的芽，中央较突出的为主芽，其余的为副芽（或侧芽）。

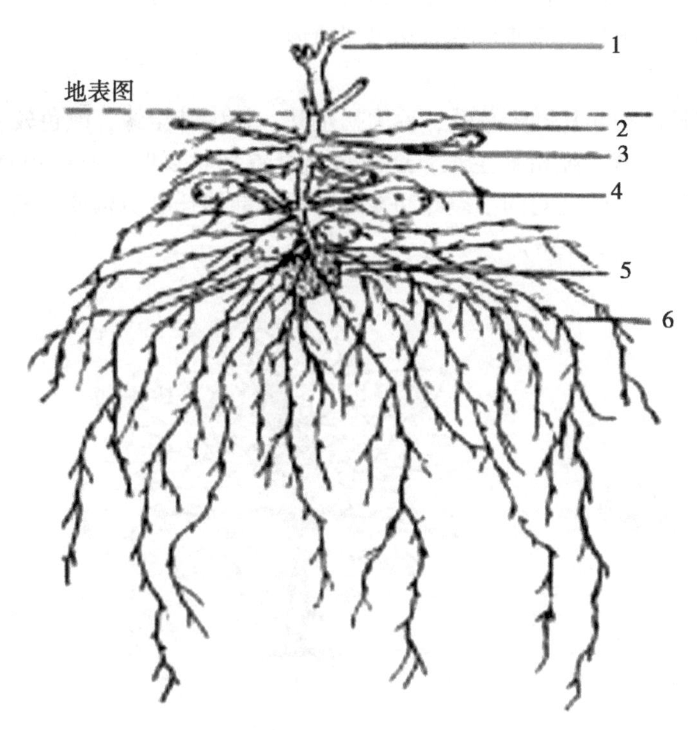

1. 地上茎，2. 匍匐根，3. 匍匐茎，4. 块茎，5. 母薯，6. 芽眼根（初生根）

图 2-9-6　马铃薯根系的分布

块茎的形状有球形、长筒形、椭圆形、卵形及不规则形等。块茎皮色有白、黄、红、紫、淡红、深红、淡蓝、灰、红白相间等色；肉色有白、乳黄、浅红等色，食用品种以黄肉和白肉者为多。块茎皮色和肉色均为品种特征。块茎的表面有许多气孔，称为皮孔或皮目。皮孔的大小和多少，因品种和栽培条件而不同。黏重阴湿的土壤，由于通气性差，气孔向外突出形成粗糙的小疙瘩，影响商品质量（图 2-9-7）。

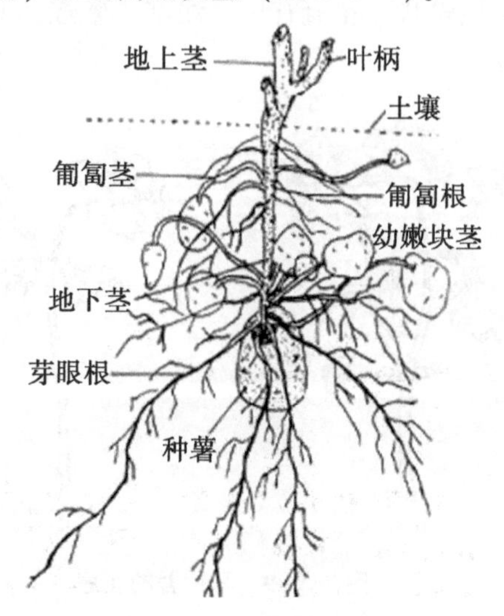

图 2-9-7　马铃薯的茎

块茎在膨大过程中，遇不良条件会停止膨大，一旦条件适合又会重新膨大或块茎顶芽伸长形成新的块茎——子薯，或使块茎顶芽出现畸形。

3. 叶

从块茎上最初长出的几片叶为单叶，称为初生叶。初生叶全缘，颜色较浓，叶背往往有紫色，叶面的茸毛较密。随植株生长，逐渐长出奇数羽状复叶。复叶由顶小叶和 3~7 对侧生小叶，以及侧生小叶之间的小裂叶和复叶叶柄基部的托叶所构成。复叶互生，叶序为 2/5、3/8 或 5/13（图 2-9-8）。

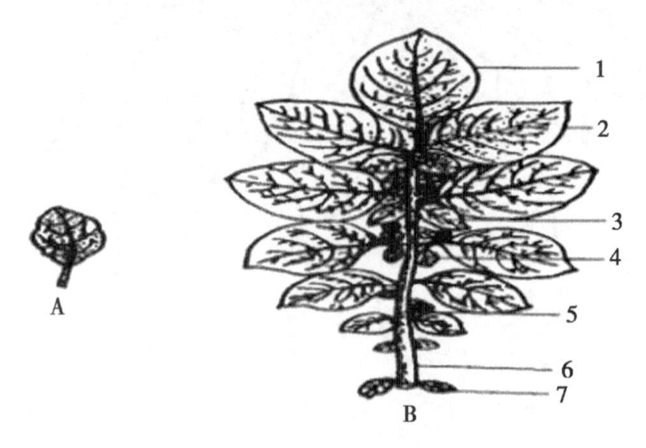

A. 单叶（初生叶）B. 复叶

1. 顶小叶，2. 侧小叶，3. 小裂叶，4. 小细叶，5. 中肋，6. 叶柄，7. 托叶

图 2-9-8　马铃薯的叶

4. 花

为聚伞花序，有的品种因花梗分枝缩短，各花的花柄几乎着生在同一点上，好似伞形花序（图 2-9-9）。每个花序有 2~5 个分枝，每个分枝上有 4~8 朵花。花柄的长短不等，在花柄上有环状突起，是花果脱落的地方，通称离层环或花柄节。花器较大，萼片基部联合成筒状，花冠合瓣，呈星轮状。花冠有白、浅红、紫红、蓝及蓝紫等色（图 2-9-10）。雄蕊一般 5 枚，雌蕊 1 枚。

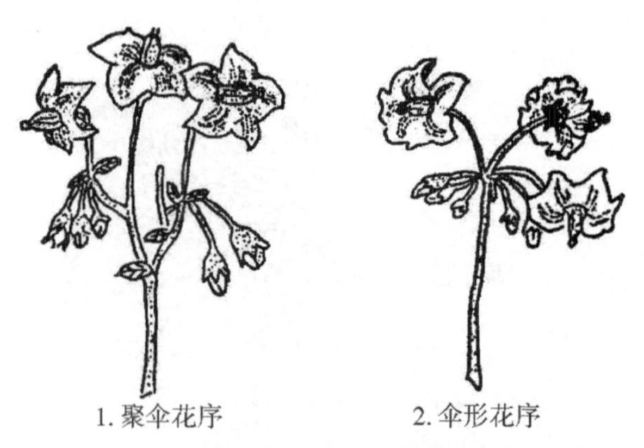

1. 聚伞花序　　2. 伞形花序

图 2-9-9　马铃薯的花序

图 2-9-10 马铃薯的花

5. 果实和种子

果实为浆果，呈球或椭圆形，褐色或紫绿色而带紫斑。每果含种子 80~300 粒不等，种子形状小而扁平，卵圆形，新收获时色淡黄，贮藏后转为暗灰色，有胚和胚乳，胚卷曲。

6. 块茎内部构造的观察

马铃薯块茎的外面是 1 层周皮，周皮里面是薯肉。周皮由 10 层左右的长方形细胞组成。在块茎老化和贮藏过程中，周皮细胞逐渐被木栓质所充实。薯肉由外向里包括皮层、维管束环和髓部（图 2-9-11），其中皮层和髓部薄壁细胞占绝大部分，里面充满淀粉粒。皮层和髓之间的维管束环是块茎的输导系统，与匍匐茎的维管束环相联，并通向各个芽眼。

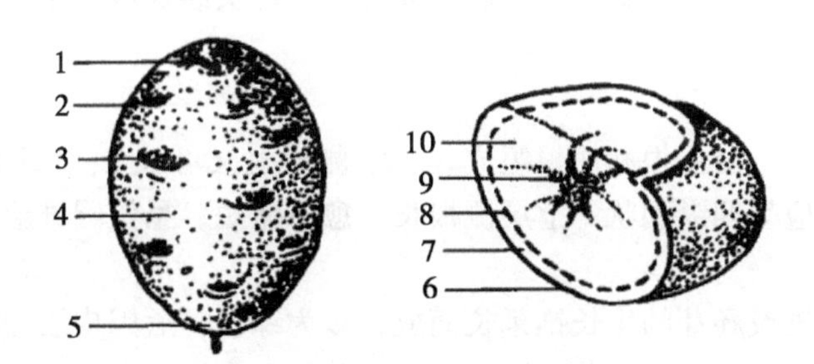

1. 顶部，2. 芽眉，3. 芽眼，4. 皮孔图，5. 脐部，6. 周皮，7. 皮层，8. 维管束环，9. 内髓，10. 外髓

图 2-9-11 马铃薯的块茎

（三）实验步骤

取甘薯及马铃薯的完整植株（包括下部块根和块茎）及花、果实、种子等的新鲜或干制标本，仔细观察其形态特征，并比较块根与块茎的区别。

作业与思考

1. 根据观察结果，绘甘薯根系（块根、梗根、细根）及马铃薯块茎（包括芽眼分布）外形及横切面图。并注明各部分名称。

2. 列表比较甘薯块根与马铃薯块茎的区别。

实验十　棉花形态特征观察及栽培种识别

一、目的要求

认识棉花的植物学形态特性，识别棉花叶枝与果枝的区别，认识棉花的4个栽培种。

二、材料和用具

材料：4个栽培种花铃期的植株标本；陆地棉现蕾期的植株及各器官标本、形态挂图等。

用具：解剖镜、放大镜、解剖针、镊子、刀片、钢卷尺。

三、内容和方法

（一）棉花的植物学形态特征

棉花属于锦葵科（Malvaceae）棉属（*Gossypium*），是一年生或多年生的灌木或小乔木。现在大多数栽培种都是一年生的。其基本特征是：主茎圆，分枝有营养枝和果枝两种，花大而明显，雄蕊多数，花丝下部联合成管状，柱头裂片数与子房室数相等，果实为背面开裂的蒴果。

1. 根

棉花根为直根系，由主根和侧根组成。一级侧根上又可长2、3级侧根。侧根的生长和初生木质部相对应呈四纵列状。上层侧根长，愈下愈短，呈倒圆锥形。

2. 茎和分枝

棉花的茎由胚轴及胚芽的生长锥延长而成，多为绿色，后因皮层细胞中色素累积而变成红褐色。茎上有节、节间，每节着生一片叶，叶腋间有正、副芽。在一般情况下，茎下部正芽发育成叶枝，副芽潜伏。中上部的副芽发育成果枝，正芽潜伏。

叶枝又称木枝、油条、生长枝、营养枝或单轴枝。叶枝不能直接着生花蕾（叶枝上可再生果枝），枝条伸直，与主茎所成夹角小；多着生在主茎下部几节，其形态与主茎相似。

果枝又称多轴枝、假轴枝或合轴枝。果枝各节能形成花蕾，枝条弯曲，多轴；花蕾与叶相对着生；与主茎所成夹角大；多着生在主茎中、上部各节。

棉花叶枝与果枝的区别见表2-10-1。

表2-10-1　棉花果枝与叶枝的区别

性状	叶枝	果枝
来源	主茎叶腋的叶枝芽	主茎叶腋的果枝芽
着生部位	主茎各节均可发生	多在主茎5~7节上长出
与主茎夹角	较小	较大

（续表）

性状	叶枝	果枝
分枝类型	单轴枝	合轴枝
枝条长相	斜直向上生长	近水平方向曲折向外生长
枝条横断面	略呈五边形	近似三角形
开花结铃	间接开花结铃	直接开花结铃

3. 叶

棉叶分为子叶、真叶和先出叶 3 种。

陆地棉的子叶多为肾脏形，出土后由淡黄色变为绿色，一般有 3 条主脉。子叶之上顶芽陆续分化出真叶。子叶枯落后，留下一对痕迹，称为子叶节。

真叶为完全叶。由叶柄、托叶、叶片 3 部分组成。第一、二真叶为全缘，第三叶为三裂刻，第五叶开始有明显的五个裂刻，裂刻的深浅是判断不同类型棉花的重要特征。真叶叶背上有许多茸毛。主脉上和其左右侧脉上常有一个明显的密腺体。

先出叶为一不完全叶（或称变态叶）。无托叶，叶柄有或无。

4. 花

棉花的花单生，由花柄、苞叶、花萼、花瓣及雌雄蕊组成。

苞叶在花的最外层，由 3 片近三角形苞片组成，联合或分离，上缘有裂刻，基部凹陷处有密腺。在苞叶之内依次为花萼、花冠、雄蕊和雌蕊。花萼 5 片，联合成环状，萼基部有 3 个密腺。花瓣 5 枚，呈倒三角形，相互旋迭组成；基部联合，颜色有浅黄色、乳白色、金黄色等。每多花有 60~90 个雄蕊，花丝基部彼此联合成管状，与花瓣基部联合，套于雌蕊之外。雌蕊在花朵中央，子房上位，一般 3~5 室。花柱被包在雄蕊管中。柱头 3~5 裂，与子房室数相同。

5. 果实

为蒴果，称为棉铃或棉桃。由子房发育而成，内分 3~5 室。棉铃为深浅不同的绿色，铃面有油点，因油点的深浅不同而呈光滑或凹陷。未成熟的棉铃多呈绿色，铃面平滑，其内深藏多酚色素而呈暗点状。棉铃通常根据铃尖、铃肩、铃面及铃基的形状，可分为圆球形、卵圆形和椭圆形。铃形是区分种和品种的重要性状。

6. 棉籽和纤维

棉纤维是由棉籽表皮细胞延长而形成的单细胞，成熟的纤维呈细长而略扁的管状细胞。棉花纤维的主要成分是纤维素。每室棉桃有 5~7 粒棉籽，呈不正圆锥形。棉纤维因其延伸性的长短不同，可分为长纤维和短纤维（通称短绒）。据棉籽所附短绒毛的有无和多少，分为毛籽（棉籽外面密被一层短绒毛）、短毛籽（在棉籽的一段或两端有短绒毛）和光籽（无短绒毛）3 种。带有纤维的棉籽叫子棉；剥去种子的纤维叫皮棉。

（二）棉花的栽培种

棉花属于葵科棉属，棉属植物分为 4 个亚种 50 多个种。其中具有经济价值的栽培种有 4 种，即陆地棉、海岛棉、中棉及草棉。以陆地棉栽培为主。中棉和草棉又称旧世界棉，陆地棉和海岛棉又称新世界棉。现将4个栽培种的主要形态区别如下。

1. 陆地棉（*Gossypium hirsutum*）

又称高原棉，美棉或细绒棉。原产于中美洲墨西哥高原地区。四倍体棉（2n=52）。为目前世界上和我国种植面积最大和产量最多的一种棉花。为一年生小灌木，株高中等，叶枝较少，茎坚硬。分枝发达，嫩枝、嫩叶上多被茸毛。叶中等大小，掌状，有3~5裂，苞叶三角形，边缘具有深而尖锐的锯齿，苞叶基部一般分离。花冠刚开时为乳白色，很快变红，花中等大，棉铃较大，柄短，铃面光滑，有不明显的油点，铃一般4~5室，棉籽较大，具短绒，棉纤维大多为白色，品质较好（图2-10-1）。

2. 海岛棉（*Gossypium barbadense*）

也称长绒棉，原产南美洲。四倍体棉（2n=52）。为纤维最细长的棉种。本种为多年灌木或一年生草本，植株高1~3m，分散，茎与分枝叶无毛为其特点。叶片较大，3~5裂口，缺刻较陆地棉为深。花较大，花冠黄色，基部有红心。花丝较短。棉铃较小，铃一般3~4室，圆锥形。铃面有明显的凹点及油腺，棉籽中等大小，光籽或短毛籽，纤维细长，有丝光，品质好，因而是重要的特纺原料（图2-10-2）。

3. 中棉（*Gossypium arboreum*）

也称亚洲棉，粗绒棉。原产印度，因传入我国时间很久，故得名。二倍体棉（2n=26）。本种为一年生灌木，植株较纤细，茎叶有茸毛。植株多呈圆筒形，叶片5~7裂，叶小而薄，裂口较深，叶柄短。花的苞片全缘或有浅锯齿，花萼有浅缺刻，花冠小，多为浅黄色，具红心。棉铃较小，呈三角锥形，铃尖下垂，铃面有凹点油腺，棉铃3~4室，铃柄细长。棉籽较小，纤维较粗而短，白色或淡棕色，品质较差（图2-10-3）。

4. 草棉（*Gossypium herbaceun*）

又称非洲棉，原产非洲。二倍体棉（2n=26）。因其纤维极粗短，且产量低，故已极少栽培。本种为一年生小灌木，株型矮小，果枝短，主茎与分枝满布茸毛，叶小有3~7个裂片，裂刻极浅。苞叶上有6~8个宽齿。花小，花冠黄色，内有红心。铃极小，圆形，铃面光滑，3~4室。成熟时开裂很小。籽甚小，多被短绒，纤维一般白色，细而短，品质差，无纺织价值（图2-10-4）。

图2-10-1　陆地棉

图2-10-2　海岛棉

图 2-10-3　中棉

图 2-10-4　草棉

（三）实验步骤

（1）观察棉籽的外部形态和内部结构。
（2）观察未经整枝的活株，比较果枝和叶枝的区别。
（3）用鸡蛋清将棉纤维粘在载玻片上，在低倍镜下仔细观察棉纤维的外形。
（4）详细观察 4 个栽培种各部分的特征。

作业与思考

1. 列表说明叶枝和果枝的主要区别，并简要说明叶枝、果枝在生产上的意义。
2. 绘出棉花纵剖面、铃横剖面示意图，并注明各部分名称。
3. 观察并填写棉花 4 个栽培种的形态特征，并把结果填入下表。

棉花 4 个栽培种形态特征比较

主要特征		陆地棉	海岛棉	中棉	草棉	备注
株高（cm）						
茎	粗细					
	绒毛					
	节间长短					
	果枝节位					
叶	大小					以主茎中部叶为准
	裂片数					
	形状					
	绒毛					
	叶柄长度（cm）					

（续表）

主要特征		陆地棉	海岛棉	中棉	草棉	备注
苞叶	形状					
	大小					
	基部分离、联合					
	齿裂					
	蜜腺					
花	大小					
	颜色					
	柄长短					
	基部有无红斑					
铃	形状					10个棉铃平均数
	单铃重					
	铃面凹点					
	室数					
种子	大小					
	短绒有无					
	短绒分布					
纤维	颜色					
	长度（mm）					
	光泽					

实验十一　油菜、亚麻的形态特征观察与类型识别

一、目的要求

认识油菜、亚麻的植物学特征，掌握油菜、亚麻三大类型的区别。

二、材料及用具

材料：当地推广的主要油菜品种、亚麻品种及各自三大类型的植株或标本。
用具：米尺、镊子、放大镜。

三、内容与方法

（一）油菜的植物学形态特征

油菜属十字花科（Cruciferae）芸苔属（*Brassica*）是一年生或越年生的草本植物。按油菜的植物学特征、遗传亲缘关系和农艺性状，将油菜一般分为白菜型、芥菜型和甘蓝型三大类型。

1. 根与根颈

油菜的根为直根系，由主根和侧根组成。主根上部膨大而下部细长，呈长圆锥形。油菜幼嫩的根为肉质，随着老熟而呈半木质化。根颈是第一条侧根发生处以上到子叶节以下的整个幼茎。它是油菜冬季贮藏养分的器官，其粗细、长短是衡量油菜苗期生长强弱的重要指标之一。

2. 茎和分枝

茎为不规则的圆柱形，上细下粗，长约100~200cm。茎色有绿、微紫或深紫色。表面光滑或有稀疏刺毛，被有蜡粉。甘蓝型油菜的主茎，由下向上依次分为缩茎段、伸长茎段、苔茎段3段。

主茎的节数为30节左右，各节均可发生分枝。根据分枝在主茎上的发生部位和分布情况，可将油菜分为3种，即下生分枝型（株型呈丛生型）、匀生分枝型（植株似扇形）、上生分枝型（植株呈扫帚形）。

3. 叶

油菜的叶有子叶和真叶两种。子叶两片，一大一小，形状有心脏形，肾脏形和杈形（图2-11-1）。

真叶为不完全叶，叶型有椭圆、琴形、披针等形。叶面被有蜡粉，着生刺毛或光滑、色有淡绿到紫绿等。抽苔前叶片簇生，抽苔后在茎上互生。叶柄的长短、叶片的形状，依不同类型及在同一株上不同部位而异。甘蓝型和白菜型油菜，基部叶有叶柄，而中上部的叶逐渐变为短柄和无柄；芥菜型油菜的叶片则都有叶柄，但主茎基部叶片裂片多、缺刻深，而上部叶片没有裂片且缺刻很浅。

甘蓝型油菜的叶片，与主茎上3种茎段相对应，也可分为缩茎叶（长柄叶）、伸长茎

叶（短柄叶）、苔茎叶（无柄叶）3 种类型的叶。

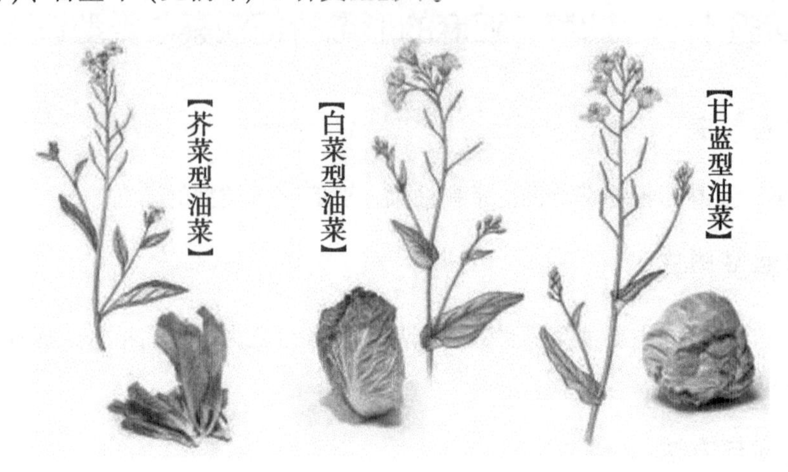

图 2-11-1　油菜类型

4. 花

油菜为总状花序，花冠淡黄或鲜黄。花瓣 4 片，呈十字形。花萼 4 片，雄蕊 6 枚，四长二短，称四强雄蕊。雌蕊一枚，子房基部有 4 个小密腺。实践中发现雄蕊也有多于 6 枚的。

5. 果实

油菜的果实为长角果，由果柄、果身、果喙组成。果身由 2 片壳状果瓣（狭长似船形）和 2 片线状结实果瓣组成。在结实果瓣之间有薄膜相连，种子着生在线状果瓣的内侧。油菜角果成熟时具有裂果性，但有的品种也表现出较强的抗裂果性。

依据角果的着生状态，可分为 4 种。

（1）直生型（果柄与花序轴成 90°）。

（2）斜生型（果柄与花序轴成 40°~60°）。

（3）平生型（果柄与花序轴成 20°~30°）。

（4）垂生型（果柄与花序轴角度>90°，果身下垂）。

6. 种子

种子一般呈球形或卵圆形，色泽多为黄、淡黄、淡褐、红褐、暗赭及黑色等。千粒重一般为 2~4g，高达 5g 以上。通常甘蓝型的千粒重>3g，白菜型的千粒重<3g，芥菜型的千粒重<2g。

（二）油菜三种类型的识别

油菜三大栽培类型主要性状比较见表 2-11-1。

1. 白菜型油菜

白菜型油菜，我国一般俗称小油菜，有北方小油菜和南方油白菜两个种。

（1）北方小油菜（*B. cmpestris var. oleifera*）：主根发达，入土深广，植株矮小，茎株纤细，分枝数少。基叶不发达，幼苗匍匐生长，叶片暗绿色，叶形椭圆，有明显琴状裂片，且刺毛多，被有一层薄的蜡粉。苔茎叶无柄，叶基抱茎。角果和种子均小。主要分布在西北、华北各地，其适应性强、抗寒抗旱、稳产、在黄土高原有独特的适应性。

（2）南方白油菜（*B. chinensis Var. oleifera*）：外形似普通小白菜，是普通小白菜的一个油用变种。主根不发达，植株中等，分枝性较强。茎杆半直立或直立，叶柄不明显，叶片椭圆或卵圆，叶翼发达。叶全缘或呈波状，叶色浅绿，无刺毛，微被或不被蜡粉。主要分布于南方作冬油菜种植，对温、湿度条件要求较高，耐寒耐旱性较差。

2. 芥菜型油菜

该类型是芥菜的油用变种，通常称高油菜、苦油菜、辣油菜及大油菜等。此类油菜种子有辣味，油分品质差，不耐贮藏。生育期长，产量低，但抗旱、抗寒，耐瘠性均强，主要分布在西北和西南各省。有大叶芥油菜和细叶芥油菜两个变种。

（1）大叶芥油菜（*B. juncea* Czen et Coss）：此类型主根发达，成熟后多木质化且坚硬，侧根较少。植株高大，分枝部位较高，二次分枝发达。基生叶具有明显的叶柄，叶片较大，叶缘具明显的羽状缺刻。上部叶片的叶柄极短，叶呈现披针形。花小，开花时花瓣之间完全分离。果实瘦小细短，每果内种子数目较多，种子小，红褐色，黄色等。

（2）细叶芥油菜（*B. juncea* var. gracilis Tsen et Lss.）：植株较矮，基叶小，分枝部位低。叶面有锯齿或微波形，并有刺毛，苔茎叶有短柄，叶基不抱茎，叶呈披针形。

3. 甘蓝型油菜

甘蓝型油菜，又叫欧洲油菜。目前栽培种仅有 *B. napus* L. 这一个种。起源于欧洲，这个种植株高大，分枝中等，而且比较粗壮，长势强，抗逆性强，增产潜力大。现已经在我国南北各地大面积种植。

表 2-11-1 油菜三大栽培类型主要性状比较

类型		白菜型	芥菜型	甘蓝型
来源		基本种	复合种 （黑芥与白菜型杂交）	复合种 （甘蓝与白菜型杂交）
染色体数（2n）		20	36	38
特征特性	植株	株型一般较矮小，分枝少或中等，分枝部位较低	株型高大、松散、分枝性强，分枝部位较高	株型中等、分枝性中等，分枝较粗壮
	根系	不发达	主根发达，根系木质化早，木质化程度高	发育中等，枝细根发达
	叶	叶椭圆，多或少刺毛，薄被蜡粉，有明显缺刻，薹茎叶抱茎着生	叶片较大，粗糙有茸毛，密被蜡粉，叶缘锯齿状，薹茎叶有明显叶柄	苗期叶色较深，叶面被蜡粉，缺刻明显，薹茎叶半抱茎着生
	花	刚开的花朵高于花蕾，花药外向开裂，花瓣重叠或呈覆瓦状	花较小，花瓣平展分离，花药内向开裂	花较大，刚开时花朵低于花蕾，花瓣平滑，侧叠，花药内向开裂
	角果	较肥大，与果轴夹角中等	细而短，与果轴夹角小	长，多与果轴垂直
	籽粒	大小不一，千粒重 2～4g，种皮表面网纹较浅	小，千粒重 2.5～3.5g，种皮表面网纹明显，有辛辣味	较大，千粒重 3.0～4.5g，种皮表面网纹浅
	授粉	异花授粉，自交不亲和，自然异交率 75%～95%	常异交作物，自然异交率 20%～30%	常异交作物，自然异交率 10%～20%

（续表）

类型		白菜型	芥菜型	甘蓝型
农艺性状	生育期	短，幼苗生长较快，成熟早，60~80d	80~110d	较长，90~260d
	抗逆性	耐晚霜冻能力较强，幼苗较耐湿，耐旱性较弱，抗（耐）病性较差	耐寒性、抗旱性，耐瘠性都较强，抗（耐）病性居中	耐寒，耐湿，耐肥，抗（耐）病性都较强
	裂果性	抗裂果性较强，不易裂果	抗裂果性强，不易裂果	易裂果
	倒状性	易倒伏	抗倒伏	多数品种抗倒伏
	产量潜力	产量低	产量较高	产量高，潜力大
主要栽培地区		加拿大、中国西北部（青海省、甘肃省）、巴基斯坦	印度、苏联，中国新疆维吾尔自治区、云南省	加拿大、欧洲、中国长江流域

（三）亚麻的形态特征及类型

我国栽培的亚麻（*Linum usitatissimum* L.），都属亚麻科亚麻属普通亚麻种。亚麻按栽培目的、工艺长度和籽粒大小，可分为油用亚麻、纤维亚麻和油纤兼用亚麻。在生产上把油用亚麻和油纤兼用亚麻两个类型，通称为胡麻。目前在我国的西北地区和华北地区有大面积的种植。

1. 亚麻的形态特征

（1）根：属直根系。侧根多纤细，吸收能力较弱，主根入土深达 1~1.5m，亚麻根系属于细弱根群类型。

（2）茎：茎圆柱形，表面光滑并带有蜡质，有抗旱作用。其分枝可分上部分枝和下部分枝。下部分枝也叫分茎，是由子叶节上的腋芽发育而成的。

（3）叶：叶片全缘，细小而长，无柄，呈螺旋形着生在茎秆上。叶表面有蜡粉，可减少水分的蒸腾。上部叶呈披针形，中部叶呈纺缍形，下部叶较小呈匙形。

（4）花序和花：伞形总状花序。每朵花具有萼片和花瓣各 5 枚，花瓣连成漏斗状。花的颜色有蓝、白、红、黄等色。雄蕊 5 枚，雌蕊 1 枚，子房 5 室。各室又被半隔膜分为 2 小室，每小室有胚珠 1 枚，受精后发育成种子。

（5）果实：蒴果。在正常情况下，每个果实结 6~10 粒种子，成熟的果实在各室相连接处裂逢，干燥时易落粒。

（6）种子：亚麻种子呈扁卵圆形，表面光滑且有光泽，种皮淡黄色至红棕色，千粒重 4~12g。种皮的表皮细胞中含有果胶物质，遇水浸种容易黏集成团。

2. 亚麻的类型

（1）油用亚麻：株矮，高 30~50cm，茎秆粗壮，基部分茎多，花序长而大，分枝多而部位低（图 2-11-2）。株型多松散。单株结果数多，种子产量高，千粒重 8~10g，工艺长度<40cm，纤维质量差，栽培的主要目的是供榨油用。

（2）纤维亚麻：茎秆细而平滑，株高 70~125cm，基部分茎极少或不分枝，花序分枝少而且部位高（图 2-11-3）。工艺长度>55cm，茎秆纤维含量 20%~30%，蒴果少，易开裂，千粒重 3~5g，种子产量低。栽培目的主要获取纤维。

图 2-11-2　油用亚麻

图 2-11-3　纤维亚麻

（3）兼用亚麻：株高中等，约 50~70cm，茎秆粗细均匀，基部产生少量分茎，花序比纤维亚麻发达，分枝较多，结果数较多，千粒重 5~8g。工艺长度 40~55cm，茎秆纤维含量 12%~17%（图 2-11-4）。性状介于油用亚麻和纤维亚麻之间。栽培目的以油用为主，兼用纤维。

图 2-11-4　兼用亚麻

（四）实验步骤

（1）在盛花期，取当地主栽品种的油菜和亚麻的典型植株，带回实验室仔细观察根、茎、分枝、叶、花、果实及种子的结构特点。

（2）取 3 种类型的油菜标本，按茎、分枝、叶（基生叶和茎生叶）、花序及花、果实及种子，观察其特征。

（3）取 3 种类型的亚麻标本，按茎、分枝、花序及花、果实及种子，观察其特征。

作业与思考

1. 将油菜 3 种类型植株形态特点及其他特性列表说明。
2. 将亚麻 3 种类型的形态特征观察结果填入下表。

亚麻3种类型的异同比较

项目		油用型	纤用型	兼用型
茎	株高			
	工艺长度			
分枝	多少			
	株型			
花序及花	花序长短			
	花朵大小			
蒴果	多少			
	大小			
种子	颜色形状			
	千粒重			
其他	纤维含量			
	栽培用途			

3. 油菜的哪些形态特性与栽培措施密切有关？

实验十二 甜菜外部形态和内部构造的观察

一、实验目的

识别甜菜的形态特征，了解甜菜块根、种球、种子的外部形态和内部构造。

二、材料及用具

材料：甜菜幼苗、成株标本；成熟期大、中、小糖用甜菜块根；发芽的种球。
用具：放大镜、镊子、温度计、解剖刀、解剖砧板、吸水纸、镜头纸。

三、内容与方法

（一）甜菜的植物学形态特征

甜菜属黎科（Chenopodiaceae）甜菜属（*Beta*）。甜菜属包括 14 个野生种和 1 个栽培种（*Beta unlgaris* L.）。栽培种有 5 个变种：糖用甜菜、叶用甜菜、饲用甜菜、根用甜菜、观赏用甜菜。糖用甜菜按经济性状又可分为高产型、标准型和高糖型。

甜菜是两年生作物，第一年形成肥大的直根、短缩茎和基生叶，第二年在在其植株发育所必需的条件下形成花茎，然后开花结实。

1. 根

甜菜的块根属于直根系的一种变态型——肉质根，由主根和侧根组成。主根基部肥大而成肉质，称为块根。用于榨糖时叫原料根，用于繁殖种子时叫母根。主根入土深度可达 2m 左右，侧根向四周伸展 1m 左右。

甜菜块根可分为根头、根颈和根体 3 部分。

（1）根头：块根最上部的根头，实际是缩短了的茎，是着生叶柄和芽的部位，又叫青头。根头下部与根颈相接，其界限是最下层叶的着生处。根头含糖分低，杂质多。

（2）根颈：位于根头和根体之间，上部以根头下端的叶痕为界，下部至根沟的顶端。根颈是块根膨大最宽的部分，不长叶也不长侧根。

（3）根体：是块根的主要部分，由根颈的下端至主根约 1cm 处之间的部分为根体。直径 1cm 以下的主根为根尾。制糖所需要的是根颈和根体两部分，根头和根尾在收获时要切去。根体两侧各生有一条根沟，根沟内产生大量侧根。根沟的方向常与子叶展开的方向一致。根体的含糖量最高，根颈次之，根头和根尾最低。

甜菜的块根形态以楔形、圆锥形、纺锤形、锤形为多（图 2-12-1）。一般纺锤形根多趋于丰产，而楔形根含糖量较高。

从甜菜根的横切面来看（图 2-12-2），由外向内依次为皮层、维管束环、环间薄壁组织和星状木质部髓。1 个品种在同一个地区栽培，其维管束环的数目相对稳定，一般为 8~12 个，其中心是由初生木质部构成的星状髓。一般高糖型品种维管束环的数目多，密度大；丰产型品种维管束环数目少，密度小，环间薄壁组织带较宽。

从根体横断面看，以中层含糖最高，内层次之，外层最少。由块根中心至皮层3/4的部位含糖量最高，糖分主要分布在维管束筛管旁边的薄壁细胞内，环间薄壁组织含量少。所以榨糖用的原料根不易过大，过大含糖量反而减少。

图 2-12-1　甜菜的块根形态

图 2-12-2　甜菜的块根的横切形态

2. 叶

甜菜叶片分为子叶和真叶。

子叶：甜菜种子发芽时首先长出一对子叶，相继出3~4对子叶。子叶为椭圆形，是幼苗的主要同化器官，保持功能期长达30d。

真叶：真叶由叶柄和叶片组成。由根头顶端的腋芽生成，第1~4对成对出生。以后单叶，螺旋式排列丛生于根头上。叶片性状常见的有盾形、心脏形、犁铧形、矩圆形、团扇形和柳叶形等。叶色和叶面平滑程度与品种和栽培条件有关。丰产型品种叶色多趋向深绿色，叶面多呈平滑状态；高糖型品种叶色多趋向浅绿色，叶面多呈皱缩状态。

叶柄呈肋骨状，断面一般呈三角形。多数叶柄与地面成70°角的称直立状叶丛；多数叶柄与地面成30°以下角度的称匍匐状叶丛；居于二者间的称斜立状叶丛。

3. 花

甜菜花是两性花，由花萼、雌雄蕊组成，花萼5片着生在子房基部，雄蕊5枚，与花萼对生，柱头3裂，子房中位1室。蜜腺绕于子房基部。

甜菜的花序为穗状花，无限花序，虫媒花，通常由3~5朵花聚生于花枝上，几乎是自花不孕，需要接受外来花粉才能结实。

4. 种子

甜菜果实称为种球，是坚果和蒴果的中间类型，通常由3~5个果实联合而成，植物学上称聚合果。果实由种子和果皮组成，果皮分果壳和果盖。果壳外部被木质化的萼片所包围，保护着种子。种子藏于果壳内，果中有3~5粒或7~8粒种子，称多粒形种球；单生的花形成单果，果中有1粒种子，称单粒形种球。种子呈肾形，外面包围着红褐色的种皮，较扁平。

（二）实验步骤

（1）观察和认识甜菜块根外部形态，分清根头、根颈、根体、根沟及根尾。

（2）分别对块根进行横切和纵切，观察其剖面构造。

（3）观察种球形态及外部结构，解剖种子内部构造。

作业与思考

1. 观察甜菜根外部形态特征及根横断面，画出根外部形态及横断面示意图，并注明各部分名称。

2. 观察甜菜的种球，用解剖刀从萼片中部作横断面，查明一个种球的果实数与种子数，了解种皮的色泽及胚部结构，并绘图标明。

实验十三　烟草形态特征及主要类型识别

一、目的要求

认识红花烟草和黄花烟草主要植物学形态特征，识别烟草不同的商品类型：烤烟、晒烟、晾烟。

二、材料用具

材料：红花烟草、黄花烟草植株及有关标本；烤烟、晒烟、晾烟、白肋烟、香料烟等调制后的干叶。

用具：米尺、放大镜、钢卷尺、计量器等。

三、内容与方法

（一）烟草的植物学形态特征

烟草属茄科（Solanaceae）烟草属（*Nicotiana*），是一年生草本植物。烟草有 50 多个种，其中绝大部分是野生种，有经济价值且栽培最多的只有红花烟草（*Nicotiana tabacum* L.）和黄花烟草（*Nicotiana rastical* L.）。

1. 根

为圆锥根系，主根入土深，可达 1.3~1.7m，侧根近地面横向发展，根群多集中在表土层 17~33cm 范围，烟草许多部位都能产生不定根，特别是茎的基部。烟草根系是烟碱含成的主要场所。

2. 茎

直立、圆形，表面有黏性的茸毛。茎幼嫩时髓部松软，老熟时中空，且木质化。茎的高度随品种及环境不同而异，矮的只有 1m，高的达 3m 以上。茎每个叶腋有腋芽，可长出分枝（烟杈）。在植株和顶芽生长旺盛时，下部腋芽通常不萌发，一旦打顶后，腋芽便自上而下陆续发生。因此，烟株打顶后要及时抹杈。

3. 叶

烟叶大小因品种而异，小的仅有 7~10cm 长，大的可长达 60cm 以上。在一株上，中部叶片最大，下部次之，上部最小，叶柄有或无。叶形有宽椭圆形、椭圆形、长椭圆形、宽卵圆形、卵圆形、长卵圆形、心脏形和披针形等（图 2-13-1）。叶面被有腺毛，能分泌树脂、芳香油及蜡质。烟叶成熟时腺毛脱落。一般每株有叶 20~35 片，少的 10 多片，多的可达 100 多片。

4. 花序

聚有限伞花序，完全两性花。在烟株的顶端长着 1 个单花，在花柄的基部，以分枝的形成长出 3 个花茎。花冠呈漏斗形，圆筒形等，粉红或淡黄色的。花瓣呈五角形突起，花萼管状或钟状，雄蕊 5 枚，4 长 1 短，雌蕊 1 枚，柱头二裂，自花授粉，天然杂交率 5%左右。

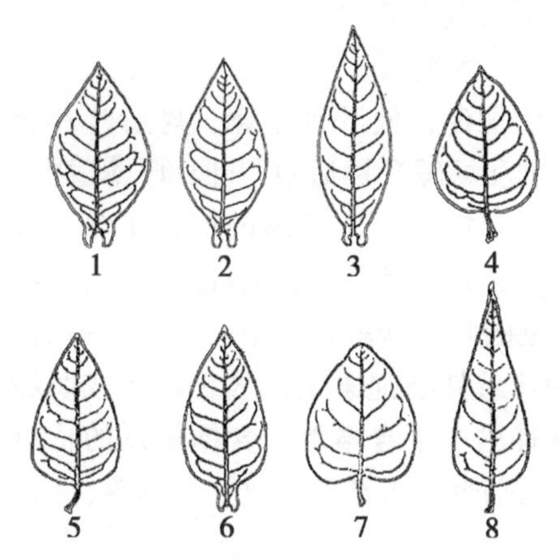

1. 宽椭圆，2. 椭圆，3. 长椭圆，4. 宽卵圆，
5. 卵圆，6. 长卵圆，7. 心脏形，8. 披针形

图 2-13-1　烟叶的形状

5. 果实和种子

果子为蒴果，卵形或圆球形，每株有蒴果 100~400 个，每个蒴果含种子 2~3 粒。种子大小不一，千粒重 50~250mg，褐色、暗褐色等 。烟草的种子种皮厚而坚硬，表面有角质层，通透性差，播种前要搓种洗种，并适当催芽。

（二）烟草类型

1. 根据植物学性状分类

目前被人们栽培利用的只有普通烟草和黄花烟草两个类型，其形态特征见表 2-13-1。

普通烟草又称为红花烟草，是一年生或二、三年生草本植物，宜种植于较温暖地带。黄花烟草又称堇烟草，是一年生或二年生草本植物，耐寒能力较强，适宜在低温地区栽培。我国所栽培的烟草除了北方有少量黄花烟草之外，大部分是红花烟草。

表 2-13-1　红花烟草和黄花烟草主要形态特征比较

项目	红花烟草	黄花烟草
生长习性	生长期长，耐寒性较差，宜于温暖地区种植	生长期短、耐寒性强，宜于较寒冷地区种植
根系	根系发达，入土深，可达 50~60cm	根系不很发达，入土浅，约 30~40cm
茎	植株高大，高约 100~300cm，或更高，圆柱形，外被茸毛	植株不高，约 60~130cm，多呈棱形，茸毛较多，分枝性较强
叶	有叶柄或无柄，边缘有短翼，叶形多呈披针形或长卵圆形，叶片大，较薄，叶色较淡。每株约 20~30 片，亦有多达 100 片，尼古丁含量较少，约 1.5%~3%	有明显的叶柄，无短翼，叶多呈心脏形，叶片较小，叶色深。每株 10~15 片，尼古丁含量高，约 2%~15%
花	花大，花冠淡红色，喇叭状	花冠小，花冠黄绿色，呈圆筒形
果实种子	蒴果较大而长，卵形，种子小，褐色，千粒重 50~90mg	蒴果较小而短，圆球形，种子较大，暗褐色，千粒重200~250mg

2. 根据烟草调制方法分类（商品类型）

可分为烤烟、晒烟、晾烟三大类型。

（1）烤烟：利用烤房火管加温，使叶片干燥，烤后叶片金黄色，烟味醇厚，其化学成分表现为含糖量高，蛋白质和烟碱含量适中，叶片厚薄适中，是卷烟的主要原料。

（2）晒烟：利用太阳光的热能晒干。晒烟的尼古丁含量高，含糖量低，叶厚，味浓香气重。由于晒制方法不同，又分为晒黄烟和晒红烟两种。晒烟部分作用卷烟原料，也作为雪茄烟、斗烟等原料，常见的叶子烟就是其中一种，香料烟、黄花烟都属于此类型。

（3）晾烟：晾烟是把烟叶悬挂在绳索上，放在晾房戒荫蔽处，利用通风让其自然干燥的缓慢调制过程。晾烟具有尼古丁含量低，含糖量低的特点，具有特殊香气，叶片较薄。主要用于制混合卷烟、雪茄烟、雪茄外包皮、斗烟等，白肋烟也属于此类型。

（三）实验步骤

（1）观察比较红花烟草和黄花烟草植株各部位的特征。

（2）观察比较烤烟、晒烟、晾烟、白肋烟和香料烟的异同。

作业与思考

根据观察，将红花烟和黄花烟植株的形态特点填入下表。

红花烟种和黄花烟种的性状比较

<table>
<tr><th rowspan="2">烟种</th><th rowspan="2">茎高</th><th colspan="4">叶</th><th colspan="3">花</th><th colspan="2">果实</th><th colspan="3">种子</th></tr>
<tr><th>叶形</th><th>叶表面</th><th>叶柄</th><th>厚薄</th><th>颜色</th><th>大小</th><th>花形</th><th>形状</th><th>大小</th><th>形状</th><th>颜色</th><th>大小</th></tr>
<tr><td>红花烟种</td><td></td><td></td><td></td><td></td><td></td><td></td><td></td><td></td><td></td><td></td><td></td><td></td><td></td></tr>
<tr><td>黄花烟种</td><td></td><td></td><td></td><td></td><td></td><td></td><td></td><td></td><td></td><td></td><td></td><td></td><td></td></tr>
</table>

实验十四 主要饲草作物种类及形态特征识别

一、目的意义

了解饲草作物的种类，认识和了解主要豆科和禾本科饲草作物的特征特性。

二、材料及用具

材料：紫花苜蓿、红豆草、小冠花、三叶草等豆科和无芒雀麦、苏丹草、紫羊茅等禾本科饲草作物的种子及植株标本。

用具：直尺、铅笔、记录纸等。

三、内容与方法

（一）饲草的类型

饲草作物，是指人工栽培的供家畜采食的饲用草本植物，也就是侠义的牧草作物。栽培饲草除用作青刈和放牧外，主要是调制干草及干草的加工制品，如草粉、草颗粒、草块等。

饲草作物在生产上的分类方法很多，根据生育期长短分为：①一年生饲草：如燕麦、毛苕子、山黛豆、苏丹草、紫云英等。②两年生饲草：如白花草木樨、黄花草木樨、甜菜、胡萝卜等。③多年生牧草：又可分为短寿命的（4~6 年），如沙打旺、三叶草、披碱草、多年生黑麦草等；长寿命的（10 年左右或以上），如苜蓿、无芒雀麦、羊草、冰草等。

根据植物学属性，结合种植面积和种类划分，饲草作物可以分为禾本科饲草、豆科饲草及其他科饲草三大类。

1. 禾本科饲草

禾本科牧草栽培历史较短、但种类繁多，占栽培牧草的 70%以上。属于单子叶植物，一般根系发达，叶片多。干物质中含粗蛋白蛋 4%~10%，高的可达 12%以上。主要有燕麦、无芒雀麦、披碱草、老芒麦、冰草、羊草、羊茅、草芦、猫尾草、碱茅、鸡脚草、草地早熟禾、意大利黑麦草、多年生黑麦草、苏丹草等。

2. 豆科饲草

豆科饲草是栽培牧草中最重要的一类，其栽培历史较长。属于双子叶植物，根部生有根瘤，可以固定空气中的氮素。茎、叶蛋白质含量比较高，干物质中粗蛋白质含量 20%左右，少数高达 25%以上，是畜禽鱼的优良饲料，并可替代部分精饲料。主要有紫花苜蓿、白花草木樨、沙打旺、红三叶草、白三叶草、毛苕子、红豆草、小冠花、紫云英、山黛豆等。

3. 其他科饲草

指不属于豆科和禾本科的牧草，无论其种类和数量，还是栽培面积都不如豆科牧草和禾本科牧草。大多是青绿多汁的饲草，一般植株体蓬大，叶大而宽，根系粗大，干物质中粗蛋白质含量高达30%以上，为各类畜禽所喜食。如菊科的苦荬菜和串叶松香草，苋科的千穗谷和籽粒苋，蓼科的酸模，藜科的饲用甜菜、驼绒藜和木地肤，紫草科的聚合草，伞形科的胡萝卜、十字花科的芜青等。

（二）主要栽培饲草作物的特征特性

1. 紫花苜蓿

紫花苜蓿（*Medicago sativa* L.）为多年生豆科植物，是世界上栽培最早、分布面积最大的多年生饲草品种（图2-14-1）。根系发达，入土很深，茎秆直立或斜上，株高1.0m以上，植株多呈深绿色，分枝多。喜温耐寒，耐旱不耐湿，喜中性或微碱性土壤。营养丰富，蛋白质含量高，素有“饲草之王”之誉。一年种植可利用10年以上，年刈割3~5次，产鲜草60~75t/hm^2，适合各种家畜采食。紫花苜蓿用以放牧、青饲、调制干草、干草粉，或与禾本科饲草混合青贮。是各种家畜、家禽的上等饲料。放牧利用时对反刍家畜要适当控制采食量以防引起臌胀病。

2. 沙打旺

沙打旺（*Astragalus adsurgens* Pall.）系豆科黄芪属多年生草本植物（图2-14-2）。沙打旺主根粗长，入土深，侧根发达，株高1.5~2.0m，生长迅速、根多叶茂。其营养成分丰富而齐全，除稍有苦味外，几乎接近紫花苜蓿，与其他饲料混合饲喂，各种家畜均可采食，是一种高产优质的饲草品种。可青饲、青贮或制干草和草粉。沙打旺适应性和抗逆性强，表现为喜温耐寒、耐干旱、耐盐碱，具有防风固沙、改良土壤和水土保持的作用，是北方人工建植草地和改良沙荒的先锋植物，也是可进行飞播的主要饲草作物，一年种植可连续利用4~5年，产鲜草30~75t/hm^2。

图2-14-1　紫花苜蓿

图2-14-2　沙打旺

3. 白三叶

白三叶（*Trifolium repens* L.）系豆科三叶草属中一个种，是一种匍匐生长刈牧兼用多年生饲草（图2-14-3）。白三叶地上直立部分均为叶片和叶柄，其茎叶柔软细幼嫩，富含蛋白质，极富营养价值，并且适口性和再生性好，耐践踏、耐刈割，既是优质的青绿多汁饲料，也是优质的绿肥和草坪植物。白三叶喜欢温凉、湿润的气候，最适生长温度为16℃~25℃，适应性比其他三叶草广，耐热性和耐寒性较强，较耐荫、耐贫瘠、耐酸，但不耐盐碱、不耐干旱。

4. 红豆草

红豆草（*Onobrychis viciaefolia* Scop）又称驴豆、驴喜豆，是多年生豆科植物。红豆草属深根型牧草，其根系发达，主根明显，根上有橙白色块状根瘤。株高 50~90cm，分枝 5~15 个，产草量高达 52.5t/ hm^2。草质柔软，营养成分丰富，有芳香味，粗蛋白质与紫花苜蓿相近，其鲜草、干草或青贮，均为各类畜禽所喜食，有“饲草皇后”之称。红豆草在栽培条件下可以生长 5~6 年，一般利用年限为 3~5 年。红豆草喜温凉半干燥条件，适宜在平均气温 12~13℃，降水 350~500mm 地区生长，也适宜砂性土或微碱性土，即可作为绿肥饲草作物，也可作观赏花卉作物。

图 2-14-3　白三叶

图 2-14-4　红豆草

5. 小冠花

小冠花（*Coronilla varia* L.）又称绣球小冠花、多变小冠花，为豆科小冠花属多年生草本植物（图 2-14-5）。小冠花株高 50~100cm，根系发达，具有根瘤；茎直立、粗壮，分枝多，茎叶茂幼嫩，叶量大，营养物质丰富，与紫花苜蓿接近。小冠花产量高，再生能力强，是反刍家畜的优质饲料。除饲用外，小冠花的根系发达，适应能力强，生长迅速，盖度大，是很好的水土保持植物。另外，其花多而艳丽，枝叶繁茂，也可作花卉植物。

6. 无芒雀麦

无芒雀麦（*Bromus inermis* Leyss.）是禾本科雀麦属多年生牧草（图 2-14-6）。其适应性广泛，在海拔 500~2 500m 均可栽植，年降水量 350~500mm 的地区旱作，生长发育良好。无芒雀麦具短根茎，茎秆光滑，叶片无毛，草质柔软，营养价值很高，适口性好。一年四季为各种家畜所喜食，尤以牛最喜食，即使收割稍迟，质地并不粗老。经霜后，叶色变紫，而口味仍佳。可青饲、制成千草和青贮，是一种放牧和打草兼用的优良牧草，被誉为“禾草饲料之王”。

7. 苏丹草

苏丹草（*Sorghum sudanense*（Piper）Stapf.）是禾本科高粱属一个种，为一年生草本植物（图 2-14-7）。须根系粗壮发达。秆较细，株高可达 2.5m，分蘖期长，分蘖数量多，生长迅速，再生能力好，一年可刈割 2~3 次。产量高而稳定，草质好、营养丰富，其蛋白质含量居一年生禾本科牧草之首。用于调制干草，青贮、青饲或放牧，马、牛、羊

图 2-14-5　小冠花

图 2-14-6　无芒雀麦

都喜采食，也是养鱼的好饲料。

8. 紫羊茅

紫羊茅（*Festuca rubra* L.）又名红狐茅、红牛尾草，属多年生禾本科饲草（图 2-14-8）。须根纤细密集，入土深，具短根颈，再生性能好。茎直立或基部稍弯，株高 40～60cm，叶纤细披针形，对折或内卷，叶柄基部呈紫红色，根出叶较多。紫羊茅抽穗前草丛中几乎全是叶子，因而营养价值高，适口性好，各种家畜均喜食。紫羊茅主要用于放牧，亦可用以调制干草。紫羊茅不但抗寒、抗旱、耐酸、耐瘠，适应性强，喜寒冷潮湿、温暖的气候，而且寿命长，耐践踏和低修剪，覆盖力强，春季返青早，秋季枯黄晚，因此，也是全世界应用范围最广的一种主体草坪植物。

图 2-14-7　苏丹草

图 2-14-8　紫羊茅

（三）实验步骤

（1）观察饲草作物的植株及种子标本，识别豆科饲草与禾本科饲草的主要特征。

（2）观察紫花苜蓿、白三叶、沙打旺、红豆草、小冠花、无芒雀麦、苏丹草、紫羊茅特征特性。

作业与思考

根据提供的实物或标本，比较豆科和禾本科饲草作物的特征特性，把观察结果填写下表。

主要饲草作物特征特性比较

名称	紫花苜蓿	三叶草	无芒雀麦	苏丹草
科属				
种子形态				
根类型				
茎高度				
叶形状				
植株特征				
主要特性				
主要用途				

第三章　作物田间诊断与生产效能分析

实验一　小麦出苗率调查及越冬苗情考察

一、目的要求

掌握基本苗调查方法，学会计算出苗率；认识分蘖期小麦幼苗的形态特征；分析小麦越冬期死苗原因。

二、材料及用具

材料：不同播种深度、不同叶龄和不同分蘖类型的麦苗和相应的挂图。

用具：移植铲、瓷盘、放大镜、镊子、解剖针、直尺、铅笔等。

三、内容和方法步骤

（一）分蘖期小麦幼苗形态

在播种深度适当时（4~5cm），通常有初生根（又叫种子根）、次生根（又叫不定根）、地中茎、分蘖节、胚芽鞘、主茎叶片、分蘖、分蘖鞘（鞘叶）等器官。

每人取一株典型的分蘖期麦苗，对照挂图认识各部器官。观察初生根和次生根的着生位置、数目、形状、颜色等区别。看胚芽鞘的形状和着生位置，看地中茎和分蘖节的相对位置。观察主茎叶片的着生方式和分蘖产生的位置。拔开包围着分蘖的叶鞘，观察分蘖基部的分蘖鞘的形状和位置。

注意：观察时应准确地确定主茎第一片叶。通常情况下，生育初期可用叶形鉴别。第一片叶在形态上与其他叶片不同。它上下几乎一样宽，顶端较钝，叶片短而厚，叶脉较明显。生育中后期，第一片叶往往脱落，可依靠盾片（与胚根在一起，位于地中茎下端，呈光滑圆盘状，与胚芽鞘在同一侧）的位置和方向来确定。因小麦主茎上第一片叶都在盾片的对侧。观察分蘖时，应先区分主茎和分蘖，主茎一般位于株丛中央，较分蘖高而粗状，在不缺位的情况下，一般是一个主茎叶带一个分蘖。

（二）播种深度对麦苗性状的影响

每2人为一组，任意选取50~100株麦苗，以1cm为间距将麦苗按播深分组，然后逐株测量麦苗播种深度、高度、主茎叶片数、分蘖数次生根数，分蘖工节深度和地中茎长度，将结果记入表3-1-1。

表 3-1-1　冬小麦越冬前田间调查记载

区组编号	前作	品种	播种期	施肥水平		灌溉	其他措施	苗情					每亩总茎数	备注
				基肥	追肥			叶色	主茎叶龄	每株茎数	苗高 cm	麦苗类型		

测定完毕后，将测定资料按不同播种深度统计整理，求出各组的平均值，填入表3-1-2，然后分析结果，说明播种深度对麦苗性状的影响。

表 3-1-2　播种深度与麦苗性状关系整理

播深（cm）	株数（个）	地中茎长（cm）	分蘖节深（cm）	次生根数（个）	苗高（cm）	主茎叶片数（个）	分蘖（包括主茎总数）（个）
2. 1～3. 0							
3. 1～4. 0							
4. 1～5. 0							
5. 1～6. 0							
6. 1～7. 0							
7. 1～8. 0							
>8. 1							

（三）冬小麦苗情考察

1. 样点确定

田间取样就是在大田选取具有代表性植株的过程。样点的设置原则是：①凡地段地形复杂时多设，反之，则少设；②面积越大，设点越多；③生长整齐，成熟一致的地块可以少设，反之，应增加样点数；④品种越杂，设点越多。始终把握住样点的均匀性和代表性这两个原则。

在一块地中，取样的方法一般有：①梅花形取样法；②对角线取样法；③棋盘式取样法。后两种取样法，适应于地块较大和整齐性较差的地块。每一个样点必须距地边 3m 以上，不能将有特殊表现的地方选作样点，样点在田间的分布要相对均匀。

那么每样点的面积有多大呢？一般来说，样点的面积在 $1m^2$ 以下，为了便于计算每亩的数量，可取 $0.67m^2$ 或 $0.33m^2$，前者乘 1 000 约为 1 亩数量，后者乘 2 000 约为 1 亩的数量，在调查苗、茎穗的数量时，样点面积选用 $0.33m^2$ 为最佳。如果调查的是条播麦田，这时每样点可调查 4 行，每行长度随行距而变化，如表3-1-3。

表 3-1-3　条播麦田行的长度与行距变化

行距（cm）	10	11	12	13	14	15	16
行长（cm）	82. 30	75. 30	69. 10	59. 50	55. 50	50. 03	50. 10

注：表中是按样点为 0. 33m² 计算的，当行距为 116. 6cm 时，则样点宽为 4×16. 6cm，行长（即样点的长度）计算公式如下。

$$行长=\frac{0.33m^2}{4\times16.6cm}=50.15cm$$

2. 基本苗的调查（表 3-1-4）

基本苗的调查时间应在分蘖前，一般可采用两种方法。

（1）单位行长调查法，可按下列步骤进行。

第一步，数单位长度苗数，在调查地块内选代表性点若干个（试验小区 2 个点，大田选 5 个或再多些），每点量一米长两行，两端插棍，并数行内苗数，然后算出平均每米的苗数。

第二步，求平均行距，在每个样点量取 n 行的宽度，用 n 行宽度除以 $n-1$，既得平均行距。如：量 11 行用 10 除得出平均行距。

第三步，计算，每亩（1 亩≈667m²。下同）基本苗数＝每米的平均苗数×667m²/平均行距（m）；或每亩基本苗数＝每尺的平均苗数× 6 000 尺²/平均行距（尺）（1 尺≈33cm。下同）。

（2）方格调查法：在调查地块内选代表性点若干（数量如前），每点定出 1m²，查出格内苗数，然后算出平均每平方米苗数，再算出每亩基本苗数。用这个方法要注意确定方格的位置，往往方位不同，苗数会有相当大的差别。

每亩基本苗数＝每平方米的平均苗数×667m²

或每亩基本苗数＝每平方尺的平均苗数× 6 000 尺²

各调查点应在记载上详细注明位置，便于以后其他项目的定点调查。

表 3-1-4　小麦基本苗调查

地块	品种	播种期	播种量	播种方法	基本苗 万株/667m²	断垄 （%）	出苗率 （%）	苗情类型

3. 小麦田间出苗率的调查（表 3-1-5）

（1）苗期调查：小麦种子萌发后，先长出 2~3 条初生根，然后胚芽鞘护送幼芽出土，当第一片绿叶从胚芽中伸出地面 2~3cm 时，即为单株出苗。全田 50%的植株达到单株出苗标准时，称为出苗期。条播麦田显行时，可记为出苗期。

调查小麦出苗率时，先根据田间取样的要求确定好样点，然后查清每样点内的苗数，记入表内。调查完毕后，将同一地块各样点苗数总计、平均，即求出样点的平均苗数。再计算每亩苗数（基本苗），进而可求出田间出苗率。

$$田间出苗率（\%）=\frac{每亩基本苗}{每亩有效种籽粒数}\times100\%$$

$$=\frac{样点平均苗数}{样点内有效种籽粒数}\times100\%$$

每亩基本苗 = 每亩播种量（kg）× 每千克种籽粒数 × 清洁度 × 发芽率

$$样点内有效种籽粒数=\frac{每亩有效种籽粒数\times样点面积（m^2）}{667（m^2）}$$

$$每千克种籽粒数=\frac{1\ 000\times1\ 000}{千粒重（g）}$$

表 3-1-5　不同品种苗情统计分析

品种	重复	样点	出苗期	基本苗	出苗率%	总茎数		分蘖数（个）		次生根数（个）		死蘖数	死茎数	抗寒性	三叶蘖数	调查人
						越冬	返青	越冬	返青	越冬	返青					
	Ⅰ	1														
		2														
		3														
		平均														
	Ⅱ	1														
		2														
		3														
		平均														
	Ⅲ	1														
		2														
		3														
		平均														
平均																

（2）进行样点调查：①调查总茎数：注意每个分蘖即为 1 个茎。②统计三叶蘖：选取 5 株，平均其三叶蘖。③统计次生根数：挖出 5 株，平均其根数。④分蘖数：每点挖出 5 株平均。⑤死蘖数：以每点挖出 5 株平均数计死亡株数。

（3）计算分析出苗率、越冬死苗率和死蘖率、抗寒性：①出苗率＝计划保苗数/调查出苗数。②越冬死苗率＝返青期总株数/出苗期总株数；死蘖率＝冬前期总茎数/返青期总茎数。③抗寒性：分记强、中、弱。其中死苗率低于 5%以下或死蘖率小于 10%者为抗寒性强；死苗率 5%～20%或死蘖率 10%～30%者为抗寒性中等；死苗率大于 20%或死蘖率大于 30%者为抗寒性弱。

作　业

1. 绘一小麦幼苗图，标明种子根、地中茎、次生根、分蘖节、叶片、主茎、分蘖、胚芽鞘等各部分。

2. 试分析播种深度对麦苗性状的影响。

3. 根据调查结果，进行不同品种苗情统计与分析。

4. 试分析群体长相，提出春季管理措施。

实验二　小麦分蘖特性及幼穗分化进程观察

一、目的要求

熟悉分蘖期麦苗的形态特征，认识分蘖的各种类型；了解叶蘖同伸关系及分蘖与次生根发生的关系；掌握观察小麦幼穗分化的操作技术，鉴别小麦幼穗分化各时期的形态特征，了解小麦幼穗分化过程与植株外部形态的关系。

二、材料及用具

材料：不同播深、不同叶龄及不同分蘖类型的麦苗及相应的挂图，小麦幼穗分化各时期的植株及有关挂图。

用具：解剖器、瓷盘、直尺、计算器、低倍显微镜或双筒解剖镜、解剖针、载玻片、盖玻片、直尺、醋酸洋红等。

三、内容和方法

（一）分蘖期麦苗形态的观察和分蘖类型的识别

取典型的分蘖期麦苗，对照挂图认识小麦幼苗的形态结构。

小麦（*Triticum aestivum* L.）的幼苗由初生根、次生根、盾片、胚芽鞘、地中茎、分蘖节、主茎叶片、分蘖鞘和分蘖叶片等构成。

初生根：又叫种子根。种子萌发时先有1条胚根生出，随后成对出现1~3对初生根，所以，初生根一般为3~7条，少有8条。初生根在形态上比次生根细，根毛少，颜色较深。在有胚芽鞘分蘖时，胚芽鞘节上有时也会发生1~2条次生根，其粗度一般较初生根稍粗，但较分蘖节发生的次生根稍细，并且由于发生部位与种子根接近，极易与种子根混淆。

次生根：又叫节根，着生于分蘖节上，与分蘖几乎同时发生。一般主茎每发生1个分蘖，就在主茎叶的叶鞘基部，长出数条次生根。次生根在形态上比初生根粗，附着土粒较多。

盾片：与初生根在一起，位于地中茎下端，呈光滑的圆盘状，与胚芽鞘在同一侧。

胚芽鞘：种子萌发后，胚芽鞘首先伸出地面，为一透明的细管状物，顶端有孔，见光后开裂，停止生长。到麦苗分蘖以后，它位于地中茎下端。

地中茎：指胚芽鞘节与第1真叶节之间出现的一段乳白色的细茎。地中茎是调节分蘖节深度的器官，当播种过深，超过地中茎的伸长能力时，第1、2叶或第2、3叶之间的节间也会伸长，形成多层分蘖的现象。

分蘖节：发生分蘖的节称为分蘖节。分蘖节由几个极短的节间、节、幼小的顶芽和侧芽（分蘖芽）所组成。它不仅是长茎、长叶、长蘖、长次生根的器官，而且也是贮藏营养物质的器官。

分蘖鞘（鞘叶）：在形态上与胚芽鞘相似，也是只有叶鞘没有叶片的不完全叶。小麦的每个分蘖都包在分蘖鞘里，与主茎幼小时包在胚芽鞘中一样。当分蘖刚从叶鞘中伸出时，由分蘖鞘中伸出分蘖的第 1 叶片。

主茎叶片：丛生在分蘖节上。观察时注意叶片的位序。首先找出第 1 片叶，然后依其互生关系就可以找出其他叶片。确定第 1 叶片的方法，生育初期可以根据叶形鉴别。第 1 片叶在形态上与其他叶片不同，上下几乎一样宽，顶端较钝，叶片短而厚，叶脉较明显，形似宝剑。生育中后期，第 1 片叶往往枯死脱落，但其方位可依盾片的位置和方向来确定，因为小麦主茎第 1 叶片都在盾片的对侧。以盾片来鉴别时，一定要把麦苗拿正，拉直胚根，地中茎不要发生扭曲。认识主茎叶序，还可以借助于主茎分蘖（一级分蘖）的方位来确定，在不缺位的情况下，一般是 1 个叶带 1 个蘖，确定了分蘖，也就找到了相应的叶片。根据这种关系，应先区别主茎和分蘖。从位置上看，主茎一般位于株丛中央，从形态上看，一般主茎较分蘖高而粗壮。如遇特殊情况（畸形或缺位），需综合上述两种情况，并凭一定的经验确定。

由于生育条件的不同，麦苗会出现不同的分蘖类型。根据分蘖的着生部位和入土深度，通常分为 4 个类型。取不同的分蘖型麦苗，对照挂图进行认识。

（1）普通分蘖型：在主茎上形成 1 个分蘖节，是最常见的分蘖类型。

（2）多层分蘖型：由于播种过深或其他条件的影响，除地中茎伸长外，主茎第 1 叶与第 2 叶之间，甚至第 2 叶与第 3 叶之间的节间也伸长，形成“多层分蘖”。

（3）地中茎未伸长分蘖型：播种较浅时，地中茎不伸长，形成地中茎未伸长的分蘖型，分蘖节在种子的入土深度处形成。

（4）胚芽鞘分蘖型：胚芽鞘是主茎的 1 片变态叶，叶腋中有 1 个蘖芽，可长出 1 个分蘖。该分蘖还可发生二级分蘖。一株小麦除了主茎的基本分蘖外，还生有胚芽鞘分蘖，称为胚芽鞘分蘖型。在种子质量好，播种深度适宜，肥水充足的高产田，常出现胚芽鞘分蘖。

（二）分蘖的出生及同伸关系

取主茎叶龄为 3、5、7 的麦苗进行观察。

小麦幼苗长出第 3 叶时，由胚芽鞘腋间长出 1 个分蘖。由于胚芽鞘节入土较深，胚芽鞘分蘖常受抑制，一般只有在良好的条件下才能发生。

当主茎第 4 叶伸出时，在主茎第 1 叶的叶腋处长出第 1 个分蘖（主茎第 1 分蘖）。当主茎第 5 叶片伸出时，在主茎第 2 叶叶腋处又生出 1 个分蘖（主茎第 2 分蘖），依次类推。着生于主茎上的分蘖称为一级分蘖。当一级分蘖的第 3 片叶伸出时，在其分蘖鞘叶腋间产生 1 个分蘖。以后每增加 1 片叶也按叶位顺序增长 1 个分蘖。上述均为分蘖节分蘖。分蘖节分蘖分为不同的级序，由一级分蘖产生的分蘖称为二级分蘖，由二级分蘖长出三级分蘖，依次类推。

分蘖的发生有严格的顺序性，一般情况下，主茎或分蘖上的腋芽都循着由低位向高位的规律萌发生长，并且与主茎叶的出生有一定的对应关系。小麦分蘖过程中，主茎的叶序与各级分蘖叶有以下同伸关系（表 3-2-1）。如主茎第 3 叶（3/0）与胚芽鞘分蘖第 1 叶（1/C）同伸；主茎第 4 叶（4/0）与胚芽鞘分蘖第 2 叶（2/C）及主茎第 1 分蘖第 1 叶

（1/Ⅰ）同伸；5/0 叶与 3/C、1/Cp、2/Ⅰ、1/Ⅱ同伸等。余者类推（图 3-2-1）。

表 3-2-1　主茎的叶位与各级分蘖出现的对应关系

主茎的叶位	主茎出现的叶片数	同伸的蘖节分蘖			同伸组蘖节分蘖数	单株总茎数（包括主茎）	胚芽鞘蘖	胚芽鞘蘖的二级蘖
		一级分蘖	二级分蘖	三级分蘖				
1/0	1							
2/0	2							
3/0	3				0	1	C	
4/0	4	Ⅰ			1	2		
5/0	5	Ⅱ			1	3		C_P
6/0	6	Ⅲ	Ⅰ$_P$		2	5		C_1
7/0	7	Ⅳ	Ⅰ$_1$，Ⅱ$_P$		3	8		C_2
8/0	8	Ⅴ	Ⅰ$_2$，Ⅱ$_1$，Ⅲ$_P$	Ⅰ$_{P-P}$	5	13		
9/0	9	Ⅵ	Ⅰ$_3$，Ⅱ$_2$，Ⅲ$_1$，Ⅳ$_P$	Ⅰ$_{1-P}$，Ⅰ$_{P-1}$，Ⅱ$_{P-P}$	8	21		

注：胚芽鞘节分蘖与主茎叶位的同伸关系很不稳定，表中根据大量实际观察资料归纳（资料来源：山东农学院，1975）。

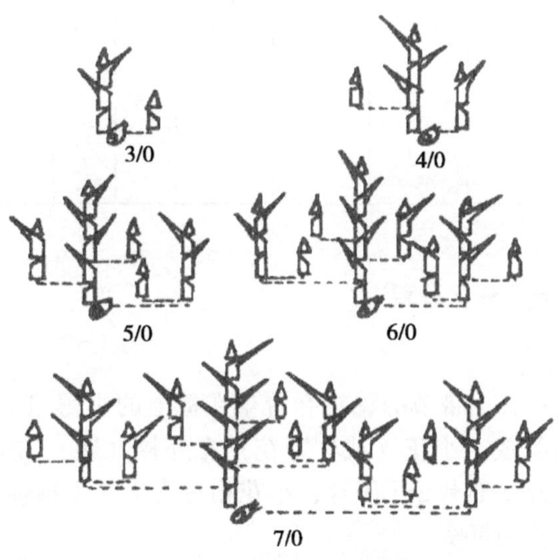

图 3-2-1　小麦分蘖与主茎叶片的同伸关系示意

根据上述同伸关系，已知主茎叶龄，可推算出某一分蘖的叶龄及全株可能出现的理论分蘖数。即主茎某一叶片出现时可能出现的总分蘖（包括主茎）为其前 2 个叶龄时发生的总分蘖数之和。如主茎 5 叶龄的总分蘖数加主茎 6 叶龄的总分蘖数等于主茎第 7 叶龄的总分蘖数，即 5+8＝13。在生产上，胚芽鞘分蘖常不出现，则主茎 7 叶龄的总分蘖数为 3+5＝8。另外，根据主茎叶龄与分蘖的同伸关系，可推算出主茎的最高蘖位。

主茎最高蘖位=n-3（n代表主茎可见叶，即叶龄）

一般大田生产上实际分蘖数常少于理论分蘖数，而稀播田和高产田实际分蘖数有时接近理论分蘖数，特别是在浅播条件下，实际分蘖数在某一时期内也可能稍大于理论分蘖数。主茎的低位蘖发生比较正常，与主茎叶片的同伸关系也较为密切，而高位蘖发生的规律性较差。不良的环境条件影响分蘖的正常出生，不但可以抑制高位蘖，而且也可以抑制低位蘖的发生，使之形成空蘖（缺位），特别是胚芽鞘分蘖和Ⅰ蘖容易缺位。

小麦分蘖的发生与节根的发生也有一定的关系。一般主茎每发生1个分蘖，就在出生分蘖的节上长出3条左右节根，从植物解剖学的观点看，这些节根属于主茎，而不属于一级分蘖。当一级分蘖上发生二级分蘖时，在着生每个二级分蘖的节上一般可长出2条节根，这些节根才属于一级分蘖，而不属于二级分蘖，余同。

（三）分蘖期麦苗性状的分析

每组取一个播种深度的麦苗5株，逐株测量麦苗的高度、主茎叶片数及其长度和宽度、分蘖数及分蘖叶片数、次生根数、分蘖节深度和地中茎长度，平均后填入表3-2-2。并将其他组的资料也记入表3-2-2。

表3-2-2　植株形态及分化时期

品种或处理	播期（日/月）	观察日期（日/月）	株号	单株茎蘖数	主茎外观叶龄	解剖叶数	节间长度（cm）				幼穗长度（cm）	穗分化时期
							1	2	3	4		

（四）小麦幼穗构造及分化过程

1. 小麦穗、花的构造

小麦穗为复穗状花序，由带节的穗轴和着生在穗上的小穗组成。小穗由两颖片（护颖）或一至数个小花所组成。小花（或称颖花）有外稃（颖）、内稃（颖）各1片，雄蕊3枚、雌蕊1枚，雄蕊基部有2个鲜片；小花相对互生在小穗梗上。小麦开化授精后，子房发育为颖果，通常称为籽实。

2. 小麦幼穗分化进程

当小麦通过春化阶段而进入光照阶段发育时，茎的生长锥开始伸长，这是幼穗分化的开始。小麦幼苗个体的幼穗分化顺序是按照主茎到分蘖，由低位蘖到高位蘖依次进行的。因此应以主茎为对象进行幼穗分化的解剖观察，才能较正确反映个体发育的情况。

就一个穗子而言，其分化顺序是：由穗轴——小穗——小花。其中穗轴由基部向顶端进行；小穗则由穗的中下部——中部——上中部——基部——顶部的顺序进行。小花在小穗轴上则是由下向上进行的。每朵小花又是由外向内（内外颖——雄雌蕊）进行的。到开花时，每麦穗上就按照原来的分化顺序进行开花。根据小麦幼穗分化发育过程大致可分为以下 8 个时期。

（1）伸长期：生长锥开始伸长（图 3-2-2，图 3-2-3），长度大于宽度，呈光滑透明的圆锥形，这就是幼穗的原始体，标志着营养器官分化过程的结束，生殖器官分化的开始。冬小麦开始产生春季分蘖，春小麦在三叶期左右。

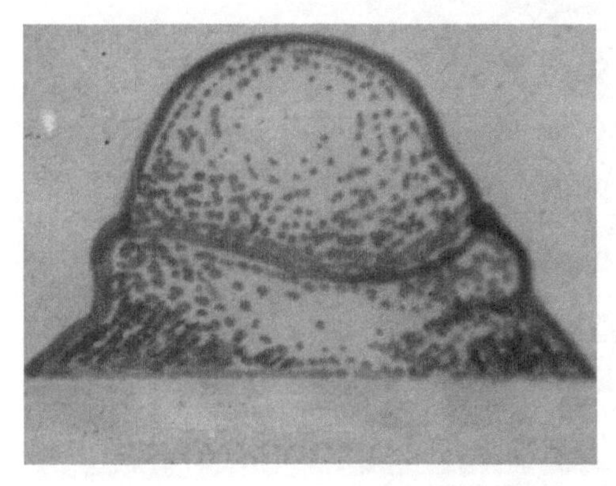

图 3-2-2　生长锥未伸长

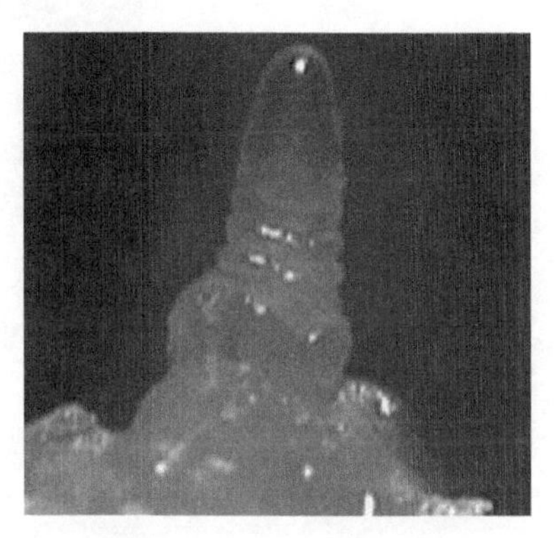

图 3-2-3　生长锥伸长期

（2）单棱期（穗轴节片分化期）：当生长锥长到一定长度，在其基部的由下而上出现像叶原始体的环状突起，即为苞叶原基的。苞叶原基是变态叶，着生在穗轴节上，长到一定程度停止发育并逐渐消失。每二片苞叶原基之间即为穗轴节片。每个苞叶原基突起呈棱形，故称单棱期，冬小麦起身时，春小麦分蘖时进入单棱期（图 3-2-4）。

（3）二棱期（小穗原基形成期）：苞叶原基沿生长锥基部由下向上下继续分化到一定程度，就在幼穗中部两苞叶原基中间产生一突起，即小穗突起。小穗原基初现时，与苞叶原基呈一大一小的二棱状故称“二棱始期”。当生长锥中部小穗增大，从幼穗侧面镜检出两排小穗突起，也能看出每个小穗下面的苞叶基时，称为“二棱中期”，随着小穗原基体积增大，生长锥中部的苞叶原基逐渐被复盖，镜检叶只能看到小穗突起，而见不到苞叶原基的，就进入“二棱末期”。此时二棱状已明显，但幼穗的二裂性变得更为明显。春小麦分蘖期进入此期，冬小麦仍在起身期（图 3-2-5）。

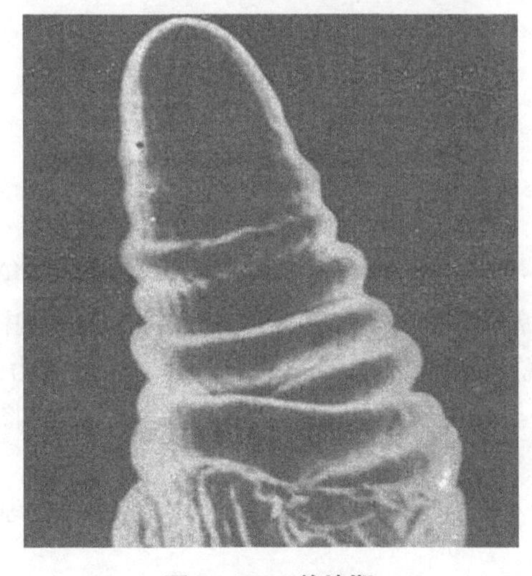

图 3-2-4　单棱期

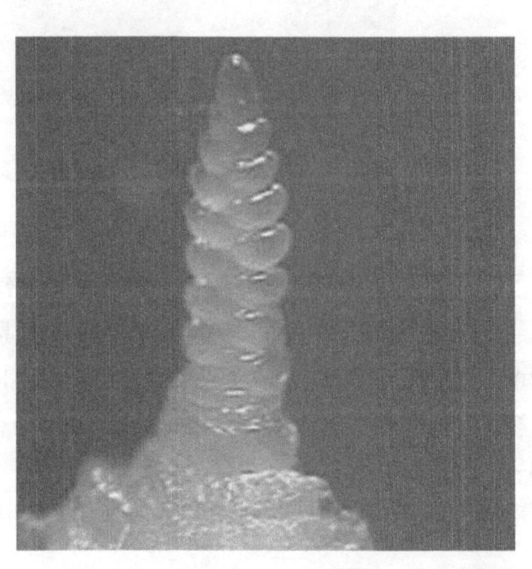

图 3-2-5　二棱期

（4）护颖分化期：进入二棱期不久，小穗原基体积停止增大，在最先出现的小穗原基基部两侧，各出现一浅裂片突起，即为护颖原基。此时小穗原基顶端还是一未分化的平滑组织，这一时期较短，冬春小麦仍未拔节（3-2-6）。

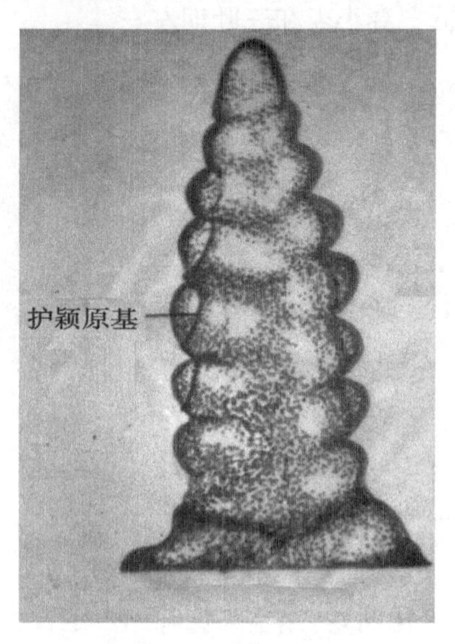

图 3-2-6　护颖分化期

（5）小花原基分化期：小穗原基基部出现颖片原基后不久，在护颖基内出现小花的外稃和小花的生长点，进入小花原基分化期。分化小花的顺序，在一个幼穗上先从中部小穗开始，然后是上下各小穗。在一小穗内侧是由下而上分化。此时，冬春小表均已开始拔节，茎约 1~2cm（图 3-2-7，图 3-2-8）。

图 3-2-7　小花原始期分化

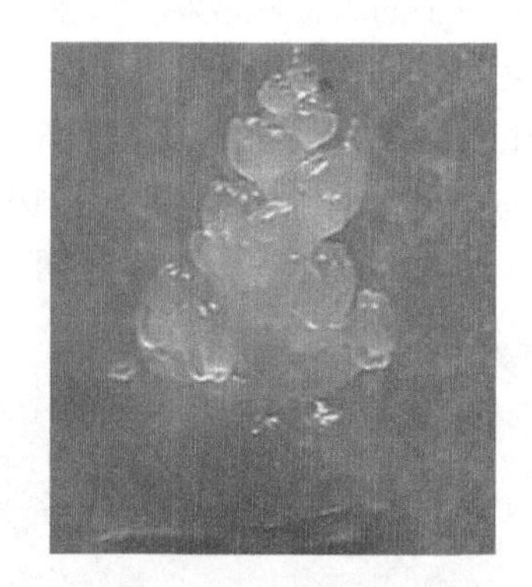

图 3-2-8　小花分化期

（6）雌雄蕊原基分化期：当幼穗中部小穗上分化出三四个小花原基时，小穗基部第一小花的中央出现 3 个半球形突起，这就是雄蕊原基。接着 3 个雄蕊原基稍微分开，从中间又长出一个突起，这就是雌蕊原基。这时茎的总长度达 3~4cm 正值拔节期，一般认为，这时正是光照阶段的结束期，所以幼穗分化过程与光照阶段的发育过程是相平行的（图 3-2-9）。

（7）药隔形成期：雌雄蕊原基分化期以后，小花原基各部分迅速发育。当雄蕊原基

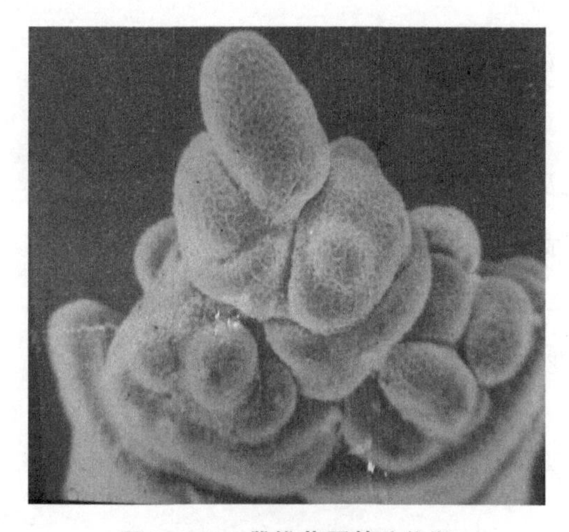

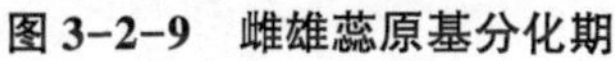
图 3-2-9 雌雄蕊原基分化期

图 3-2-10 药隔形成期

由分化初期半球形发育成柱形，进而发育成方柱形，然后每个花药原始体自上而下出现纵沟，将一个花药分为二室，以后每室出现分隔，这时每个花药原基成为 4 个花粉囊，这是药隔形成期。在雄蕊原基发育的同时雌蕊原基迅速以育，顶端下凹，形成二裂柱头原始状，并开始伸长；小花外颖原基的顶端出现其原始体、内外颖原基迅速伸长。这时麦苗第一、二节间接近定长，第三节间开始伸长，正值拔节后至孕穗前（图 3-2-10）。

（8）四分体形成期：形成药隔的花药进一步分化发育，形成花粉细胞，经过减数分裂形成四分体，这是四分体形成期。四分体形成期是小花向有效、无效两极分化的时期。从植株外形上看，旗叶叶环与其下一叶叶环相距 2～4cm 左右，正值孕穗后至抽穗前（图 3-2-11）。

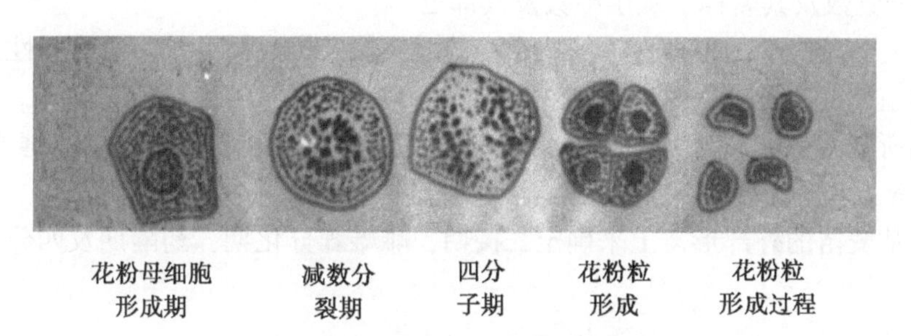

图 3-2-11 四分体形成期

3. 决定每穗小穗数及粒数的主要时期，了解麦穗分化过程的目的，在于促进穗部器官发育，达到穗大粒多。现将决定每穗小穗数的主要时期归纳如下（图 3-2-12）。

（1）决定每穗数目的时期是自穗轴节片分化始期到小花原基分化前夕。试验证明，采用肥水等措施增加小穗数目时，必须注意使之生效，一般越是在前期效果越好。

（2）自小花原基分化期到四分体分化期前夕是决定小花数目的时期。在小花分化时期或提前几天追肥浇水，能显著增加每穗小花数。

（3）自药隔形成期到开花受精期是决定结实率和穗粒数的主要时期。

据观察，小花形成持续时间很长，但小花的退化非常集中，到四分体前期，所有小花

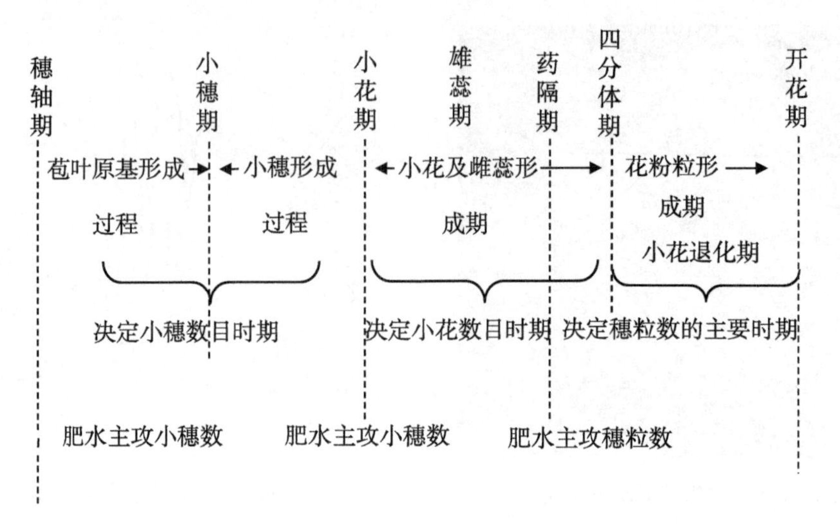

图 3-2-12　生育时期与穗分化关系

集中向两极分化，即一部分小花形成四分体，大部分小花在 2~3d 内很快萎缩不再发育。所以要使小花发育良好，必须在四分子期以前采取措施。

作　业

1. 写出 7 叶龄时麦苗的理论分蘖数及该同伸组各成员的名称，观察记载 1 株 7 叶龄麦苗的实际分蘖数及其名称、次生根数及其部位。

2. 从小麦分蘖发生的多样性，简述小麦的适应性及提高播种技术的重要性。

3. 观察植株形态及分化时期。

4. 绘制所观察到的幼穗分化各生育时期图。注明叶原基、苞原基、小穗原基、颖片原基、雌雄蕊原基等。

5. 怎样从麦苗的外部形态上来确定二棱期，雌雄蕊分化期，药隔期及四分体形成期。

实验三　小麦成熟度的鉴定及生产效能分析

一、目的要求

认识小麦在成熟过程中各期的形态特征；学习小麦在收获前产量的预测方法；掌握小麦经济性状考查的方法。

二、材料与用具

材料：处在不同成熟期的小麦标本园及试验地；处在蜡熟期的小麦生产大田。

用具：钢卷尺、直尺、粗天平、瓷盘、计算器、铅笔、记载本等。

三、内容与方法

作物成熟期间的产量预测及经济性状（也叫生产效能）的分析，在生产及科研方面，是一项很重要的工作，收获前测产能迅速的掌握作物的大致产量，有利于安排收获前的准备工作，也有利于国家的计划调控，对某些作物来说，还可能根据测产中发现的问题，加强后期的田间管理工作。

（一）小麦成熟期特征的认识

小麦成熟阶段一般可分为 3 个时期，各期特征分述如下。

1. 乳熟期

有 50%以上的麦穗籽粒已形成，并接近正常大小，色淡绿、内部充满乳浆，乳熟末期含水量在 50%以上。植株茎秆下部变黄，上部为绿色。一般品种乳熟期约经 10~12d。

2. 蜡熟期

有 50%以上的麦穗籽粒大小和颜色接近正常，内部具有蜡状硬度、容易被指甲划破，腹沟尚带绿色。植株茎除上部 2~3 节外，其余全部变黄，叶片也全部为黄色。蜡熟未含水量下降到的 20%左右。一般品种蜡熟期长约 7~10d。

3. 完熟期

籽粒有 50%已坚硬，指甲划不破，含水量下降到 14%~16%左右。植株迅速枯黄，茎秆变脆，某些品种颖壳开张，易造成脱粒。

小麦成熟度鉴定主要根据麦株各部颜色、籽粒的粒色和粒质及含水量等综合指标确定。一般在开花后期即要逐块检查小麦田的籽粒形成状况，进入成熟后要调查成熟进程。根据当年小麦生育后期的气候条件，并参考常年成熟时期，预测每块麦田的收获适期。小麦收获适期在蜡熟末期，若面积大，劳动力紧张或气候异常，可提前到蜡熟中期。对于留种用麦田，收获期不宜提早。

注意：考察鉴定时，应以穗中部的籽粒性状为标准。

（二）测产

测产是小麦收获前在田间选取一定面积的有代表性的样点，查明产量结构的三因素——亩穗数、穗粒数和千粒重，以计算小麦理论产量的一种方法。

测产的准确性，决定于测产方法的是否科学和测产者的实际经验多少。前者决定了取样的代表性和统计的准确性；后者则决定了测产时必要的全面踏青，与有实践经验的麦田管理人员的结合。

小麦进入蜡熟期后，产量大体上已成定局，此时田间的测产结果和实际产量较接近。麦田测产一般可进行2次，一次在乳熟期，能测得亩穗数和穗粒数，千粒重可根据当年小麦后期生育状况和气候条件，并参考该品种常年的千粒重推断，另一次在临收割前（蜡熟末期），千粒重则用少量麦穗脱粒后晒干称重。大田测产的具体方法如下。

1. 选点

根据不同品种及长势，将麦田分类，并核实面积，然后选出有代表性的样点测产。在预测麦田内的对角线上等距选定样点，一般地块取3~5个样点，面积大，生长不整齐的地块的应适当增加的样点，样点的面积为1m^2，每个样点距地边至少2m以上。个别样品点如缺乏代表性应作适当调整。

2. 测样

数清样点内的有效穗数，求出亩穗数，并在每样点中随机抽取20个麦穗，数清粒数，求出平均穗粒数。若在蜡熟期测产，还需测定籽粒千粒重，或者数清样点中的有效穗数后，将每个样点的小麦植株全部的收割晒干脱粒，称重，求出样点（1m^2）的平均产量。

3. 计产

理论产量（kg/667m^2）= 亩穗数×穗实粒数×千粒重（g）/1 000×1 000

亩穗数=平均每平方米穗数×667

若是每样点收割脱粒称重，其产量计算公式为：

亩理论产量（kg/667m^2）= 每平方米产量（kg）×667

上述测产值是毫无损失的脱粒干净的产量，故属理论值。将此理论值乘以95%（减去5%的未脱粒净的数字），若麦田畦作，畦沟占地较多的，还应乘以相应的土地利用率（%），这样理论产量与实收产量可基本相符。

（三）经济性状的考查

经济性状的考查，也叫生产效能的分析，是指从产量构成因素方面，对单株进行分析，以考查不同品种，不同措施对各产量构成因素和单株生产力的影响，了解各品种特性和各种技术措施的作用。

考种时先将收获的样本按单株成穗分类，然后按比例选取50~100株，组成考种用的样本。要注意植株的完整性。本实验用2~3个处理的单株，每个处理选20株进行考种，3人1组，分析1个处理，做完后相邻2组交换资料，并计算产量。经济性状考查的项目及标准如下。

（1）株高：从分蘖节至最高的穗（一般为主茎穗）穗顶（不带芒）的长度（cm）。

（2）节间长度和粗度：一般测量主茎各节间，但也可以根据实验的需要测定有关分蘖的各个节间。一般自上而下逐个测量各节间的长度，以厘米为单位。测量节间粗度用卡尺量节间的中间，以毫米为单位。本次实验只测量基部第1、2节间的粗度。

（3）单株有效穗数：全株能结实的穗数。穗子上只要有1个小花结实就算有效穗。

(4) 穗长：分别测量每个穗子的长度，自穗基部量至穗顶（不带芒）。以厘米为单位。

(5) 每穗总小穗数：每穗上所有的小穗。

(6) 每穗不孕小穗数：每穗上整个小穗各小花均不结实的小穗的数目。不孕小穗一般在穗的顶部和基部。

(7) 结实小穗数：每个穗子上的结实小穗数，一个小穗内有 1 粒种子，即为结实小穗。一般用每穗总小穗数与不孕小穗数的差计算。

(8) 每穗粒数（简称穗粒数）：每个穗子上的结实粒数。

(9) 穗粒重：将考种的麦穗混合脱粒，风干后称重，除以总麦穗数，即为穗粒重。以克为单位。（有时可用穗粒数乘粒重计算）。

(10) 千粒重：从考种的样本籽粒中，随机数 2 组各 500 粒分别称重，以克为单位。如 2 组重量之差不超过 2 组平均重量的 3%，则将 2 组重量相加即为千粒重。如 2 组重量之差超过 2 组平均重量的 3%，应再数第 3 份，取 3 组中重量相近的 2 组相加即为千粒重。

(11) 谷秆比：样本的茎秆（包括麦糠、穗轴）与籽粒的重量之比。以籽粒为分母 1，以 X：1 表示。

(12) 经济系数：籽粒重量占该样本全部重量（不带根）的百分数。

(13) 理论产量：按调查的单位面积穗数、穗粒数和千粒重计算理论产量。

每平方米穗数可以在田间定点计数，也可以通过早期调查的基本苗数与单株穗数的乘积计算。但一般以田间计数为准。由于产量一般以公顷（hm^2）为单位，所以要将每平方米的理论产量乘以 10 000，即可得到每公顷的理论产量（kg/hm^2）。

(14) 实际产量：实际收获的产量。试验田应分别单打单收，得出实际产量。如因劳动力紧张或其他条件限制不能单收单打时，可采取收割小区推算产量的方法。方法如下：在成熟时，在试验田中选择有代表性的小区 3~5 个，小区面积 4~6 m^2。脱粒晒干后，称重推算出每平方米或每公顷产量。

注意事项：分析的材料应利用不同栽培条件或不同品种已成熟的典型植株，每样本根据需要测定 10~30 株，分析工作应最好在室内，按单株分别进行，并注意区别主茎穗和分蘖穗。将测定结果列表记载并加以分析。

四、作　业

1. 根据单株考察的穗粒数和千粒重的结果，以基本苗 225 万株/hm^2计算，求出每公顷的理论产量。

2. 将所调查的小麦单株性状填入下表。

小麦成熟期单株性状调查表

地点	品种	株号	单株穗数	株高（cm）	节间长度（由上至下）（cm）						节间粗度（mm）		穗长（cm）	每穗小穗数	不孕小穗数	结实小穗数	穗粒数	芒的有无长短	穗粒重（g）	千粒重（g）	谷秆比	备注
					1	2	3	4	5	6	1	2										
		1 2 3 · · ·																				

实验四　玉米苗期缺肥症状观察及诊断

一、目的要求

通过观测营养元素缺乏症状的彩色图片（多媒体或幻灯片），使大家熟悉玉米的缺素症状，特别是每个营养元素缺乏时所表现出的典型症状；掌握主要营养元素缺乏症状的识别方法。为田间诊断工作奠定基础，并为合理施肥提供参考依据。

二、材料与用具

材料：田间玉米肥料试验或室内盆栽肥料处理。

用具：纸袋、纸牌、记录本、直尺。

作物的外部形态是作物体内复杂的生理生化过程的反映，当缺乏某种营养元素时，则引起作物营养状况失调，致使营养器官及生殖器官的生长发育受到阻碍，外形则表现出特殊病态，这就为根据外形识别缺素症，提供了依据。因此，大家应认真观察植株形态特征，重点注意由于缺乏某种营养元素所引起的根、茎、叶等营养器官或花，果实等生殖器官出现的特殊病症。仔细区分缺乏大量营养元素与缺乏微量营养元素的外部特征，以及症状最易发生的部位、时期等现象。

三、实验内容

作物正常的生长发育，除需要适宜的光照、水分、空气、温度等条件外，还必须满足其所必需的营养元素。若某种营养元素不足或过多或营养元素之间不平衡都会导致作物生长发育不良，并在植株外形上表现出特殊症状。因而，可以利用植株外形特征和症状，诊断作物的营养元素丰缺状况，以及土壤营养元素的供应状况，是一种简便易行的方法。

（一）缺氮症状

苗期缺氮植株生长受阻而显得矮小、瘦弱、叶片薄，叶片由下向上失绿黄化，从叶尖沿中脉间向基部发黄变色，形成一个“V”形黄化部分，致全株黄化（图 3-4-1），缺氮严重或关键期缺氮将直接导致产量和品质下降。

缺氮原因：有机质含量少，低温或淹水，大量施用秸秆，特别是中期干旱或大雨易出现缺氮症。

防治方法：①培肥地力，提高土壤供氮能力。②大量施用碳氮比高的有机肥料（如小麦秸秆）时，注意配施速效氮肥。③翻耕整地时，配施一定量的速效氮肥作基肥。④地力不均引起的缺氮症，要及时补施速效氮肥。

（二）缺钾症状

多发生在生育中后期，表现为矮化，中下部老叶叶尖、叶缘黄化植株生长缓慢，或似火红焦枯，节间缩短，叶片与茎节的长度比例失调，呈现叶片密集堆叠矮缩的异常株型。

图 3-4-1　玉米缺氮症

缺钾原因：砂土含钾低，如前作为需钾量高的作物，易出现缺钾。

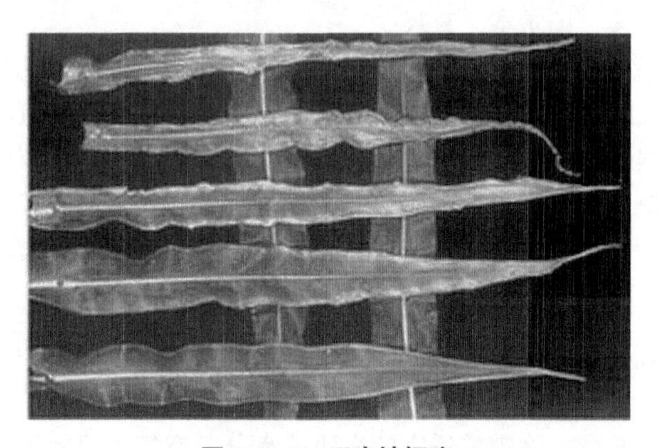

图 3-4-2　玉米缺钾症

防治方法：①确定钾肥的施用量。一般每 667m^2施用 6～10kg 钾肥。②选择适当的钾肥施用期。③开辟钾源，增施有机肥料。④控制氮肥用量。目前生产上缺钾症的发生在相当大的程度上是由于单一施用氮肥或施用过量而引起的，在钾肥施用得不到充分保证时，要适当控制氮肥的用量。

（三）缺磷症状

玉米缺磷，表现幼苗生长缓慢，矮缩，根系发育差，叶片不舒展，茎秆细弱；叶尖和尖缘呈紫红色，其余部分呈绿色或灰绿色，叶缘卷曲。并且果穗卷缩，穗行不齐，籽粒不饱满，出现秃顶现象，成熟延迟。正常苗颜色应该为绿色的玉米品种，幼苗颜色发紫（图 3-4-3），主要是因为体内糖代谢受阻，叶片中积累的糖分较多，并因此形成大量的花青素苷，使植株带紫色。药害、虫害、栽培管理不当等不利于玉米苗生长、会使玉米苗体内糖代谢受阻的因素，都可能导致玉米苗颜色发紫。

发现缺磷症状后可每亩用磷酸二氢钾 200g 对水 30kg 进行叶面喷施，或喷施 1%的过磷酸钙溶液。

（四）缺锌症状

在玉米 3～5 叶期，出现花白苗，幼叶呈现出淡黄色至白色。严重时，幼苗老龄叶出

图 3-4-3　玉米缺磷症

现微小的白色斑点并迅速扩大，叶肉坏死，叶面半透明，似白绸或塑料膜，容易折断(图 3-4-4)。

缺锌原因：系土壤或肥料中含磷过多，酸碱低温、湿度大或有机肥少的土壤易发生缺锌。

防治方法：可在苗期至拔节期每 667m^2喷施 0.2%硫酸锌溶液 50~75kg，或在播种前期用硫酸锌溶液拌种。

图 3-4-4　缺锌白化苗

(五) 僵叶苗

主要发生在幼苗 3 叶期之前，表现秧苗细小、叶片淡绿、黑根增多、软绵萎缩。移栽后，除新叶呈绿色外，其他叶发黄发僵，抗逆性差，易出现死叶、死苗（图 3-4-5)。

发生原因：①土壤过硬；②化肥比例过大，引起烧根伤芽而出现僵苗；③播后土壤过干等。

防治措施：合理调节肥、水、气条件。苗期以腐熟的有机肥为主，不用或少用尿素作底肥。磷肥要经过沤制后施用。土壤保持适宜湿度，且壮苗移栽。已出现僵苗要加强肥水

图 3-4-5　僵叶苗

管理，促其尽快恢复，严重的及时补苗。

四、诊断要点

缺氮：缺氮最先表现在老叶上，但缺氮中脉仍保持绿色；天气干旱也可能造成叶黄；田间苗期叶鞘下半段硝态氮含量 300~500μg/g 为正常，小于 100μg/g 为缺乏；拔节期小于 300μg/g 为缺乏，300~500μg/g 为正常。

缺磷：吐丝期叶片全磷低于 0.20%为缺乏，低于 0.15%为严重缺乏；七叶期茎鞘无机磷 100~120μg/g 为正常，四叶期茎叶鞘 60~120μg/g 为极缺。低温或根的机械损伤也能改变体谢，形成大量花色素，使植株带紫色；有的杂交种幼苗的正常颜色就是紫色。

缺钾：缺钾先从老叶表现，缺钾从基部叶片开始逐渐向上发展，春玉米苗期叶片全钾含量 4.6%为正常，于 3.9%为缺乏，抽雄期 1.2%为正常，小于 0.6%为严重缺乏；夏玉米心叶下 2~3 叶中脉抽雄期用带测法测钾（六硝基二苯胺法），2 000~3 000μg/g 为供钾正常，小于 2 000μg/g 为极缺。

缺锌：苗期新叶的叶脉间失绿，中、上部叶片脉间出现黄色条纹；中后期老叶脉间也失绿，在叶缘和主脉之间形成较宽的黄色带状区，叶片含锌 20~50μg/g 为正常，小于 20μg/g 为缺乏，另外开花期磷锌比（P/Zn）大于 100 可作为缺锌的指标。

玉米叶片缺素症状见图 3-4-6。

五、方法步骤

（一）试验设置

配制大量元素储备液和微量元素储备液各 1 000mL，用储备液配制缺素营养液和完全培养液。

（二）浸种处理

将种子放人 25℃的温箱催芽 2d，长出 3 片真叶，去胚乳，用不同的缺素处理。将玉

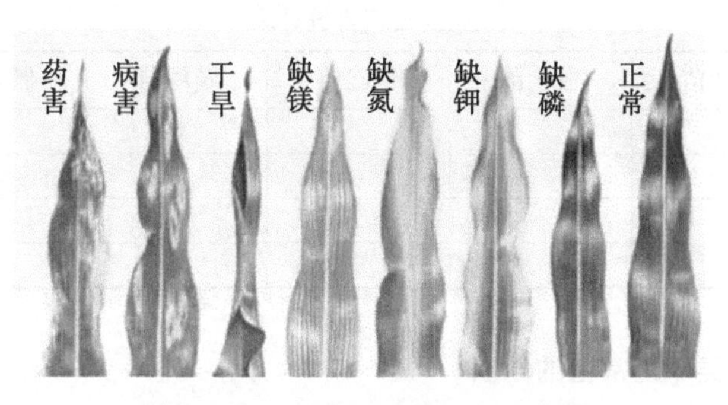

图 3-4-6　玉米生理性病态叶片症状

米幼苗放入烧杯中，加入完全培养液、缺 Fe、缺 N、缺 P、缺 Mg、缺 Ca、缺 K 的营养液各 250mL，在 18℃培养，每 7d 更换一次培养液，按时通气，经过 15d 的培养，对其进行形态观察。

（三）观察记载

三叶期后每隔 10d 调查一次苗情，30d 后测量株高、茎粗、缺素叶及程度。根据叶片表现出的缺素程度和植株长势把植株缺素症划分为 5 级。

0 级：叶片绿色，植株健壮。

1 级：叶片出现少许条状或斑状非正常绿色，植株正常。

2 级：1/3 以上叶片出现条状或斑状非正常绿色，植株生长受到影响。

3 级：1/2 以上叶片出现条状或斑状非正常绿色，植株生长差。

4 级：几乎全部叶片出现长条状或大斑状非正常色，长势极弱甚至生长停滞。

六、注意事项

（1）在生产过程中，作物生长的环境条件是综合而复杂的，其他不良自然因素例如干旱、受涝、低温、伤害、虫害、冰雹等也往往使作物外形发生变化。如玉米苗期低温受冻而出现的紫叶与缺磷造成的紫叶很相似。因而，若不把其他因素综合考虑分析，往往会发生诊断错误。这就要求我们对作物生长的环境条件全面调查，综合分析。

（2）对外形进行诊断时，常常遇到两种以上营养元素不足所引的“复合症状”或者是个别营养元素（特别是微量元素）过多所产生的中毒症状等，都需要特别注意。必要时需结合其他方法加以鉴定。

（3）根据玉米外形诊断缺素症状是一种简便的方法。当因素复杂时，常常不易确诊，或者等到症状在外形上明显表现出来再采取措施，已嫌太晚，这就要求与其他的方法如田间肥料试验方法，土壤与作物营养的化学诊断方法等结合起来进行。

作　业

1. 调查填写统计结果，完善下表。

各类苗调查统计表 （单位：%）

类型样点	黄叶苗	白化苗	紫红苗	黄绿苗	僵叶苗	其他
1						
2						
3						
4						

2. 分析产生4类非正常苗的原因。

实验五　玉米成熟期形态观察及生产效能分析

一、目的要求

认识玉米在成熟过程中各期的形态特征；学习玉米在收获前产量的预测方法；掌握玉米经济性状考查的方法；分析各个形状与产量的关系。

二、材料与用具

材料：大田生长期及成熟期玉米。

用具：米尺、计数器、计算器、游标卡尺、水分速测仪。

三、实验内容

通过观察植株的颜色变化、各部位叶片叶肉和叶脉颜色的演变，结合剥去雌穗，观察籽粒颜色特点、挤压考察胚乳形态和颜色、指压和指掐籽粒衡量籽粒硬度，判断成熟期；考察测定经济形状特征，根据构成因素关系计算产量；以样点平均值来推测整块田的产量。

（一）玉米成熟期待征的认识

玉米成熟阶段一般可分为 3 个时期，各期特征分述如下。

1. 乳熟期

有 50%以上的雌穗籽粒已形成，并接近正常大小，色淡绿、内部充满乳浆，乳熟末期含水量在 50%以上。植株茎杆下部变黄，上部为绿色。

2. 蜡熟期

有 50%以上的雌穗籽粒大小和颜色接近正常，内部具有蜡状硬度、容易被指甲划破，腹沟尚带绿色花丝有绿色转为红褐色。植株茎除上部 6~8 叶外，其余全部开始衰黄，花药全部干枯。蜡熟末期含水量下降到的 20%左右。

3. 完熟期

籽粒有 50%已坚硬，指甲划不破，含水量下降到 14%~16%。植株迅速枯黄，苞叶松散，某些品种苞叶顶端开张，易造成虫蛀。

玉米成熟度鉴定主要根据麦株各部颜色、籽粒的粒色和粒质及含水量等综合指标确定。一般在开花后期即要逐块检查玉米田的籽粒形成状况，进入成熟后要调查成熟进程。根据当年小麦生育后期的气候条件，并参考常年成熟时期，预测每块麦田的收获适期。玉米收获适期在完熟期，若面积大，劳具力紧张或气候异常，可提前到蜡熟末期。

注意事项：考察鉴定时，应以穗中部的籽粒性状为标准。

（二）玉米成熟期测产

测产是玉米收获前在田间选取一定面积的有代表性的样点，查明产量结构的因素——

亩株数、双穗率、空秆率、单穗粒重、每穗粒数和百粒重，以初步估计测算玉米单位面积产量的一种方法。

测产的准确性，决定于测产方法的是否科学和测产者的实际经验多少。前者决定于取样的代表性和统计的准确性；后者则决定于测产时必要的全面踏青，与有实践经验的田间管理人员的结合。

大田测产的具体方法如下。

1. 选点

根据不同品种及长势，将玉米田分类，并核实面积，然后选出有代表性的玉米田测产。在预测玉米田内的对角线上等距选定样点，一般地块取3~5个样点，面积大，生长不整齐的地块的应适当增加的样点，样点的面积为5m^2，样点距地边至少2m以上。个别样品点如缺乏代表性应作适当调整。每个样点选出有代表性植株10~20株。

2. 测定行株距，算出每亩株数

每块田测20~30行的行距，求出平均行距，间隔选出4~5行，每行测定40~50株的株距，求出平均株距，然后计算每亩实际株数，计算公式为：

$$\frac{667\text{m}}{\text{平均行距（m）}\times\text{平均株距（m）}}$$

3. 测定结实率及每穗粒数（预测用）和粒重（实测时用）

在测定株距的地段上，计算植株的同时并计算穗数，得出单株结穗率，在选定样本的植株上，剥开苞叶计数每穗粒数，然后根据该品种历年千粒重计算粒重，或将选定样本的植株全部摘下，脱粒晒干后称籽粒重量。

$$\text{预测每亩产量（kg）}=\frac{\text{每亩实际株数}\times\text{单株结穗率}\times\text{每穗粒数}\times\text{千粒重}}{1\,000\times1\,000}$$

$$\text{实测亩产量（kg）}=\frac{\text{取样粒重（kg）}}{\text{取样株数}}\times\text{每亩实际株数}$$

若是每样点收割脱粒称重者，其产量为：

$$\text{每亩预测产量（kg/667m}^2\text{）}=\text{每平方米产量（kg/m}^2\text{）}\times667$$

上述测产值是毫无损失的脱粒干净的产量，故属理论值。将此理论值乘以95%（减去5%的未脱粒净的数字）。

（三）经济性状的考查

经济性状的考查，也叫生产效能的分析，是指从产量构成因素方面，对单株进行分析，以考查不同品种，不同措施对各产量构成因素和单株生产力的影响，了解各品种特性和各种技术措施的作用。经济性状考查的项目及标准如下。

（1）株高：地面至雄穗顶端高度（cm）。

（2）茎粗：测定其地上第3节中部的横位直径（cm）。

（3）穗位高度：测定其地面至最上部果穗着生节的高度（cm）。

（4）空秆率（%）：不结实或有穗结实不足10粒的植株占全样品植株数的百分率。

（5）果穗长度：穗茎部到果穗顶的长度（包括秃顶）（cm）。

（6）穗粗：以周长表示，用线围距果穗茎部1/3处的圆周，量线长度（cm）。

(7) 秃顶长度：顶部未结实或结子未成熟的部分长度（cm）或秃尖度（%）（秃尖长占果穗长度的百分数）。

(8) 粒行数：果穗中部籽粒行数。

(9) 每果穗粒数：一穗的总粒数

(10) 果穗重（g）：风干果穗的重量。

(11) 穗粒重（g）：果穗上全部籽粒的风干重。

(12) 穗粒重（g）$=\frac{\text{穗轴重}}{\text{穗重}}\times100$

(13) 百粒重：晒干脱粒后，数取两个 100 粒，分别称重。若两次重量相差 4~5g 以上须称第 3 次，取相近的两个数，求其平均值。

(14) 籽粒整齐度：分整齐、尚整齐、不整齐。

(15) 粒质：分角、粉质的多、中、少。

注意事项：

分析的材料应利用不同栽培条件或不同品种已成熟的典型植株，每样本根据需要测定 10~30 株，分析工作应最好在室内，按单株分别进行，并注意区别双穗和单穗。将测定结果列表记载并加以分析。

（四）产量与性状相关分析

以 3 个以上性状与产量的对应值，利用 excel 绘制折线图，点击折线控制点，选择公式和相关系数项，得出系数值，以此值比较，分析构成产量的主要因素。

四、实验方法

（一）介绍玉米成熟特征

主要通过花丝、苞叶、籽粒特点观察。

(1) 花丝：乳熟期颜色绿色到绿黄色，蜡熟期颜色为花色到黄褐色，完熟期褐色，且干枯。

(2) 苞叶：乳熟期颜色绿色，苞叶包裹紧实，蜡熟期包叶颜色绿黄色或黄绿色，苞叶外层较疏松，或苞叶顶端疏松，完熟期苞叶顶端松散且黄色或褐色，整片苞叶退绿转黄，叶柄变脆。

(3) 籽粒：乳熟期籽粒外部显得较饱满，内含物为乳状物，粒色带绿或绿黄，蜡熟期籽粒顶端饱满，颜色开始发亮，籽粒变硬为蜡质，但是籽粒间紧密；完熟期顶端开始萎缩，大部分顶端凹陷，籽粒变硬，具有光泽发亮，籽粒间变松。

（二）讲解玉米各时期的主要特征特点

复习玉米产量构成因素以及各因素之间的关系；田间测产的主要方法以及注意事项。

（三）田间试验

田间观察判断成熟期。田间选取样点，测定植株形状，采摘或收割代表性测试样品。

（四）实验室内测定经济性状

测定穗长、穗粗、穗粒数、千粒重、出籽率等。注意果穗未完全成熟采取干燥箱烘干后测定。

（五）测产

将测产结果填入表 3-5-1 和表 3-5-2。

表 3-5-1　玉米田间产量测定统计

品种：　　日期：　　调查人：

样点	行距（cm）	株距（cm）	每公顷株数	空秆率（%）	双穗率（%）	每公顷穗数	穗粒数	千粒重（g）	产量（kg/hm^2）
1									
2									
3									
4									
5									
6									
7									
8									
9									
合计									
平均									

表 3-5-2　玉米单株经济性状考查

品种：　　日期：　　调查人：

株号	1	2	3	4	5	6	7	8	9	10	平均
株高（cm）											
穗位高度（cm）											
穗数（个）											
穗长（cm）											
秃顶长（cm）											

（续表）

株号	1	2	3	4	5	6	7	8	9	10	平均
秃顶率（%）											
穗粒行数											
每行粒数											
每穗粒数											
果穗重（g）											
果穗籽粒重（g）											
籽粒出产率（%）											

作　业

1. 根据测产和经济性状考查的结果，说明你所测定的玉米田（不同品种或不同栽培技术之间与其对照）在产量构成因素之间有哪些主要差异？要提高其产量，应采取哪些管理措施？

2. 说明玉米成熟期植株主要器官的形态特征。

实验六　水稻秧苗生长特性观察

一、目的要求

了解秧苗生长特性及学习观察秧苗生长的方法；了解秧苗生长与胚乳消耗的关系；学习秧苗质量考查的方法，掌握壮秧的标准。

二、材料及用具

材料：各种处理的秧苗（包括不同品种，不同播期，不同育秧方式等）。

用具：红油漆，小网筛，镊子，剪刀，刀片，米尺，烘箱，干燥箱，粗天平，扭力天平，牛皮纸袋等。

三、内容与说明

“秧好半年禾”中的“秧好”有两个含义：一是指秧苗素质好。即秧苗基部粗扁，叶身清秀，挺直不披，无病虫为害，白根多，同时秧苗干物重大，淀粉、糖类、蛋白质含量高，且碳氧化值适当，发根力强，插秧后回青快，分蘖早。二是指成秧率高，生长整齐脚秧少，一般湿润秧田成秧率在60%～70%，管理好的可达80%以上，薄膜育秧成秧率更高。

种子萌发后生长所需要的养分主要由胚乳供给，至三叶期，胚乳基本消耗完毕，此时由胚乳营养转入独立营养，称为离乳期。这时秧苗抵抗不良环境的能力减弱，如管理不当，容易造成烂秧。

秧苗生长速度受气温的影响较大，同时与品种的抗寒能力也有关，栽培管理措施亦对其有影响，通过定期调查秧苗生长与温度等环境的关系，分析秧苗生长规律。

四、方法步骤

（一）离乳期观察

取1叶1心、2叶1心、3叶1心的秧苗谷粒各10粒。剥去谷壳观察胚乳的消耗情况（胚乳占整个谷粒体积或重量的比例），了解胚乳消耗与出叶的关系。

（二）叶龄记载

1. 定株

秧苗展开后，每个处理选具有代表性的秧苗10株，进行标记，以后每隔1个叶龄标记1次。标记秧苗生长的定株观察。标记点的叶龄必须准确，叶龄全部点在单数叶上，起始叶从第3叶开始，跟踪到齐穗期。用红油漆（不干胶条）分别在第3叶中间点第1个点，第5叶中间点第2个点，第7叶中间点第3个点或写上3、5、7等叶龄号，依此类推，确保叶龄跟踪的准确性。

2. 观察记载

每两天观察 1 次，并记载叶龄。

叶龄记载标准为；以主茎完全叶为准，从下到上，第 1 叶完全展开记载为 1 龄，第 2 叶完全展开记载为 2 龄，依次类推。但是下一叶未展开的为展开叶（n+1）根据未抽出长度与下相邻叶（n）全长大致比例记载为 0. 1~0. 9 叶。一般为：

n+1 叶<1/3n，记载为 0. 1。

1/3n>n+1 叶<1/2n，记载为 0. 3。

1/2n>n+1 叶<3/4n，记载为 0. 5。

3/4n>n+1 叶<1n，记载为 0. 7。

n+1 叶>n 叶时，记载为 0. 9。

总叶龄为展开叶龄与为展开叶叶龄之和。也可以计算得出叶龄，其方法是：n 叶露尖到叶枕露出的全过程为一个叶龄出生过程，并计算叶龄，首先，估算 n 叶的长度，以 n 叶下叶的长度加 5cm 为 n 叶的长度，然后测量 n 叶实际抽出的长度，再除以估算的 n 叶的长度，做为 n 叶长度的比例。例如，计算 5 叶抽出过程的叶龄，首先估算 5 叶的长度，如 4 叶的定型长度为 11cm，则 5 叶的估算长度 11+5=16cm，如 5 叶已抽出 2cm，则 2/16=0. 12，约等于 0. 1，即 5 叶已抽出 0. 1 个叶龄，此时调查的叶龄为 4. 1 个叶龄值。

（三）叶龄识别法

1. 种谷方向法

根据水稻叶为 1/2 开的道理，在种谷一侧的叶为单数叶，相反一侧的为双数叶。拔苗时捏住种谷拔出，洗去泥土，在种谷颖尖一侧的为单数叶，相反一侧为双数叶，即可判断当时的叶龄。

2. 主叶脉法

单数叶主脉偏右，左宽右窄；双数叶反之，主脉偏左，左窄右宽。

3. 伸长叶枕距法

4 个伸长节间品种有 3 个伸长叶枕距，倒数第 3 个伸长节间是倒 4 叶和倒 3 叶叶枕之间的距离，倒数第 2 个伸长节间是倒 3 叶和倒 2 叶叶枕之间的距离，倒数第 1 个伸长节间是倒 2 叶和剑叶叶枕之间的距离。

4. 变形叶鞘法

4 个伸长节间品种的第 1 个变形叶鞘（叶鞘由扁变圆 4）为倒叶。

5. 最长叶法

主茎 11 叶 4 个伸长节间的品种最长叶为倒 3 叶，其上为倒 2 叶及倒 1 叶（剑叶）。11 叶品种最长叶是 9 叶，长约 35cm 左右。在倒 2 叶与倒 3 叶出生时光温条件较好的年份，倒 3 叶与倒 2 叶叶片的长度等长属正常现象。

（四）成秧率调查

调查某一品种（或处理）的成秧率，宜在插秧前 1~2d 进行。调查前先检查各秧厢（畦）秧苗生长是否一致，若比较一致即可用三点或五点取样方法取样，若秧厢（畦）间生长差异大，则可按生长情况，将秧厢（畦）分上、中、下三等，算出各占秧田面积的成数，再在各等秧厢（畦）中取样 2～3 点，每个取样点的面积为 15cm×6cm 或 15cm×15cm。取样时将各样点的秧苗及表层土壤一齐取出，装在网筛内，用水洗去泥土，分别统计大苗（即为成秧数）、小苗（不到大苗高度 1/2 的小苗）以及未出苗的种谷数（注意清洗中要轻巧，以免谷壳秧苗分离，不要把秧苗上脱落的种谷壳算成未发芽出苗的种谷），然后计算成秧率。

（五）秧苗质量考查

从成秧率的调查样品中每个处理任选成秧秧苗 50 株（或在秧田中随机取 50 株），对下列各项进行考查。

五、方法与步骤

选择各类代表田或在教学实习田中人为地创造不同生长类型的稻田，在水稻主要生育时期进行诊断。

作　业

1. 整理秧苗定株观察资料，分析秧苗生长一般规律，并根据当时气象资料，分析秧苗生长与气温的关系。

2. 绘制不同秧龄的秧苗胚乳消耗示意图，说明了解胚乳消耗情况对秧田管理有什么意义？

3. 根据成秧率调查结果，分析影响成秧率高低的原因，并根据成秧率及本田插植规格，计算该处理（或品种）秧苗数量的余、缺。

4. 整理秧苗质量调查资料，完善以下表格，并分析影响秧苗质量的原因。

成秧率调查表　　　品种：　　　调查日期：

处理	大苗数	小苗数（缩脚苗）	未出苗种谷数	合计	成秧率（%）	备注
1						
2						
3						
…						
…						

水稻秧苗质量调查表

品种或处理	株号	株高（cm）	叶龄	绿叶数	茎基宽（cm）	总根数	白根数	叶身与叶鞘长（cm）							鲜重（g）	干重（g）	单位苗高干重（mg/cm）
								最上一叶		最下一叶		平均		叶身			
								叶身	叶鞘	叶身	叶鞘	叶身	叶鞘	叶鞘			
1																	
2																	
3																	
…																	
…																	

实验七　水稻高产栽培的看苗诊断

一、目的要求

掌握水稻的生育过程；初步掌握作物看苗诊断的技术；学会在不同情况下判断苗情好坏的标准，及时采取相应的栽培技术，调控作物的叶色和长势与长相，使群体处于最佳状态，最后获得高产。

二、材料及用具

材料：在田间设置不同处理（不同品种或不同密度等）供观察和测定用。

用具：瓷盆或塑料盆，剪刀、烘箱、电子天平、计算器、便携式叶绿素仪、群体光合测定系统、手持激光叶面积仪。

三、实验内容

（一）苗期的长势长相

（1）健壮苗：插秧前苗高适中，苗基宽扁，秧苗叶片挺直有劲，不披而具弹性；叶鞘短粗，叶枕距较小；秧苗叶色绿，带有分蘖，白根多；秧苗单位长度干物重大。

（2）徒长苗：苗细高，叶片过长，有露水时或下雨后出现披叶，苗基细圆，没有弹性，叶枕距大，叶色过浓，根系发育差。

（3）瘦弱苗：苗矮瘦，叶色黄，茎硬细，生长慢，根系差。

（二）分蘖期的长势长相

（1）健壮苗：返青后，叶色由淡转浓，长势蓬勃，出叶和分蘖迅速，稻苗清秀健壮。早晨有露水时看苗弯而不披，中午看苗挺拔有劲。分蘖末期群体量适中，全田封行不封顶（封行是顺行向可见水面在1.5~2.0m），苗晒田后，叶色转淡落黄。

（2）徒长苗：叶色黑过头，呈墨绿色，出叶快，分蘖末期叶色“一路青”，封行过早，封行又封顶。

（3）瘦弱苗：叶色黄绿，叶片和株型直立，呈“一柱香”，出叶慢，分蘖少，分蘖末期群体量过小，叶色显黄，植株矮瘦，不封行。

（三）幼穗分化期的长势长相

（1）健壮苗：晒田复水后，叶色由黄转绿，到孕穗前保持青绿色，直至抽穗。稻株生长稳健，基部显著增粗，叶片挺立青秀，剑叶长宽适中，全田封行不封顶。群众对此种长相总结为四句话：风吹禾叶响，叶尖刺手掌，下田不缠脚，禾秆铁骨样。

（2）徒长苗：叶色“一路青”，无效分蘖多，群体过大，稻脚不清爽，下田缠脚，叶片软弱搭蓬，顶端两片叶过长，病虫害也严重。

（3）瘦弱苗：叶色落黄不转绿，全田生长量过小，茎蘖少，植株矮，不封行，最长2~3叶与下叶的长度差异小。

（四）结实期的长势长相

（1）健壮苗：青枝蜡秆，叶青子黄，黄熟时早稻一般有绿叶1~2片，连作晚粳剑叶坚挺，有2片以上的绿叶，穗封行，植株弯曲而不倒。

（2）徒长苗：叶色乌绿，贪青迟熟，秕谷多，青米多。

（3）瘦弱苗：叶色枯黄，剑叶尖早枯，显出早衰现象，粒重降低。

（五）生理异常僵苗诊断

僵苗又称发僵、坐蔸、翻秋等，是水稻分蘖期出现的各种生理病害的总称。僵苗的类型很多，根据其发生的原因不同，一般分为中毒发僵，缺素发僵，冷害发僵和泡土发僵等类型。

1. 中毒发僵

主要发生在施用大量新鲜有机肥料而又严重缺氧的土壤上，土壤中累积了大量的Fe^{2+}、H_2S和有机酸等有毒物质，引起根系中毒变黄、发黑，甚至根表皮破裂产生融根现象。由于根系受害，养分吸收严重受阻，植株矮小，叶片短、窄，甚至死叶。由于毒害物质不同，根系受害的症状不一。有机酸毒害的表现：根为黄褐色，老化无生气，新根少，活力低，严重时，根表皮脱落，根尖几乎枯死；有的根透明乃至腐烂，但无明显的黑根现象，新根不发，叶片呈卷曲状，伸展延缓，中毒时间过久，下部出现枯尖和死叶的现象。亚铁毒害的现象：首先老叶变成黄褐色，叶尖呈现不规律的棕褐斑块，然后斑块遍及全叶，叶鞘也有斑块发生，根为黄褐色，少数根段上出现局部锈斑，不发新根，但根端附近往往有许多须状分枝，严重时，症病向上部叶发展，老叶变灰褐色。硫化氢和硫化物对根系的毒害主要是根系变黑。

2. 缺素发僵

主要发生在排水不良和含砂或粉沙较多的稻田。由于土壤中速效养分比较缺乏，供应不及时或养分不平衡引起僵苗。植株病症的表现：缺氮，植株矮小，叶片黄瘦细小；缺磷，叶片暗绿，叶片叶枕错位；缺钾，叶片初呈锈褐斑，边缘失绿，以后逐渐坏死；缺锌，轻度发病的植株，叶片基部和叶鞘边缘失绿发白。严重时，叶片变短变窄呈现小叶病，心叶卷筒，不能开展，并伴随失绿白化，甚至整个心叶呈白条状。由于营养失调，植株体内生理代谢紊乱，酶系统不协调是造成僵苗的生理原因。

3. 冷害发僵

多发生在移栽后，气温低于15℃，阴雨时间较长，气温骤变且变幅很大的情况下。由于低温缺光，植株生理代谢不能正常进行，酶活性低，叶片光合作用功能下降，碳水化合物和能量的供应不足，从而降低植株的抗寒性和生长速度。在低温冷害条件下，抗寒性弱的品种，土壤严重缺氧和素质差的秧苗，首先出现冷害病症，其表现主要是迟发、不能产生分蘖，植株矮小，如低温期间伴随有西北风时，叶片生理失水严重，出现叶尖和叶缘枯黄现象。

4. 泡土僵苗

多发生在地势低洼，地下水位高和经常渍水的土壤，如烂湖田，深泥脚田等。植株病症的表现是植株短小，叶片黄化，根系软绵无弹性，禾苗瘦黄不分蘖。导致僵苗的原因主要是土壤缺氧，根呼吸受阻，吸收能力下降，营养元素供应不足，植株表现为“营养缺乏症”。

防治僵苗必须采取综合措施，主要措施有：改革耕作制度，实行水旱轮作；开沟抬田，降低地下水位，培育壮秧，提高秧苗素质；增施磷钾肥，促进养分平衡，缺锌引起的僵苗应注意施用锌肥；犁耙适度，泥不过烂；选用抗性强的品种，以提高抗逆能力；提高栽培水平，加强田间管理。

四、方法与步骤

（1）考查：进行全面考查，了解各种症状具体表现，查看当地当时的周围环境条件。

（2）调查访问：向当地群众调查访问，了解田间管理情况及发生异常现象的原因。

（3）科学分析：根据现场考察和调查访问，针对可能引起异常情况的障碍因素进行分类归纳，排除干扰因子。进行确诊。

（4）试验验证：找出主要影响因素之后，在条件许可的情况下，设置辅助试验，通过实践检验诊断的准确度。

作　业

1. 在学校农场教学实习田中，人为地创造不同生长类型的作物群体，考察长势，在作物主要的生育时期进行诊断，确定田间管理关键技术。

2. 根据僵苗诊断结果，分析产生的原因。

水稻长势诊断表

作物	生育时期	形态特征				长势分类及比例			管理建议
		根	叶	茎	穗	壮	旺	弱	

实验八　大豆出苗率的调查及幼苗长相诊断

一、目的要求

掌握大豆出苗率调查的方法和幼苗长势的诊断技术。

二、材料与用具

材料：大豆种子、大豆幼苗。
仪器与用具：发芽盒、米尺、剪刀、烘箱、天平。

三、实验内容

在适宜水分和温度条件下，大豆可以萌发出苗。根据设计播种量和实际出苗数量，可以计算大豆出苗率。根据大豆幼苗的考苗情况可以了解大豆苗期的长势，判断大豆播种技术的合理性和下一步田间管理方法。

（一）苗情调查

在调查的地块内用对角线五点取样法，每点测量 11 行的宽度，用 10 除，求其行距，再任取两行各量出 5m 长，数其植株数，求其株距。五点调查后，求出平均行距和株距。

计算亩苗数，方法如下：

亩苗数 = $667m^2$/平均行距（m）×平均株距（m）

（二）幼苗长相诊断

根据大豆幼苗的长相分成壮苗、弱苗和徒长苗。

1. 壮苗

根系发育良好，主根粗壮，侧根发达，根瘤多。幼茎粗壮，不徒长。节间适中，叶间距≤3cm。子叶、单叶肥大厚实。叶色浓绿。

2. 弱苗

根系欠发达，侧根、根瘤较少。幼茎较纤弱；节间过短；子叶、单叶小而薄黄绿。

3. 徒长苗

根系不发达，侧根、根瘤较少。幼茎细长；节间过长；子叶、单叶大而薄淡绿。

目前，对大豆幼苗长相诊断具体数据标准不多，在生产上多凭经验用目测法进行。初学者可先取壮苗、弱苗和徒长苗三者相互比较，熟练后，用目测法评定调查田块大豆幼苗长相。

（三）缺素症诊断

1. 缺氮

大豆缺氮首先表现在真叶上，首先是真叶发黄，严重时从下向上黄化，直至顶部新叶。在复叶上沿叶脉有平行的连续或不连续铁色斑块，褪绿从叶尖向基部扩展，乃至全叶呈浅黄色，叶脉也失绿。叶小而薄，易脱落，茎细长。

2. 缺磷

大豆缺磷易导致根瘤少，茎细长，植株下部叶色深绿，叶厚，凹凸不平，狭长。缺磷严重时，叶脉黄褐，后全叶呈黄色。

3. 缺钾

大豆缺钾易引起叶片黄化，症状从下位叶向上位叶发展。叶缘开始产生失绿斑点，扩大成块，斑块相连，向叶中心蔓延，后仅叶脉周围呈绿色。黄化叶难以恢复，叶薄，易脱落。缺钾严重的植株只能发育至荚期。根短、根瘤少。植株瘦弱。

4. 缺钙

大豆缺钙叶黄化并有棕色小点。先从叶中部和叶尖开始，叶缘、叶脉仍为绿色。叶缘下垂、扭曲，叶小、狭长，叶端呈尖钓状。

四、实验步骤

（1）取土播种：取一定量的土壤，播种 100 粒，浇透水，表面放薄薄一层干土。

（2）出苗率调查：根据设计播种量和实际出苗情况，调查大豆出苗率。

（3）洗苗：取 10 株大豆苗，用自来水清洗干净，用滤纸吸干水分。

（4）考苗：在幼苗子叶痕处用剪刀剪断，测量地上株高和地下部分根长，同时称量鲜重，记录数据。用纸将地上和地下部分分别包好，在 75~80℃烘箱中烘干，分别称重。

（5）缺素症判断：根据叶片的颜色、形状来判断。

作　业

1. 计算大豆出苗率，分析大豆出苗率。

2. 评价大豆幼苗的长势。根据地上和地下部分的长度、鲜重、含水量和干重比评价大豆幼苗生长情况。

记录与计算表

株号	株高	节数	茎粗	根长	侧根级数	地上鲜重	地上干重	地下鲜重	地下干重

3. 根据缺素症判断，分析栽培措施是否合理，提出管理建议。

实验九　大豆田间测产及植株性状分析

一、目的要求

学习大豆产量测定的标准与方法；学会利用所测数据，结合当地的实际情况，分析当前生产中存在的问题，为进一步提高大豆产量提出建议。

二、材料与用具

材料：大田大豆。
用具：皮尺、钢卷尺、托盘天平、电子天平、尼龙种子袋、标签。

三、实验内容

大豆是豆科作物的典型代表，是北方主要的豆类作物，是重要的工业原料。学习和掌握大豆测产对农学专业学生非常重要。大豆田间测产具体方法如下。

（一）样品采集、分解、处理方法

1. 确定样点

于收获前1~2d在所选择每个小区中，避开田边，按五点式、梅花式、S型等确定取样点（取植株样：在每个小区中，避开田边，按对角线交叉）。

2. 样区收获

在大豆籽粒成熟时应及时收获，取样每小区量21条垄的距离（即20个垄；在小区对角线上选相当于1m^2长度的5个样点，数株数；收获所选样点的全部植株，连根拔起（注意地上部的完整注意地上部的完整性，尽量避免炸荚和田间损失），直接装入大网袋内，系上标签（植株上和袋口各一）标明试验地点、采样时间、采样人、处理和重复。

或先在测产田中选取测产小区5个。用皮尺测定小区的实际面积，面积单位以m^2或hm^2表示，然后测定每个小区的大豆株数。

3. 样株处理

带回实验室后在子叶痕处剪掉根系，装回网袋风干后脱粒，将籽粒、荚皮和茎秆称量各自风干重量，把荚皮和茎秆按比例取出100g左右，以及100g左右的籽粒各作为1个样品，分别烘干并称重，计算风干样含水量。每小区选取代表性的植株20株测定相关指标。

（二）产量计算

理论产量（kg/667m^2）= 亩株数×株粒数×百粒重/100

实收测产：采用收割机全区收获，现场记录大豆收获籽粒产量，并取样测定籽粒水分含量、含杂率。

计算公式：实测产量（kg/667m^2）= 鲜粒重（kg/667m^2）×［1-籽粒含杂率（%）］×［1-籽粒含水率（%）］/86%

（三）测定指标

（1）株高：子叶痕到主茎顶端生长点的高度（cm），20 株平均。

（2）结荚高度：子叶痕上到最低结荚部位的距离（cm），20 株平均。

（3）主茎节数：从子叶痕上一节开始到植株顶端的节数，20 株平均。

（4）分枝数：主茎有效分枝数，20 株平均。

（5）单株荚数：全株有效荚数，10 株平均。

（6）三粒荚数：单株所结的三粒荚数。

（7）四粒荚数：全株所结的四粒荚数，10 株平均。

（8）单株粒数：全株所结豆粒数，10 株平均。

（9）单株生产力：一株籽实的重量（g），20 株平均。

（10）百粒重：100 粒种子的重量（g），重复 2 次。

（11）完全粒率：取未经粒选的种子 200g，从中选出完全粒（完熟的、饱满完整的、未遭病虫害和种皮无病斑的籽粒），称重后计算。完全粒率（%）= 完全粒重/取样重量×100。

（12）虫食率：取一定量未经粒选的籽粒，从中挑出食心虫危害的籽粒称重，则虫食率为：虫食率（%）= 虫食粒重/取样重量×100。

（13）褐斑粒率：取未经粒选的籽粒 200g，从中挑出褐斑粒称重，则褐斑粒率为：褐斑粒率（%）= 褐斑粒重/取样重量×100。

（14）紫斑粒率：取未经粒选的籽粒 200g，从中挑出有紫色斑粒称重，则紫斑率为：紫斑粒率（%）= 紫斑粒重/取样重量×100。

（15）未熟粒率：未熟籽粒占未经粒选籽粒的百分比，即：未熟粒率（%）= 未熟粒重/取样重量×100。

作　业

1. 根据下表大豆田间测定结果，考察大豆的形态指标。

大豆形态指标考察表

株号	株高	茎粗	分枝数	主茎节数	主茎节间长度	结荚高度
1						
2						
3						
4						
5						
6						

（续表）

株号	株高	茎粗	分枝数	主茎节数	主茎节间长度	结荚高度
7						
8						
9						
10						
平均						

2. 根据下表大豆考种结果计算大豆经济产量。

大豆测产指标

株号	单株荚数	单株粒数	单株粒重	粒荚比	百粒重	病粒率	虫食率
1							
2							
3							
4							
5							
6							
7							
8							
9							
10							
平均							

实验十　油菜苗情调查及苗期长势诊断

一、目的要求

掌握油菜苗期田间观察记载和苗情考查的方法；熟悉不同苗情的长相指标，掌握油菜苗期看苗诊断的技术。

二、材料和用具

材料：供观察的油菜苗床或油菜田，设置不同播量、定苗早迟、喷施多次效唑等处理。

用具：米尺，游标卡尺，手持折光计，烘箱，铅笔等。

试剂：多效唑、烯效唑。

三、内容说明

油菜的种植方式有育苗移栽和直播两种。育苗移栽能实现适时早播，充分利用有利生产季节，有效地解决多熟制中心油菜与前作的季节矛盾，又便于集中精细管理，有利于培育壮苗。壮苗的含义，一方面是指在移栽时有足够适宜的苗龄，长足一定数量的绿叶数；另一方面还要求一定的长势长相。油菜的长势相看苗诊断的中心内容和外观依据，通过苗诊断，采取相应的技术措施，可使不利于高产的长相向有利于高产方向转化。

（一）苗床期幼苗长势诊断

油菜苗床期常见有4种类型秧苗长相，即壮苗、旺苗、弱苗和僵苗。壮苗株型矮健紧凑，叶密集丛生，根颈粗短；叶数多，叶大而厚，叶色正常，叶柄粗短；主根粗壮，支根、细根多；无病虫害；是本类型品种固有特征。旺苗叶数虽然较多，但叶柄过长，虽然根颈也较粗，但缩茎部明显伸长成为“高脚苗”或叫“长茎苗”。瘦苗叶数较少，叶片细长，缩茎开始抽长，根颈粗度小，又叫“细线苗”。僵苗叶数少，叶片小而短，缩茎短，根颈小，俗称“马兰头”秧苗。

应用生长调节剂可以培育矮壮苗，通常用得较多的有多效唑稀效唑，两种调节剂的作用原理一样，但稀效唑接触土壤后易分解，无土壤残留问题，对后作物无影响，因而近年来在油菜中的应用有所增加。一般于三叶期叶面喷施150～200mg/L的多效唑50～100mg/L的稀效唑显著矮化，根颈横向增粗，分枝数目明显增加，叶色变为深绿。

（二）大田幼苗长势诊断

油菜的叶色、长势、长相在其不同的生育阶段均有变化。

叶色是指在正常情况下的黄、黑交替的阶段性变化；长势是指植株生长快慢，主要是指分枝发生的迟早、分枝数的多少，以及出叶速度的快慢和各叶长度的变化；长相则是指生长的姿态，包括株型和群体结构。

这3个指标，各有其独立的内容，但又是互相联系的。因此，田间看苗诊断要全面综合地考虑。

大田幼苗长势长相与苗床期幼苗长势一致。

（三）北方冬油菜冬前弱、壮、旺苗的指标

1. 白菜性油菜

（1）壮苗：冬前具有9~10片叶，叶色深绿，根颈粗0.9~1.0cm，生长匍匐状。

（2）弱苗：冬前具有<8片叶，叶色淡绿，根颈粗<0.9cm，生长匍匐状。

（3）旺苗：冬前具有>10片叶，叶色淡绿，根颈细，粗度<0.8cm，生长直立状，甚至出现早花现象。

2. 甘蓝型油菜

（1）壮苗：冬前具有10~12片叶，叶色蓝绿，根颈粗1.1~1.2cm，生长匍匐状。

（2）弱苗：冬前具有<10片叶，叶色淡绿，根颈粗<1.0cm，生长匍匐状。

（3）旺苗：冬前具有>12片叶，叶色淡绿，根颈细，粗度<0.9cm，生长直立状，甚至出现早花现象。

四、方法与步骤

（一）苗床幼苗调查

于油菜移栽前进行苗情考查，调查项目如下。

（1）于苗床生长分别三叶期喷施多效唑和稀效唑。多效唑配置150~200mg/L，稀效唑50~100mg/L，使用量为60kg/667m^2。统计中两种处理分别调查记载。

（2）根据油菜苗的高矮、大小、叶片多少的差异程度，判断油菜苗生长的整齐度，分整齐（80%以上的植株生长一致）、中（60%~80%的植株生长一致），不整齐（生长整齐的植株不足60%）。也可用目测判断。

（3）在目测判断的基础上，每组取10株（用一品种的，有代表性的，不同苗情的）进行观察比较，方法指标同大田。

（二）大田调查

到设置对比试验的油菜田现场进行苗情考查，调查项目如下。

（1）根据油菜苗的高矮、大小、叶片多少的差异程度，判断油菜苗生长的整齐度，分整齐（80%以上的植株生长一致）、中（60%~80%的植株生长一致）、不整齐（生长整齐的植株不足60%）。也可用目测判断。

（2）在目测判断的基础上，每组取10株（用一品种的，有代表性的，不同苗情的）进行观察比较：①叶片生长情况：脱落叶数、黄叶数、绿叶数（已展开叶）。②最大叶片生长情况：取单株最大叶片，量叶柄最长与最宽处的宽度。③根颈粗度：于子叶下测量株开展度（以油菜苗上部叶片开展的最大直径为准）、株干鲜重（用代表植株，从子叶片切断，分别测地上部、地下部的干鲜重。先称鲜重，再放入105~120℃的烘箱中烘烤15~20min，再在80℃中烘干到恒重，求干重）。

（三）冬油菜越冬前三类苗的调查

（1）样点确定：确定方法参考实验一小麦出苗率调查及越冬苗情考察。

（2）调查项目：叶片颜色、叶片数、植株生长状态、根颈粗。

（3）判断苗情：依据弱、壮、旺标准进行分类；整体判断标准为：①壮苗率≥75%，弱苗率≤30%，记载为壮长；②旺苗率≥70%，壮苗率≤30%，记载为旺长；③弱苗率≥70%，壮苗率≤30%，记载为弱长。

作　业

1. 将不同苗情的油菜苗考查结果填入下表。

苗床不同处理油菜不同苗情考察表

项目		根茎粗（cm）	叶片生长情况		最大叶			单株鲜重		单株干重	
			脱落数	黄叶数	绿叶数	长度	宽度	地上部	地下部	地上部	地下部
壮苗	多效唑										
	稀效唑										
旺苗	多效唑										
	稀效唑										
弱苗	多效唑										
	稀效唑										
僵苗	多效唑										
	稀效唑										

大田油菜苗情考察表

项目 苗类	根颈粗（cm）	植株开展度（cm）	叶片生长情况			最大叶株鲜重		单株干重	
			脱落数	黄叶数	绿叶数	长度	宽度	地上部	地下部
壮苗									
旺苗									
弱苗									
僵苗									

2. 生产实践中培育油菜壮苗的主要技术措施有哪些？

实验十一　薯类作物生产效能分析

一、目的要求

掌握甘薯、马铃薯测产的方法，了解其他薯类作物的基本测产方法；了解薯类作物不同品种和不同种植方式之间的产量差异原因。

二、材料与用具

材料：大田和试验田生产的马铃薯和甘薯。

用具：皮尺、计数器、计算器、杆秤。

三、测产方法

（一）实收测产

1. 取样方法

10 亩高产田：按照对角线取样法取 3 个样点。

百亩高产示范田：以 10 亩为 1 个测产单元，共分成 10 个单元，每个单元取 1 个样点，共 10 点。

万亩示范田：根据具体的自然环境和品种分布情况将万亩示范片平均分为 15 片，每片随机取 2 个样点，共 30 个点。每个点取长方形小区，面积为行长×行距×行数，不小于 45 平方米，行数不少于 6 行。

2. 田间实收

将样点全部植株进行收获，并分商品薯和非商品薯分别称重。其中非商品薯指重量小于 50g 的小薯以及病薯、烂薯和绿皮薯等薯块。一般情况下，扣除收获薯块总重的 1.5% 作为杂质、含土量。若收获时薯块带土较多，每点收获时取样 5kg，冲洗前后分别称重，计算杂质率。

3. 计算

实收产量（kg）=［商品薯平均产量+非商品薯平均产量（kg/667m^2）］×（1-杂质率）

商品薯亩产量（kg）= 单个取样点商品薯重量（kg）×667（m^2）×（1-杂质率）/该取样点面积

非商品薯亩产量（kg）= 单个取样点非商品薯重量（kg）×667（m^2）×（1-杂质率）/样点面积

万亩示范商品薯平均产量（kg/667m^2）= 各取样点商品薯平均产量（kg/667m^2）之和/30

非商品薯平均产量（kg/667m^2）= 各取样点非商品薯平均产量（kg/667m^2）之和/30

样点

薯块平均产量（$kg/667m^2$）= 商品薯平均产量（$kg/667m^2$）+非商品薯平均产量（$kg/667m^2$）

（二）测定产量构成因素

1. 测定密度

测定行距与株距，也可量取 $5m^2$ 计数株数。

每亩株数 = $667m^2$/株距×行距

每亩株数 = 株数/（$5m^2$）×$667m^2/5$

每株块茎（块根）数：随机挖取 5 株求平均数。

2. 块茎（块根）重

随机称取 10 个块茎，求平均重。

3. 产量计算

亩产量（kg）= 株数×每株块茎（块根）数×块茎（块根）重

注意事项：测定时选样点要具有代表性，同时样点数目不能太少。

（三）块茎（根）性状

收获时随机调查 2 个小区。

（1）茎大小整齐度：不整齐、中等和整齐。

（2）薯形：马铃薯分为圆形、扁圆形、长圆形、卵圆形、长卵圆形、椭圆形和长椭圆形等；甘薯分为分球形（长/径 1.4 内）、长纺锤形（长/径 3.0 以上）、纺锤形（长/径 2.0～2.9）、短纺锤形（长/径 1.5～1.9）、圆筒形（各点直径基本相同）、上膨纺锤形、下膨纺锤形。

（3）皮色：乳白色、淡黄色、黄色、褐色、粉色、红色、紫红色、紫色、深紫色和其他。

（4）肉色：白色、乳白色、淡黄色、黄色、红色、淡紫色、紫色和其他。

（5）薯皮类型：光滑、略麻皮、麻皮和重麻皮、白、黄白、黄、棕黄、淡红、红、紫红、紫色及其他。

（6）块茎芽眼深度：芽眼与表皮的相对深度，分外突、浅、中、深，深度$<1mm$ 为浅、1～3mm 为中、$>3mm$ 为深。

（7）结薯习性：收获期调查结薯情况，用集中、分散或整齐、不整齐表示。

（8）商品薯率：收获时块茎按大小分级后称重，计算商品薯率。

马铃薯鲜薯食用型品种：西南区、二季作区、冬作区单薯质量 50g 以上，一季作区单薯质量 75g 以上为商品薯；薯条加工型品种单薯质量 150g 以上为商品薯；薯片加工型品种单薯直径 4～10cm 为商品薯。

甘薯逐株称计大薯（250g 以上）、中薯（100～250g）、小薯（100g 以下）的重量，并计其所占百分比。中等薯块纵切 0.5cm 厚的薯片，晒干后根据薯干洁白程度和平整程度分为一、二、三级。

(四) 块茎生理缺陷

(1) 二次生长：收获时每小区随机连续调查 10 株，共调查 30 株，计算发生二次生长块茎百分数。

(2) 裂薯：收获时每小区随机连续调查 10 株，共调查 30 株，计算裂薯块茎百分数。

(3) 空心：收获时每小区随机连续调查 10 个块茎，共调查 30 个，计算空心薯百分数。

作　业

1. 两种测定方法形成差异的原因是什么？实际测产中如何控制误差。
2. 分析密度对于产量的影响。
3. 影响商品率的因素有哪些？如何提高薯块商品率？

实验十二　棉花产量预测及经济性状分析

一、目的要求

掌握棉花产量预测的方法；掌握棉花考种的基本方法和步骤。

二、材料和工具

材料：不同类型的棉田；棉株不同部位采摘的单铃籽棉、正常吐絮的籽棉。

用具：小轧花机。皮尺、计数器、计算器、感量0.1g天平、梳绒板、梳子、小钢尺、毛刷。

三、内容和方法

（一）棉花产量预测

1. 确定预测时间

产量预测的时间必需适时。过早，棉株的结铃数目尚难以确定；过晚，起不到产量预测的目的。一般在棉株结铃基本完成，棉株下部1~2个棉铃开始吐絮时较为适时。黄河流域棉区一般在9月10日以后进行。

2. 核实面积和分类

产量预测前，要对准备预测的棉田进行普查。根据不同品种、种植样式、管理技术等，分别按照棉花生长情况，分为好、中、差3个类型，并统计各类型面积，然后在各类型棉田中选出代表田块进行预测。代表田块选取多少，要根据待预测棉田总面积确定。一般每类棉田最好选2块以上。

3. 取点

取点要具有代表性。样点数目决定于棉田面积、土壤肥力和棉花生长的均匀程度。样点要分布均匀，代表性强。边行、地头、生长强弱不均、过稀过密的地段均不宜取点。一般可采用对角线取点法，根据棉田面积分别用3、5、10、15、20等点取样。

4. 测定每公顷株数

（1）行距测定：每点数11行（10个行距），量其宽度总和，再除以10即得。

（2）株距测定：每点在一行内取21株（20个株距），量其总长度，再除以20即得。为了准确，行距和株距在一块地上可连续测量3~5个样点，取其平均值。

（3）计算每公顷株数，公式为：

株数/hm^2 = 10 000/（总宽度/10×总长度/20）

5. 测定单株铃数

每个取样点调查10~30株的成铃数，求出平均单株铃数。测定时要注意，幼铃和花蕾不计算在内，烂铃数及其重量分别记载，以供计算单株生产力及三挑比率时参考。

6. 计算每公顷产量

产量预测时，棉花处在吐絮期，单铃重和衣分常采用同一品种、同一类型棉田的平均

铃重和衣分，并结合当年棉花生长情况而确定。即

皮棉产量（kg/hm^2）= 籽棉产量（kg/hm^2）×衣分（%）

（二）棉花考种

考种就是对棉花的产量和纤维品质进行室内分析。考种项目和内容很多，本实习仅对和栽培技术有关的几项主要内容进行考查。

1. 单铃籽棉重量（简称铃重）测定

一株棉花不同部位的铃重不同，不同类型不同产量的棉田，棉株不同部位的棉铃所占比重也不同。因此，测定单铃籽棉重应以全株单铃籽棉的平均重量来计算。预测产量时单铃籽棉重的测定方法是：每点取5~10株棉花，记载其总铃数。采摘后称总重量，求出平均铃重。

平均单铃籽棉重（g）= 籽棉总重量（g）/总铃数

铃重测定之前要充分晒干，含水量以不超过8%为宜。

2. 衣分测定

皮棉占籽棉的百分比即为衣分。衣分高低是棉花的重要经济性状。不同品种的衣分不同，同一品种的衣分随环境条件和栽培措施的不同亦有差异。衣分仅是一个相对的数字，测定方法是：将采摘的籽棉混匀取样。一般每样取500g籽棉（至少取200g），称重后轧出皮棉。

衣分=皮棉重÷籽棉重×100%

衣分测定一般需取样2~3个，求其平均数。

3. 衣指和子指的测定

100粒籽棉上产生的皮棉的绝对重量即为衣指（g）。100粒棉籽的重量为子指。衣指与子指存在着高度的正相关，即铃大，种子大，则衣指就高，反之就低。测定衣指和子指的目的，是为了避免因单纯的追求高衣分，而选留小而成熟不好的种子。

测定方法：用小轧花机轧取100粒籽棉上的纤维，称其重量，即为衣指；相应的棉籽重量即为子指。以克为单位，测定2~3次，取其平均值。

4. 棉纤维长度测定

纤维长度与纺纱质量关系密切（表3-12-1）。当其他品质参数相同时，纤维愈长，其可纺支数愈高，可纺号数愈小。棉花不同种、品种的纤维长度差异很大，同一品种随生长的环境条件和栽培措施的不同亦有变化，同一棉铃不同部位棉籽上的纤维长度亦有差异。

表3-12-1　原棉纤维长度与可纺支数的关系

原棉种类	纤维长度（mm）	细度（m/g）	可纺支数
长绒棉	23~41	6 500~8 500	100~200
细绒棉	25~31	5 000~6 000	33~90
粗绒棉	19~23	3 000~4 000	15~30

棉花纤维长度的测量方法，可以分为皮棉测量和籽棉测量两种。本次实习采用“左右分梳发”进行籽棉纤维长度测定，其步骤如下。

（1）取样：在测定棉样中随机取 20～50 个棉瓤（取样多少依样品数量而定）。通常以棉瓤第Ⅲ位籽棉为准（图 3-12-1）。

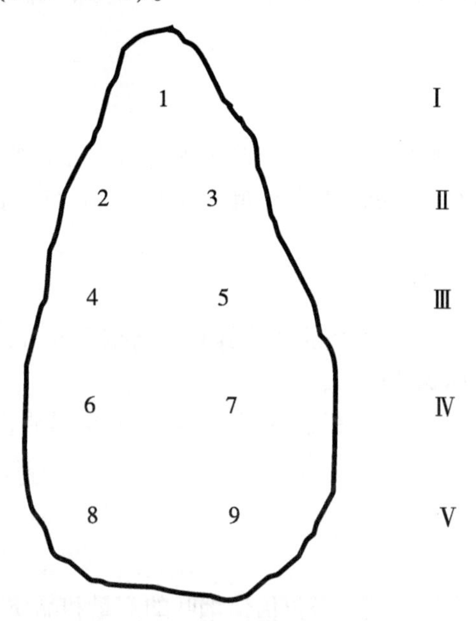

图 3-12-1　棉瓤中棉籽位置排列图

（2）梳棉：取籽棉用拔针沿种子缝线将纤维左右分开，露出明显的缝线。用左手拇指、食指持种子并用力捏住纤维基部，右手用小梳子自纤维尖端逐渐向棉子基部轻轻梳理一侧的纤维，直至梳直为止，然后再梳另一侧。注意不要将纤维梳断或梳落。最后将纤维整理成束，呈“蝶状”。仔细地摆置在黑绒板上。如纤维尚有皱缩，可用小毛刷轻轻刷理平直。

（3）测定长度：在多数纤维的尖端处用小钢尺与种子缝线平行压一条切痕。切痕位置以不见黑绒板为宜。然后用钢尺测定直线间的长度，并除以 2，即为籽棉纤维长度，以毫米为单位表示。

说明：①纺纱支数：用以表示纱的粗细的一种质量单位，以往用英制支数，现国家统一采用公制支数，分别指每 1 磅（英制）或 1kg（公制）棉纱的长度为若干个 840 码（英制）或若干 km（公制）时，即为若干英支或若干公支。纱越细，支数越高。②纺纱号数：用以表示纱的粗细的另一种公制单位，即每 km 棉纱的重量为若干 g。按其号数系列定位若干号，纱越细号数越小。

作　业

1. 整理并计算本组的测产结果。
2. 试述棉花衣分、衣指、籽指测定的意义。
3. 要想棉花测产符合实际，测产中应注意的事项是什么？
4. 分析限制棉花产量的主要因子。

实验十三　烟草叶片经济性状的考察

一、目的要求

熟悉烟草鲜叶经济性状测定的方法；初步了解烤烟干叶分级标准及其方法；识别几种烤坏烟叶叶片的症状及其原因；练习烤烟干叶“级指”和“产指”的计算方法。

二、材料及用具

材料：当地主要推广品种 1~2 个的植株鲜叶；烤烟干叶分级标本及相当数量烘烤后未经分级的干叶，几种烤坏烟叶标本。

用具：钢卷尺、求积仪、叶面积测定仪、卡尺（或螺旋测微尺）、量角器、计算器等。

三、内容说明

烟草是一种叶用经济作物，其经济价值依烟叶的产量和品质不同而异。烟草单位面积产量决定于单位面积内株数和单株有效生产力，而单株有效生产力又决定于单株上的叶片数和叶的大小及单位叶面积重量；叶面积重量又决定于叶片的厚薄、致密程度和干物质含量。烟叶品质的好坏取决于烟叶内部化学成分的种类、含量及其相对比例，以及某些物理性质。烟叶内所含化学成分很多，其中与品质关系最大的有总糖、蛋白质和烟碱等有机成分。烟叶的大小、厚薄和化学成分的含量，随生育时期、栽培技术及烘烤技术的不同而有很大变化，在生产上衡量某品种叶片经济性状的好坏，可分 3 个阶段进行。

（一）烟叶经济性状测定

（1）鲜叶经济性状的测定：测定鲜叶经济性状，通常在开花初期（或打顶后）取中部叶片进行。测定叶片大小有 3 种方法：①长×宽；②长×宽×0.65（折算指数因品种而异）；③用求积仪或称重法（即用一已测知的叶面积称出干重，与全部待测叶干重相比推算之）。

（2）叶重：测定单叶重或百叶重以表示之。叶重（g/cm^2）= 单位面积叶片的重量；或用单叶重（g）、单叶面积（cm^2）表示。

（3）叶厚：将大小相似叶片重叠，用卡尺或螺旋测微尺在主脉附近的基部、中部、顶部，量其叶肉厚度，以平均值表示。

（4）主脉粗细：一般分粗、中、细 3 级，以粗细适中为好。

（5）主脉占叶片重量比，即（主脉重/叶片重）×100。

（6）叶色：鲜叶叶色分为深绿、浅绿、绿和黄绿 4 级，以浅绿和绿为生长正常。

（二）烤烟干叶分级

经过初烤后，干烟叶有好有劣，类型十分复杂。为分清干叶内烟质的性质、特点、优劣程度、叶的类型、以便按质论价，以利工业加工使用，进行分级是十分必要的。正确进行烤烟分级、按级论价收购，是一个重要的政策问题，必须引起重视。

烟叶的内在化学成分与外观质量有密切的相关性，因此某些外观性状就可以作为品质鉴定的指标，分级就是运用与化学成分密切有关的外观因素为依据，国家烤烟烟叶分级标准是根据叶片的着生部位、叶片的颜色和其他一些外观特征（包括油分、组织、光泽、杂色、残伤、破损等）三项指标划分等级，目前烤烟国家标准品质规定计为三等 15 级，附表于后。

（三）烘烤质量

烤坏烟叶的认识烤房设备和烤制技术以及叶片的成熟程度等，对烤出烟叶的品质好坏有很大关系。由于烤制不当而造成对烟叶品质影响主要有以下几种。

1. 青烟

由于温湿度控制不当，或采摘叶片过生，影响叶绿素的分解和其他物质的变化，叶不能正常变黄，完全是青色，烟味较差。不会变黄的烟叶称为“死青”，有些烤成青黄色以后虽能变黄，但是品质不如黄色。

2. 挂灰

是指烟叶上有块状的灰褐色或黑色斑块，挂灰严重的烟叶烟气浓烈，杂气较重。主要原因是挂竿过多，变黄期温度太低，水汽不能及时排出，集结在叶面上，而发生“挂灰”。

3. 火红

在千筋阶段，温度过高，引起叶片发生一点点红色小点，称为“火红”，烟叶的弹性和吸收性降低。

4. 青筋、黑筋和活筋

烘烤时升温过急易出现青筋，升温过慢易出现黑筋。烟筋未完全干燥称为活筋，贮存中容易使烟叶霉烂。

5. 蒸片（烫片）

烤后烟叶出现棕色或褐黑色斑块，严重的遍及全片，这种叶片缺乏油分、弹性、容易破碎，没有香气，刺激性重，经回潮也不易变软。其原因是烟竿太密。

6. 阴片

烟叶沿主筋有一条黑斑，这是因为干燥期间温度忽然降低，主筋里的水分渗出到叶片上，温度升高后，这一部分水分又很快被烤干，成为黑色。这类烟叶颜色不好，且黑色部分烟味强烈，品质不好。

7. 糊片

烟叶颜色呈褐色和老黄豆叶一样，烟叶重量减轻、香气减少，刺激性少，缺乏烟味，原因是变黄期时排气不足或加温较慢，使叶片不能及时定色，干片，反而继续变色，变成红色甚至变成褐色。

（四）“级指”和“产指”的计算

1. 级指

是烟叶品质好坏的指标，是将各级烟按价格换算成同一单位的商品价格指数，级指愈高，表示品质愈好。计算方法如下。

(1) 将分级后各等级烟叶产量，分别依照等级列表登记。

(2) 求产量百分率：某级烟叶产量（%）= 某级烟叶产量/试验小区产量×100。

(3) 求级指：品级指数=某级烟叶 100kg 的价格/一级烟叶 100kg 的价格。

2. 产指

是衡量单位面积经济效益大小的指标，是级指与每亩产量的乘积，产指愈高表示总收益愈大。

产量指数=品级指数×产量

四、方法与步骤

(1) 取中部叶 10 片，进行鲜叶经济性状测定。

(2) 取未分级烟叶两把，拆散，按分级标准进行分级。

(3) 详细观察几种烤坏烟叶。

(4) 按照附表产量指标，计算“级指”和“产指”。

作　业

1. 将鲜叶经济性状测定结果填入下表。

烟叶经济性状记录表

品种	叶片	叶片大小(长×宽 cm^2)	单叶叶面积(cm^2)	叶厚(cm)	单叶重(g)	主脉粗细	叶色	叶肉组织	备注

注：叶肉组织分为粗糙、中等、细致三级。

2. 将未分级烟叶进行分级的结果标明，并说明几种烤坏烟叶的外观表现。

3. 根据下表绘出的条件，写出所计算的“级指”和“产指”结果（各级烟价可根据当地市场价格计算）。

根据下列条件计算产指与级指

烤烟收购等级		每 100kg 价格（元）	各等级产量（kg）	
中下部黄色	一级		2	
	二级		19	
	三级		32	
	四级		27	
	五级		9	
	六级		15	

（续表）

烤烟收购等级		每100kg价格（元）	各等级产量（kg）	
上部黄色	一级		29	
	二级		19	
	三级		9	
	四级		15	
	五级		11	
青黄色	一级		10	
	二级		7	
	三级		8	

附录3-1：中国烟叶42级分级标准（自1992年9月1日实施）

中国现行烤：42级分级标准表

组别		级别	成熟度	叶片结构	身份	油分	色度	长度（cm）	残伤（%）
下部X	柠檬黄L	1	成熟	疏松	稍薄	有	强	40	15
		2	成熟	疏松	薄	稍有	中	35	25
		3	成熟	疏松	薄	稍有	弱	30	30
		4	假熟	疏松	薄	少	淡	25	35
	桔黄F	1	成熟	疏松	稍薄	有	强	40	15
		2	成熟	疏松	稍薄	稍有	中	35	25
		3	成熟	疏松	稍薄	稍有	弱	30	30
		4	假熟	疏松	薄	少	淡	25	35
中部C	柠檬黄L	1	成熟	疏松	中等	多	浓	45	10
		2	成熟	疏松	中等	有	强	40	15
		3	成熟	疏松	稍薄	有	中	35	25
		4	成熟	疏松	稍薄	稍有	弱	35	30
	桔黄F	1	成熟	疏松	中等	多	浓	45	10
		2	成熟	疏松	中等	有	强	40	15
		3	成熟	疏松	中等	有	中	35	25
		4	成熟	疏松	稍薄	稍有	弱	35	30

（续表）

组别		级别	成熟度	叶片结构	身份	油分	色度	长度（cm）	残伤（%）
上部 B	柠檬黄 L	1	成熟	尚疏松	中等	多	浓	45	15
		2	成熟	稍密	中等	有	强	40	20
		3	成熟	稍密	中等	有	中	35	30
		4	成熟	紧密	稍厚	稍有	弱	30	35
	桔黄 F	1	成熟	尚疏松	稍厚	多	浓	45	15
		2	成熟	尚疏松	稍厚	有	强	40	20
		3	成熟	稍密	稍厚	有	中	35	30
		4	成熟	稍密	厚	稍有	弱	30	35
	红棕 R	1	成熟	尚疏松	稍厚	有	浓	45	15
		2	成熟	稍密	稍厚	有	强	40	25
		3	成熟	稍密	厚	稍有	中	35	35
完熟叶 H		1	完熟	疏松	中等	稍有	强	40	20
		2	完熟	疏松	中等	稍有	中	35	35
杂色 K	中下部 CX	1	尚熟	疏松	稍薄	有		35	20
		2	欠熟	尚疏松	薄	少		25	25
	上部 B	1	尚熟	稍密	稍厚	有		35	20
		2	欠熟	紧密	厚	稍有		30	30
		3	欠熟	紧密	厚	少		25	35
光滑叶 S		1	欠熟	紧密	稍薄、稍厚	有			10
		2	欠熟	紧密		少		30	20
微带青 V	下二棚 X	2	尚熟	疏松	稍薄	稍有	中	35	15
	中部 C	3	尚熟	疏松	中等	有	强	40	10
	上部 B	2	尚熟	稍密	稍厚	有	强	35	10
		3	尚熟	稍密	稍厚	稍有	中		10
青黄色 GY		1	尚熟	尚疏至稍密	稍薄、稍厚	有		35	10
		2	欠熟	稍松密至紧密	稍薄稍厚	稍有		30	20

附录 3-2：中国 15 级分级标准（1977 年制定实施的国家标准）

上等烟包括：中部橘黄 1 级、中部橘黄 2 级、中部橘黄 3 级、中部柠檬黄 1 级、中部柠檬黄 2 级、上部橘黄 1 级、上部橘黄 2 级、上部柠檬黄 1 级、上部红棕 1 级、完熟叶 1 级、下部橘黄 1 级。上等烟包括 11 个等级纯度允差为 10%。

中等烟包括：中部柠檬黄 3 级、中部柠檬黄 4 级、中部橘黄 4 级、上部橘黄 2 级、上部橘黄 4 级、上部柠檬黄 2 级、上部柠檬黄 3 级、上部红棕 2 级、上部红棕 3 级、下部橘黄 2 级、下部橘黄 3 级、下部柠檬黄 1 级、下部柠檬黄 2 级、完熟叶 2 级、中部微带青 3 级、下二棚微带青 2 级、上部微带青 2 级、上部微带青 3 级、光滑叶 1 级。中等烟包括 19 个等级的纯度允差为 15%。

下等烟包括：上部柠檬黄 4 级、下部橘黄 4 级、下部柠檬黄 3 级、下部柠檬黄 4 级、中下部杂色 1 级、中下部杂色 2 级、上部杂色 1 级、上部杂色 2 级、上部杂色 3 级、青黄烟 1 级、青黄烟 2 级、光滑叶 2 级。

第四章　作物产品品质分析

实验一　植物样品近似组成分析

植物样品粗蛋白的测定

一、目的要求

掌握测定植物样品粗蛋白含量的基本方法。

二、材料与用具

材料：取有代表性的风干植物试样，粉碎至40目，用四分法缩减至200g，装于密封容器中，防止试样成分的变化或变质。

用具：实验用样品粉碎机、孔径0.45mm（40目）分样筛、分析天平（1/10 000）、250mL消化管、消煮炉或电炉、150mL或250mL锥形瓶、酸式滴定管、半自动或全自动凯氏定氮仪。

试剂如下：

（1）浓硫酸：化学纯，含量为98%，比重1.84，不含氮。

（2）混合催化剂：称取硫酸钾10g、五水硫酸铜1g，均匀混合后研细，贮于瓶中。

（3）40%氢氧化钠溶液：称取400g氢氧化钠于烧杯中，于通风橱中缓慢加入600mL蒸馏水，搅拌使之全部溶解。

（4）2%硼酸溶液：称取20g硼酸溶于980mL水中。

（5）混合指示剂：称取0.5g溴甲酚绿和0.1g甲基红，将其溶于100mL95%的乙醇中，于阴凉处保存，有效期为3个月。

（6）0.1mol/L盐酸标准溶液：取比重1.19的浓盐酸8.3mL，用蒸馏水稀释至1 000mL，用基准物质（硼砂）标定其准确浓度。

（7）硫酸铵：分析纯，干燥。

三、内容与方法

（一）内容说明

植物粗蛋白的含量直接关系到植物样品的品质。粗蛋白质是含氮化合物的总称，它由蛋白质和非蛋白质含氮物组成。后者是指蛋白质合成和分解过程中的中间产物和无机含氮物质，其含量一般随蛋白质含量的多少而增减。植物的粗蛋白含量因其种类、器官、生育期和施肥管理水平不同而异，因此，在测定植物粗蛋白含量时应注明其生育期、组织部位等，只有在相同情况下测定的结果才有比较意义。

本实验采用凯氏法测定植物样品的粗蛋白含量。样品中的有机物质在还原性催化剂（$CuSO_4$和K_2SO_4）的作用下，用浓硫酸进行消化，使蛋白质和其他有机态氮（在一定处理下也包括硝酸态氮）都转变为NH_4^+，并与H_2SO_4化合成（$(NH_4)_2SO_4$；非含氮物质则以CO_2、H_2O、SO_2等气体状态逸出。消化液在浓碱的作用下进行蒸馏，释放出铵态氮被硼酸溶液吸收并结合生成四硼酸铵。以甲基红和溴甲酚绿作为混合指示剂，用 HCl 标准溶液滴定，求出氮的含量，再乘以 6.25（氮与蛋白质的换算系数），即为粗蛋白的含量。测定结果中除蛋白质外，还有氨基酸、酰胺、铵盐和部分硝酸盐、亚硝酸盐等，故称为粗蛋白。

（二）方法步骤

1. 试样消煮

称取 0.3~0.5g 精确至0.000 1g 的过筛试样，无损地转入干燥的消化管中。向消化管中加入 2.5g 混合催化剂并用注射器加入 4mL 浓硫酸，放到通风橱内的消煮器上于 110℃消煮 10min 后在 420℃消煮 1.5h 左右。直至内容物呈清澈的淡蓝色为止。消煮完毕后冷却。空白样品除不加试样以外其余步骤皆与正常试样相同。

2. 氨的蒸馏

（1）先将空的消化管固定在定氮仪的托盘架上空蒸几次以清洗管路。

（2）对于全自动凯氏定氮仪，直接将空白样品、试样依次放在托盘架上，待仪器自动测试完后直接记录实验结果即可。

（3）对于半自动凯氏定氮仪则在 250mL 锥形瓶中加入 2%硼酸 25mL 和 1~2 滴混合指示剂（100∶0.25 的体积比）作为接收瓶，将接收瓶套在接收管上，并让管口浸没在硼酸溶液中。

（4）先将空白样品固定在半自动定氮仪的托盘架上，按下“H_2O”和“NaOH”开关，分别向消化管中注入 5mL 蒸馏水和 10mL NaOH 溶液（消化管中溶液变为黄棕色）。开启蒸汽开关，向消化管内注入蒸汽进行蒸馏。在整个蒸馏过程中注意冷凝管中水不要中断，当接受液变蓝后蒸馏 5min，再将接收管下端离开硼酸液面，用蒸馏水冲净管外。取下锥形瓶，待滴定用。待测样品的蒸馏步骤同上。

3. 滴定

用 0.1mol/L 盐酸标准溶液滴定锥形瓶中的溶液，滴定溶液由蓝绿色变为淡紫红色为终点，记录滴定体积。

4. 结果计算

$$粗蛋白含量(\%) = \frac{(V - V_0) \times c \times 0.014 \times 6.25}{m} \times 100$$

式中，V——滴定试样时所需盐酸标准溶液的体积（mL）；V_0——滴定空白样品时所需盐酸标准溶液的体积（mL）；c——盐酸标准溶液的浓度（mol/L）；m——试样质量（g）；0.014——氮的毫克当量；6.25——固定系数，即氮换算成蛋白质的平均换算系数。

5. 盐酸溶液的标定

（1）基准物质的称取与溶解：用差量法准确称取 0.1g 左右的优级纯硼砂（四硼酸钠：$Na_2B_4O_7 \cdot 10H_2O$，分子量：381.37。注意：硼砂的结晶水很容易风化损失，所以称前不宜烘烤），共 3 份，分别置于 250mL 三角瓶中，加水 50mL 溶解。

（2）HCl 溶液的标定：向盛硼砂溶液的三角瓶中加入甲基红—溴甲酚绿混合指示剂两滴，用盐酸溶液滴定到淡紫红色即到终点，根据盐酸消耗的体积按下式计算其准确的浓度。3 次滴定计算得出的平均浓度即为最终浓度。

$$\text{HCl 溶液浓度（mol/L）} = \frac{2 \times 1\,000 \times m}{381.37 \times V}$$

式中，m——硼砂质量（g）；V——滴定硼砂所需盐酸溶液的体积（mL）；2——滴定 1 摩尔硼砂所需 HCl 的摩尔数；381.37——硼砂的摩尔质量（g/mol）。

6. 测定的检验：精确称取 0.2g 硫酸铵，代替试样，按上述测定步骤进行操作，按 4 中公式进行计算（但不乘系数 6.25），测得硫酸铵含氮量为 21.19%±0.2%，否则应检查加碱、蒸馏和滴定各步骤是否正确。

作业与思考

1. 根据测定结果，试分析粗蛋白含量的高低与植物样品品质的关系。
2. 简述凯氏法测定植物粗蛋白质含量的主要原理。

植物样品粗脂肪的测定

一、目的要求

掌握测定植物样品粗脂肪含量的基本方法。

二、材料与用具

材料：取有代表性的风干植物试样，粉碎至 40 目，用四分法缩减至 200g，装于密封容器中，防止试样成分的变化或变质。

用具：实验粉碎磨、40 目分样筛、分析天平（1/10 000）、恒温烘箱、干燥器（采用变色硅胶为干燥剂）、滤纸、脱脂棉、脂肪测定仪（包括配套用的抽提瓶和抽提器）。

试剂：无水乙醚（化学纯）。

三、内容与方法

（一）内容说明

脂肪是植物中的重要化学成分，因其不溶于水，但能溶于乙醚、石油醚、丙酮、四氯化碳等有机溶剂，因此可以用有机溶剂将植物样品中的脂肪浸提出来，然后再加热使溶剂蒸发除去，称量所浸提出来的脂肪重量，即可求得样品中脂肪含量，这种称为油重法。油重法测定结果准确、稳定，缺点是费时，一般需 10h 以上，而且测定一个样品需要一套仪器，不适于大批量样品的分析。本实验采用脂肪测定仪测定样品的粗脂肪含量，原理基本相同，但速度较快。

使用油重法测定脂肪时需用有机溶剂反复抽提样品中的脂肪，但同时也会将样品中的叶绿素、有机酸、磷、糖脂、石蜡等类脂物质及脂溶性维生素等其他脂溶性物质一并抽提出，故称之为“粗脂肪”。

（二）方法步骤

1. 抽提瓶恒重

将抽提瓶在 105℃烘箱中烘干 30min，然后在干燥器中冷却 30min，称重。重复这一步骤直到两次称重之差小于 0.000 5g 时为恒重。

2. 滤纸筒准备

称取 2g 左右（精确至 0.000 1g）在 105℃下烘干 0.5h 的过筛植物试样。滤纸卷成筒，筒底垫一层脱脂棉，将称取的试样无损地转移到滤纸筒内，并用足量的脱脂棉封住滤纸筒（防止试样在抽提时溢出），用铅笔注明标号，然后将滤纸筒放入抽提器内。

3. 粗脂肪抽提

在恒重后的抽提瓶中加入约占瓶体积 2/3 的无水乙醚，将抽提器上部套入各冷凝管中，抽提瓶置于其下方对应位置。打开冷凝水，调节脂肪测定仪的温度（夏天约 65℃，冬天约 80℃），使冷凝下滴的乙醚速度为 120~180 滴/min，不断回流提取 8~10h。浸提结束后，旋转冷凝管上的活塞开关，自动回收乙醚。

4. 称重

取出盛有提取到粗脂肪的抽提瓶，将其放入 105℃烘箱中烘干 2h，然后在干燥器中冷却 30min，称重，再烘干 30min，同样冷却称重，两次称重之差小于0.000 5g 时为恒重。

5. 结果计算

$$粗脂肪含量（\%）=\frac{W_2-W_1}{W_0}\times 100$$

式中，W_1——已恒重的抽提瓶质量（g）；W_2——已恒重的盛有脂肪的抽提瓶质量（g）；W_0——试样质量（g）。

6. 注意事项

（1）常用来测定脂肪的溶剂为无水乙醚及石油醚，因其有低沸点的优点，便于提取及提取后蒸发除去，但较易燃易爆，测定时务须注意通风防火。

（2）烘干样品的温度不能过高，否则易使脂肪氧化，或与蛋白质及碳水化合物形成结合态，以致乙醚无法浸提。

（3）易结块样品中可加入 4~6 倍干净石英砂，以使样品松散，有利提取。

（4）含水量较高的样品不利于乙醚浸提将使结果偏低，可加入适量无水硫酸钠混合，以吸干水分，有利浸提。

（5）乙醚约可饱和 2%的水分，含水乙醚不仅使抽提脂肪的效率降低，还会将样品中的糖分等非脂肪成分抽提出，造成误差，因此应使用无水乙醚。

作业与思考

1. 粗脂肪测定的原理是什么？实验过程中所得到的物质为什么被称为粗脂肪？
2. 乙醚为易挥发且有毒的试剂，实验操作过程中如何减少乙醚的毒害作用？

植物样品粗纤维的测定

一、目的要求

掌握测定植物样品粗纤维含量的基本方法。

二、材料与用具

材料：取有代表性的风干植物试样，粉碎至40目，用四分法缩减至200g，装于密封容器中，防止试样成分的变化或变质。

用具如下：

（1）实验用样品粉碎机或研钵。

（2）孔径0.45mm（40目）分样筛。

（3）分析天平（1/10 000）。

（4）恒温烘箱。

（5）马弗炉。

（6）消煮器：有冷凝球的500mL高型烧杯或有冷凝管的锥形瓶。

（7）过滤装置：真空抽滤泵、吸滤瓶和漏斗。

（8）滤器：200目不锈钢网和尼龙网或G2号玻璃滤器。

（9）古氏坩埚：30mL，预先加入30mL酸洗石棉悬浮液。再抽干，以石棉厚度均匀，不透光为宜。

（10）干燥器：用氯化钙或变色硅胶为干燥剂。

（11）纤维素测定仪：Febertec 2010型。

试剂如下：

（1）1.25%硫酸：分析纯，0.128±0.005mol/L，每100mL含硫酸1.25g，用氢氧化钠标准溶液标定。

（2）1.25%氢氧化钠：分析纯，0.313±0.005mol/L，每100mL含氢氧化钠1.25g，用无水碳酸钠标定。

（3）酸洗石棉：市售或自制中等长度酸洗石棉在1∶3盐酸溶液中煮沸45min，过滤后于550℃灼烧16h，用0.128mol/L硫酸浸泡且煮沸30min，过滤且用少量硫酸溶液洗1

次，再用水洗净，烘干后于550℃灼烧2h。

（4）95%乙醇：化学纯。

（5）乙醚：化学纯。

（6）正辛醇：分析纯，防泡剂。

三、内容与方法

（一）内容说明

纤维具有既不溶于稀酸、稀碱，又不溶于醚、醇的特性，用浓度准确的酸和碱在特定的条件下消煮样品，再用乙醚、乙醇出去醚溶物，经高温灼烧扣除矿物质的量，所余量为粗纤维。因其不是一个确切的化学实体，只是测出的概略成分，其中以纤维素为主，还有少量的半纤维素和木质素等，故称为粗纤维。

（二）方法步骤

1. 常规法

（1）酸处理：称取1~2g过筛试样，精确至0.000 1g，用乙醚脱脂（含脂肪小于1%的试样可不脱脂；含脂肪1%~10%的样本不是必须的，但建议脱脂；含脂肪10%以上的则必须脱脂，或用测定脂肪后的试样残渣），放入消煮器，并加入浓度为1.25%的且已沸腾的硫酸溶液200mL和1滴正辛醇，立即加热，使其在2min内沸腾，且连续微沸30min，注意保持硫酸浓度不变，试样不应离开溶液沾到瓶壁上（否则可补加沸蒸馏水）。随后抽滤，用沸腾蒸馏水洗至中性后抽干。

（2）碱处理：取下不溶物，放入原容器中，加浓度为1.25%的且已沸腾的氢氧化钠溶液200mL，同样准确微沸30min，注意保持氢氧化钠浓度不变。

（3）抽滤：立即在铺有石棉的古氏坩埚上将溶液抽滤，先用25mL硫酸溶液洗涤，将残渣无损地转移到坩埚中，用沸蒸馏水洗至中性，再用15mL 95%乙醇洗涤，抽干。

（4）烘干、灰化：将坩埚放入烘箱中，于130℃下烘干2h，取出后在干燥器中冷却至室温，称重。再于550℃的马弗炉中灼烧3h，取出后于干燥器中冷却至室温后称重。

2. 仪器法（纤维素测定仪）

（1）称取1g过筛试样，精确至0.000 1g，放入坩埚中，并记录坩埚编号。

（2）打开电源开关，按“H_2O”键开始水循环泵（黄色指示灯亮），20~30min后，水温达到95℃后温度指示灯亮起。当加热水罐中的水位低时，加水泵会自动加入蒸馏水，当“REF”灯闪动时表示储水桶中的水位太低而需要向其加入蒸馏水。加水后按“REF”键重新开始。检查试剂储藏槽中的试剂是否足够（至少1/2）。

（3）按“R1”键预热硫酸溶液。将坩埚放入浸提烤箱中，小心放下坩埚控制杆，保证每个坩埚都被严格的密封。当试剂指示灯（绿色）亮起，按“R1”键，旋动阀门让每个浸提柱加入1.25% H_2SO_4溶液150mL。如果需要，在浸提柱中加入2滴正辛醇（防泡剂）。然后打开加热旋钮进行加热。当试剂开始沸腾时，将功率控制器关小到能够保持其沸腾即可，开始倒计时30min。如果样品粘在浸提柱上，可以轻轻打开试剂泵加入试剂将样品冲下。

（4）30min 后，关闭加热开关。按“V”键，并将浸提柱上的过滤阀扭向左侧，进行过滤。如果样品粘连，可按“P”键反吹，并将过滤阀扭向右侧。过滤完成后，关闭阀门到中间位置，以利于其他浸提柱的过滤。

（5）使用喷水器冲洗样品，然后过滤，并重复两次。

（6）使用碱液（1.25%NaOH 溶液 150mL）重复上述浸提过程。

（7）最后过滤完成后，将坩埚转移至冷浸提器上并压紧坩埚。关闭阀门，每个样品中加入 25mL 丙酮，然后过滤，并重复 3 次。

（8）将坩埚在 130℃下烘干 2h，冷却后称重。然后放入 550℃的马弗炉内灰化 3h，取出后于干燥器中冷却至室温后称重。

3. 结果计算

$$粗纤维含量（\%）=\frac{W_1-W_2}{W_0}\times 100$$

式中，W_1——130℃烘干后坩埚及试样残渣质量（g）；W_2——灼烧后坩埚及试样残灰质量（g）；W_0——试样质量（g）。

作业与思考

1. 植物粗纤维的主要成分有哪些?
2. 测定粗纤维时，在操作上应注意哪些问题?

植物样品粗灰分的测定

一、目的要求

掌握测定植物样品粗灰分含量的基本方法。

二、材料与用具

材料：取有代表性的风干植物试样，粉碎至 40 目，用四分法缩减至 200g，装于密封容器中，防止试样成分的变化或变质。

用具：实验粉碎磨、40 目分样筛、分析天平（1/10 000）、电热炉、马弗炉、坩埚、坩埚钳、干燥器。

试剂：95%乙醇。

三、内容与方法

（一）内容说明

植物样品经低温炭化和高温灼烧，除尽水分和有机质，剩下不可燃部分为灰分元素的氮化物等，即为粗灰分。由于灼烧得到的灰分中难免带有极少量未烧尽的炭粒和不易洗净的尘土，而且灼烧后灰分的组成已有改变（例如碳酸盐增加，氯化物和硝酸盐损失，有机磷、硫转变为磷酸盐和硫酸盐，重量都有改变），所以用干灰化法测得的灰分只能称为“粗”灰分。

灼烧时的温度控制在550±25℃为宜，不可过高或灼烧太急速，否则会因其部分钾和钠的氯化物挥发损失。而且钾、钠的磷酸盐和硅酸盐也容易熔融而包裹炭粒不易烧尽，灼烧太快还会使微粒飞失。对于含磷、硫、氯等酸性元素较多的样品，为了防止这些元素在灼烧时逸失，须在样品中加入一定量的碱性金属元素钙、镁的盐将其固定起来，再进行灰化。这时要做空白测定，校正加入金属盐的量。

在样品中加入少量酒精或纯橄榄油，使样品在燃烧时疏松，可得近于白色的粗灰分；也可在灼烧过程中滴加少许蒸馏水或弄 HNO_3等，以加速炭粒灰化。

（二）方法步骤

1. 坩埚恒重

将坩埚洗净，烘干，进行编号。然后放入高温炉中，在550±20℃下灼烧30min，移至炉门稍冷后取出，放入干燥器中冷却30min，称重。再重复灼烧，冷却，称重，直至两次质量之差小于0.000 5g为恒重。

2. 样品炭化

在已恒重的坩埚中称取2~5g（灰分重0.05g以上）过筛试样，精确至0.000 1g，加入1~2mL乙醇溶液（为了促进样品均匀灰化），使样品湿润。把坩埚放在电炉上，坩埚盖斜放，先缓缓加热低温炭化，再加大火力至无烟时为止。

3. 样品灰化

炭化后将坩埚移入高温炉中，在550±20℃下灼烧3h，移至炉门稍冷后取出，放入干燥器冷却30min，称重。再同样灼烧1h，冷却，称重，直至两次质量之差小于0.000 5g为恒重。

4. 结果计算

$$粗灰分含量（\%）=\frac{W_2-W_0}{W_1-W_0}\times100$$

式中，W_0——已恒重空坩埚质量（g）；W_1——坩埚加试样质量（g）；W_2——灰化后坩埚加灰分质量（g）。

5. 注意事项

（1）含磷较高的样品（种子），可先加入3mL乙酸镁乙醇溶液（15g/L）润湿全部样品，然后炭化和灰化。温度高达800℃也不致引起磷的损失。含硫、氯较高的样品则可用碳酸钠或石灰溶液浸透后再灰化。

（2）坩埚和盖可用 $FeCl_3$与蓝墨水混合液（5g/L）编写号码，置于600℃高温电炉灼烧30min，即留有不易脱落的红色 Fe_2O_3痕迹号码。

（3）植物样品不宜磨得太细，以免高温灼烧时微粒飞失。样品应疏松地放在坩埚中，容易氧化完全。

作业与思考

1. 在样品炭化过程中应注意哪些事项？
2. 观察灼烧残渣的颜色，并分析残渣的颜色与那些因素有关？

实验二　小麦面筋含量和质量的测定

一、目的要求

掌握测定小麦面筋含量和质量的原理及方法。

二、材料与用具

材料：各种不同品种的小麦粒。

用具：实验粉碎磨、电子天平（1/100）、瓷杯、筛孔为0.90～0.95mm的金属筛、刀片、量筒。

试剂：碘—碘化钾溶液：称取0.1g碘和1.0g碘化钾，用少量水溶解后定容至250mL，用于检查淀粉是否洗净。

三、内容与方法

（一）内容说明

小麦是人类的主食之一，含有丰富的淀粉、蛋白质和B族维生素，其蛋白质含量一般在12%左右，是所有禾谷类粮食作物中蛋白质含量最高的一种。面筋是小麦面粉面团洗去淀粉、糖等成分后，得到的弹塑性物质，它由麦醇溶蛋白和麦谷蛋白吸水后强烈水化而成。其他禾谷类作物虽然含有蛋白质，但不形成面筋。小麦面筋赋予面团弹性、塑性等流变学特性，使面粉可以制作出多种多样的食品。瑞典谷物协会测定小麦湿面筋和蛋白质含量的相关系数为0.983，我国小麦湿面筋含量和蛋白质含量的相关系数为0.92。

面粉的面筋含量和面筋质量是衡量小麦品质的重要指标，制作面包要求高面筋含量的面粉，制作饼干、糕点食品则要求低面筋含量的面粉。我国国家标准GB/T 17892～17893—1999中规定优质强筋小麦湿面筋含量一等≥35%、二等≥32%，弱筋小麦湿面筋含量≤22%。面粉中面筋数量与面筋质量是独立存在的两个因素，两者没有必然的关联，但有互补作用。面粉的面筋质量主要用面筋指数、面筋吸水率和面筋颜色、气味、弹性、延展性等指标来表征。

面筋含量的测定方法有手洗法和面筋仪洗涤法，其中手洗法又分为水洗法和盐水洗涤法。本实验中面筋含量的测定采用手洗法中的水洗法，面筋质量从颜色、气味、弹性、延展性4个方面进行鉴定。

（二）方法步骤

1. 面筋含量测定

（1）称样及和面

称取各品种的小麦籽粒各100g（精确至0.01g），用实验粉碎磨磨粉过筛，分别取面粉25g放入瓷杯内，加入水13mL，并贴上标签。用玻璃棒将水和面粉拌合成面，然后用手搓揉，并仔细地将玻璃棒和瓷杯上的残留面收集下来，把面团搓成小球状，置入瓷杯内，盖上玻璃静置 20min，以便面粉微粒被水浸润和组成面筋的蛋白质膨胀起来。

（2）洗涤面筋

取一个盆或大瓷杯，注入 1L 水，将面团放盆内用手使劲搓捏，这时淀粉和麸皮脱入水中。然后将水倒出，通过密筛过滤，以免损失面筋碎片。如此冲洗数次，直至出现清水（没有混浊物）为止。为了准确起见可用碘-碘化钾测试洗涤水，若洗液显蓝色说明淀粉尚未洗掉，仍需继续洗，如果洗液不显色，说明淀粉完全被洗掉了。洗涤完毕后，将其放在两手掌之间挤压，并用手指翻转数次，手指常用毛巾擦干，直到将面筋挤压到不粘手时为止。

（3）称重

面筋称重后再冲洗 2~3min，重复挤压再称重，如果前后两次称重之差小于 0.1g 就算洗涤完毕，如差异较大，应继续冲洗。

（4）结果计算

$$面筋含量（\%）=\frac{W_1}{W_0}\times 100\%$$

式中，W_1——面筋重量（g），W_0——样品重量（25g）。

上述测定的面筋含量为湿面筋含量，根据其含量多少分为 4 个等级，即：高面筋含量，其湿面筋含量大于 30%；中等面筋含量为 26%~29.9%；次等面筋含量为 20%~25.9%，低面筋含量小于 20%。面筋含量的多少反映面粉质量的好坏，面筋含量高，面粉的质量好，反之则次。

2. 面筋质量鉴定

（1）面筋的颜色和气味鉴定

湿面筋有淡灰色、深灰色等，以淡灰色为好，煮熟的面筋为灰白色，品质正常的面筋略有小麦粉味。

（2）面筋的弹性和延展性鉴定

湿面筋的弹性：指面筋被拉伸或按压后恢复到初始状态的能力。弹性分为：强、中、弱三类。强弹性面筋不粘手，恢复能力强；弱弹性面筋，粘手，几乎无弹性，易断碎。

湿面筋的延展性：指面筋被拉伸时所表现的延伸能力。其测定方法如下：称取湿面筋 4g，在 20~30℃清水中静置 15min，取出后搓成 5cm 长条，用双手的食指中指和拇指拿住两端，左手放在米尺零点处，右手延米尺拉伸至断裂为止。记录断裂时的长度，长度在 15cm 以上为延伸性好，8~15cm 为延伸性中等，8cm 以下为延伸性差。洗后面筋的延伸长度与静置时间长短有密切关系。静置时间长，延伸长度随之增加。

按照弹性和延展性，面筋可分为三等：①上等面筋：弹性强，延伸性好或中等。②中等面筋：弹性强，延伸性差或弹性中等而延伸性好。③下等面筋：无弹性，拉伸时易断裂或不易粘聚。

作业与思考

1. 将所得数据填入下表并进行分析。

项目名称	湿面筋含量（%）	面筋色泽	面筋弹性	拉伸长度（cm）	干面筋含量（%）

2. 根据测定结果，对两种面粉做出评价。
3. 简述不同品质状况的小麦品种的用途有何差异？

实验三　小麦面粉 SDS 沉淀值的测定

一、目的要求

掌握测定小麦面粉 SDS 沉淀值的方法。

二、材料与用具

材料：强、中、弱筋等不同类型小麦籽粒。

用具：实验粉碎磨、小型实验制粉机、量筒振摇器（每分钟摆动 40 次）、100mL 具塞量筒、50mL 量筒、秒表、电子天平（1/100）。

试剂：

（1）乳酸储备液：85%乳酸（分析纯）：水=1：8，充分振荡混合后待用。

（2）SDS—乳酸混合液：取 20gSDS（十二烷基硫酸钠），溶解于蒸馏水中，转入 1 000mL 的容量瓶中，加入 20mL 乳酸储备液并用水稀释至 1 000mL，充分混合均匀，备用。

（3）溴酚蓝水溶液：10mg 溴酚蓝溶于 1 000mL 水中。

三、内容与方法

（一）内容说明

沉淀值是评价小麦品质的重要指标之一。最早由 Zeleny（1947）提出泽伦尼沉降试验。原理是小麦面粉在弱酸性溶液中水合膨胀，形成絮状物并缓慢沉淀，在规定时间内沉淀的体积（以 mL 为单位），即为沉淀值。较高的面筋含量和较好的面筋质量都会导致较慢地沉淀和较高的沉淀物体积。泽伦尼沉淀值是将一定量的面粉倒入具塞试管中，加入一定容量的由稀乳酸和异丙醇配制的时机，振荡使之充分混匀，在标准的静止时间后记载的沉淀物体积。Axford 等（1978，1979）提出 SDS 沉淀值，原理与测定程序与泽伦尼相似，只是在试剂和操作方法上略有区别。SDS 法的沉降剂由乳酸和 SDS（十二烷基硫酸钠）混合而成，SDS 是一种表面活性剂，可连接在蛋白质分子的某些位置上，改变其可溶性，使不溶于稀乳酸的部分蛋白直转变为可溶性，增加水合力。将小麦在规定的粉碎和筛分条件下制成 SDS 沉淀剂悬浮液，经固定时间的振摇和静置后，悬浮液中的面粉面筋与表面活性剂 SDS 结合，在酸的作用下发生膨胀，形成絮状沉积物，测定沉积物的体积，即为 SDS 沉淀值。沉淀值越大表明面筋质量越好，它与小麦加工品质密切相关。一般认为 SDS 沉淀法比泽伦尼法简便适用，本实验介绍 SDS 法测定沉淀值。

（二）方法步骤

1. 样品制备

（1）全麦粉样品制备：分取 200g 小麦净样（精确至 0. 01g），根据小麦样品的实际含水量加水或晾晒，调节小麦样品的水分至 14%左右，加水调节需密闭 2~3h，然后用粉碎机粉碎，混合均匀，放入密闭容器中备用。

（2）小麦粉样品制备：分取 500g 小麦净样，按照小麦制粉要求，软麦样品水分调节为 14%左右；硬麦样品水分调节为 15%~16%，用实验室小型实验制粉机制粉。

2. 测定水分

用 105℃恒重法测定面粉含水量。

3. 称样

试样含水量为 14%时，称取 2 份样品，全麦粉称样量为 6.00±0.01g，小麦粉称样量为 5.00±0.01g，于干燥的 100mL 具塞量筒中。如果试样含水量高于或低于 14%时，则须根据试样含水量换算为相当于含水量为 14%时的试样质量。

$$全麦粉称样量（\%）=\frac{6.00\times0.86}{(100-m)}\times100$$

$$小麦粉称样量（\%）=\frac{5.00\times0.86}{(100-m)}\times100$$

式中，m——100g 试样中含水分的质量（g）。

4. 试剂混合、振荡

在称好试样的量筒中加入 50mL 溴酚蓝水溶液，塞好塞子。开始计时，立即用手摇动量筒，5s 内左右摇摆 12 次，摆幅左右各约 30°，使样品均匀的悬浮在溶液中。然后放置量筒于摇床上，准确摇动 5min（包括手工摇动时间）。取下量筒，迅速加入 50mLSDS 乳酸混合液，重新置于摇床上振荡 5min。

5. 静置读数

从摇床上取下量筒，竖直放置，精确停放 5min 后，读取量筒中沉淀物体积，即为 SDS 沉淀值。

6. 结果表示

所读出沉淀物的体积（以 mL 表示），即为该样品的沉淀值。读数估计到 0.1mL。

同一分析者用相同的仪器，对同一试样同时或相继进行的两次测定结果之差不应超出 2mL。两次重复测定的结果取算数平均值作为测定结果，如果不符合重复性要求，则重新进行两次测定。

作业与思考

1. 分析强、中、弱筋等不同类型小麦的全麦粉及面粉的沉淀值。
2. SDS 沉淀法的沉淀原理是什么？

实验四　稻米碾磨品质和外观品质的测定

稻米碾磨品质的测定

一、目的要求

学习使用砻米机和精米机的用法，掌握测定稻米碾磨品质的方法。

二、材料与用具

材料：不同品种稻谷。

用具：电子天平（1/100）、砻米实验检测组合机、实验室用精米机、碎米分离器、样品盘、镊子。

三、内容与方法

（一）内容说明

稻米的碾磨加工品质是衡量水稻优质和稻谷定等级评价的基础项目之一。碾米品质一般包括出糙率、精米率和整精米率。其中整精米率是生产加工和消费者都很注意的品质项目，整精米率高且米粒大小一致，则其商品价值也高。

（二）方法步骤

1. 稻谷出糙率的测定

干净稻谷试样全部脱去谷壳所得的糙米重量占稻谷重量的百分率为出糙率。其做法如下。

（1）清理稻谷：除去稻谷中的泥沙、茎叶、空壳和其他杂物等。

（2）称取样品：称取干净稻谷试样两份，每份称 125g（精确至 0.01g）。

（3）脱去谷壳：用砻米实验检测组合机去壳，去壳后的谷粒重量即为糙米重。

（4）结果计算：

$$出糙率（\%）=\frac{W_1}{W}\times100$$

式中，W——稻谷试样重（g）；W_1——糙米重（g）。注意：两次重复间的误差不得超过 3%，否则需做第 3 次重复。

2. 精米率的测定

精米是糙米经过碾米机碾磨加工脱去皮层（又称米皮）后的白米，包括 1.0mm 以上的碎米在内。精米重量占稻谷试样重量的百分率则称为精米率。做法如下。

（1）称取：称取 100g 糙米（精确至 0.01g），放入精米机的碾米室内。

（2）调节：调节碾米室盖的压力至 3kg 左右，再调节定时器的碾米时间，使碾米精度达国家一等米的水平。

（3）除杂：碾磨后的米样经手工除去糠块，再用 1.5mm 直径的筛子除去胚片和糠屑。

（4）称重：待米样冷却至室温后，称精米重。

（5）结果计算：

$$精米率（\%）=\frac{W_3}{W_2}\times C$$

式中，W_2——糙米重（g）；W_3——精米重（g）；C——出糙率（%）。

3. 整精米率测定

整精米率是指长度大于 4/5 的及完整无破损的精白米。整精米占稻谷试样重量的百分率即为整精米率。做法如下。

（1）混匀样品：将精米样品混匀，并用四分法分出 50g 左右的样品，称重，精确至 0.01g。

（2）精米分级：借助于碎米分离器或筛子，从精米样品中分理出整精米（整精米为粒长达到完整精米粒平均长度 3/4 的米粒，约为大于 2mm 的长度），称重。

（3）结果计算：

$$整精米率（\%）=\frac{W_5}{W_4}\times J$$

式中，W_4——精米重（g）；W_5——整精米重（g）；J——精米率（%）。

作业与思考

计算各供试样品的出糙率、精米率和整精米率。

稻米外观品质的测定

一、目的要求

学习测定精米垩白率和垩白度、胚乳透明度、米粒长度和形状及精度的方法。

二、材料与用具

材料：不同品种稻谷的精米样品。

用具：电子天平（1/100）、坐标纸、游标卡尺或谷物轮廓测定仪、镊子、刀片、培养皿。

试剂：

（1）0.25%次甲基蓝溶液：称取0.25g次甲基蓝溶于100mL蒸馏水中，充分混匀后贮于深色试剂瓶中待用。

（2）1%品红石碳酸溶液：称取1g石碳酸溶于10mL95%乙醇，再加入品红1g，溶解后用蒸馏水定容到100mL，贮于棕色瓶中备用。

三、内容与方法

（一）内容说明

稻米外观品质无论对消费者和生产者来说都是重要的，是确定稻米商品价格的依据之一。稻米外观品质包括胚乳的垩白、胚乳透明度、米粒长度和形状及稻米精度等。其中，垩白为稻米胚乳中的不透明部分，根据其位置不同而分为腹白、心白、背白3类，在鉴定材料时，为方便起见，将它们统称为垩白；米粒长度是指整精米长度；米粒形状用整粒精米的长宽比值来表示；稻米精度指糙米碾米去皮层和去掉胚的程度，在碾米的过程中，米粒腹部的皮层较背部和纵沟的皮层容易碾去，测定时，可依米粒各部位留皮的情况来确定精度的高低。

（二）方法步骤

1. 垩白的测定

从整粒精米中随机取100粒，用目测鉴定，检出垩白粒，计算垩白粒率：

$$垩白粒率（\%）=\frac{垩白粒数}{100粒}\times100$$

再从整精米中取10粒，在坐标纸上逐粒目测垩白所占整精米平面面积的多少，计算垩白面积。垩白粒率与垩白面积的乘积即为垩白度。

2. 胚乳透明度测定

各品种稻米取整精米10粒，用刀片横切后观察其剖面，根据透明程度分为透明、半透明和不透明3级。

透明：玻璃质、无垩白、亮晶透白。

半透明：半玻璃质、有少量垩白、稍有透明光泽。

不透明：粉质，垩白较大，无透明光泽。

3. 米粒长度、宽度和形状测定

每品种选择有代表性米粒10粒分别测其最长的长度和最宽处的宽度，以mm为单位，取其平均值。长宽比即为整精米粒长度与宽度的比值，即米粒形状。

4. 稻米精度的测定

（1）稻米精度的等级：我国现行出口稻米精度一般分3个等级，其标准如下。

特制一等：背沟糠皮基本去净，粒面糠皮全部去净。

特制二等：背沟有细断线状留皮，粒面糠皮去净的占95%以上。

标准一等：背沟有细线条状留皮，粒面糠皮基本去净的占90%以上，其余粒面留皮不超过1/5。

（2）精度测定：有直接法和染色法两种。

直接鉴定法（标准法）：从供试样品中取10g平铺于盘中，选择明亮处并避开阳光直射，观察米粒背瓣、粒面糠皮去净的程度，与标准样品进行认真比较来确定试样的精度等级。

染色鉴定法：①次甲基蓝染色法：取整精米100~200粒，置于培养皿中，用清水洗去粒面糠粉，倒去水溶液。然后倒入次甲基蓝溶液，其用量以浸没米粒为度，缓慢振荡染色1min后，倒去染色液。用清水漂洗2次，每次1min，将水倒尽，而后用3%稀硫酸溶液缓慢振荡洗两次，每一次振荡洗1min就倒去酸液。第二次洗30s就倒去酸液，再用清水漂洗2~3次，即可进行观察。观察时逐粒检查粒面留皮程度，染色情况，再根据上述精度等级标准来确定测验样品的精度等级。②品红石炭酸染色法：基本做法与次甲基蓝染色法相同，即从样品中选取整精米100~200粒置于培养皿中，用品红石炭酸溶液染色，染色用量以浸没样品为度，缓慢振荡1min，倒去色液，用清水漂洗3次，每次1min，将水倒尽，而后用3%稀硫酸，浸没样品加以振荡将酸倒去，反复3次，第1次1min，第2次30s，第3次倒入稀硫酸后稍加振荡后就立即倒去酸液（注意浸泡时间不宜过长，以免褪色）。再用清水漂洗几次。染色后米粒皮层呈深红色，胚乳呈浅红色。据此，鉴定米粒留皮程度，再根据精度标准确定测试样品的精度等级。

作业与思考

1. 将测定结果填入下表。

品种	垩白粒率	垩白度	胚乳透明度	米粒长度	米粒形状	米粒精度

2. 比较各品种稻米品质优劣，做出综合评价。

实验五　稻米蒸煮特性和食味品质的测定

稻米蒸煮特性的测定

一、目的要求

学习稻米糊化温度、胶稠度、膨胀率等稻米蒸煮特性的测定方法。

二、材料与用具

材料：不同品种精米样品。

用具：电子天平（1/100、1/10 000）、培养皿、干燥器、试管、恒温培养箱、旋涡振荡器、玻璃球、恒温水浴锅、直尺、100mL 容量瓶、孔径 0.15mm（100 目）分样筛、分光光度计、电饭锅、量筒。

试剂：

（1）1.7%（m/V）氢氧化钾溶液：称取 1.7gKOH 用蒸馏水溶解后，定容至 100mL。

（2）0.2mol/L 氢氧化钾溶液：准确称取 1.12gKOH，用蒸馏水溶解后，定容至 100mL。

（3）0.025%百里酚蓝指示剂：称取 25.0mg 百里酚蓝，用 95%乙醇溶解并稀释到 100mL。

（4）1mol/L 氢氧化钠溶液：准确称取 40gNaOH，用蒸馏水溶解后定容至 1 000mL。

（5）0.09mol/L 氢氧化钠溶液：取 90mL 的 1mol/L 氢氧化钠溶液，用蒸馏水稀释至 1 000mL。

（6）碘液：称取 2g 碘和 20g 碘化钾混合，用蒸馏水溶解后，定容至 1 000mL。

（7）1mol/L 醋酸溶液：量取 57.8mL 冰醋酸，用蒸馏水稀释至 1 000mL。

（8）已知直链淀粉含量的精米粉标准品 1 套。

三、内容与方法

（一）内容说明

蒸煮和食味品质是稻米品质最重要的指标。稻米的蒸煮特性主要包括糊化温度、胶稠度、直链淀粉含量、吸水率、膨胀率、延伸率等多项指标。

其中，糊化温度是指淀粉粒在水中经过加热后开始吸收大量水分而发生不可逆转的迅速膨胀，并显著增加黏度时的温度，糊化温度的高低与蒸煮时间长短及吸水多少成正相关，与直链淀粉含量也有一定的关系。糊化温度的测定一般用间接法，即稀碱消解法：大米在碱液中浸泡一定时间后发生膨胀或崩解，根据米粒膨胀程度预测糊化温度，糊化温度高的大米变化程度轻。

胶稠度是稻米淀粉胶体的一种流体特性，它是稻米胚乳中直链淀粉含量以及直链淀粉和支链淀粉分子性质综合作用的反应。胶稠度是衡量米饭软硬的一个重要性状，以米含量为 4.4%的米胶在冷却时的长度作为评定依据，分为软、中、硬三类。软胶品种蒸、煮的米饭柔软、可口、冷却后不变硬，因而受到消费者的喜爱，直链淀粉含量少于24%的水稻品种的胶稠度大部分是软的，80%以上的北方粳稻品种的胶稠度都属于软类。

精米90%的干物质是淀粉。淀粉是葡萄糖的聚合体，其中直链结构与支链结构的比例，关系到米饭的质地。在蒸煮米饭时，直链淀粉含量对蒸煮品质有重要的影响，其含量与米饭的黏性、柔软性及光泽等食味品质呈负相关。水稻品种根据直链淀粉含量可分为糯稻（直链淀粉含量在2%以下），低含量（8%~20%），中等含量（21%~25%）和高含量（25%）4级。含直链淀粉低的品种蒸煮后米饭潮而粘，较有光泽，过熟则易散裂。高含量的品种蒸煮干燥而蓬松，色暗，冷却后变硬，中等含量有具有似高含量的蓬松性，而在冷却后仍能保存柔性又不变硬，所以一般都喜欢中等直链淀粉含量的品种。

米饭吸水率的高低可以作为米饭硬度的一个预测指标。在加水量相同的情况下，粳稻米饭吸水量大于籼稻，粳稻品种间也存在较大差异。米饭加热吸水率影响大米的糊化，直链淀粉含量较高的籼稻水稻品种，调整米饭吸水率70%以上才能充分糊化。北方粳稻品种具有较低的直链淀粉含量，控制吸水率60%~65%可以充分糊化，并保持良好的感官特性，其米饭硬度也低。

米饭的膨胀率与味道和口感呈负相关，膨胀率大的品种感官评分较低。粳米的米饭膨胀率一般为2.0~2.2倍。

米粒延伸率是指米粒蒸煮成米饭后的纵向伸展能力，可在一定程度上描述米粒形状和饭粒形状，并综合反映大米的外观品质、蒸煮品质和食味品质。不同品种间米饭的延伸性差异很大，而且米粒的纵向延伸长而横向膨胀较少被认为是一个比较优良的特性，一般来说，延伸性长的品种，其米饭不易黏结和断裂，外观较佳。

（二）方法步骤

1. 糊化温度的测定

（1）取样：选择无破损、无裂纹、大小一致的整精米6粒放入干净的培养皿中，设重复，并编号。

（2）碱液浸泡：吸取1.7%的KOH溶液10mL，加入上述培养皿中，让稀碱消化分解测试样品。把被测米粒均匀排开，使各米之间留有充分的间隙，以便米粒分解扩散。

（3）静置：盖好盖子，保持30±0.5℃的恒温条件下，静置23h。培养皿底下要垫以黑布或放在黑色台桌上，以利观察。

（4）目测米粒的消化程度：米粒在稀碱30℃下处理23h后，观察米粒的碱溶液中被消化散裂的程度，注意使试样不要受到动荡，以免影响观察的准确性。碱消值的评定是以整粒精米的散裂度为主进行分析的，依分级标准（表4-5-1）分级，稻米样品的碱消值计算公式如下。

$$碱消值=\frac{\Sigma\ (GN)}{6}$$

式中，G——每粒米的级别；N——同一级的米粒数。

表 4-5-1 碱消值分级

等级	裂散度	清晰度
1	米粒无变化	米心白色
2	米粒膨胀	米粒白垩状，环粉状
3	米粒膨胀，环不完全或狭窄	米心白色，环棉絮状或云雾状
4	米粒膨大，环完整而宽	米心棉白色，环云雾状
5	米粒开裂，环完整而宽	米心棉白色，环清晰
6	米粒部分分散溶解，与环融合在一起	米心云白色，环消失
7	米粒完全分散	米心与环均消失

（5）糊化温度分类：稻米的糊化温度按碱消值可分为 3 个类型，见表 4-5-2。

表 4-5-2 糊化温度分类

类别	碱消值	糊化温度范围（℃）
高糊化温度	1~3 级	>74
中糊化温度	4~5 级	70~74
低糊化温度	6~7 级	<70

2. 胶稠度的测定

（1）样品制备：所有样品均存放在于同一室内至少两天，使含水量一致；将精米磨成粉，过 100 目筛，把细米粉装入小广口瓶中，存放在干燥器内。

（2）样品分散：称取含水量为 12%的精米粉样品 0.1g（如含水量不为 12%时，则进行折算，相应增加或减少试样的质量）置于试管内，加入 0.2mL 百里酚蓝指示剂，用振荡器加以振荡，使样品充分湿润分散。准确加入 0.2mol/L 氢氧化钠溶液 2mL，再次振荡混匀。在测定每批样品胶稠度的同时，用已知胶稠度的标准米粉样品一套（应包括硬、中、软胶稠度）作为内标样一起进行测定。

（3）糊化：将振荡混匀后的样品立即放入剧烈沸腾的水浴内，用玻璃球盖住试管口，调节水面高度，使沸腾的米胶高度始终维持在试管长度的 2/3 左右，糊化时间为 8min。

（4）冷却：糊化完毕后，取出试管，去掉玻璃球，在室温下冷却 5min。然后将试管在冷水浴中冷却 20min。

（5）测量冷胶长度：在室温 25℃±2℃下，将试管平放在水平台上。1h 后，量出试管底至冷胶前沿的长度，以 mm 表示，即为样品的胶稠度。双试验结果允许误差不超过 7mm，取平均值即为检验结果。

内标样实测的胶稠度与标准数值两次测定结果之差不应大于：软、中 5mm，硬 3mm（胶稠度分级标准：硬胶稠度≤40mm；中胶稠度 41~60mm；软胶稠度≥61mm）。

3. 直链淀粉含量测定

（1）样品制备：将精米粉碎后，全部过 0.15mm 孔径的筛，测定水分后混匀装入磨口瓶中备用。

（2）样品分散：称取样品干粉 0.1g 置于 100mL 容量瓶中。加入 1.0mL95%乙醇，轻摇容量瓶，使样品湿润分散，加入 9mL 1mol/L 的氢氧化钠溶液，使碱液沿颈壁缓慢留下，旋转容量瓶，使碱液冲洗粘附于瓶壁上的样品。将容量瓶置沸水浴中煮 10min 后取出，冷却至室温后加蒸馏水定容至 100mL。

（3）显色：吸取 5mL 样品溶液，加入已盛有半瓶蒸馏水的 100mL 容量瓶中，再在这一容量瓶中加入 1mL 的 1mol/L 的醋酸溶液，使样品酸化，加入 1.5mL 碘液，充分摇匀。用蒸馏水定容，静置 20min。以 5mL 的 0.09mol/L 的氢氧化钠溶液代替样品，配制空白溶液。用空白溶液于分光光度计波长 620nm 处调节零点并测出有色样品液的吸光度值。

（4）标准曲线的绘制：称取与待测样品保存在相同条件下 3d 以上的已知直链淀粉含量的标准样品各 0.1g，用上述改进简化法与待测样品同时进行测定。以标样的直链淀粉为纵坐标，以相对应的吸光度值为纵坐标，绘制标准曲线或列出曲线的回归方程式。

$$Y=a+bx$$

式中，Y——样品的直链淀粉含量；a——标准曲线截距；b——标准曲线的斜率；x——样品的吸光度值。

（5）结果计算：稻米样品的直链淀粉含量可用样品的吸光度值从直链淀粉标准曲线上直接读出或从标准曲线的回归方程式求出。

4. 米饭吸水率的测定

称取原料米重量为 W_0，用清水清洗 3 次，按 1∶1.35 的比例加水在电饭锅中蒸煮，称取米饭重量为 W_1，则：

$$米饭吸水率（\%）=\frac{W_1-W_0}{W_0}\times100$$

5. 米饭膨胀特性测定

米饭膨胀及米饭体积与生米体积之比。将一定重量的原料米（重量为 W_0）做成米饭（重量为 W），从中取 50g 米饭装入 100mL 量筒内，注入 50mL 水后立即测量体积（V_1），则 50g 米饭体积（V_2）为：

$$V_2=V_1-50$$

米饭总体积（V_3）为：

$$V_3=V_2\times\frac{W}{50}$$

取 50g 原料米装入 100mL 量筒内，注入 50mL 水后立即测量体积（V_4），则 50g 原料米体积（V_5）为：

$$V_5=V_4-50$$

原料米总体积（V_0）为：

$$V_0=V_5\times\frac{W_0}{50}$$

$$米饭膨胀率（\%）=\frac{V_3-V_0}{V_0}\times100$$

6. 米粒延伸率的测定

取10粒整精米，测量米粒长度，将10粒米放入同一型号的试管（10mL）中，加满水后静置30min，再放入沸水中煮10min，取出饭粒在滤纸上放置3h以上，再测量饭粒长度。

$$米粒延伸率（\%）=\frac{饭粒长度}{米粒长度}\times 100$$

作业与思考

试分析所测稻米蒸煮特性的各项指标所代表的含义。

稻米食味品质的测定

一、目的要求

学习使用食味计法和感官评价法测定稻米的食味品质。

二、材料与用具

材料：不同品种精米样品。

用具：STA1A米饭食味计米饭不锈钢罐、电饭锅、滤纸、橡皮筋、STA1A米饭食味计、沥水筛、蒸饭皿、电子天平（1/100）。

三、内容与方法

（一）内容说明

稻米食味品质的测定方法主要有食味计法和感官评价法。

食味计法采用STA1A米饭食味计测定。STA1A米饭食味计主要用于米饭食味品质的正确评定，它是用于评价刚刚做好的米饭的质量和味道的工具，是代替官能检验的装置，与依靠人的感官的官能检验相比，具有简便、偏差小、客观等优点。米饭食味计是在反射光波长540nm和970nm、透射光波长540nm和640nm处，测定米饭的反射光量和透射光量。采集米饭样品可见光、近红外光谱，利用感官食味值与可见光、近红外光谱确定值的相关性，用PLS方法得到最佳数学模型，将感官试验结果数值化，客观评定稻米的食味评分。该仪器操作简单：只需称8g米饭装进测量用容器中，将测量用小盒放到测量计上即可。从计量到测量完毕只需1min左右。

感官评价法则是由稻谷经砻谷、碾白，制备成国家标准一等精度的大米，取一定量的大米，在规定条件下蒸煮成米饭。品评人员进行感官鉴定米饭的气味、外观结构、适口性、滋味及冷饭质地，以综合评分表示，结果采用统计学方法以消除评定中的偏差，最终对食味优劣做出客观的感官评定。评价人员 10 人，按年龄、性别均衡考虑并反复培训和筛选。

（二）方法步骤

1. 食味计法

（1）煮饭

用 STA1A 米饭食味计不锈钢罐蒸煮米饭，称取 30g 大米放入不锈钢罐内，与洗米装置连接，用流水清洗 30s。在不锈钢罐中加水 40.5g（即样品量：加水量=1：1.35）。盖上滤纸，用橡皮筋固定，浸泡 30min。放入电饭锅内蒸饭。等待电源自动断开（约 30min），再保温 10min 后拔掉电源。取出不锈钢罐，拿掉滤纸，轻轻搅拌米饭，搅拌后盖上滤纸。放入冷却器中冷却 20min，再在室温下放置 1h。

（2）制作米饭饼

将 8g 米饭装入专用金属杯内，压成饭饼。

（3）基准饭校正

用黑白板校正食味计。

（4）测定结果

将饭饼插入食味计测定，仪器自动显示样品的外观、硬度、黏度、平衡和综合评分值。

2. 感官评价法（GB/T 15682—2007）

（1）煮饭

①称样：每个试样按参评人员准备每人一份，在每个蒸饭器皿中称取试样 10g。

②洗米：每次评价样品数量包括基准米在内共 4 份样品。将称重后的试样倒入沥水筛，将沥水筛置于约 500mL 的塑料碗内，加入 300mL 水，每次顺时针搅拌淘洗 10 次，逆时针搅拌淘洗 10 次，换水重复 3 次。再用 200mL 蒸馏水淋洗一次，沥尽余水，放回蒸饭器皿中。

③加水量：试样与水稻比例一般为 1：1.35，可根据样品米含水量按粳米标准含水量（15%）适当调整加水量。试样按比例加水称重后，浸泡 30min。

④蒸煮米饭：电饭煲内加入适量水约 1 000mL。加热至沸腾后，浸泡后的试样用定性滤纸盖好蒸饭器皿，放入电饭煲的蒸屉上，盖上锅盖继续加热并开始计时，蒸煮 40min，焖 10min。

（2）试食份数和试食时间

将蒸煮制成米饭的器皿直接放在塑料盘上，每人一盘，每一盘 4 份试样，趁热品尝。试食时间安排在饭后 2h 进行。每组设定不同的试食顺序。

（3）填写试食评分记录

以基准米作对照，评价样品的食味。米饭食味感官评价具体步骤如下。

①品尝前的准备：评价人员在每次品尝前用温开水漱口，把口中残留物漱去。

②辨别米饭气味：首先趁热，立即深吸气，仔细辨别米饭的气味。

③观察米饭表面色泽、饭粒完整度和饱满度；米饭之间是否黏连或散落。

④辨别米饭的味道和口感：用筷子取米饭少许入口中，细嚼3~5s，边嚼边用舌头的各个部位仔细品尝米饭的适口性、是否有甜味、辨别软硬等。

根据相对于基准米对照每份米饭食味的好坏程度，按“最好”“较好”“稍好”“与对照相同”“稍差”“较差”“最差”7个等级进行评价，评分基准为±3，其中“最好”为+3，“较好”为+2，“稍好”为+1，“与对照相同”为0，“稍差”为-1，“较差”为-2，“最差”为-3。综合评价的分值为气味、色泽、饭粒完整性、味道、口感评分之和。填写评分记录（表4-5-3）。

表4-5-3 米饭食味感官评价表

姓名_____ 性别___ 年龄___

样品编号	气味	色泽或光泽	饭粒完整性	味道	口感	综合评价

（4）试食结果处理

选择10个评价员，做隔天重复实验，每个样品得到20人次的感官实验数据。将各试食人员对每个试样的气味、色泽或光泽、饭粒完整性、味道，口感和综合评分输入excel表中，计算平均值和t值。若t检验值小于0.05，且评价人员的单项评分与平均值出现正负不一致或相差2个等级以上时，剔除此值，再计算平均值，米饭感官实验以综合评分的百分值表示，换算公式如下。

试样感官实验综合评分（百分值）= 感官综合评分×10+基准米的感官评分（百分值）

作业与思考

1. 试分析食味计法和感官评价法测定稻米食味品质的优缺点。
2. 比较不同供试水稻品种米饭的食味。

实验六　谷物蛋白质、直链淀粉含量等指标的测定

一、目的要求

了解利用DA7200近红外分析仪测定谷物品质的原理，学习使用DA7200近红外分析仪预测供试样品的各品质指标。

二、材料与用具

材料：颗粒状或粉状的植物样品。

用具：瑞典波通公司产DA7200近红外分析仪。DA7200近红外分析仪采用固定全息波长扫描和二极管陈列检测技术，是一种先进的近红外光谱分析仪。它具有完全固定的光学系统，保证无波长漂移；二极管陈列检测和并行处理所有波长信息，可同时采集近红外区域所有波长范围内的光学数据；内置光学基底参照板进行自动基线校正，系统自动补偿由环境光产生的影响。广泛适用于快速、无损坏地分析液体、膏状、粉状和整粒样品的物理和化学特性，可对水稻、玉米、高粱等谷物进行单粒、单穗或单株的品质检测，不破坏种子，检测后的种子仍可用于播种，因此特别适合育种单粒早代测定筛选。

DA7200近红外分析仪主要由铟镓砷二极管陈列检测系统，TET彩色液晶显示触摸屏和旋转样品盘等部分组成。根据样品量多少，仪器配置有直径分别为140mm和75mm的样品杯，以满足不同的测试需要。

三、内容与方法

（一）内容说明

近红外光指波长在780~2 500nm的红外光。有机物质对红外光有显著吸收，其吸收光谱主要由分子的振动能级变化产生，分子中以化学键相结合的基团，如O-H、N-H、C-H、C-N键的运动都有其固定的振动频率。当有机物分子受到红外光线照射，被激发后产生共振，同时光的能量一部分被吸收，测量其吸收光，可以得到吸收光谱图，被测成分含量与特征波长处的光吸收呈线性相关。谷物和油料作物一般都含有蛋白质、脂肪、糖、淀粉和纤维等有机成分，它们在近红外区域有丰富的吸收光谱，每种成分都有特定的吸收特征。这些吸收特征为近红外光谱定性、定量分析提供了依据。

近红外光谱根据其检测对象不同，分为近红外反射光谱（NIR）和近红外透射光谱（NIT）两种。NIR根据反射与入射光强的比例关系来获得物质在近红外区的吸收光谱。其正常的工作波长为1 100~2 500nm。与传统的分析方法相比，NIR分析法简单快速，但要求样品的粉碎度一致，保证样品表面均匀一致。NIT根据透射与入射光强的比例关系来获得物质在近红外区的吸收光谱，其正常工作波长范围为850~1 050nm。该法的优点是很少或不用制备样品，重复性较高，但灵敏度低。目前许多分析多采用灵敏度高的NIR分析法。

DA7200测试时，样品直接由高强度、宽波带的白光进行照射。从样品漫反射出的测

量光透过光学窗口并入射到光纤传感器上。反射光与内部汞灯光源的参考信号同时通过光纤到达静态衍射光栅，通过光栅分光后传递到二极管阵列检测器上。获得的所有光谱信号照射到按照固定波长排列的一系列光电二极管传感单元上。每一个二极管传感单元对应特定波长上的信号，从而实现连续光谱信号的同步收集。

通过对一批已知化学成分含量的近红外光谱校正，可获得 N 个波长点的回归系数，利用这个被确定的定标方程来预测未知样品中该化学成分的含量。因此近红外定量分析的关键是建立稳定的定标模型，除了要有优秀的算法软件外，更重要的是选择有代表性的标准样品，准确测定标准样品的化学值与建立规范的、严格的、能重复的测试方法，根据样品范围、仪器条件与测试方法，每一组样品可以建立多个数学模型，因稳定的数学模型必须通过严格的统计检验才能确定。

$Y=C_0+C_1X_1+C_2X_2+C_3X_3+\cdots+C_nX_n$

式中，Y——有机物某成分的百分含量；C_0，……C_n——回归系数；X_1，……X_n——1-n 个波长点的光吸收强度。

（二）方法步骤

1. 接通仪器电源

开机后双击显示屏桌面上的“Simplicity”图标，启动 Simplicity 软件后，进入“Select Product”窗口，选择一个产品/项目（Product/Project）以激活光源灯，室温条件下，灯的预热时间为 30min。当第一次点击产品/项目键后，内置的陶瓷参考板会自动弹出，并停止在样品杯的上方进行基线测量（约 40s）。使用 DA7200 之前要留出足够的预热时间并确保参考板能顺利弹出。

2. 准备样品杯中的样品

确保样品具有代表性并充分混合，仅在分析之前将样品杯充满，以防止水分的变化。样品杯中的样品应该过量加入，分析粉末样品时要使样品表面平整，用直边的工具，如尺子，将多余的部分刮去。样品杯应加满并保持平整的表面。颗粒样品如小麦、水稻、高粱、大豆或类似物由于天然的原因没有平面，但仍然要用一致的方式使样品表面平整。同样要注意，在样品杯上方，内置的陶瓷参考板每隔一定时间要自动弹出。要确保参考板能顺利地弹出。使用 75mm 小样品杯时要调整样品托架至靠里的位置。

3. 选择要分析的产品

点击产品按钮，或当使用键盘时，按下其对应的功能键。所选项目的名称显示在 Product 框中。如果没有使用自动 ID 功能，点击 Next Sample 框，键入新的 ID。

4. 结果分析

将样品杯（盛有样品）放到圆形托架上，点击 Analyze 按钮。样品被扫描分析后，分析结果将被给出。软件还有奇异样品探测功能。如果样品同建立校准模型的样品有好的光谱匹配，绿灯亮起。黄灯亮起说明光谱数据处于临界匹配状态。红灯亮起说明采集到的光谱数据通建立校准模型的样品光谱匹配不好。没有预测结果被记录，也不会显示任何成分值。

用户可以选择进行下一个样品的扫描或重新收集当前样品的数据。如果点击 Recollect，最初扫描的数据将会被丢弃，新的扫描被执行。

5. 产品选择

点击 Product 按钮可回到产品选择屏幕，选择不同样品进行分析。

在某些项目中，每个样品被要求进行多次分析。此时软件将要求重装样品杯并将其放回到仪器上。点击 OK 分析开始。

作业与思考

利用 DA7200 近红外分析仪分析植物样品、谷子样品、糜子样品、精米粒样品的蛋白质含量和直链淀粉含量。

实验七　油料作物脂肪及脂肪酸含量的测定

一、目的要求

掌握测定油料作物脂肪及脂肪酸含量的方法和相关仪器的使用。

二、材料与用具

材料：不同种类油料作物的种子。

用具：分析天平（1/10 000）、电热恒温水浴锅、电热烘箱箱、干燥器、脂肪测定仪、500mL磨口玻璃烧瓶、冷凝管、10mL容量瓶、玻璃棉、带有氢焰离子化检测器的气相色谱仪。

试剂：无水乙醚（AR）、饱和NaCl溶液、氢氧化钠、甲醇、氟硼酸钠、氧化硼、浓硫酸、0.5mol/L氢氧化钠—甲醇溶液、12.5%三氟化硼—甲醇溶液（$NaBF_4$、B_2O_3、浓硫酸）、石油醚（沸程60~90℃）、脂肪酸标样。

三、内容与方法

（一）内容说明

脂肪是作物中的重要化学成分，各油料作物的脂肪含量依作物种类、品种特性、栽培条件及成熟程度而异。被称为世界五大油料作物的脂肪含量油菜中约含35%~42%、大豆约含17%~20%、向日葵约含44%~54%，花生含38%~50%、棉籽含17%~30%。脂肪为甘油的3个羟基和各种高级脂肪酸结合而形成的复杂的甘油脂。不同的脂肪酸与甘油结合形成不同种类的脂肪，脂肪的性质因其脂肪酸构成的不同而有重大差异。作物中的脂肪实际上是由多种脂肪酸构成的不同种类的脂肪的混合物。作物中的脂肪含量及脂肪的脂肪酸组成是评价作物、特别是油料作物品质的重要指标。

脂肪不溶于水，但能溶于乙醚、石油醚等有机溶剂，因此可以用有机溶剂将作物样品中的脂肪浸提出来，然后再加热使溶剂蒸发除去，称量所浸提出来的脂肪重量，即可求得样品中脂肪含量。

测定作物脂肪中的脂肪酸，需首先用乙醚提取作物中的脂肪，再用碱将脂肪水解，即游离出结合在脂肪中的各种脂肪酸钠盐。酸化后即得游离态的脂肪酸。由于作物脂肪中常见的脂肪酸分子极性及沸点均很高，且在高温下也很不稳定，不便于分析，所以一般先进行甲酯化处理，形成极性和沸点均较低的脂肪酸甲酯。用气相色谱仪测定各脂肪酸甲酯，间接得到各脂肪酸的含量。

制备脂肪酸甲酯的方法有许多种，较常用的如盐酸—甲醇法、重氮甲烷法、酯交换法、三氟化硼—甲醇法等。在这几种方法中，盐酸—甲醇法需经较长时间的皂化、酯化，且能使不饱和脂肪酸异构化；重氮甲烷易与脂肪酸的双键生成加成物，影响分析结果，同时重氮甲烷有毒性，很不稳定，易爆炸；酯交换法易引起低级脂肪酸损失；用三氟化硼—

甲醇法则快速、定量、无副反应，且试剂稳定，被美国谷物化学协会（AACC）定为审批方法。本实验仅介绍三氟化硼—甲醇快速酯化法。

（二）方法步骤

1. 脂肪提取

具体方法见本章实验一中植物样品粗脂肪含量的测定方法。在取样时应选取有代表性的油料作物种子样品，按四分法取样。小粒种子如芝麻、油菜、亚麻籽等取样量不少于25g；大粒种子如大豆、花生仁等，取样量不少于30g；带壳籽粒如花生、蓖麻籽、向日葵等，取样量不少于50g。

2. 脂肪酸的测定

（1）样品处理

三氟化硼—甲醇溶液的制备：称取200g$NaBF_4$，5gB_2O_3，与200mL浓硫酸在一个有磨口的500mL玻璃烧瓶中混合。然后小心地加热到开始有气体放出，这时才可以较强烈地加热。使放出气体经过一个冷凝器，再通过一根吸收管，管内装有B_2O_3（用玻璃棉一起填在管中使之疏松透气），再经过一个安全瓶后导入500mL无水甲醇中吸收，无水甲醇容器周围用冷盐水冷却。称量吸收瓶重量，直至有62.5g的BF_3被甲醇吸收为止，制得12.5%的三氟化硼—甲醇溶液，盛于密闭玻璃瓶中，置阴凉干燥处，可保存两年有效。

注意事项：BF_3气体有毒性，反应须在通风橱内进行，通入BF_3也不要太快，以免白色的BF_3气体从甲醇中逸出；BF_3气体能侵蚀橡皮，因此制备时应尽量避免使用橡皮管或橡皮塞；安全瓶的容积要比甲醇体积大，以免因负压引起甲醇倒吸入反应瓶而溢出。

脂肪酸甲酯的制备：取提取过的粗脂肪1滴（约30mg），精确称取其重量（精确到0.000 1g），滴入10mL容量瓶中，加入1mL0.5N的氢氧化钠—甲醇溶液，置于55℃水浴中皂化至油珠溶解（需5~10min）。冷却后，加入1mL三氟化硼—甲醇溶液，将混合物在水浴上煮沸2分钟，进行甲酯化。冷却，加入1mL石油醚（沸程60~90℃）振摇，使脂肪酸甲酯转入醚层。再加入足够的饱和NaCl溶液，使石油醚浮到容量瓶细颈处，用注射器抽出醚层，并精确量取其总体积，置于干净小试管中，供色谱分析。

（2）色谱柱的准备

固定液的涂布：用量筒量取1.5倍于色谱柱（2m长、3.2mm内径，两支）容积的60~80目白色酸洗硅烷化硅藻土担体（如上试101或Chromsorb W等）。然后称取其重量（精确到0.1g）。以10%的固定液用量称取固定液聚二乙二醇丁二酸酯（DEGS），置于100mL烧杯中。用量筒量取1.2倍于担体体积的氯仿，溶解固定液，用玻璃棒混匀。然后将担体倾入，轻轻搅匀，置于室温下自然风干。再于100~150℃下烘3h，以去除氯仿，待装柱。

色谱柱的装填：取2m长、3.2m内径的玻璃或不锈钢柱两支，用热的5%左右氢氧化钠溶液洗3次，然后用水洗至中性。再各用乙醇、乙醚冲洗3次，烘干。将色谱柱一端用少许玻璃棉塞住，接真空泵缓缓抽气，然后在另一端用漏斗准备将涂好固定液的担体徐徐倾入色谱柱，同时不断轻轻敲击柱身，使担体在柱内填得紧密、均匀，装满柱后将这一端亦用玻璃棉塞住，则色谱柱装填完毕。

色谱柱的老化：新装好的色谱柱应在略高于正式使用温度下通氮气烘24~48h左右，

然后才能正式用于分析，这一步骤称为老化。老化是为了进一步去除残存的氯仿及其他低沸点杂质，以免其干扰分析。同时也能使固定液在担体表面扩散得更均匀。将色谱柱一端接气相色谱仪气化器出口，通小量氮载气流，另一端放空。调整仪器使柱室渐度约200℃，老化24h，冷却后，将色谱柱另一端接氢焰离子化检测器。

（3）色谱分析

色谱条件：玻璃或不锈钢柱长2m，内径3.2m。固定液：10%聚二乙二醇丁二酸酯（DEGS）。担体：60~80目，上试101，白色酸洗担体。载气：氮气，流速40mL/min。温度：柱温190℃。气化室及检测器温250℃。检测器：氢焰离子化检测器（FID）。

启动仪器：①启动前的检查，依电路和气路两条线索检查仪器各连接部分。电路检查沿配电盘→仪器→氢焰离子化检测器→放大器→记录仪，是否已可靠连接。气路检查沿气源（钢瓶）→色谱仪入口→色谱柱→氢焰检测器等，用肥皂水检查各接头是否漏气。②通载气，打开载气钢瓶放气阀→调整钢瓶减压阀使出口压力为5kg/cm^2→打开气谱仪进气阀→调整气谱仪稳压阀至3kg/cm^2→依所需色谱条件调整载气流量至40mL/min。③通电，打开电源，依所需色谱条件设定柱温，气化器温度和检测器温度。④待温度达到设定值时，可打开空气和氢气气源，依色谱条件调整流量、点火。确认氢火焰已稳定燃烧后，再打开放大器和记录仪电源，调整放大器及记录仪零点，使记录笔与记录纸的零点位置对齐，待基线平直稳定后即可进样分析。

定性分析：用微量注射器分别吸入软脂酸、硬酯酸、油酸等脂肪酸甲酯的标样各1μL，进样后测定它们的保留时间。另吸取待测样品2~5μL进样，与已知各脂肪酸甲酯的保留时间比较，确定样品中各峰所代表的组分类别。各脂肪酸甲酯按其碳原子数目增加的次序流出色谱柱，若碳原子数相同，则按不饱和程度增加的次序流出。

定量分析：①样正因子的测量，用微量注射分别准确吸取软脂酸、硬脂酸、油酸等脂肪酸甲酯的标准液及参照物正庚烷各2μL，分别进样后测出它们的峰面积，由下式求出各种脂肪酸甲酯的相对重量校正因子RRF。

$$RRF=\frac{A(X)\cdot[I]}{A(I)\cdot[X]}$$

式中，$A(X)$ 代表某种脂肪酸的峰面积，$[X]$ 代表某种脂肪酸的浓度；$A(I)$ 代表内标物的峰面积，$[I]$ 代表内标物的浓度。

②吸取待测样品2μL，进样后测出其各脂肪酸峰的峰面积，由下式用面积归化法计算出各种脂肪酸的百分含量。

$$[X]=\frac{A(X)\cdot[I]}{RRF\cdot A(I)}$$

作业与思考

1. 在使用乙醚做溶剂测定作物粗脂肪含量时应注意哪些问题？
2. 为什么在测定作物的脂肪酸含量时要对脂肪酸进行甲酯化？

实验八　油料作物芥酸和硫代葡萄糖甙含量的测定

油料作物芥酸含量的测定

一、目的要求

掌握测定油料作物芥酸含量的方法。

二、材料与用具

材料：市面常见菜籽油若干种。

用具：分析天平（1/10 000）、50mL 容量瓶、移液管、带有氢焰离子化检测器的气相色谱仪。

试剂：无水乙醇、12.5%三氟化硼—乙醇溶液（制备方法见本章实验七）、1mol/L NaOH—乙醇溶液、饱和 NaCl 溶液、石油醚（沸程 60～90℃）、十七烷酸标准溶液（25mg/mL）、芥酸。

三、内容与方法

（一）内容说明

芥酸是菜籽油十多种主要脂肪酸之一。是由 22 个碳原子组成的直链结构，有一个双键。由于碳链较长，所以在动物体内分解代谢较慢。这可能是造成某些动物器官（如白鼠心肌）出现脂肪积聚的原因。芥酸的凝固点高，4℃便可硬化，不易被消化吸收，直接影响菜籽油的营养价值。

芥酸在普通油菜品种（即高芥酸油菜）的菜籽油中含最高达 30%～50%。在加拿大培育的低芥酸品种中，菜籽油中的芥酸含量已降至 2%以下。除油菜籽外，其他十字花科植物，如芥菜，也含有较多的芥酸。自从国际上规定食用的菜籽油中芥酸含量应低于 5%以来，我国各地均在开展培育高油分、低芥酸的油菜新品种。因此芥酸含量的测定对油菜育种及品质鉴定均有重要意义。

菜籽油的主要组成为不饱和脂肪酸的甘油酯，芥酸是其主要脂肪酸之一。可用气相色谱法测定，以十七烷酸为内标物，用内标法定量计算。并采用程序升温分析技术改善分离效果及缩短分析时间。

（二）方法步骤

1. 样品处理

称取 0.12g 油样于 50mL 容量瓶中，加入 2mL 十七烷酸标准溶液和 2mL1mol/L 的 NaOH—乙醇溶液及少量沸石，置恒温水浴锅中加热微沸 5min 后冷却。加 5mL 三氟化硼—乙醇溶液，再加热微沸 4min，冷却后加入约 25mLNaCl 饱和水溶液和 5mL 石油醚，振摇 2min，最后加适量 NaCl 饱和水溶液使有机相上升至瓶颈，静置分层后，取精确体积的有机相进行气相色谱分析。

2. 标准曲线制备

准确称取20mg、40mg、60mg、80mg、100mg芥酸分别置于50mL容量瓶中，经与样品处理相同的方法处理后，取有机相进行色谱分析。作芥酸峰面积（*Ae*）与内标峰面积（*As*）的比值对芥酸重量（*Wi*）的关系曲线，即为标准曲线。

3. 色谱条件

载气：氮气45mL/min。氢火焰检测器：氢气40mL/min，空气280mL/min，检测器温度250℃，汽化器温度250℃。柱温：初始180℃，保持8min，再每分钟升温30～210℃，保持8min结束。

4. 结果计算

根据气相色谱分析结果求出试样的*Ae/As*值，从标准曲线上查出芥酸含量，再根据称样量求出试样的芥酸含量。

$$芥酸含量（\%）=\frac{C\times V}{W\times 1\,000}\times 100$$

式中：*C*——从标准曲线上查得试液的芥酸含量（mg）；*V*——对芥酸提取液最后用有机溶萃取的体积（mL）；*W*——称样量（g）。

作业与思考

菜籽油中的芥酸含量能说明什么问题?

油料作物硫代葡萄糖甙含量的测定

一、目的要求

掌握测定油料作物硫代葡萄糖甙含量的方法。

二、材料与用具

材料：不同品种菜籽若干种。

用具：分析天平（1/10 000）、磨口三角瓶、气相色谱仪、紫外分光光度计、离心机、振荡机。

试剂：

（1）芥子酶：称400g白芥籽粉于2 000mL烧杯中，加4℃水约1 200mL，在4℃冰箱中静置1h，倾出上层清液，加等体积的4℃90%乙醇，在1 400转/min离心15min，用4℃70%乙醇冲洗沉淀，在1 400转/min离心15min，沉淀溶于400mL水中，再离心，冻干，白色粉末，备用。

（2）pH 值=7 的磷酸缓冲溶液：①配制 0.2M 磷酸二氢钾溶液，称取 2.72gKH_2PO_4溶于 100mL 蒸馏水中；②配制 0.2N NaOH 溶液，称取 0.8g NaOH 溶于 100mL 蒸馏水中；取①液 50mL 和②液 29.6mL 混合后，用蒸馏水稀释至 200mL，即 pH 值=7 的缓冲溶液。

（3）内标溶液：根据试验用量多少，配制 80μL/L 的内标溶液。内标物为正—丁基异硫氰酸盐，溶剂为石油醚。

（4）无水乙醇、石油醚等。

三、内容与方法

（一）内容说明

硫代葡萄糖甙（芥子甙）又称硫葡糖甙，存在于十字花科植物中。到目前为止，在菜籽中至少鉴定出 7 种硫葡糖甙，它们的区别主要是分子式中 R 基团的不同。硫葡糖甙存在于十字花科植物中，而芥子酶是一种胞内酶，在植物体内两者互相为异硫氰酸盐、葡萄糖和硫酸氢钾。异硫氰酸盐主要是 3-丁烯基异硫氰酸盐、4-戊烯基异硫氰酸盐和 2-羟基-3-丁烯基异硫氰酸盐以及少量的苯乙基异硫氰酸盐等。

硫葡糖甙本身毒性并不大，主要是其水解产物，即异硫氰酸盐、恶唑烷硫酮和腈等具有很大的毒性。异硫氰酸盐具有辛辣气味，严重影响动物的适口性；腈可使动物肝和肾脏增大受损害；毒性最大而又不挥发的恶唑烷硫酮可动物甲状腺显著肿大，并引起其他毒性反应。

20 世纪 60 年代以来，加拿大、欧洲、澳大利亚等开展了低硫葡糖甙油菜品种培育，低毒素的菜籽饼作饲料。我国近年来，也已经有了低硫葡糖甙油菜品种的选育。硫葡糖甙及其分解产物的全量分析对油菜育种及菜籽饼的饲料应用均有重要意义。

菜籽及菜籽饼中的硫葡糖甙含量因品种和加工工艺不同差异较大。一般在 8～12mg/g，“双低”菜籽粕中为 1.2～2mg/g，预榨浸出的菜籽粕中为 8.6±0.3mg/g，浸出的菜籽粕中为 6.4±0.2mg/g。有研究报告指出，食物中硫葡糖甙的含量低于 0.45mg/g 时，对人体无害。

硫葡糖甙的测定，国内目前采用气相或高效液相色谱法，近年来使用较多的还有改进的硫甙快速法、2，3-二硝基水杨酸分光光度法以及气相色谱和紫外吸收结合法。

气相色谱法：在 pH 值=7 的条件下，提取菜籽饼中硫代葡萄糖甙，并降解生成异硫氰酸盐，采用气相色谱测定 3-丁烯基异硫氰酸盐（B-ITC）和 4-戊烯基异硫氰酸盐（P-ITC）；紫外吸收法：采用紫外吸收法测定其恶唑烷硫酮的含量，该方法所测定的化合物为油菜籽降解有毒产物含量的直接定量测定。

（二）方法步骤

1. 气相色谱法测定异硫氰酸盐（B-ITC 和 P-ITC）

（1）样品处理

称取 0.5g（准确到 0.01g）经脱脂、烘干的样品粉末和 0.3g 芥子酶于磨口三角瓶中，加入 50mL pH 值=7 的 40%乙醇缓冲液（pH 值=7 缓冲液 30mL 加无水乙醇 20mL），振荡片刻，于 35～38℃下放置过夜。

在3 000~4 000转/min下离心，将上清液倾入另一个磨口三角瓶中，加入12.5mL内标溶液，强烈振荡10min。移入分液漏斗中，静置分层，将上层石油醚移入刻度试管中，在热水浴上适当浓缩后，注入气相色谱仪测定3-丁烯基异硫氰酸盐（B-ITC）及4-戊烯基异硫氰酸盐（P-ITC）。分液所得下层溶液，保存在原三角瓶中，等测定恶唑烷硫酮。

（2）气相色谱条件

检测器：氢焰离子化检测器；色谱柱：φ3×300mm不锈钢柱，8%EGS/100~120目101白色酸洗担体；柱炉温度：100℃；汽化器温度：220℃；检测器温度：205℃；氮气流量：17mL/min；空气流量：450mL/min；氢气流量：58mL/min。

（3）结果计算

$$\text{B-ITC（‰）}=\frac{\text{3-丁烯基异硫氰酸盐峰面积}\times 0.39}{\text{正-丁基异硫氰酸盐峰面积}}$$

$$\text{P-ITC（‰）}=\frac{\text{4-戊烯基异硫氰酸盐峰面积}\times 0.35}{\text{正-丁基异硫氰酸盐峰面积}}$$

2. 紫外吸收法测定恶唑烷硫酮（OZT）

（1）样品处理

将经气相色谱法测定后盛有异硫氰酸盐测定所剩下层溶液的三角瓶置于沸水浴中煮沸5min，冷却，倾入50mL容量瓶中，用pH值=7的磷酸缓冲液定容，过滤（不需全部滤完）。吸取滤液2.5mL于另一个50mL容量瓶中，再加入25mL无水乙醇，强烈振荡5min，静置，此时恶唑烷硫酮（OZT）已形成。

（2）紫外吸收测定

在紫外分光光度计的230nm、248nm、266nm 3个波长处测定。对照液除不加样品外，一切操作过程同上。

（3）OZT的含量计算

$$\text{OZT（‰）}=\text{248nm 吸光度}-\frac{\text{230nm 吸光度}+\text{266nm 吸光度}}{2}$$

用气相色谱法和紫外分光光度法，所测得的两种异硫氰酸盐和恶唑烷硫酮的含量，为每克干物质菜籽所含这三种化合物的毫克数。通常所说的菜籽饼的硫葡萄糖甙的含量应低于3‰，实际是指菜籽饼的异硫氰酸盐和恶唑烷硫酮的含量应低于3‰。此法不仅适于甘蓝型油菜，也可用于白菜型、芥菜型油菜，只是异硫氰酸盐的种类不同而已。

作业与思考

菜籽中的硫代葡萄糖甙含量能说明什么问题？

实验九　油料作物油脂特性测定

一、目的要求

练习并初步掌握鉴别食用植物油脂品质好坏的基本检验方法。

二、材料与用具

材料：市面常见植物油若干种。

用具：电子天平（1/100、1/10 000）、250mL 碘量瓶、250mL 锥形瓶、25mL 容量瓶、紫外-可见分光光度计、25mL 具塞试管。

试剂：

（1）酚酞指示剂（10g/L）：将 1g 酚酞溶于 90mL95%乙醇与 10mL 水中。

（2）氢氧化钾标准溶液［C（KOH）= 0.05mol/L］：用标准酸标定。

（3）碘化钾溶液（150g/L）：称取 15.0g 碘化钾，加水溶解至 100mL，贮于棕色瓶中。

（4）硫代硫酸钠标准溶液（0.1mol/L）：用重铬酸钾标定。

（5）韦氏碘液试剂：分别在两个烧杯内称入三氯化碘 7.9g 和碘 8.9g，加入冰醋酸，稍微加热，使其溶解，冷却后将两溶液充分混合，然后加冰醋酸并定容至 1 000mL。

（6）饱和碘化钾溶液：称取 14g 碘化钾，加 10mL 水溶解，必要时微热使其溶解，冷却后贮于棕色瓶中。

（7）精制乙醇溶液：取 1 000mL 无水乙醇，置于 2 000mL 圆底烧瓶中，加入 5g 铝粉、10g 氢氧化钾，接好标准磨口的回流冷凝管，水浴中加热回流 1h，然后用全玻璃蒸馏装置，蒸馏收集馏液。

（8）精制苯溶液：取 500mL 苯，置于 1 000mL 分液漏斗中，加入 50mL 硫酸，小心振摇 5min，开始振摇时注意放气。静置分层，弃除硫酸层，再加 50mL 硫酸重复处理 1 次，将苯层移入另一分液漏斗，用水洗涤 3 次，然后经无水硫酸钠脱水，用全玻璃蒸馏装置蒸馏收集馏液。

（9）2，4-二硝基苯肼溶液：称取 50mg2，4-二硝基苯肼，溶于 100mL 精制苯中。

（10）三氯乙酸溶液：称取 4.3g 固体三氯乙酸，加 100mL 精制苯溶解。

（11）氢氧化钾—乙醇溶液：称取 4g 氢氧化钾，加 100mL 精制乙醇使其溶解，置冷暗处过夜，取上部澄清液使用。溶液变黄褐色则应重新配制。

（12）中性乙醚—乙醇（2+1）混合液：按乙醚—乙醇（2+1）混合，以酚酞为指示剂，用所配的 KOH 溶液中和至刚呈淡红色，且 30s 内不退色为止。

（13）三氯甲烷—冰乙酸混合液：量取 40mL 三氯甲烷，加 60mL 冰乙酸，混匀。

（14）淀粉指示剂（10g/L）：称取可溶性淀粉 0.5g，加少许水，调成糊状，倒入 50mL 沸水中调匀，煮沸至透明，冷却。

（15）硫代硫酸钠标准溶液（0.002mol/L）：用 0.1mol/L 硫代硫酸钠标准溶液稀释。

三、内容与方法

（一）内容说明

食用植物油脂品质的好坏可通过测定其酸价、碘价、过氧化值、羰基价等理化特性来判断。

1. 油脂酸价

酸价（酸值）是指中和1g油脂所含游离脂肪酸所需氢氧化钾的毫克数。酸价是反映油脂质量的主要技术指标之一，同一种植物油酸价越高，说明其质量越差越不新鲜。测定酸价可以评定油脂品质的好坏和贮藏方法是否恰当。中国《食用植物油卫生标准》规定：酸价：花生油、菜籽油、大豆油≤4，棉籽油≤1。

2. 碘价

测定碘价可以了解油脂脂肪酸的组成是否正常有无掺杂等。最常用的是氯化碘—乙酸溶液法（韦氏法）。其原理是：在溶剂中溶解试样并加入韦氏碘液，氯化碘则与油脂中的不饱和脂肪酸起加成反应，游离的碘可用硫代硫酸钠溶液滴定，从而计算出被测样品所吸收的氯化碘（以碘计）的克数，求出碘价。常见油脂的碘价为：大豆油120~141；棉籽油99~113；花生油84~100；菜籽油97~103；芝麻油103~116；葵花籽油125~135；茶籽油80~90；核桃油140~152；棕榈油44~54；可可脂35~40；牛脂40~48；猪油52~77。碘价大的油脂，说明其组成中不饱和脂肪酸含量高或不饱和程度高。

3. 过氧化值

检测油脂中是否存在过氧化值，以及含量的大小，即可判断油脂是否新鲜和酸败的程度。常用滴定法，其原理：油脂氧化过程中产生过氧化物，与碘化钾作用，生成游离碘，以硫代硫酸钠溶液滴定，计算含量。中国食用植物油卫生标准（GB 2716—85）规定：过氧化值（出厂）≤0.15%。

4. 羰基价

羰基价是指每千克样品中含醛类物质的毫摩尔数。用羰基价来评价油脂中氧化产物的含量和酸败劣度的程度，具有较好的灵敏度和准确性。我国已把羰基价列为油脂的一项食品卫生检测项目。大多数国家都采用羰基价作为评价油脂氧化酸败的一项指标。常用比色法测定总羰基价，其原理：羰基化合物和2，4-二硝基苯胺的反应产物，在碱性溶液中形成褐红色或酒红色，在440nm波长下，测定吸光度，可计算出油样中的总羰基价。中国《食用植物油卫生标准》规定：羰基价≤20mmol/kg。

（二）方法步骤

1. 酸价测定（参照GB/T 5009.37—2003）

（1）实验步骤

称取3~5g混匀的油脂试样（读数精确至0.000 1g），置于250mL锥形瓶中，加入50mL中性乙醚—乙醇混合液，振摇使油脂溶解，必要时可置于热水中，温热使其溶解。待冷却至室温，加入酚酞指示剂2~3滴，以氢氧化钾标准滴定溶液滴定，至初现微红色，且30s内不退色为滴定终点，记录滴定体积。

（2）结果计算

$$X = \frac{56.11 \times C \times V}{W}$$

式中，X——试样的酸价（以氢氧化钾计），单位为毫克每克（mg/g）；V——试样消耗氢氧化钾标准溶液体积（mL）；C——氢氧化钾标准溶液实际浓度（mol/L）；W——试样质量（g）；56.11——与1mL氢氧化钾标准溶液［c=1.000mol/L］相当的氢氧化钾毫克数。

2. 碘价测定（韦氏法）参照GB/T 5532—1995

（1）实验步骤

试样的量根据估计的碘价而异（碘价高，油样少；碘价低，油样多），一般在0.25g左右。将称好的试样放入500mL锥形瓶中，加入20mL环己烷—冰乙酸等体积混合液，溶解试样，准确加入25.00mL韦氏试剂，盖好塞子，摇匀后放于暗处静置30min以上（碘价低于150的样品，应放1h；碘价高于150的样品，应放2h）。反应时间结束后，加入20mL碘化钾溶液（150g/L）和150mL水。用0.1mol/L硫代硫酸钠滴定至浅黄色，加几滴淀粉指示剂继续滴定至剧烈摇动后蓝色刚好消失，记录滴定体积。在相同条件下，同时做一空白实验。

（2）结果计算

$$X = \frac{(V_0 - V_1) \times C \times 0.1269}{W} \times 100$$

式中，X——试样的碘价（以碘计），单位为gI/100g油；V_1——试样消耗的硫代硫酸钠标准溶液的体积（mL）；V_0——空白试剂消耗硫代硫酸钠的体积（mL）；C——硫代硫酸钠的实际浓度（mol/L）；W——试样的质量（g）；0.126 9——1/2碘的毫摩尔质量（g/mmol）。

3. 过氧化值的测定

（1）实验步骤

称取2.00~3.00g混和均匀（必要时过滤）的试样，置于250mL碘瓶中，加30mL三氯甲烷—冰乙酸混合液，使试样完全溶解。加入1mL饱和碘化钾溶液，紧密塞好瓶盖，并轻轻摇匀0.5min，然后在暗处放置3min。取出加100mL蒸馏水，摇匀，立即用硫代硫酸钠标准滴定溶液（0.002 0mol/L）滴定，至淡黄色时，加1mL淀粉指示液，继续滴定至蓝色消失为终点，记录滴定体积，按同一方法，做试剂空白试验。

（2）结果计算

试样的过氧化值按式①和式②进行计算

①$X_1 = \frac{(V_0 - V_1) \times C \times 0.1269}{W} \times 100$

②$X_2 = X_1 \times 78.8$

式中，X_1——试样的过氧化值（g/100g）；X_2——试样的过氧化值（mmol/kg）；V_1——试样消耗硫代硫酸钠标准滴定溶液体积（mL）；V_0——试剂空白消耗硫代硫酸钠标准滴定溶液体积（mL）；C——硫代硫酸钠标准滴定溶液的浓度（mol/L）；W——试样质量（g）；0.126 9——与1.0mL硫代硫酸钠标准溶液［c=1.000 mol/L］相当的碘的质量

(g)；78.8——换算因子。

4. 羰基价测定（参考GB/T 5009.37—2003）

(1) 实验步骤

精密称取约0.25~0.5g油脂试样，置于25mL容量瓶中，加苯溶解试样并稀释至刻度。吸取5.0mL，置于25mL具塞试管中，加3mL三氯乙酸溶液及5mL 2，4-二硝基苯肼溶液，仔细振摇混匀，在60℃水浴中加热30min，冷却后，沿试管壁慢慢加入10mL氢氧化钾—乙醇溶液，使成为二液层，塞好，剧烈振摇混匀，放置10min。以1cm比色杯，用试剂空白调节零点，于波长440nm处测吸光度。

(2) 结果计算

$$X = \frac{A \times 1\,000}{854 \times W \times (V_2 \div V_1)}$$

式中，X——试样的羰基价（mmol/kg）；A——测定时样液吸光度；W——试样质量(g)；V_1——试样稀释后的总体积（mL）；V_2——测定用试样稀释液的体积（mL）；854——各种醛的毫克当量吸光系数的平均值。

作业与思考

1. 油脂中游离态脂肪酸与酸价有何关系？测定酸价时加入乙醇有何作用？

2. 测定碘价有何作用？那些指标能说明油脂的特性？它们表明了油脂的那些特点？

3. 本实验采用的滴定方法有几种？它们各有什么特定？影响测定精确性与准确性的因素有哪些？

实验十　棉花纤维品质的测定

一、目的要求

学习棉花纤维品质的鉴定方法，掌握有关测定仪器的使用原理和测定技术。

二、材料与用具

材料：陆地棉、海岛棉和中棉的子棉或皮棉，或者不同棉花品种的子棉或皮棉。

用具：生物显微镜、电子天平（1/100、1/10 000）、轧花机、纤维切断器、Y147 型偏光成熟仪、Y145 型气流式纤维细度仪、黑绒板、小钢尺、小梳、挑针、毛刷、载玻片、盖玻片、镊子、显微镜、目镜测微尺、物镜测微尺、蒸馏水、加水漏斗、温湿度计。

三、内容与方法

（一）内容说明

棉花纤维品质一般可通过纤维长度、纤维整齐度、纤维细度、纤维成熟度来判断。

1. 纤维长度

纤维长度为纤维伸直后两端之间的长度，以 mm 表示。一般海岛棉纤维长度为 33～45mm，陆地棉 21～33mm，中棉 15～25mm。纤维长度是纺织工业上最重要的性状之一。纤维越长，纺纱支数越高，纺成的布拉力就越大。棉花不同品种，其纤维长度差异很大。纤维长度检验有子棉纤维长度的测定和皮棉纤维长度的测定两种。一般用左右分梳法测子棉纤维长度，而以手扯法测皮棉的纤维长度。

2. 纤维整齐度

棉纤维不仅要细长，而且要整齐，纤维整齐度越高则纺纱时的废花越少，纱亦均匀。

3. 纤维细度

棉纤维细度通常指纤维的宽度，一般以 μm 表示，习惯上用公制支数来表示，即每克纤维的米数（m/g）或每毫克纤维具有毫米数（mm/mg）。纤维细度越高，成纱支数也越高。一般陆地棉为 4 500～7 000m/g，海岛棉 6 500～9 000m/g。棉纤维细度的测量方法主要有气流测定法和中段称重法等。中段称量法是重量测定法的一种，方法简便，但数值稍大。

4. 纤维成熟度

纤维成熟度指纤维细胞壁纤维素的沉积度。它与纤维强度、细度、捻曲度、弹性、吸湿性、染色能力等都有密切关系。

5. 纤维捻曲度

纤维扭转的多少称为捻曲度。扭转的多少影响到纺纱时的扭和程度。纤维越长越细成熟度越好，则扭转越多。通常捻曲度是以 3. 3cm 之内捻曲的数目表示。

（二）方法步骤

1. 纤维长度的测定

（1）手扯尺量法

取样：取一把皮棉，约15g，注意顺着纤维自然排列的方向左右对分，弃去1/2，另外1/2紧握于左手待用。

手扯：用右手拇指及食指清除左手棉样断面上参差不齐的纤维，然后顺次缓缓将纤维一层一层抽出，存放在食指上。重复抽取5~6次至抽取出的纤维成束为止。

整理：弃去左手棉样，右手紧持棉束，左手清除棉束一端的游离纤维，使其平滑整齐后，再同前文方法，使手中所持棉束逐层移至左手，如此反复数次，直至棉束内杂物剔净，棉纤维互相平行为止。

测量：将扯好的棉束平放于黑绒板上，用钢尺在纤维束两端最长处划一印痕，测量其长度，即为该棉纤维之众数长度。

（2）左右分梳法

取样：在测定纤维长度的棉样中随机选取20~50个棉瓤（取样多少依样品数量而定）。通常以棉瓤第三位棉子为准。用手轻拉棉瓤，取出一粒籽棉。

梳棉：取出一粒籽棉，用拨针沿种子缝线将着生于两边的纤维分别拨开，露出一条明显的缝线，用左手拇指、食指持种子用力捏住纤维的基部，右手用小发梳轻轻梳理一侧的纤维，直至将纤维梳直为止，再梳另一侧。注意不要将纤维梳断或梳落。最后，将两侧纤维理成束，仔细的放在黑绒板上。如纤维尚有皱缩可用小毛刷轻轻刷理平直。

测定长度：梳好的纤维束两端有长短不齐的现象，不齐之处为少数纤维长度，故不计算在内，用切绒法切去。切法即在大多数纤维的尖端处用小钢尺与缝线平行压一条切痕，切痕位置以下见黑绒板为适宜，然后用钢尺测定两直线之间的长度，用2除之，即为纤维长度，以mm表示，见表4-10-1。

表4-10-1　纤维长度与棉纱种类的关系

纤维长度（mm）	品线	棉纱种类	支数	用途
25	3~4	中支纱	20	白纱布
27	2~3	细支纱	32	绒呢
29	2	细支纱	42	卡其、华达呢、灯芯绒
31	1~2	高支纱	60	高档府绸绒及外销针织品
33	1~2	棉的确良纱	45	棉的确良
35	1~2	帘子布纱	21.5	轮胎帘子布

注：支数表示按英制1磅重的棉纱有若干个840码的长度为几支纱

2. 纤维整齐度的测定

（1）样品的群体整齐度

通常以样品一定纤维长度范围内的子棉粒数占总考查粒数的百分率表示。

$$纤维整齐度（\%）=\frac{（纤维平均长度\pm2mm）范围内的子棉数}{被考察的子棉数}\times100$$

整齐度大于90%时为整齐，80%~90%为一般，小于80%为不整齐；在品种考纯上依次为标准纯度、普通纯度、纯度差。

（2）变异系数表示法

籽棉纤维长度的整齐与否以其长度的变异系数表示。用上述测定结果计算不同棉花品种的纤维整齐度。

$$变异系数=\frac{\sqrt{\sum(x-\bar{x})^2/(n-1)}}{\bar{x}}$$

式中，x——每个籽棉的纤维长度；$\bar{x}$——样品的纤维平均长度；n——所测的样品粒数。

变异系数越小，说明纤维长度越整齐，品种越纯。一般以5%以下为整齐，5%~7%为一般，7%以上者为不整齐。

3. 纤维细度的测定

（1）重量测定法

用电子天平称取10mg皮棉，整理成平行伸直、宽5~6mm的棉束，梳去游离纤维及短纤维。用纤维切断器切取棉束中段10mm长的纤维放置在玻片上2h后，称重，然后在显微镜下数其根数。根据公式计算各种参数。

$$Nm=\frac{10\times n}{Gf}$$

式中，Nm——公制支数（m/g）；Gf——棉束中段10mm纤维重量（mg）；n——纤维根数。

（2）气流测试法

观察Y145型动力气流式纤维仪的结构，了解其工作原理。该仪器主要由压力计、试样筒、转子流量计、气流调节阀和抽气泵组成。测定步骤如下。

仪器调节：①调节气流仪水平螺丝至水平状态。②调节压力计的水位：打开顶盖，将压力计上端的玻璃弯头取下，用小漏斗将蒸馏水徐徐注入压力计内，直到水面下凹的最低点与压力刻度尺的上刻线相切为止。③检查仪器是否漏气：用直径32mm的橡皮塞塞住试样筒上口，开启电动机及气流调节阀，使压力计的水柱下降到刻度尺的下刻线处，关闭调节阀，封闭抽气橡皮管，观察压力计水柱有无变化，如在5min内变化不大于1mm，则视为不漏气。

取实验试样：从实验室样品中均匀抽取5g重的棉纤维作为实验试样，精确到0.01g。

仪器操作：①关闭气流调节阀，然后开启电机。②取下压样筒，将已称好的棉样均匀地放入试样筒内，然后将压样筒插入拧紧。③慢慢开启气流调节阀，使压力计水位慢慢下降，直到水面下凹的最低点与刻度尺下刻线相切为止。与此同时，流量计内的转子亦随之上升一定的高度后停止。读出与转子顶端相齐处的流量计上的读数，并记录。④第1次测试完毕，将试样筒内棉样取出扯松后再放入重复测试一次，求平均值。如此再进行第2份棉样的测定。

结果与计算：①若试验是在标准状态下进行的，则根据每份试样测得的平均流量在气流仪上分别直接读出相应的马克隆值，而后再求出平均马克隆值。若两份试样的马克隆值的差异超过 0.1 时，则进行第 3 份样品的测试，以 3 份试样的平均值作为最后的结果。②若试验是在非标准状态下进行的，则测得的每份试样的平均流量值还须修正，根据修正流量再读出相应的马克隆值，求出最终的平均结果。

马克隆值含义：一定量的棉纤维在规定条件下用马克隆气流仪测得的指标，其实质是透气性量度，但以马克隆刻度表示。马克隆值没有计量单位。它是同时反映棉纤维细度和成熟度的综合性指标。细的、不成熟的棉纤维，马克隆值低，而粗的、过成熟的棉纤维，马克隆值高。按新的国家标准 GB 1103—2007 的规定，马克隆值分为 3 个级别，即 A、B、C 级。B 级分为 B1、B2 两档，C 级分为 C1、C2 两档。马克隆标准级见表 4-10-2。

表 4-10-2　马克隆值分级分档

马克隆值分级		数值
A 级	A	3.7~4.2
B 级	B1	3.5~3.6
	B2	4.3~4.9
C 级	C1	3.4 以下
	C2	5.0 以上

4. 纤维成熟度的测定

（1）显微镜直接观察法

取棉样品 4~6mg，通过整理留下中间部分较长的纤维为 180~200 根，置于载玻片上，用 400 倍显微镜观察纤维中段，对照片为形态图（图 4-10-1），决定每根纤维平均成熟系数。

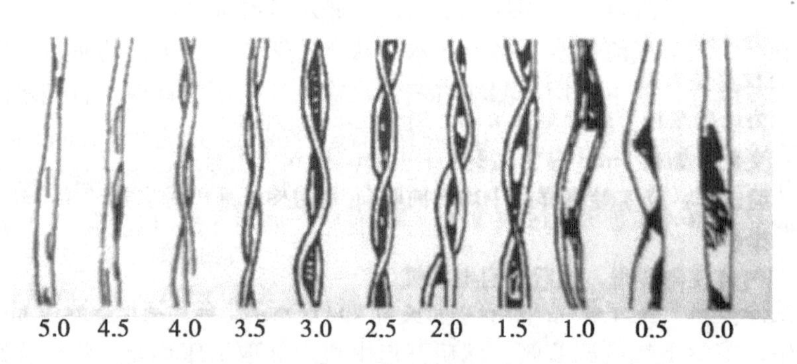

图 4-10-1　不同成熟系数纤维的形态

（2）氢氧化钠处理测定法

又称碱化法。棉纤维在 18%氢氧化钠溶液中形状发生变化，产生膨胀，成熟纤维的天然扭曲消失，并且容易染色（染上刚果红，其颜色鲜红），这样在 100~150 倍的显微镜下，很容易观察出不同的成熟度。将纤维排列在玻璃片上约 100 根，在显微镜下观察，只按形状分为 3 个类型，见表 4-10-3。

表 4-10-3　棉纤维形态类型

棉纤维类型	形状	染色情况
A 类型	成熟和高度成熟，无扭曲，圆柱状	鲜红
B 类型	不成熟和不完全成熟纤维，有扭曲，带状	浅红或淡玫瑰色
C 类型	死纤维，有扭曲，扁带状	无色

（3） Y147 型偏光成熟仪测试法

仪器使用前预热 20min，将夹有两片空白载玻片的架子插入试样口中，将拔杆前移（中性滤光镜推入光路），转动电位器旋钮，使电流表指针位于“100”上。拔出空白夹子，插入夹有纤维试样的夹子，此时，电流表指针向左偏移，要求在“55～65”范围内，指示纤维数量读数。将拨杆后移，使偏振片进入光路，此时试样在直线偏振光照射下，透过偏振片的光强度读数。根据纤维试样数量读数和透射光的光强度读数，计算出试样的成熟度系数。实验证明，透射光强度同棉纤维成熟系数相关甚为显著。根据透射光强度查表，即可知成熟系数。

5. 纤维捻曲度的测定

先用玻璃棒蘸一滴稀胶水于载玻片上并将其涂抹均匀。将纤维平铺在载玻片上，并盖上盖玻片，在显微镜下数计测微尺 50 格内所具有的捻曲数，依次测定 10 根纤维样本，求出平均数，最后算出 1cm 长度内所具有的捻曲数。如已测定 50 格内平均捻曲数为 4.5，目镜测微尺上一小格等于 15μm，则 1cm 长度内具有的捻曲数为：

$4.5:(50\times15\times0.0001)=X:1$

式中，$X=60$，每厘米内具有 60 个捻曲。

作业与思考

1. 将实验测定结果填入下表并进行分析。

棉花品种	纤维长度	纤维整齐度	纤维细度	纤维成熟度	纤维捻曲度

2. 简述应用气流仪测定棉纤维细度的主要步骤和马克隆值的涵义。

实验十一　薯类作物淀粉含量的测定

薯类作物淀粉含量测定

一、目的要求

学习和掌握薯类作物淀粉含量的测定方法。

二、材料与用具

材料：马铃薯或甘薯等薯类作物。

用具：分析天平（1/10 000）、滤纸、烧杯、量筒、三角瓶（250mL）、漏斗、容量瓶（100mL、250mL、500mL、1 000mL）、点滴板、研钵、移液管、试管夹、石棉网、玻璃珠、盖玻片、酸式/碱式滴定管、铁架台、电热炉、恒温水浴箱。

试剂：无水乙醇、无水乙醚、淀粉酶、浓盐酸、碘片、碘化钾、甲基红、氢氧化钠、醋酸铅、固体硫酸钠、硫酸铜、酒石酸钾钠、葡萄糖（以上试剂均为分析纯）。

（1）0.5%淀粉酶溶液：称取淀粉酶0.5g，加100mL水溶解，加数滴甲苯或三氯甲烷，防止长霉，贮于冰箱中。

（2）6mol/L盐酸：量取50mL盐酸加水稀释至100mL。

（3）碘溶液：称取3.6g碘化钾溶于20mL水中，加入1.3g碘，溶解后加水稀释至100mL。

（4）甲基红指示剂：称取0.1g甲基红溶于100mL95%乙醇中。

（5）10%、20%、40%氢氧化钠溶液：分别称取10g、20g、40g氢氧化钠溶于90mL、80mL、60mL蒸馏水中。

（6）20%醋酸铅溶液：称取20g醋酸铅溶于80mL蒸馏水中。

（7）10%硫酸钠溶液：称取10g硫酸钠溶于90mL蒸馏水中。

（8）1mg/mL葡萄糖标准液：称取100mg葡萄糖（预先在80℃烘至恒重）在烧杯中溶解后转入100mL容量瓶中定容，贮于冰箱中备用。

（9）碱性酒石酸铜溶液：甲液：称取34.639g硫酸铜（$CuSO_4 \cdot 5H_2O$）。加适量水溶解，加0.5mL硫酸，再加水稀释至500mL，用精制石棉过滤；乙液：称取173g酒石酸钾钠与50g氢氧化钠，加适量水溶解，并稀释至500mL，用精制石棉过滤，贮存于橡胶塞玻璃瓶内。

三、内容与方法

（一）内容说明

淀粉可先经淀粉酶水解成麦芽糖及糊精，再经酸水解，最后成葡萄糖（酶水解法），或者直接经过酸水解形成葡萄糖（酸水解法），测定所得到的葡萄糖量，就可计算淀粉含量。

酸水解法操作简单，但选择性和准确性不够高，适用于淀粉含量较高，而半纤维素和多缩戊糖等其他多糖含量较少的样品。对富含半纤维素、多缩戊糖及果胶质的样品，因水解时它们也被水解为木糖、阿拉伯糖等还原糖，测定结果会偏高。

（二）方法步骤

1. 酶水解法

（1）样品处理。

样品中含有的脂肪和可溶性糖可能干扰测定结果，因此，测定前应进行预处理。称取风干磨细的样品 2~5g，置于铺有折叠滤纸的漏斗中，先用 50mL 乙醚分 5 次洗涤，以除去脂肪。再用 100mL 80%的乙醇分 5 次洗去可溶性糖类，然后用 50mL 蒸馏水将残渣移至 250mL 烧杯中。

（2）酶水解。

将烧杯置于沸水浴中加热糊化 15min，取出冷却至 55℃左右，加入 20mL0.5%淀粉酶溶液，于 55~60℃恒温水浴 1h，中间不时搅拌。在白色点滴板上做淀粉-碘呈色试验，若呈蓝，则应再加热糊化，冷却后再加 20mL 淀粉酶液，继续保持水解直至进行淀粉-碘呈色试验时不呈蓝色。取出样液加热至沸，使酶钝化，冷却后移 250mL 容量瓶中稀释定容，摇匀后过滤，收集滤液备用。

（3）酸水解。

取 50mL 滤液于 250mL 三角瓶中，加入 5mL 6mol/L 盐酸溶液，在瓶口加一漏斗，并盖玻片作回流装置，于沸水浴中回流 1h，取出并经冷水冷却后，滴加 2 滴甲基红指示剂，用 20%氢氧化钠溶液中和至红色刚好消失。将溶液移入 100mL 容量瓶中，并洗涤三角烧瓶，洗液并入容量瓶内，定容至刻度，摇匀备用。

（4）测定。

按还原糖直接滴定法测定所生成的葡萄糖量，同时取 50mL 蒸馏水，加上述所用同量的淀粉酶液，依相同方法做空白试验。

2. 酸水解法

（1）样品处理。

原料去皮切细，按 1：1 加水用研钵研成匀浆。取一只 250mL 三角瓶，称取 5~10g 匀浆，加 30mL 乙醚洗涤振荡，用滤纸过滤，除去带有脂肪的乙醚，重复 2 次，然后用 80%乙醇 150mL 分 5 次洗涤残渣，去除可溶性糖类，用 100mL 蒸馏水将残渣转移到 250mL 三角烧瓶中。

（2）水解。

吸取 30mL 6mol/L 盐酸溶液于上述 250mL 三角烧瓶中，置于沸水浴中水解 2h，瓶口上装一漏斗，并盖上玻片。水解完毕，取出烧瓶用冷水冷却。于样品中加两滴甲基红，先用 40%氢氧化钠溶液调至黄色。再用 6mol/L 盐酸调到刚好转红，然后用 10%氢氧化钠再调制红色刚好褪去，使样品液 pH 值为 7 左右。再加入 20mL20%醋酸铅，充分摇匀后静置 10min，使蛋白质、果胶等杂质沉淀。再加入 20mL 10%硫酸钠溶液，去除残余的铅。摇匀后，用水移入 50mL 容量瓶中稀释定容，过滤，收集滤液待用。

（3）测定。

按还原糖直接滴定法测定所生成的葡萄糖量，另取 100mL 蒸馏水于另一只 250mL 三角烧瓶中，按水解方法操作，做空白对照试验。

3. 还原糖的测定

（1）标定碱性酒石酸铜溶液。

吸取 5.0mL 碱性酒石酸铜甲液及 5.0mL 乙液，置于 150mL 锥形瓶中，加水 10mL，加入玻璃珠 2 粒，从滴定管滴加约 9 mL 葡萄糖标准溶液，控制在 2 min 内加热至沸，趁沸以每两秒 1 滴的速度继续滴加葡萄糖标准溶液，直至溶液蓝色刚好褪去为终点，记录消耗葡萄糖标准溶液的总体积，同时平行操作 3 份，取其平均值，计算每 10mL（甲、乙液各 5mL）碱性酒石酸铜溶液相当于葡萄糖的质量（mg）。

（2）样品溶液预测。

吸取 5.0mL 碱性酒石酸铜甲液及 5.0mL 乙液，置于 150mL 锥形瓶中，加水 10mL，加入玻璃珠 2 粒，控制在 2min 内加热至沸，趁沸以先快后慢的速度，从滴定管中滴加样品溶液，并保持溶液沸腾状态，待溶液颜色变浅时，以每两秒 1 滴的速度滴定，直至溶液蓝色刚好褪去为终点，记录样液消耗体积。

（3）样品溶液测定。

吸取 5.0mL 碱性酒石酸铜甲液及 5.0mL 乙液，置于 150mL 锥形瓶中，加水 10mL，加入玻璃珠 2 粒，从滴定管滴加入比预测时少 1mL 的待测样品溶液，使其在 2min 内加热至沸，趁沸继续以每两秒 1 滴的速度滴定，直至蓝色刚好褪去为终点，记录样液消耗体积，同法平行操作 3 份，得出平均消耗体积。

（4）结果计算。

还原糖含量的计算：

$$X = \frac{m_1}{m_2 \times (V \div 250) \times 1\ 000} \times 100$$

式中，X——样品中还原糖（以葡萄糖计）的含量（%）；m_1——10mL 碱性酒石酸铜溶液相当于还原糖（以葡萄糖计）的质量（mg）；m_2——样品质量（g）；V——测定时平均消耗样品溶液体积（mL）。

本实验中测得的 10mL 碱性酒石酸铜溶液相当于还原糖的质量 m_1 为标定碱性酒石酸铜溶液时所耗葡萄糖标准溶液中所含葡萄糖的质量。

淀粉含量的计算：

$$淀粉含量（\%）= \frac{m' \times 500 \times 0.9}{m \times 1\ 000}\left(\frac{1}{V} - \frac{1}{V_0}\right) \times 100$$

式中，m'——10mL 碱性酒石酸铜混合液相当的葡萄糖质量（mg）；m——样品质量（mg）；V——滴定时样品水解液消耗量（mL）；V_0——滴定空白溶液消耗量（mL）；0.9——还原糖换算为淀粉的系数。

作业与思考

1. 试比较酶水解法和酸水解法测定淀粉含量的异同，试分析二者的优缺点。

2. 请简要描述淀粉在酸或酶水解程序中与碘的呈色反应。

马铃薯块茎淀粉含量测定

一、目的要求

学习和掌握马铃薯块茎淀粉含量的测定方法。

二、材料与用具

材料：马铃薯的块茎。
用具：大量杯、量筒、网筐、台秤、比重计。
试剂：饱和 NaCl 溶液。

三、内容与方法

（一）内容说明

马铃薯块茎中干物质及其淀粉含量的多少是决定块茎品质的重要指标之一，但常因品种与栽培条件的不同而有所差异。马铃薯块茎是由干物质和水分组成的，干物质中主要是淀粉。而干物质的相对密度大于水的相对密度（如淀粉的相对密度为 1.50，而水的相对密度为 1），这就与干物质或淀粉的含量之间具有了一定的相关性，只要测出块茎的相对密度，就能从现成的表中查出干物质的含量。

马铃薯块茎的干物质中除淀粉外，还有蛋白质、维生素、糖分、有机酸和盐类等。从干物质含量（%）中减去 5.75，就是淀粉和糖分的含量，称为淀粉价。从淀粉中再减去 1.50%的糖分，就是淀粉含量。测定马铃薯块茎淀粉含量的方法有 3 种：水中称重法、排水量法、比重计法。

（二）方法步骤

1. 水中称重法

任何物质在水中减轻的重量等于它排开的同等体积的水的重量。设马铃薯块茎在空气中的重量为 A，在水中的重量为 B，则其比重应为 $a=A/B$。在实际测定中，常将块茎放入网筐中称重，此时，A=网筐和块茎在空气中的重量-网筐在空气中的重量；B=网筐和块茎在水中的重量-网筐在水中的重量；将 A、B 带入 $a=A/B$ 中，即可求得比重。然后查马铃薯块茎干物质、淀粉价查对表（表 4-11-1），得到测试块茎的淀粉价，再从淀粉价中减去 1.50%的糖分含量，即得其块茎的淀粉含量。

2. 排水量法

将水倒入大量杯中，使它达到某一刻度，记下刻度，并将水倒出一部分于小量筒中；再将称过重量为 M（g）的块茎，逐个放入大量杯中然后将小量筒中的水倒回大量杯中使它回到原来的刻度，然后从小量筒中读出剩余的毫升数 N。或直接将该块茎放入盛有一定刻度水的量筒中，记下块茎排开水的体积 N（即 N=放入块茎时量筒中水位的刻度-未放入块茎时水位的刻度），则块茎的比重为 $a=M/N$。

3. 比重计法

将块茎放在清水中，逐步加入饱和 NaCl 溶液，块茎逐渐上升到容器中间，呈半悬浮状态，将比重计插入溶液中，直接测出其比重。

4. 注意事项

为降低实验误差，水中称重和排水量法每次需测定较多薯块（2~3kg）。

表 4-11-1 马铃薯块茎干物质、淀粉价查对

相对密度	干物质（%）	淀粉价	相对密度	干物质（%）	淀粉价
1.049 3	13.100 0	7.400 0	1.102 5	24.501 0	18.740 0
1.050 4	13.300 0	7.600 0	1.103 5	24.779 0	19.020 0
1.051 5	13.600 0	7.800 0	1.105 0	25.036 0	19.280 0
1.052 6	13.800 0	8.100 0	1.106 2	25.293 0	19.540 0
1.053 7	14.100 0	8.300 0	1.107 4	25.549 0	19.790 0
1.054 9	14.300 0	8.600 0	1.108 6	25.806 0	20.050 0
1.056 0	14.600 0	8.800 0	1.109 9	26.008 0	20.333 0
1.057 1	14.800 0	9.000 0	1.111 1	26.341 0	20.589 0
1.058 2	15.000 0	9.300 0	1.112 3	26.598 0	20.846 0
1.059 3	15.300 0	9.500 0	1.113 6	26.876 0	21.124 0
1.060 3	15.500 0	9.900 0	1.114 8	27.133 0	21.381 0
1.061 6	15.743 0	9.993 0	1.116 1	27.411 0	21.659 0
1.062 7	15.948 0	10.232 0	1.117 3	27.688 0	21.906 0
1.063 8	16.219 0	10.468 0	1.118 6	27.946 0	22.194 0
1.065 0	16.476 0	10.724 0	1.119 8	28.203 0	22.451 0
1.066 1	16.711 0	10.959 0	1.121 1	28.481 0	22.629 0
1.067 2	16.949 0	11.195 0	1.122 4	28.760 0	23.008 0
1.068 4	17.204 0	11.452 0	1.123 6	29.016 0	23.264 0
1.069 5	17.439 0	11.687 0	1.124 9	29.295 0	23.543 0
1.070 7	17.696 0	11.944 0	1.126 1	29.551 0	23.799 0
1.071 8	17.931 0	12.179 0	1.127 4	29.830 0	24.078 0

（续表）

相对密度	干物质（%）	淀粉价	相对密度	干物质（%）	淀粉价
1.073 0	18.188 0	12.436 0	1.128 5	30.086 0	24.334 0
1.074 1	18.473 0	12.671 0	1.129 9	30.365 0	24.613 0
1.075 3	18.680 0	12.928 0	1.131 2	30.543 0	24.891 0
1.076 4	18.916 0	13.164 0	1.132 5	30.921 0	25.169 0
1.077 6	19.172 0	13.420 0	1.133 8	31.199 0	25.447 0
1.078 7	19.408 0	13.656 0	1.135 1	31.477 0	25.725 0
1.079 9	19.665 0	13.913 0	1.136 4	31.756 0	26.000 0
1.081 1	19.921 0	14.169 0	1.137 7	32.034 0	26.282 0
1.082 2	20.157 0	14.405 0	1.139 0	32.312 0	26.560 0
1.083 4	20.414 0	14.662 0	1.140 3	32.590 0	26.888 0
1.084 6	20.670 0	14.918 0	1.141 6	32.868 0	27.110 0
1.085 8	20.925 0	15.175 0	1.142 9	33.147 0	27.395 0
1.087 0	21.184 0	15.432 0	1.144 2	33.425 0	27.673 0
1.088 1	21.419 0	15.667 0	1.145 5	33.703 0	27.951 0
1.089 3	21.676 0	15.924 0	1.146 8	33.981 0	28.229 0
1.090 5	21.933 0	16.181 0	1.148 1	34.259 0	28.507 0
1.091 7	22.190 0	16.438 0	1.149 4	34.538 0	28.786 0
1.092 9	22.447 0	16.695 0	1.150 4	34.816 0	29.064 0
1.094 1	22.703 0	16.951 0	1.152 1	35.115 0	29.363 0
1.095 3	22.960 0	17.208 0	1.153 4	35.394 0	29.642 0
1.096 5	23.217 0	17.465 0	1.154 7	35.672 0	29.920 0
1.097 7	23.474 0	17.722 0	1.156 1	35.971 0	30.219 0
1.098 9	23.731 0	17.970 0	1.157 4	36.249 0	30.493 0
1.100 1	23.987 0	18.230 0	1.158 7	36.526 0	30.776 0
1.101 3	24.244 0	18.490 0	1.160 1	36.872 0	31.075 0

作业与思考

1. 试比较水中称量法、排水量法、比重计法测定马铃薯块茎淀粉含量的优缺点。
2. 将测定结果填入下表。

品种	水中称重法					排水法					比重计法		
	空气中重/g	水中重/g	相对密度	干物质/%	淀粉价/%	空气中重/g	排开水毫升数/mL	相对密度	干物质/%	淀粉价/%	相对密度	干物质/%	淀粉价/%

实验十二　糖料作物含糖量的测定

一、目的要求

了解利用旋光法测定糖料作物含糖量的原理，学习使用旋光计（检糖仪）分析预测供试样品的含糖量指标。

二、材料与用具

材料：甘蔗或糖用甜菜。

用具：分析天平（1/10 000）、旋光仪（检糖计）、电动植物捣碎机、100ml 容量瓶、恒温水浴锅、漏斗、镊子、刀片、10ml 移液管、吸耳球。

试剂：

（1）碱性乙酸铅溶液：称取 $Pb(OAc)_2 \cdot 3H_2O$（化学纯）60g 和 PbO（化学纯）20g 加水 10mL 研磨，放入蒸发皿中，盖上表面皿，在沸水浴上加热至原黄色变白或紫白色，然后边搅拌边加入 190mL 水，冷却、澄清、过滤，密封保存。

（2）饱和 Na_2SO_4溶液：将硫酸钠（Na_2SO_4，化学纯）不断加入水中，边加边搅拌，直至水中的硫酸钠不再增加为止，取澄清溶液待用。

（3）酚酞指示剂：将 0.1g 酚酞溶于 100mL95%乙醇中。

三、内容与方法

（一）内容说明

糖料作物主要指甘蔗和糖用甜菜，它们所含糖几乎全是蔗糖。前者可以直接压汁测定蔗糖含量，后者则需用水浸提后测定。测定蔗糖的方法有旋光法、折光法和容重法，其中广泛采用的是旋光法，其特点是简单、快速、准确，但需要使用旋光仪或检糖计。比重法和折光法不够准确，但没有旋光仪时可以选则这两种方法，本实验主要介绍旋光法。

旋光法测定糖含量的原理是基于糖类分子具有不对称碳原子，可使通过的光的偏振面旋转。当光的波长、温度和液层厚度一定时，溶液中蔗糖的浓度与偏振光面旋转角度成正比，因此，可用旋光仪测定蔗糖的含量。各种糖类都有其特定的比旋，例如蔗糖水溶液的比旋 $[\alpha]_D^{20}$ 为 +66.5，葡萄糖是+52.8，果糖是-92.8，麦芽糖是+118 等。

比旋光度 $[\alpha]_D^{20}$ 是指 100 mL 溶液中含有 100g 旋光物质，通过液层厚度（即管长）ldm，在温度 20℃时，钠光源（D=589.3 nm）偏振面所旋转的角度。

$$[\alpha]_D^{20} = \frac{a \cdot V}{l \cdot W}$$

式中，a——旋光仪测定的旋转角度；l——管长（dm）；V——溶液体积（mL）；W——旋光性物质（糖）的质量（g）。

W/V 为糖的浓度，当用 g/100mL 表示时，则旋光角度 $\alpha = [\alpha]_D^{20} \times l \times \frac{g}{100}$。

当管长一定时，$g=\frac{100\times\alpha}{[\alpha]_D^{20}\times l}=ka$，式中 k 为常数，随旋光物质的比旋和管长而改变。蔗糖的比旋 $[\alpha]_D^{20}$ 为+ 66.5，如将管长固定为 2dm，则，$k=\frac{100}{66.5\times 2}=0.75$，$g=0.75\times\alpha$，

$$蔗糖（\%）=\frac{0.75\times\alpha}{m}\times 100$$

式中，m——与 100mL 溶液相当的样品质量（g）。

国际上为统一蔗糖旋光法测定的标准，检糖计的标度采用国际度（°S）表示，即指 26g 纯蔗糖在 20℃时溶成 100mL 水溶液（相对密度为 1.100），通过 2dm 旋光管的旋光角度规定为 100°S，直接刻有°S 值的旋光仪称为检糖（旋光）计。26g 称为糖品的 1 “规定量”。检糖计的 1°S 相当于 100mL 溶液中含有 0.26g 蔗糖，读数为 X°S，表示 100mL 被测液中含 0.26 × X°S（g）蔗糖。若样品称重为 26g，制成糖溶液的体积为 100mL 时，则每 1°S 即表明样品含蔗糖 1%，用此测读非常方便，即：

$$蔗糖（\%）=\frac{0.26\times X°S}{26}\times 100=°S$$

（二）方法步骤

1. 待测液制备

将试样按纵横剖面均匀切细放入电动捣碎机的杯中与等量水捣成糊状物。称取 52g 糊状物（即 26g 样品），用热水将其洗入 100mL 容量瓶中，总体积约为 90mL，放入 80℃恒温水浴中加热 30min，其间摇动几次，使糖分浸出。稍冷后，滴加 1~5mL 碱性乙酸铅溶液以沉淀蛋白质。过量的乙酸铅可滴加饱和 Na_2SO_4 溶液除掉。冷却后，用蒸馏水定容（如液面有泡沫可滴加乙醚消除）。过滤，弃去初滤液 20mL 左右，取澄清液待测。

2. 测定

旋光仪使用时要提前 20min 开机预热，使钠灯光稳定正常后，打开“测量”开关，此时仪器已可进行测量，按操作标准使用仪器。先用清亮的待测液润洗旋光管（1dm）2~3 次，然后将溶液装满管中，使管口液体呈凸起状。将活动的圆玻璃片与旋光管垂直方向插入盖上（可避免留有气泡）。将管盖扭紧，检查管中是否有气泡。然后读取旋光仪上的旋光度值或检糖计上的°S，取 3 次读数的平均数作为读数结果。

3. 结果计算

$$蔗糖含量（\%）=\frac{\alpha\times 0.75}{26}\times 100 \text{ 或 } 蔗糖含量（\%）=\frac{0.26\times X°S}{26}\times 100=°S$$

式中，α——旋光仪上读得的角度；°S——检糖计上的读数。

4. 用于糖旋光的温度校正

（1）精糖：如果实验≥99%的糖的旋光不是在 20℃下测定的，可用下公式折算成 20℃的旋光：

$P_{20}=P_t[1+0.0003(t-20)]$

其中 P_t 等于测定温度 t 的旋光读数（用于旋光≥96°S 的甜菜糖和粗蔗糖，不会有明

显的误差)。

(2) 粗糖：当测定温度不在 20℃时，如果粗蔗糖的旋光<96°S，可用下公式计算20℃时的旋光。

$P_{20} = P_t + 0.0015(P_t - 80)(t - 20)$

式中，P_t和 t 与（1）相同。

作业与思考

1. 试简单比较旋光法、比重法、折光法测定糖料作物含糖量的优缺点。
2. 简述旋光法测定糖含量的基本原理。

实验十三　甜高粱锤度和出汁率分析

一、目的要求

掌握测定甜高粱锤度和出汁率的基本方法。

二、材料与用具

材料：成熟期甜高粱材料。

用具：手持糖量仪、电动榨汁机、电子天平（1/100）、温度计、烧杯、钳子、菜刀、螺丝刀、棉纱布。

三、内容与方法

（一）内容说明

茎秆汁液锤度和出汁率均是与糖产量有关的性状，是衡量甜高粱品质的重要性状。锤度是在20℃时用Brix氏比重锤度计测得的纯蔗糖溶液中的蔗糖重量百分率。纯蔗糖溶液的锤度与真干固物相等，但甜高粱汁液为不纯蔗糖溶液，因此，所测得的结果只表示用比重法测得的固溶物的重量百分率。甜高粱锤度的测定就是根据不同浓度的含糖溶液具有不同的折光率这一物理性质进行的。用手持糖量仪测定就是根据不同浓度的含量溶液具有不同的折光率这一物理性质进行的。用手持糖量仪测定甜高粱的锤度是最方便而较准确的方法。

茎秆出汁率的高低与茎秆质地密切相关。一般来说，蒲心材料（髓部组织多孔松软，类似海绵状的材料）干枯少汁，相反实心材料或半实心材料则汁液偏多。

（二）方法步骤

1. 锤度的测定

（1）调焦：将糖量仪棱镜前端对向光亮处，旋转调焦目镜，直至目镜视场内划分刻度线清晰可见。

（2）校正：用棉纱布擦净折射棱镜，并在其表面滴1~2滴蒸馏水，合上盖板，观察明暗分界线是否在0位。如不在0位，可用螺丝刀旋转糖量仪右侧调整螺丝，使分界线对准0位。将调零后的棱镜和盖板表面的水用棉纱布擦干净。

（3）测定：用钳子挤压甜高粱茎秆样品，压出汁液，将1~2滴汁液滴到棱镜表面的中间位置。合上盖板，使溶液均匀分布于棱镜表面。在自然光下，观察视野中明暗分界处的读数，即为锤度。压出的甜高粱汁液中主要成分是蔗糖，但还有其他可溶性物质，这些可溶物质也可引起光的折射，因此折光镜上所测得的读数，是可溶性物质的总浓度，称“锤度”。

温度对锤度的影响极大。温度升高，折光率减小，温度降低，折光率增大。手持糖量仪的刻度尺是在20℃时制定的，所以最好在20℃时进行测定，否则须进行温度校正。测定温度高于20℃时，应加上表4-13-1中的校正值，低于20℃时应减去表4-13-1中的校正值。

表4-13-1　非标准温度（20℃）下测定的锤度校正

温度（℃）	锤度（%）								附注
	0	5	10	15	20	25	30	35	
10	0.50	0.50	0.58	0.61	0.64	0.66	0.68	0.70	在测量值上减去数值
11	0.44	0.49	0.53	0.55	0.58	0.6	0.62	0.69	
12	0.42	0.45	0.48	0.50	0.52	0.54	0.56	0.58	
13	0.37	0.40	0.42	0.44	0.46	0.48	0.49	0.50	
14	0.33	0.35	0.37	0.39	0.40	0.41	0.42	0.43	
15	0.27	0.29	0.31	0.33	0.34	0.34	0.35	0.36	
16	0.22	0.24	0.25	0.26	0.27	0.28	0.28	0.29	
17	0.17	0.18	0.19	0.20	0.21	0.21	0.21	0.22	
18	0.12	0.13	0.13	0.14	0.14	0.15	0.15	0.15	
19	0.06	0.06	0.06	0.07	0.07	0.07	0.07	0.08	
21	0.06	0.07	0.07	0.07	0.07	0.08	0.08	0.08	在测量值上加上数值
22	0.13	0.13	0.14	0.14	0.15	0.15	0.15	0.15	
23	0.19	0.20	0.21	0.22	0.22	0.23	0.23	0.23	
24	0.26	0.27	0.28	0.29	0.30	0.30	0.31	0.37	
25	0.33	0.35	0.35	0.37	0.38	0.38	0.39	0.40	
26	0.40	0.42	0.43	0.44	0.45	0.46	0.47	0.48	
27	0.46	0.50	0.52	0.53	0.54	0.55	0.55	0.56	
28	0.56	0.58	0.60	0.61	0.62	0.63	0.63	0.64	
29	0.64	0.66	0.68	0.69	0.71	0.71	0.73	0.73	
30	0.72	0.74	0.77	0.78	0.79	0.79	0.80	0.81	

2. 出汁率的测定

（1）测量茎秆重：在甜高粱成熟期，取整株样品，去掉穗、叶片及叶鞘，只留下茎秆部分。用棉纱布将茎秆表面擦净，在天平上称重，精确至0.01g。

（2）茎秆榨汁：将称重后的高粱茎秆放入电动榨汁机内进行压榨。压榨时，茎秆放入榨汁机内不应太快，否则样品将堵塞进样口。直径超过30mm的甜高粱样品需用刀破成两半进行压榨，以免榨汁机超负荷运转。用刀将样品破开的过程中，应尽量避免汁液流失。榨得的汁液会流入榨汁机的装汁盒内，将装汁盒内的黏液尽可能避免损失的倒入烧杯中，进行称重，精确至0.01g。压榨完毕后，及时冲洗装汁盒，将其内的黏物冲洗掉，保持清洁。

（3）结果计算：

$$出汁率（\%）=\frac{茎秆汁液重}{茎秆重}\times 100$$

作业与思考

1. 用手持糖量计测定所给不同甜高粱材料各节的锤度。
2. 测定甜高粱茎秆出汁率时应注意哪些操作？

第五章　作物生理诊断与抗性鉴定

实训一　缺素培养作物的形态观察及生理指标测定

一、目的要求

学习配置溶液培养原液，利用原液配置完全培养液和缺素培养液的方法。通过溶液培养方法，使学生了解植物在缺乏氮、磷、钾等元素时形态特征上出现的症状，并通过测定植物体内矿质元素含量、硝酸还原酶活性的变化，了解其对植物生长发育的影响。

二、材料与试剂

实验材料：绿豆芽或小麦幼苗。

实验仪器：医用天平、电子天平、培养缸或培养器皿、烧杯、量筒、移液管、洗耳球、角匙、玻璃棒、722 型分光光度计、剪刀、真空泵、电子天平、温箱、烧杯、移液枪、tip 头（两种规格：1 000μL，200 μL）。

实验试剂：KNO_3、$Ca(NO_3)_2$、$NH_4H_2PO_4$、$MgSO_4 \cdot 7H_2O$、$CaCl_2$、KCl、H_3BO_3、$MnSO_4 \cdot H_2O$、$ZnSO_4 \cdot 7H_2O$、$CuSO_4 \cdot 5H_2O$、H_2MoO_4、NaFeDTPA（10%Fe）、$NiSO_4 \cdot 6H_2O$、$NaSiO_3 \cdot 9H_2O$

三、内容与方法

（一）内容说明

已经知道植物生长发育必需的元素有碳、氢、氧、氮、磷、钾、钙、镁、硅、铁、锰、硼、锌、铜、钼、钠、镍和氯等 19 种。利用溶液培养法或砂基培养法培养植株，当缺乏某一种必需元素时，会影响植物的生长发育，使植物不能正常完成生活周期，便显出专一缺乏症状和生理病症。

硝酸还原酶（NR）与植物吸收利用氮肥有关，对农作物产量和品质有重要影响，因而硝酸还原酶活性被当作植物营养或农田施肥的指标之一，也可作为品种选育的指标之一。

（二）方法步骤

（1）将绿豆用水浸泡 24h，或水稻种子浸泡 1h，充分吸胀后，播于干净的湿沙中，温室（28℃）或室外培养。当幼苗长到 7～8cm 时，选择生长势相同的植株进行溶液培养。

（2）按照表5-1-1配制100mL大量元原液（1 000mmol/L）、100mL各种微量元素原液、50mL $NiSO_4 \cdot 6H_2O$ 原液（0.25mmol/L）和50mL $NaSiO_3 \cdot 9H_2O$ 原液（1 000 mmol/L）。

（3）按照表5-1-2，分别配制完全培养液、缺氮培养液、缺磷培养液、缺钾培养液等培养液各1 000mL。

（4）取8个培养缸，洗净，做好标记（完全培养、缺氮培养、缺磷培养和缺钾培养等培养）。各加入1 000mL相对应的培养液。

（5）每缸培养3或4株幼苗，用棉花固定，将培养缸置于光照培养箱或培养温室内，25~30℃，每天光照10~12h。

（6）将培养的植物材料，每天补足培养缸内的水分至原来的高度，每周更换1次培养液。

（7）在25~30℃，光照12h/d条件下培养3~4周，观察在缺素溶液中生长的植株（与在完全溶液培养的植株比较），其在叶片数目、叶色、植株高度、根的数目和长度等方面是否出现明显症状。

表5-1-1　配置培养液原液和1L培养液的吸收用量

试剂名称	分子质量（g/mol）	浓度（mmol/L）	浓度（g/L）	每升培养液中取原液量（mL）
大量元素				
KNO_3	101.10	1 000	101.10	101.10
$Ca(NO_3)_2 \cdot 4H_2O$	236.16	1 000	236.16	4.0
$NH_4H_2PO_4$	115.08	1 000	115.08	2.0
$MgSO_4 \cdot 7H_2O$	246.48	1 000	246.48	1.0
KH_2PO_4	136.09	1 000	136.09	1.0
微量元素				
$CaCl_2$	110.98	1 000	110.98	5.0
KCl	74.55	500	55.49	0.4
H_3BO_3	61.83	12.5	0.773	0.4
$MnSO_4 \cdot H_2O$	169.01	1.0	0.169	0.4
$ZnSO_4 \cdot 7H_2O$	287.54	1.0	0.288	0.4
$CuSO_4 \cdot 5H_2O$	249.68	0.25	0.062	0.4
H_2MoO_4（85%MoO_3）	161.97	0.25	0.040	0.4
NaFeDTPA（10%Fe）	468.20	64	30.000	0.6

表 5-1-2　培养液配置　（单位：mL）

试剂名称	完全	缺氮	缺磷	缺钾	缺钙	缺镁	缺硫	缺铁
KNO_3	6.0	0	6.0	0	6.0	6.0	6.0	6.0
$Ca(NO_3)_2 \cdot 4H_2O$	4.0	0	4.0	4.0	0	4.0	4.0	4.0
$NH_4H_2PO_4$	2.0	0	0	2.0	2.0	2.0	2.0	2.0
$MgSO_4 \cdot 7H_2O$	1.0	1.0	1.0	1.0	1.0	0	0	1.0
KH_2PO_4	0	1.0	0	0	0	0	0	0
$CaCl_2$	0	5.0	0	5.0	0	0	0	0
KCl	0.4	0.4	0.4	0	0.4	0.4	0.4	0.4
H_3BO_3	0.4	0.4	0.4	0.4	0.4	0.4	0.4	0.4
$MnSO_4 \cdot H_2O$	0.4	0.4	0.4	0.4	0.4	0.4	0	0.4
$ZnSO_4 \cdot 7H_2O$	0.4	0.4	0.4	0.4	0.4	0.4	0	0.4
$CuSO_4 \cdot 5H_2O$	0.4	0.4	0.4	0.4	0.4	0.4	0	0.4
H_2MoO_4（85%MoO_3）	0.4	0.4	0.4	0.4	0.4	0.4	0	0.4
NaFeDTPA（10%Fe）	0.6	0.6	0.6	0.6	0.6	0.6	0.6	0
$NiSO_4 \cdot 6H_2O$	2.0	2.0	2.0	2.0	2.0	2.0	0	2.0
$Na_2SiO_3 \cdot 9H_2O$	1.0	1.0	1.0	1.0	1.0	1.0	1.0	1.0

均加蒸馏水定容至 1 000mL

（8）将缺素培养液更换成完全培养液，继续培养植株，1~2 周后，观察分析在步骤 7 出现的症状是否有变化。

（9）硝酸还原酶活性的测定如下。

① 分别配制反应液于小烧杯中：0.1M 磷酸缓冲液 5mL+蒸馏水 5mL；0.1M 磷酸缓冲液 5mL+0.2M KNO_3 5mL。

② NO_2^-的获得：先称取新鲜叶片 0.5g 共 4 份，剪成小片，分别置于小烧杯内的反应液中。然后在真空干燥器中抽气 20min，使叶片沉于溶液底部，溶液即可渗入组织内取代其中的空气，内部产生的 NO_2^-可渗透到外部溶液中。

③ 将小烧杯转到 30℃温箱，使其不见光，保温 20min。

④ 用 5 μg/mL $NaNO_2$母液配制标准梯度溶液 5 μg/mL、4 μg/mL、3 μg/mL、2 μg/mL、1 μg/mL、0.5 μg/mL、0.1 μg/mL、0 μg/mL。

⑤ 吸取不同浓度的 $NaNO_2$ 1mL 于试管中，加入磺胺试剂 2mL 及 α-萘胺试剂 2mL，混合均匀，在 60℃水浴中保温 20min，于比色杯中，在 520nm 下进行比色，读取光密度，然后做出光密度—浓度曲线，以光密度为纵坐标，$NaNO_2$浓度为横坐标，绘制标准曲线（表 5-1-3）。

表 5-1-3　硝酸还原酶活性标准曲线的绘制

试剂	管号							
	1	2	3	4	5	6	7	8
$NaNO_2$母液（mL）	0	0.02	0.1	0.2	0.4	0.6	0.8	1.0
蒸馏水（mL）	1	0.98	0.9	0.8	0.6	0.4	0.2	0
1%磺胺（mL）	2	2	2	2	2	2	2	2
0.2%α-萘胺（mL）	2	2	2	2	2	2	2	2
每管亚硝酸氮含量（μg）								
每管 $NaNO_2$浓度（μg/mL）								
光密度								

⑥ 吸取反应液各 1mL 于试管中加入磺胺和 α-萘胺各 2mL，60℃水浴 20min，生成粉红色化合物。用比色法在 520nm 下读取光密度值，从标准曲线上查得 NO_2^-的含量。

作业与思考

1. 根据公式，计算配置完全培养液、缺氮培养液、缺磷培养液、缺钾培养液、缺钙培养液、缺镁培养液各 800mL 需要从各种培养原液中吸取的用量，用表格表示。

取原液的量（mL）=［需要稀释浓度（mmol/L）×配置培养液体积（mL）］/原液浓度（mmol/L）

2. 记录和分析在不同培养液培养 15d 植株的叶色、叶片数目、病叶数目、嫩叶病症、植株高度、根鲜重等，并用表格呈现结果。

形态指标	完全	缺氮	缺磷	缺钾	缺钙	缺镁	缺硫	缺铁
叶色								
叶片数目								
病叶数目								
嫩叶病症								
植株高度								
根鲜重								

3. 计算酶活性，以每小时每克鲜重所产生的 NO_2^-微克数表示［μg/（g·h）］。

幼苗	完全培养液		缺N培养液	
	KNO_3	H_2O	KNO_3	H_2O
鲜重（g）				
光密度				
亚硝酸钠浓度（μg/mL）				
亚硝态氮含量（μg）				
酶活性				

样品中酶活性

（NO_2^- μg·Fwg^{-1}·h^{-1}）=［X（μg）/V_2（mL）×V_1（mL）］/［样品鲜重（g）×酶反应时间（h）］

公式中：X——从标准曲线查出反应液中亚硝态氮总量（μg）；V_1——提取酶时加入的缓冲液体积（mL）；V_2——酶反应时加入的酶液体积（mL）。

注意事项：

（1）使用沙培时，要用自来水将沙冲洗干净。

（2）所用药品必须为分析试剂级（AR），用具要洁净。

（3）NaFeDTPA属于螯合铁化合物。也可以称取 Na_2-EDTA 7.45g 和 $FeSO_4 \cdot 7H_2O$ 5.57g 分别用水溶解后，定容至1 000mL。在配置培养液时，取量与表5-1-2中NaFeDTPA（10%Fe）相同。

实训二　干旱胁迫对作物幼苗形态及生理的影响

一、目的要求

了解干旱胁迫条件下作物的生物学变化和生理变化特征，学习作物抗旱性室内鉴定方法和技术。

二、材料与试剂

实验材料：小麦种子或玉米种子。

实验仪器：冰箱、恒温箱、水浴锅、高级型分光光度计、台式离心机、电导率仪、旋涡仪、台式天平、塑料盆钵、研钵、烧杯、量筒、容量瓶、具塞试管、刻度试管、漏斗、移液管、剪刀、镊子。

实验试剂：碳酸钙，人造沸石，甲苯，30g/L 磺基水杨酸，活性炭，乙醇，0.3mmol/L 甘露醇（54.65g 甘露醇溶于 1 000mL 蒸馏水中）或 15% $PEG_{6\,000}$，标准脯氨酸溶液（10mg 脯氨酸溶于 100mL 80%乙醇中，浓度为 100 μg/mL），酸性茚三酮试剂（2.5g 茚三酮置于 60mL 冰乙酸和 40mL 6 mol/L 磷酸中，加热（70℃）溶解。试剂 24h 内稳定）

葡萄糖标准液：称取已在 80℃烘箱中烘至恒重的葡萄糖 100mg，用 80%（体积比）乙醇配制成 1 000mL 溶液，即得每毫升含糖为 100 μg 的标准液。

蒽酮试剂：称取 1g 蒽酮，溶解于 1 000mL 稀硫酸（将 760mL 相对密度为 1.84 的浓硫酸用蒸馏水稀释成 1 000mL）溶液中，置于棕色瓶中，当日配制使用。

三、内容与方法

由于环境因素的变化，植物不能从周围环境中得到充足水分，进而会表现出形态、色素、膜透性和生理生化等方面的变化，以及特异性胁迫蛋白的表达增强。本实验从植物材料的种植、材料的生长管理、到后期胁迫处理，并从上述几个方面研究干旱胁迫条件下植物的生物学变化。让学生学会从多层面多角度研究和分析植物应对环境变化的生物学问题。

（一）植物材料的种植、管理和处理

选大小均匀，籽粒饱满的种子，冲洗干净后，于 25℃室温中黑暗浸泡 6h，之后播种于土中（最好是蛭石：黑土：珍珠岩 = 7：2：1）。在正式实验前一个月开始种植于盆钵中，室温 25℃，光照周期 16h/8h（昼/夜），期间要加强管理。在植物生长 20~25d 时，选取长势一致的幼苗，分成两组，把其中一组植物用 0.3mol/L 的甘露醇浇灌 7d，另一组用同样量的水浇灌作为对照。7d 后，取样测定。

（二）胁迫条件下的生物学变化指标测定

1. *形态学观察*

仔细观察处理组与对照组的株高、鲜重、叶型、叶色，拍照并记录描述。

2. 膜透性的变化——相对电导率的测定

选取植株叶片若干，蒸馏水冲洗两遍，用洁净滤纸吸干。用打孔器打成面积相等的5个叶盘，放入事先准备好的盛有30mL去离子水的三角瓶中，静置30min，室温下用电导率仪测定溶液电导率，记录为S_1。然后100℃沸水浴中15min，以杀死植物组织，取出后冷至室温，测定其煮沸后的电导率，记录为S_2。

相对电导率计算公式：相对电导率（%）=（S_1/S_2）×100

3. 可溶性糖含量的变化——蒽酮—硫酸法测定可溶性总糖

（1）可溶性糖的提取：取叶片在110℃烘箱烘15min，然后调至70℃过夜。干叶片磨碎后称取50mg样品倒入10mL刻度离心管内加入4mL 80%乙醇，置于80℃水浴中不断搅拌40min，离心，收集上清液，其残渣加2mL 80%乙醇重复提2次，合并上清液。在上清液中加10mg活性炭，80℃脱色30min，80%乙醇定容至10mL，过滤后取滤液测定。

（2）绘制标准曲线：取20mL带塞试管，编号，按表5-2-1配制系列浓度的标准葡萄糖溶液。然后在每只试管中加入5mL蒽酮试剂，混匀，盖上塞子，在沸水浴中煮沸10min（水浴重沸后计时），取出，立即用水冷却至室温，在625nm波长下，分别测量各管的吸光值，用0号管调零。以吸光值为纵坐标，葡萄糖含量为横坐标，绘制标准曲线。

表5-2-1　标准曲线绘制

管号	0	1	2	3	4	5	6
葡萄糖标准液（mL）	0	0.1	0.2	0.4	0.6	0.8	1.0
80%乙醇（mL）	1.0	0.9	0.8	0.6	0.4	0.2	0
葡萄糖含量（μg）	0	10	20	40	60	80	100

（3）测定：吸取上述糖提取液1mL，加入5mL蒽酮试剂混合，用上述同样的方法，在625nm处测得吸光值，以0号管调零。由标准曲线查得提取液中的糖含量，然后根据每mL提取液含有5mg干样品中的糖，再行计算样品中含糖百分数。

4. 色素含量的变化——叶绿素含量的测定

（1）色素的提取：取新鲜叶片，剪成碎块，称取0.5g放入研钵中加纯丙酮3mL，少许碳酸钙和石英砂，研磨成匀浆，再加80%（体积比）丙酮5mL，将匀浆转入离心管，并用适量80%丙酮洗涤研钵，一并转入10mL离心管，以4 000r/min转速离心10min后弃沉淀，上清液用80%丙酮定容至10mL。

（2）测定吸光值：取上述色素提取液1mL，加80%丙酮4mL，稀释后转入比色杯中，以80%丙酮为对照，分别测定663nm、645nm处的吸光值。

（3）按下列公式分别计算色素提取液中叶绿素a、叶绿素b及叶绿素a+b的浓度。再根据稀释倍数分别计算每克鲜重叶片中色素的含量。

$C_a = 12.7OD_{663} - 2.69OD_{645}$

$C_b = 22.9OD_{645} - 4.68OD_{645}$

$C_T = C_a + C_b = 8.02OD_{663} + 20.21OD_{645}$

式中C_a为叶绿素a的浓度、C_b为叶绿素b的浓度、C_T为总叶绿素浓度，单位为mg/L。

5. 脯氨酸含量的变化

（1）取叶片0.5g，用30g/L磺基水杨酸5mL研磨提取，匀浆移至离心管中，在沸水浴中提取10min，冷却后，3 000r/min离心10min，取上清液待测。另取未经甘露醇处理的材料同样值得提取液待测。

（2）制作标准曲线：用100 μg/mL脯氨酸配制成0 μg/mL、1 μg/mL、2 μg/mL、3 μg/mL、4 μg/mL、5 μg/mL、6 μg/mL、7 μg/mL、8 μg/mL、9 μg/mL、10 μg/mL的标准溶液。取标准溶液各2mL，加2mL 30g/L磺基水杨酸，2mL冰乙酸和4mL 25g/L酸性茚三酮试剂与具塞试管中，置沸水浴中显色1h，冷却后加入4mL甲苯盖好盖子于旋涡仪上震荡30sec，静置分层，吸取红色甲苯相，于波长520nm测定吸光值，以吸光值为纵坐标，脯氨酸浓度（μg/mL）为横坐标绘制标准曲线。

（3）各取2mL两种上清液，分别加入2mL蒸馏水，2mL冰乙酸和4mL 25g/L酸性茚三酮试剂，与上述制作标准曲线一样进行显色，萃取和比色，最后从标准曲线查得脯氨酸含量。

作业与思考

1. 形态观察记录

形态指标	对照组	处理组
苗高（cm）		
叶长（cm）		
叶宽（cm）		
叶型		
叶色		
鲜重（g）		

2. 处理组与对照组表型图片（相同背景及比例尺）。

3. 生理指标测定记录

指标	对照组	处理组
相对电导率		
可溶性总糖含量（μg/mL）		
叶绿素含量（mg/g）		
脯氨酸含量（μg/mL）		

4. 总结

结合实验数据，制作图表，分析渗透胁迫条件下植物适应性的变化。

实训三　盐胁迫对小麦种子萌发过程的生理影响

一、目的要求

通过从植物材料的种植、生长管理、胁迫处理及实验分析，测定淀粉、可溶性糖、淀粉酶活性、可溶性蛋白质、脯氨酸含量和生物量，来了解小麦萌发过程中的生理变化，提高学生的综合实验与分析能力。

二、材料与试剂

实验材料：有活性的小麦种子。

实验仪器：-80℃冰箱、分光光度计、恒温水浴、电子天平、烘箱、水浴锅、超声波清洗池、研钵或组织捣碎机、离心机、磁力搅拌仪、旋涡仪、种植植物材料的瓷盘或培养皿、具塞刻度试管、漏斗、刻度吸管、容量瓶、烧杯、移液管、圆底烧瓶。

ICS-3000 多功能离子色谱仪（美国戴安公司），包括双泵模块、检测器/色谱模块、自动进样器模块。双泵模块中包含一个单元泵和一个四元梯度泵；检测器/色谱模块中放置进样阀、分析柱和安倍检测器；安倍检测器用金工作电极，pH/Ag/AgCl 参比电极，钛对电极；Chromeleon 6.8 色谱工作站。

实验试剂：

（1）淀粉酶活力测定

① 标准麦芽糖溶液（100 μg/mL）：精确称取 100mg 麦芽糖，用蒸馏水溶解并定容至 100mL，取其中 10mL，用蒸馏水定容至 100mL。② 3，5-二硝基水杨酸试剂：精确称取 1g 3，5-二硝基水杨酸，溶于 20mL 2mol/L NaOH 溶液中，加入 50mL 蒸馏水，再加入 30g 酒石酸钾钠，待溶解后用蒸馏水定容至 100mL。盖紧瓶塞，勿使 CO_2进入。若溶液混浊可过滤后使用。③ 0.1mol/L pH 值 5.6 的柠檬酸缓冲液、10g/L 淀粉溶液：称取 1g 淀粉溶于 100mL 0.1mol/L pH 值 5.6 的柠檬酸缓冲液中。④ 0.4mol/L NaOH 溶液。⑤ 配制质量浓度均为 1mg/L 的葡萄糖、果糖和蔗糖等 3 种糖的标准储备水溶液，使用前用水稀释成所需浓度的标准工作液。

注意事项：D-果糖、D-葡萄糖、蔗糖、各种糖标准品的纯度均大于 99%；NaOH 为优级，实验用水为高纯水。

（2）可溶性蛋白含量测定

100mol/L 苯甲基磺酰氟（即 PMSF，分子量 174.19，17.42mg 溶于 1mL 异丙醇溶液，储存于-20℃冰箱内），蛋白磷酸酶抑制剂混合液（Sigma 公司，货号 P2850），裂解缓冲液［2.5mL 1mol/L Tris-HCl pH=7.5，1.5mL 5mol/L NaCl（292.5g/L）］，5mL 丙三醇，50 μL Tween-20，10 μL 500mmol/L EDTA［（146.12mg/L）用蒸馏水定容至 50mL（注意使用前加蛋白酶抑制剂 PMSF 和 cocktail，现用现加）］，1mol/L 的 NaCl 母液，100 μg/mL 标准牛血清蛋白（称取 10mg 牛血清蛋白用蒸馏水配成 100mL）。

（3）Folin-酚试剂

试剂 A：1g Na_2CO_3溶于 50mL 0.1mol/L 的 NaOH（4g/L）溶液；另将 0.5g $CuSO_4 \cdot 5H_2O$ 溶于 100mL 的 10g/L 酒石酸钾（酒石酸钠）溶液。临用前，将前两者按 50：1 的比例进行混合即可。用时当天配制，过期失效。

试剂 B：将 100g 钨酸钠（$Na_2WO_4 \cdot 2H_2O$）和 25g 钼酸钠（$Na_2MoO_4 \cdot 2H_2O$）、700mL 蒸馏水、50mL 85%（体积比）磷酸及 100mL 浓盐酸置于 1 500mL 磨口圆底烧瓶中，充分混匀后，接上磨口冷凝管，以小火回流 10h。回流完毕，再加入 150g 硫酸锂，50mL 蒸馏水及数滴液体溴，开口继续沸腾 15min，以便除去过量的溴（在通风橱内进行）。冷却后，用蒸馏水稀释至 1 000 mL，过滤，滤液呈微绿色，置于棕色试剂瓶中保存。使用时用试剂滴定标准氢氧化钠（1mol/L），以标定试剂的酸度，以酚酞为指示剂，滴定至溶液颜色由红色变为紫红、紫灰、再突然变成墨绿时，即为终点。最后用蒸馏水将试剂稀释成 1mol/L 酸度，即为试剂 B 的工作液。

三、内容与方法

盐胁迫是影响植物生长的一种常见的非生物胁迫，种子的萌发过程中会发生一系列的生命活动，各种酶开始活化，呼吸和代谢作用急剧增强，蛋白质、糖类和可溶性物质的含量都会发生巨大的变化，从而导致胚乳的性质发生一系列变化。在种子萌发过程中的这些变化同样受盐胁迫影响，可通过严格控制条件进行分析。

（一）植物材料的种植、管理和处理

1. 选种

将经过太阳暴晒的小麦种子用蒸馏水浮选，去掉干瘪的籽粒，留下的种子在 75%的乙醇中浸泡 30~60s，用蒸馏水（有条件的话最好用无菌水）洗涤 3~5 次。然后将消毒处理后得到的小麦种子浸泡于温水中 12h，从中挑选颗粒饱满的种子进行萌发。

2. 萌发

在瓷盘或培养皿中铺上 3~4 层纱布，以蒸馏水（有条件的话最好用无菌水）打湿，以用手指摁下有水渗出为标准，将选好的种子均匀撒在纱布上，用保鲜膜将萌发容器封盖；每天揭开保鲜膜 1 次，通气，并向其中加水使其保持湿润状态，置于光照培养架上，25℃培养；3 天后将胚根伸出的小麦种子转移至含不同盐浓度的培养液中（尽量选择上层是纱网、下层是与之配套的盆钵或器皿培养），保持液面与纱网水平即可，如果水分过多，会导致种子腐烂或水分胁迫，如果过少，则出现干旱胁迫。如果没有特殊的培养装置，也可用瓷盘或培养皿中铺置 3~4 层纱布来继续进行盐胁迫处理。

3. 胁迫取样

胁迫分 0mmol/L、80mmol/L、120mmol/L NaCl 3 组处理，每组 2~3 个重复。每隔 2~3d 向培养装置中浇水，保证根系能接触培养基，如果是在瓷盘中的纱布上培养，保证纱布湿润为最佳；在处理第 2d 开始，每隔 3d 取一次材料，共取 3 次。淀粉含量与可溶性糖含量可用同 1 份材料进行，每次要取 4 份材料备 5 个生理指标的测定，每份材料要有 3 个平行测定样，取材后及时称取鲜重，可及时进行其他生理指标的测定，除了脯氨酸含量需

及时制备提取样品，其他指标可取材称重后液氮速冻，-20℃保存。

（二）生物学变化指标测定

1. 形态学观察与生物重

观察记录处理组与对照组的种子萌发形态，并拍照，为进一步结合生理指标进行分析做好形态学准备；在每个取材时间点对每个处理条件下取6~10颗材料，称鲜重，部分材料100℃烘干至衡重，称其干重，计算出平均每颗材料的鲜重与干重。烘干的材料可进一步用于可溶性糖和淀粉含量的测定。

2. 可溶性糖含量的变化

蒽酮-硫酸法测定可溶性总糖（具体见本章实训一：缺素培养作物的形态观察及生理指标测定）

3. 淀粉含量的测定

取上述可溶性糖含量提取后的残渣0.5g，放入三角烧瓶中，加20g/L HCl 25mL，加盖，在沸水浴锅中沸腾3.5h，用5mol/L NaOH中和。加入Ba（OH）$_2$至沉淀完全后，加入一滴酚酞指示剂。边搅边加入$ZnSO_4$溶液。以沉淀钡盐，滴至红色褪去，再滴Ba（OH）$_2$溶液，恢复淡红色为终止点。过滤，稀释至250mL。

4. 脉冲安倍离子色谱法测定葡萄糖

吸取2mL提取液用0.45 μm的过滤器过滤，供离子色谱分析用。

（1）色谱条件：色谱柱为CarboPac PA1（4×250mm，5 μm）阴离子交换柱，流动相为0.2mol/L的氢氧化钠溶液，流速0.8mL/min PAD脉冲安倍检测器（Au，工作电极），工作电位如下：0.00~0.40s，0.1V；0.41~0.42s，-2.0V；0.43s，0.6V；0.44~0.50s，-0.1V；积分区间为0.2~0.4s；进样25.0 μL。

（2）绘制标准曲线：将质量浓度为2mg/L、10mg/L、20mg/L、40mg/L、80mg/L、100mg/L、120mg/L的各系列标准糖溶液；在选定色谱条件下进样25.0 μL，根据测得的峰面积A对糖的质量浓度进行线性回归，得到回归方程。

（3）取样品提取液25.0 μL，按上述同样的方法测得峰面积，从回归方程中计算得到提取液中葡萄糖、果糖和蔗糖含量（mg/L），然后根据下式计算样品中葡萄糖、果糖和蔗糖含量。

糖含量（mg/g）= $C\times(V\div 0.5)$

式中：C为提取液中糖含量，mg/L；V为0.5g烟草样品制得的提取液体积（mL），本实验为25mL。

计算粗淀粉含量 = 葡萄糖含量×0.9

式中系数0.9是由于淀粉$(C_6H_{10}O_5)_n$水解时吸收了n个水分子。

5. 淀粉酶活性的变化

（1）粗酶液制备：分别取萌发的材料约0.5g，各组做3个平行，每个平行称取鲜重并记录实际鲜重，备后续活性计算用，置于研钵中，加入少量石英砂和2mL蒸馏水，研磨匀浆。将匀浆倒入离心管中，用6mL蒸馏水分次将残渣洗入离心管。提取液在室温下放置提取15~20min，每隔数分钟搅动1次，使其充分提取。然后在3 000r/min转速下离心10min，将上清液倒入100mL容量瓶中，加蒸馏水定容至刻度，摇匀，即为淀粉酶原液。吸取淀粉酶原液 1mL，放入 50mL 容量瓶中，用蒸馏水定容至刻度摇匀，即为淀粉酶稀释液。

（2）绘制麦芽糖标准曲线：取 7 支干净的具塞刻度试管，编号 1～7，将标准麦芽糖溶液（100 μg/mL）按照表 5-3-1 稀释成 0～100 μg/mL 的标准液（0、10、20、40、60、80、100 μg/mL）。每管依次加入 3，5-二硝基水杨酸 2mL，摇匀，置沸水浴中煮沸 5min，取出后流水冷却，以 1 号管作为空白调零点，在 540nm 波长下比色测定。以麦芽糖浓度为横坐标，吸光值为纵坐标，绘制标准曲线或建立回归方程。

表 5-3-1　标准麦芽糖溶液配制

试管编号	1	2	3	4	5	6	7
麦芽糖标准液/mL	0	0.2	0.4	0.8	1.2	1.6	2.0
蒸馏水/mL	2.0	1.8	1.6	1.2	0.8	0.4	0
麦芽糖浓度/（μg/mL）	0	10	20	40	60	80	100

（3）α-淀粉酶活力测定：①取 6 支干净的具塞刻度试管，编号 1～6，1～3 为对照，4～6 为测定管。②每管中加入 1mL 淀粉酶原液，在 70℃±0.5℃下准确加热 15min，以钝化 β-淀粉酶，立即冰浴。③每个试管中加入 0.1mol/L pH 值 5.6 的柠檬酸缓冲液 1mL。④在 1～3 位对照管中分别加入 4mL 0.4mol/L NaOH 溶液，以钝化酶活，再加入 10g/L 淀粉溶液 2mL，混匀。⑤将 4～6 测定管置于 40℃恒温水浴中预热 15min 后，向其中加入 40℃恒温水浴中预热的 10g/L 淀粉溶液 2mL，混匀并立即放回 40℃恒温水浴中保温 5min，迅速向试管中加入 4mL 0.4mol/L NaOH 溶液，备下一步测糖含量。⑥取以上各管中的溶液 2mL 分别加入到 10mL 具塞试管中，另取一管加 2mL 柠檬酸缓冲液作为比色测定时候的空白调零管，再分别加入 3，5-二硝基水杨酸 2mL，摇匀，置沸水浴中煮沸 5min，取出后流水冷却，在 540nm 波长下比色测定，记录数据于表 5-3-2 中，根据标准曲线求出麦芽糖浓度，分别求出 3 个对照管与测定管中麦芽糖浓度的平均值，分别记作 A' 与 A。

（4）α-淀粉酶与 β-淀粉酶总活力测定：取 6 支干净的具塞刻度试管，编号 7～12，7～9 为对照，10～12 为测定管。每管中加入 1mL 淀粉酶稀释液。然后按照 α-淀粉酶活力测定中的步骤③～⑥进行，记录数据于表 5-3-2 中，分别求出 3 个对照管与测定管中麦芽糖浓度的平均值，分别记作 B' 与 B。

表 5-3-2　标准麦芽糖溶液配制

试管编号及分组	α-淀粉酶活力						（α+β）-淀粉酶总活力					
	对照			测定			对照			测定		
	1	2	3	4	5	6	7	8	9	10	11	12
OD_{540}												
麦芽糖浓度（μg/mL）												
平均麦芽糖浓度（μg/mL）	A'			A			B'			B		

（5）计算淀粉酶活性，淀粉酶活性以每克鲜重每分钟的麦芽糖微克数(μg/g FW · min^{-1})表示。

α-淀粉酶活性=［（A-A'）×样品总体积］/（样品重×5）

（α+β）-淀粉酶总活性=［（B- B'）×样品总体积］/（样品重×5）

β-淀粉酶活性=（α+β）-淀粉酶活性-α-淀粉酶活性

其中：A 为α-淀粉酶测定管中（管 4~6）麦芽糖浓度；A'为α-淀粉酶测定管中（管 1~3）麦芽糖浓度；B 为淀粉酶总活性测定管中（管 10~12）麦芽糖浓度；B'为淀粉酶总活性测定管中（管 7~9）麦芽糖浓度。

6. 可溶性蛋白质含量的测定

Folin-酚试剂法：①标准曲线绘制：取不同浓度（100 μg/mL，90 μg/mL，80 μg/mL，70 μg/mL，60 μg/mL，50 μg/mL，40 μg/mL，30 μg/mL，20 μg/mL，10 μg/mL）的牛血清蛋白溶液 0. 6mL，于干净试管中，再分别加入 3mL Folin-酚试剂 A，摇匀，置 25℃水浴中保温 10min，再加入 0. 3mL Folin-酚试剂 B，立即混匀。25℃水浴保温 30min 后，于 500nm 波长处比色（若蛋白质浓度在 5~25 μg，则波长用 750nm，浓度在 25 μg 以上，波长用 500nm 为宜），以蒸馏水加 Folin-酚试剂作为比色空白对照。根据结果绘制出吸光值-蛋白质浓度的标准曲线，最好配以直线方程式。②样品测定：取上述淀粉酶原液 0. 6mL 于试管内，加入 3mL Folin-酚试剂 A，摇匀，25℃水浴保温 10min，加入 0. 3mL Folin-酚试剂 B，立即混匀，25℃水浴保温 30min 后，于 500nm 波长处比色。最后对照标准曲线求出样品液的蛋白质浓度或根据直线方程式计算蛋白质的浓度。

7. 脯氨酸含量的变化

分别取萌发的材料约 0. 5g，各组做 3 个平行，每个平行称取鲜重并记录实际鲜重，备后续含量计算用，分别置大管中，然后向各管分别加入 5mL 30g/L 的磺基水杨酸溶液，在沸水浴中提取 10min（提取过程中要经常摇动），冷却后过滤于干净的试管中，滤液即为脯氨酸的提取液。

作业与思考

1. 形态观察记录

重复	NaCl 浓度（mmol/L）	形态观察	鲜重（g）	干重（g）
1	0			
	80			
	120			
2	0			
	80			
	120			

（续表）

重复	NaCl 浓度（mmol/L）	形态观察	鲜重（g）	干重（g）
3	0			
	80			
	120			

2. 处理组与对照组表型图片（相同背景及比例尺），选择一组差异明显的即可。
3. 生理指标测定记录

测定指标	NaCl 浓度（mmol/L）								
	1			2			3		
	0	80	120	0	80	120	0	80	120
可溶性总糖含量（μg/mL）									
淀粉含量（mg/L）									
淀粉酶活性（$\mu g/g\ FW \cdot min^{-1}$）									
蛋白质含量（μg/mL）									
脯氨酸含量（μg/mL）									

4. 结合实验数据，以图表形式分析盐胁迫对小麦种子萌发过程的影响。

实训四　脱落酸对玉米幼苗抗寒性影响

一、目的要求

通过实验使学生了解脱落酸在植物抗性胁迫中的作用，掌握测定植物抗寒性的相关生理指标的方法。

二、材料与试剂

实验材料：将27℃下萌发生长两周的玉米幼苗分成两组。做如下处理：① 叶面喷施0.001mmol/L的ABA深液；② 叶面喷施蒸馏水作对照。3d后，将玉米幼苗移动4℃下培养4d。

实验仪器：DDS-11A型电导仪，生长箱，真空抽气装置，水浴锅，打孔器，20mL具塞刻度试管。

实验试剂：0.01mmol/L ABA。

三、内容与方法

植物的抗寒性受两种因素制约，即植物的遗传性和激素水平。激素在抗寒基因表达过程中可能发挥重要的作用，抗寒锻炼便是由环境因素改变植物内激素平衡关系进而启动抗寒基因表达的过程。在激素与植物抗性的研究中，脱落酸（ABA）已越来越为人们所重视。植物在受到低温伤害时，细胞膜的结构和功能受到不同程度的破坏，膜的透性增加，细胞内的部分电解质外渗。电解质外渗与植物的受害程度成正比。因此，用电导计算外渗液电导率的变化，可以反映出植物的受害程度。

（1）取上述玉米叶片，用蒸馏水洗净吸干，用打孔器取下叶圆片，处理和对照各称取0.5g。

（2）向20mL具塞刻度试管中加入20mL蒸馏水，然后用镊子将上述叶圆片移至有相应编号的试管中，于真空干燥器中抽气15min，取出试管，间隔几分钟振荡一次，在室温下保持30min，然后用电导仪测定电导，此电导为初电导，用S_1表示。

（3）将测定完初电导的试管加塞，移至沸水中加热10min，待冷却后，再次测定电导，此电导为终电导，以S_2表示。

相对电导率计算公式：相对电导率（%）=（S_1/S_2）×100

作业与思考

1. 测定数据记录

相对电导率	对照组	ABA喷施
1		

（续表）

相对电导率	对照组	ABA 喷施
2		
3		

2. 以电导或相对电导率作为抗寒性的指标，哪个更好些？为什么？

3. 相对电导率与细胞膜的透性有何关系？

4. 脱落酸提高玉米幼苗抗寒性的可能机理是什么？外源喷施脱落酸能否代替作物的抗寒锻炼？

实训五　植物生长调节剂对作物幼苗形态及生理指标的影响

一、目的要求

了解植物生长调节剂对作物形态及生理指标的影响，掌握相关生理指标的测定方法。

二、材料与试剂

实验材料：植物幼苗（小麦、玉米等）。

实验仪器：光照培养箱（内壁四周糊有锡纸，箱内均匀照光约 2 100lx）、叶面积测定仪、分光光度计、冷冻离心机、恒温箱、烘箱、电导率仪、旋涡仪、真空抽气装置、电子天平、水浴锅、旋转的圆盘透明试管架（有机玻璃制造）、广口瓶、剪刀、直尺、烧杯、小型喷雾器、容量瓶、研钵、量筒、三角烧瓶、刻度试管、打孔器、漏斗、移液管、试管、蛭石、石英砂。

实验试剂：

（1）植物生长调节剂溶液：100mg/L 多效唑（或把植物生长剂配入营养液中）。

（2）植物营养液：① Knop 溶液（g/L）：0.8g $Ca(NO_3)_2 \cdot 4H_2O$、0.02g $MgSO_4 \cdot 7H_2O$、0.2g KNO_3、微量 $FeSO_4$、0.2g KH_2PO_4。② Hoagland 溶液（g/L）：1.18g $Ca(NO_3)_2 \cdot 4H_2O$、0.51g KNO_3、0.49g $MgSO_4 \cdot 7H_2O$、0.14g KH_2PO_4、酒石酸铁 0.005kg。

（3）根系活力测定：乙酸乙酯，连二亚硫酸钠，10g/L TTC（准确称取 TTC 1g，溶于少量水中，定容至 100mL），1mol/L 硫酸（用量筒取 980g/L 浓硫酸 55mL，边搅拌边加入到盛有 500mL 蒸馏水的烧杯中，冷却后稀释至 1 000mL），0.4mol/L 琥珀酸（称取琥珀酸 4.72g，溶于水中，定容至 100mL），66mmol/L 磷酸缓冲液 pH 值 7.0（A 液：称取 $Na_2HPO_4 \cdot 2H_2O$ 11.876g 溶于蒸馏水中，定容至 1 000mL；B 液：称取 KH_2PO_4 9.078g 溶于蒸馏水中，定容至 1 000mL，用时取 A 液 60mL，B 液 40mL 混合即可）。

（4）超氧化物歧化酶活力测定：14.5mmol/L DL-甲硫氨酸（2.16g/L），50mmol/L 磷酸缓冲液 pH 值 7.8，酶提取液［50mmol/L PBS 缓冲液，pH 值 7.8（7.1g/L Na_2HPO_4，6.8g/L KH_2PO_4，按体积 9∶1 混合，如 pH 值高或低于 7.8，则用 KH_2PO_4 或 Na_2HPO_4 调节。每 1 000mL 缓冲液含 8g NaCl，0.2g KCl）］，3 μmol/L EDTA（0.87mg/L，用 50mmol/L PBS 缓冲液配制，用前配制、避光保存），NBT 溶液［用 50mmol/L PBS 缓冲液（pH 值 7.8）配制 2.25mmol/L NBT（1 分子结晶水，2.17g/L），用前配制、避光保存］，核黄素溶液［用 50mmol/L PBS 缓冲液（pH 值 7.8）配制 60 μmol/L 核黄素(22.6mg/L)，用前配制、避光保存］。

（5）丙二醛含量测定：用 10%（体积比）三氯乙酸（TCA）配制 6g/L 的硫代巴比妥酸 TBA 溶液。

三、内容与方法

植物激素调节植物的生长发育，植物生长调节剂能够对植物的生长发育产生影响，为研究一些新药剂的基本效应，通常在大田试验评定之前，选用植物的幼苗为材料，对其活性和应用剂量作初步筛选，其优点有：① 材料的一致性；② 环境容易控制；③ 周期短等。

1. 砂培法观测植物生长调节剂的基本效应

（1）将蛭石置于小盆中，播种（视作物种类，协调播种的时间）。

（2）种子出苗后，隔日浇营养液，直到幼苗长到一定大小时（如小麦可在两叶一心时处理），进行多效唑处理。多效唑处理分根部处理，叶面处理，以喷水或浇水为对照（可进行不同药剂、不同浓度的试验）。

2. 水培法观察植物生长调节剂的基本效应

（1）选取幼苗：可以用垂直板发芽时光照条件下培养的幼苗和砂培药剂处理前的幼苗，要求幼苗大小基本一致，根部及地上部不受损伤。

（2）交幼苗分成两组进行水培，一组营养液中不含调节剂，另一组营养液中加入了调节剂（可以进行不同药剂、不同浓度的试验）。

（3）培养罐（可用广口瓶）用铜箔包装约包封，无铜箔包装纸也可先在外面包一层黑纸，再包一层白纸。

（4）置于生长箱中培养（视不同作物，选择最佳温度），1~2 周更换 1 次溶液。

3. 观察处理后地上部生长发育的情况（如叶片大、叶色等），结束时记录植株的鲜重、干重（地上部、地下部）、高度等。

4. 生理指标的测定

（1）相对电导率的测定（具体见本章实训一）。

（2）根系活力的测定——TTC 法。

①TTC 标准曲线的制作：配制浓度 0g/L、0.4g/L、0.3g/L、0.2g/L、0.1g/L、0.05g/L 的 TTC 溶液，各取 5mL 放入刻度试管中，各取 5mL 乙酸乙酯和少量 $Na_2S_2O_4$（约 2mg，各管中量要一致），充分振荡后产生红色的甲臜，转移到乙酸乙酯层，待有色液层分离后，补充 5mL 乙酸乙酯，振荡后静置分层，取上层乙酸乙酯液，以空白作为参比，在分光光度计上于 485nm 测定各溶液的吸光值，然后以 TTC 浓度作为横坐标，吸光值作为纵坐标绘制标准曲线。

②TTC 还原量的测定：称取根样品 1~2g，浸没于盛有 4g/L TTC 和 66mmol/L 磷酸缓冲液 pH 值 7.0 的等量混合液 10mL 的烧杯中，37℃保温 3h，然后加入 1mol/L 硫酸 2ml 终止反应。取出根，小心擦干水分后与乙酸乙酯 3~5mL 和少量石英砂一起在研钵中充分研磨，以提取出三苯基甲替，过滤后将红色的提取液移入 10mL 容量瓶，再用少量乙酸乙酯把残渣洗涤 2~3 次，皆移入容量瓶，最后补充乙酸乙酯至刻度，用分光光度计于 485nm 处比色，以空白试验（先加硫酸，再加根样品）作为参比读出吸光值，查标准曲线，即可求出 TTC 的还原量。TTC 还原强度=TTC 还原量（g）/［根重（g）×时间（h）］

（3）叶绿素含量的测定（见本章实训一）。

（4）蒽酮-硫酸法测定可溶性总糖（见本章实训一）。

（5）脯氨酸含量的测定（见本章实训一）。

（6）超氧化物歧化酶活性的测定——比色法。

①粗酶液提取：分别取经处理和正常组样品下胚轴各 5g，逐一加入 5 倍于样品量的酶提取液，冰浴中研磨后以纱布过滤，经 10 500*g* 离心 20min，上清液依次为 2 组的粗酶

提取液。②酶活性测定：测定前在 54mL 14.5mmol/L DL-甲硫氨酸中分别加入 EDTA、NBT、核黄素溶液各 2mL，混匀，此为反应混合液。在盛有 3mL 反应混合液的试管中，加入适量的粗酶液（以使抑制达 50%左右的酶浓度为佳），混匀后放在透明试管架上，于光照培养箱中准确照光 10min，迅速测定 560nm 下的吸光值，以不加酶液的照光管为对照，计算反应被抑制程度（%）。③酶活力计算：以能抑制反应 50%的酶量为一个 SOD 酶单位。其活力计算公式如下。

SOD 活力（单位/mg 蛋白）= 反应被抑制程度（%）/［50%×加入粗酶液中的蛋白含量（mg）］=［（对照管吸光值×测定管吸光值）/对照管吸光值］/［50%×加入粗酶液中的蛋白含量（mg）］

其中蛋白质含量测定（具体见本章实训二）。

（7）丙二醛含量的测定。

①MDA 的提取：取叶片 1g 将其剪碎，加入 TCA 2mL 和少量石英砂，研磨；进一步加入 8mL TCA 充分研磨，匀浆液以 4 000*g* 离心 10min，上清液即为样品提取液。

②显色反应及测定 吸取 2mL 提取液，加入 2mL 6g/L TBA 溶液，混匀，在试管上加盖塞，置于沸水浴中煮 15min，迅速冷却，离心。取上清液测定 532nm 和 450nm 下的吸光值。对照管以 2mL 水代替提取液。

③计算 MDA-TBA 反应产物的最大吸收峰在 532nm，TBA-可溶性糖（以蔗糖为例）的反应产物的最大吸收峰在 450nm，吸收曲线彼此又有重叠。最大吸收光谱峰不同的两个组分的混合液，它们的浓度 c 与吸光值之间有如下关系。

$$A_1 = c_a \cdot \varepsilon_{a1} + c_b \cdot \varepsilon_{b1} \quad (1)$$

$$A_2 = c_a \cdot \varepsilon_{a2} + c_b \cdot \varepsilon_{b2} \quad (2)$$

式中：A_1为组分 a 和组分 b 在波长 λ_1时吸光值之和；A_2为组分 a 和组分 b 在波长 λ_2时吸光值之和；c_a为组分 a 的浓度，mol/L；c_b为组分 a 的浓度，mol/L；ε_{a1}、ε_{b1}分别为组分 a、b 在波长 λ_1处的摩尔吸收系数；ε_{a2}、ε_{b2}分别为组分 a、b 在波长 λ_2处的摩尔吸收系数。

已知蔗糖与 TBA 反应产物在 450nm 和 532nm 的摩尔吸收系数分别为 85.40、7.40；MDA 与 TBA 显色反应产物在 450nm 波长下无吸收，吸收系数为 0，于 532nm 波长下的摩尔吸收系数为 155 000。据（1）（2）式可得：

$$A_{450} = c_a \times 85.4$$

$$A_{532} = c_a \times 7.4 + 155\,000 \times c_b$$

求解方程得：

$$c_a = 0.011\,71 \times A_{450} \quad (3)$$

$$c_b = 6.45 \times 10^{-6} \times A_{532} - 0.56 \times 10^{-6} \times A_{450} \quad (4)$$

式中：c_a为蔗糖与 TBA 反应产物的浓度，单位是 mol/L；c_b为 MDA 与 TBA 反应产物的浓度，单位是 mol/L。根据公式（4）即可计算样品提取液中 MDA 的含量，然后再计算每克样品中丙二醛的含量。

作业与思考

1. 形态观察记录

形态指标	对照组	处理组
苗高（cm）		
叶色		
叶面积（cm^2）		
地上部鲜重（g）		
根鲜重（g）		
地上部干重（g）		
根干重（g）		

2. 处理组与对照组表型图片（相同背景及比例尺）。

3. 生理指标测定记录

指标	对照组	处理组
相对电导率		
根系活力［mg/（g·h）］		
叶绿素含量（mg/g）		
可溶性总糖含量（μg/mL）		
脯氨酸含量（μg/mL）		
SOD 活性（单位/mg 蛋白）		
丙二醛（nmol/g·FW）		

4. 结合实验数据分析并讨论药剂对作物形态及生理过程的影响。

实训六　植物生长调节剂对作物扦插生根效果的观测

一、目的要求

通过实验使学生掌握利用植物生长调节剂促进扦插枝条快速生根的方法，以及相关生理指标的测定方法。

二、材料与试剂

实验材料：紫花苜蓿。

实验仪器：电子天平、烘箱、离心机、分光光度计、秒表、天平、恒温箱、磁力搅拌器、容量瓶、烧杯、石英砂、研钵、量筒、三角烧瓶、刻度试管。

实验试剂：

（1）植物生长调节剂：1 000mg/L 吲哚乙酸溶液（称取 100mg 吲哚丁酸，加 90%乙醇 0.2mL 溶解，用蒸馏水定容至 100mL）。

（2）过氧化物酶活性测定：反应混合液制备，取 100mmol/L pH 值 6.0 磷酸缓冲液 50mL，加入愈创木酚 28 μL，于磁力搅拌器上加热搅拌，直至愈创木酚溶解，待溶液冷却后，加入 300g/L 过氧化氢 19 μL。混合均匀，保存于冰箱中。

三、内容与方法

用植物生长调节剂（生长素类、生长延缓剂等）处理插条，可以促进细胞恢复分裂能力，有道根原基发生，促进不定根的生长；容易生根的植物经处理后，发根提早，成活率提高；对木本植物进行插条处理，提高生根率。移栽的幼苗被生长调节剂处理后，移栽后的成活率提高，根深苗壮。通过测定植物生长的重要生理指标——根系活力和过氧化物酶活性，以了解生长调节剂促进不定根发生的作用。

（1）将配制好的吲哚乙酸溶液（1 000mg/L），稀释成 3 个浓度 100mg/L、200mg/L、300mg/L。

（2）从室外取紫花苜蓿枝条。从枝条上端向下 10～15cm 处剪去植株的下部分，去除花，保留 1～2 片叶片。

（3）分别将插条基部 2～3cm 浸泡在不同浓度吲哚乙酸溶液中，以相同体积水浸泡插条为对照。浸泡时间为 30s，然后换水。

（4）将插条放置在阳台或走廊的弱光通风处培养（室温为 20～35℃），培养期间注意加水至原来的水位高度。

（5）插条用水培养 10～20d 后，统计其基部不定根发生的数目、每个插条的生根数目、生根的范围。然后用刀片切下不定根，在电子天平上称鲜重。放置培养皿内，于烘箱 60～80℃烘 2h，冷却后称重；继续烘干，直至质量不发生变化。

（6）生理指标的测定

①根系活力测定（具体见本章实训四）。②根部过氧化物酶活性的测定：A. 粗酶液

的提取：称取植物材料 1g，加 5mL 20mmol/L KH_2PO_4，于研钵中研磨成匀浆，以 4 000 r/min 离心 15min，收集上清液保存在冷处，残渣再用 5mL KH_2PO_4溶液提取一次，合并两次取上清液。B. 酶活性的测定：取光径 1cm 比色杯 2 只，于 1 只中加入反应混合液 3mL，$KH_2PO_4$1mL，作为校零对照，另 1 只中加入反应混合液 3mL，上述酶液 1mL（如酶活性过高可适当稀释），立即开启秒表计时，于分光光度计 470nm 波长下测量吸光值，每隔 1min 读数一次。以每分钟吸光值的变化表示酶活性大小，即以 ΔOD_{470}/min · mg 蛋白质（或鲜重 g）表示。蛋白质含量测定按 Folin 法进行（具体见本章实训二）。

作业与思考

1. 形态观察记录

重复	吲哚乙酸浓度（mg/L）	不定根发生数目	生根范围	鲜重（g）	干重（g）
	100				
1	200				
	300				
	100				
2	200				
	300				
	100				
3	200				
	300				

2. 处理组与对照组表型图片（相同背景及比例尺），选择一组差异明显的即可。
3. 生理指标测定记录

测定指标	吲哚乙酸浓度（mg/L）								
	1			2			3		
	100	200	300	100	200	300	100	200	300
根系活力［mg/（g · h）］									

（续表）

测定指标	吲哚乙酸浓度（mg/L）								
	1			2			3		
	100	200	300	100	200	300	100	200	300
过氧化物酶活性（ΔOD/min · mg）									

4. 结合实验数据，以图表形式分析吲哚乙酸对苜蓿插条不定根发生的影响，并确定最佳浓度。

实训七 热激诱导的玉米幼苗耐热性观察及对生理生化的影响

一、目的要求

通过实训让学生观察热激提高玉米幼苗耐热性的基础上，进一步通过生理指标分析热激诱导玉米幼苗耐热性形成的可能的生理生化应激机制。

二、材料与试剂

实验材料：玉米或其他幼苗。

实验仪器：光照培养箱、高速冷冻离心机、分光光度计、电子天平、水浴锅、磁力搅拌器、秒表、微量移液枪、白瓷盘、试管、研钵、离心管、容量瓶（100mL、200mL、1 000mL）。

实验试剂：

$HgCl_2$、GPX反应混合液：50mmol/L Tris-HCl缓冲液（pH值7.0），内含0.1mmol/L EDTA，10 mmol/L愈创木酚，5mmol/L H_2O_2，0.1mol/L磷酸缓冲液（pH值7.0），0.1mol/L的H_2O_2，石英砂、聚乙烯聚吡咯烷酮（PVPP），50mmol/L PBS（磷酸氢二钾-磷酸二氢钾缓冲液，pH值7.8），2mmol/L AsA，5mmol/L EDTA，100 μmol/L还原型谷胱甘肽标准液，4mmol/L DTNB试剂，50g/L三氯乙酸溶液（含5mmol/L Na_2-EDTA），2，6-二氯靛酚，82mg碳酸氢钠，2%草酸，30%硫酸锌，15%亚铁氰化钾，5%磺基水杨酸。

抗坏血酸标准溶液（0.05mg/mL）：精确称取100mg分析纯抗坏血酸，溶于1%草酸，定容至100mL，再从中吸取5mL，用1%草酸再稀释至100mL（标准溶液在使用前临时配制）。

二甲苯：分析纯（本法使用过的二甲苯可用20% NaOH中和后，蒸馏回收）。

三、内容与方法

高温是限制粮食生产的主要胁迫因子之一，高温胁迫往往导致氧化胁迫，表现出超氧阴离子自由基（$\cdot O_2^-$）、过氧化氢（H_2O_2）、羟自由基（·OH）等活性氧（ROS）的积累，最终导致生物膜的过氧化作用，蛋白质结构的破坏和DNA的损伤。然而，植物体内ROS的产生被由过氧化氢酶（CAT）、超氧化物歧化酶（SOD）、谷胱甘肽还原酶（GR）、抗坏血酸过氧化物酶（APX）和过氧化物酶（GPX）等组成的抗氧化酶系统以及由抗坏血酸（ASA）和谷胱甘肽（GSH）等抗氧化剂组成的非酶系统的精密调控，致使植物体内ROS保持在植物可以忍耐的生理水平。所以逆境胁迫过程中抗氧化酶系统和非酶系统的维持是植物抵抗不良环境的重要生理基础之一。本实训在观察热激提高玉米幼苗耐热性的基础上，进一步探讨热激诱导玉米幼苗耐热性形成的可能的生理生化应激机制。

（一）植物材料的培养

挑选饱满的玉米种子，以1g/L $HgCl_2$消毒10min后，漂洗干净，于26.5℃下吸胀

12h，播于垫有6层湿润滤纸的带盖白瓷盘（24cm×16cm）中，于26.5℃下黑暗萌发60h。选取长势一致的玉米幼苗做以下处理。

（二）热激和热胁迫

上述玉米幼苗转入42℃的培养箱中进行热激（Heat shock，HS）处理4h，热激结束后于26.5℃下恢复培养4h，非热激（Non-HS）的对照组玉米幼苗始终培养在26.5℃的培养箱中，最后热激和非热激的玉米幼苗同时转入47~48℃高温下处理17h。处理过的玉米幼苗取出后，于26.5℃、12h光照的植物生长箱中恢复培养8d，计算存活率。以在恢复期间能够恢复生长并转绿的玉米幼苗室温存活的幼苗。

（三）抗氧化酶的测定

1. GPX活性的测定

分别称取热激0h（热激前）、热激并恢复4h、48℃高温处理17h的黄化玉米幼苗1g，剪碎，放入研钵中，加适量的磷酸缓冲液研磨成匀浆，以4 000r/min离心10min，上清液转入100mL容量瓶中，残渣再用5mL磷酸缓冲液提取一次，上清液并入容量瓶中，定容至刻度，贮于低温下备用。取光径1cm比色杯2只，于1只中加入反应混合液3mL和磷酸缓冲液1mL，作为对照，另1只中加入反应混合液3mL和上述酶液1mL（如酶活性过高可稀释之），立即开启秒表记录时间，于分光光度计上测量波长470nm下吸光值，每隔1min读数一次。以每分钟吸光度变化值表示酶活性大小，即以ΔA_{470}/［min·g（鲜重）］表示。也可以用每min内ΔA_{470}变化0.01为1个过氧化物酶活性单位（U）表示。

过氧化物酶活性［（U/（g·min）］=（$\Delta A_{470} \times V_T$）/（$W \times V_S \times 0.01 \times t$）

式中：ΔA_{470}为反应时间内波长470nm下吸光值的变化；W：所称样品重（g）；V_t：提取酶液总体积（mL）；t：反应时间（min）；V_S：测定时取用酶液体积（mL）。

2. CAT活性的测定

分别称取热激0h（热激前）、热激并恢复4h、48℃高温处理17h的黄化玉米幼苗0.3g，加入0.1mol/L磷酸缓冲液（pH值7.0）6mL（分3次加入，最后两次用于洗研钵），在研钵中研磨成匀浆，以6 000r/min离心15min，倾出上清液。取10mL试管3支，其中2支为样品测定管，1支为空白管，按表5-7-1顺序加入试剂。

表5-7-1　紫外吸收法测定H_2O_2样品液配置

管号	S1	S2	S3
粗酶液（mL）	0.2	0.2	0.2
pH 7.8磷酸（mL）	1.5	1.5	1.5
蒸馏水	1.0	1.0	1.0

25℃预热后，逐管加入0.3mL 0.1mol/L的H_2O_2，每加完一管立即记时，并迅速倒入石英比色杯中，240nm下测定吸光度，每隔1min读数1次，共测2min，记录数据。以1min内OD_{240}减少0.1的酶量为1个酶活单位。

过氧化氢酶活性（$\mu \cdot g^{-1}min^{-1}$）$= \Delta A_{40} \times V_t /$（$0.1 \times V_1 \times t \times FW$）

$A_{240} = A_{s0} -$（$A_{s1} + A_{s2}$）$/2$

式中 ΔA_{240}——加入煮死酶液的对照管吸光值；A_{s1}，A_{s2}——样品管吸光值；V_t——粗酶提取液总体积（mL）；V_1——测定用粗酶液体积（mL）；FW——样品鲜重（g）；0.1-A_{240}每下降0.1为1个酶活单位（U）；t——加过氧化氢到最后一次读数时间（min）。

3. SOD 活性的测定

具体见本章实训四。

4. APX 活性的测定

分别称取热激0h（热激前）、热激并恢复4h、48℃高温处理17h的黄化玉米幼苗鲜叶0.5g剪碎，加入适量的石英砂、聚乙烯聚吡咯烷酮（PVPP）和7.5mL酶提取液，在冰浴中充分研磨，离心（10 000g、4℃、20min）取上层清液1mL，分装于小离心管中置于4℃备用或-20℃保存。

（1）提取液：50mmol/L PBS（磷酸氢二钾-磷酸二氢钾缓冲液），pH值7.8；2mmol/L AsA；5mmol/L EDTA。

（2）反应液：50mmol/L PBS，pH值7.0；0.5mmol/L AsA；0.1mmol/L EDTA。

在3个比色皿中各加入20 μL鲜叶APX粗酶液，再加入3mL反应液；1号比色皿中不加AsA和H_2O_2作为参照；2号比色皿中不加H_2O_2作为控制参照；3号比色皿中加入0.1mmol/L H_2O_2启动反应；每10s连续记录室温下290nm吸光值的变化X。室温下每一分钟氧化1 μmol APX的酶量作为一个酶活性单位（U）。

每克鲜叶APX的酶活性$/U=$（$X \times 7.5 \times 1\,000 \times 60 \times 1\,000$）/（$m \times 2.8 \times 20 \times 10$）

式中：X——OD值的变化；7.5：每克材料提取7.5mL粗酶液；1 000：将mL转换成μL；60：将1min转换成60s；1 000：将mmol转换成μmol；m：鲜叶的重量，单位为g；2.8：吸光系数mmol·L^{-1}/cm；20：用20 μL酶液进行活性测定；10：每10s记录吸光值的变化。

5. GR 活性的测定

（1）标准曲线制作：取6支试管，编号，按照表5-7-2加入各种试剂，混匀，25℃保温反应10min。以0号管为参比调零，测定显色液在412nm处的吸光度。以吸光度为纵坐标，还原型谷胱甘肽物质的量（μmol）为横坐标，标准曲线。

（2）提取：分别称取热激0h（热激前）、热激并恢复4h、48℃高温处理17h的黄化玉米幼苗2.5g置于研钵中，加入5mL经4℃预冷的50g/L三氯乙酸溶液（含5mmol/L Na_2-EDTA），在冰浴条件下研磨成匀浆后，于4℃、12 000g离心20min。收集上清液来测定谷胱甘肽含量，测量提取液体积。

表5-7-2　GR 活性标准曲线制作溶液配置

项目	试管号					
	0	1	2	3	4	5
100 μmol/L 还原型谷胱甘肽标准液（mL）	0	0.2	0.4	0.6	0.8	1.0
蒸馏水（mL）	1.0	0.8	0.6	0.4	0.2	0

（续表）

项目	试管号					
	0	1	2	3	4	5
0.1mol/L pH7.7 磷酸缓冲液（mL）	1.0	1.0	1.0	1.0	1.0	1.0
4mmol/L DTNB 试剂（mL）	0.5	0.5	0.5	0.5	0.5	0.5
相当于还原型谷胱甘肽物质的量（μmol）	0	20	40	60	80	100

（3）取 1 支试管，依次加入 1mL 蒸馏水、1mL 0.1mol/L 磷酸缓冲液（pH 值 7.7）和 0.5mL 4mmol/L DTNB 溶液混匀，即为绘制标准曲线的 0 号管液。以此溶液作为参比，在波长 412nm 处对分光光度计进行调零。另取 2 支试管，分别加入 1mL 上清液、1mL 0.1mol/L 磷酸缓冲液（pH 值 6.8），将两支试管置于 25℃保温 10min。按照制作标准曲线的方法，迅速测定显色液在波长 412nm 处的吸光值，分别记作 OD_S和 OD_C。重复 3 次。显色反应后，分别记录样品管混合液的吸光值（OD_S）和空白对照管反应混合液的吸光度（OD_C）。根据吸光值差，从标准曲线上查出相应的还原型谷胱甘肽量，计算还原型谷胱甘肽含量（μmol/L）。

还原型谷胱甘肽含量（μmol/g）＝（$n \times V$）/（$V_S \times m$）

式中，n 为有标准曲线查得的溶液中还原型谷胱甘肽物质的量（μmol）；V 为样品提取液总体积（mL）；V_S为吸取样品液体积（mL）；m 为样品质量（g）。

（四）抗氧化剂的测定

1. ASA 的测定

（1）染料溶液：称取 100mg 2，6-二氯靛酚和 82mg 碳酸氢钠溶于约 60mL 热水中，过滤定容至 100mL 容量瓶中，倒入棕色试剂瓶存放于冰箱内。使用时稀释 4 倍，此溶液每 mL 约相当于 0.1mg 的维生素 C。

（2）抗坏血酸标准溶液（0.05mg/mL）：精确称取 100mg 分析纯抗坏血酸，溶于 1%草酸，定容至 100mL，再从中吸取 5mL，用 1%草酸再稀释至 100mL（标准溶液在使用前临时配制）。

（3）二甲苯：分析纯（本法使用过的二甲苯可用 20% NaOH 中和后，蒸馏回收）。

①标准曲线：取具塞大试管 6 个，分别吸取抗坏血酸标准溶液 0mL、1mL、2mL、2.5mL、3mL、4mL，用 1%草酸补充至 4mL。各管中抗坏血酸含量相应为 0mg、0.05mg、0.10mg、0.125mg、0.15mg、0.20mg。各管中加入染料溶液 2mL，随即加入二甲苯 5mL，迅速摇动约 0.5min，静置后二甲苯与水层分离，将上层二甲苯萃取液轻轻倒入 1cm 比色杯，在 500nm 波长下求测吸光度值。以二甲苯空白调零，求测标准系列抗坏血酸 mg 数与相应的吸光度值的回归方程。

②样品提取：分别称取热激 0h（热激前）、热激并恢复 4h、48℃高温处理 17h 的黄化玉米幼苗 2g 剪碎混匀。将样品放置研钵中，加入 3mL 2%草酸研磨至匀浆，然后将匀浆倒至 100mL 容量瓶中，残渣用 1%草酸冲洗，洗液一并倒至容量瓶中，加入 1mL 30%硫酸锌，摇动容量瓶，再加入 1mL 15%亚铁氰化钾，以除去脂溶性色素，再用 1%草酸定容至

刻度，摇匀后过滤到干净的小烧杯中。

③测定：取上述提取液4mL（若抗坏血酸含量高，可适当减少取量，不足4mL的可用1%草酸补足至4mL）至具塞大试管中，一次加入染料2mL，二甲苯5mL，按照标准曲线的方法测定吸光度。

根据测定液的吸光度值，按回归方程计算出抗坏血酸的mg数，然后按下式计算样品中的抗坏血酸的含量，以每百克鲜样含抗坏血酸mg数（mg/100g）表示。

每百克鲜样的抗坏血酸含量（mg/100g）=（$V \times V_T \div W \times V_S$）×100

式中，X——4mL提取液中含抗坏血酸的mg数；V_T——提取液总体积（mL）；W——样品鲜质量（g）；V_S——测定用样品的体积（mL）。

2. GSH的测定

（1）样品的处理：取样品，加入5%磺基水杨酸1mL，冰浴迅速研磨匀浆；6 000rpm 8分钟左右取上清。

（2）标准曲线的绘制（由于测GSH和总GSSG共用了同一个反应，可以绘制一条标准曲线）：混匀，5min内412nm比色，以双蒸水调零。以标准GSH溶液为X轴，相应的吸光度为Y轴，绘制标准曲线，并求得回归方程（表5-7-3）。

表5-7-3　GSH标准曲线制作溶液配置

管号	0	1	2	3	4	5
HGS（μm）	0	20	40	60	80	100
1.0mmol/L GSH（mL）	0	0.05	0.1	0.15	0.2	0.25
双蒸水	0.5	0.45	0.4	0.35	0.3	0.25
0.1mol/L PBS	4.0	4.0	4.0	4.0	4.0	4.0
DTNB试剂	0.5	0.5	0.5	0.5	0.5	0.5

（3）样品液GSH测定：混匀，5min内，412nm处读取光密度（表5-7-4）。

表5-7-4　GSH样品溶液配置

试剂	测定管	空白管
待测样品液	0.1	0.1
0.1mol/L PBS	4.4	4.4
DNTB	0.5	0
双蒸水	0	0.5

3. 样品液总谷胱甘肽测定

反应体系：0.1mL样+0.1mL DTNB+0.1mL NADPH+0.05mL GR+0.65mL PBS，测ΔA_{412}=（$A412$）$_2$-（$A412$）$_1$。

对于谷胱甘肽还原酶的用量影响最终测定结果，故每批测定必须同时做标准曲线。将测得的样品的吸光值带入直线回归方程，可计算样品液的GSH浓度，或由标准曲线上查得样品的 GSH 含量。对于组织而言，单位以μg/100mg 组织表示。

作业与思考

1. 拍照记录高温处理前后的表型状态。
2. 48℃高温处理后描述并统计存活率。

	热激（HS）	非热激（Non-HS）
表型描述		
存活率（%）		

3. 抗氧化酶的测定结果。

酶活指标	热激 0h	热激并恢复 4h		48℃高温处理 17h	
		HS	Non-HS	HS	Non-HS
GPX［U/（g · min）］					
CAT（μ · $g^{-1}min^{-1}$）					
SOD（单位/mg 蛋白）					
APX（mg · g^{-1} · Fw · min^{-1}）					
GR（μmol/g）					

4. 抗氧化剂的测定结果。

酶活指标	热激 0h	热激并恢复 4h		48℃高温处理 17h	
		HS	Non-HS	HS	Non-HS
ASA（mg/100g）					
GSH（μg/100mg）					

第六章　作物生产实训

实训一　田间试验设计与布置

一、目的要求

通过田间实际操作，了解和掌握常见的农业试验设计及田间布置方法，重点掌握与作物栽培技术有关的试验设计和方法。

二、实训条件

用具：地插牌、测绳、皮尺、开沟锄、米尺、记号笔、计算器。

实训地：已进行深耕耙磨平整的地块。

三、内容说明

（一）常见田间试验设计

试验设计按其技术程序可分为方案设计和方法设计两类：

1. 方案设计

方案设计就是据试验目的和试验条件制定试验方案，其内容包括试验因素、因素水平和试验处理的确定等。根据试验因素的多少和统计分析方法又可将方案设计分为以下4种。

（1）配对设计。

配对设计属于2个处理的对比试验，它是将2因素不同处理组合在一起的试验设计。例如要研究某新型固体肥料效应，可选择若干个（一般不少于4~5个）农户田块，将其一分为二，一半施新型肥料，一半不施新型肥料。由于这种设计只有2个处理，一个田块就是1次重复。在方案设计上它是一个只有2个处理的单因素试验设计，在方法设计上它是一个每个区组只有2个处理的随机区组设计。

（2）单因素设计。

该方案只研究一个因素的效应，其设计要点是确定因素的水平范围和水平间距。

水平范围是指试验因素水平的上、下限区间，其范围大小主要取决于研究目的。以施肥量试验为例，如研究作物产量随施肥量增加而变化的全过程，其水平范围较大，可分别以不施肥和超过最高产量的施肥量作为因素水平的下限和上限；如果是在以前试验的基础上进一步优化施肥量，其水平范围可适当小些。

水平间距是指试验因素不同水平的间隔大小。水平间距要适宜，过大没有什么实际意义，过小易于被试验误差所掩盖。水平间距大小因作物种类、土壤肥力水平、试验条件和植物营养元素不同而异。对需肥量大的作物、肥力水平低的土壤和当试验条件不易控制时，水平间距可适当大一些。反之则小些。

［应用实例］某马铃薯生产基地要建立马铃薯高产优质施肥方案，据国内外生产实践和科学研究报告，磷钾肥施用量基本变化不大，但施氮量（N，kg/hm^2）因生产基地而异，一般在 150~250 范围内，为寻找适于该基地的优化施氮量，设计了如表 6-1-1 所示的 4 水平氮肥用量方案。

（3）多因素设计（或析因设计）。

至少有 2 个试验因素的试验称为多因素试验。析因设计是比较重要和常见的多因素试验设计。之所以重要是因为多因素试验它能分析出主效应、交互作用和因素优化组合，以获得均衡可比的试验方案。

表 6-1-1　马铃薯氮肥用量试验

处理号	施肥量（kg/hm^2）			施肥方法
	N	P_2O_5	K_2O	
1	0	135	225	60%氮肥及全部磷钾作基肥，其余氮肥在块茎形成期追施
2	150	135	225	
3	210	135	225	
4	270	135	225	

析因设计多采用完全实施方案。以 A、B 二因素的 3×2 设计为例，同为 6 个处理，可以由交叉搭配、水平搭配和表格搭配 3 种方法得到。搭配示例如表 6-1-2。

表 6-1-2　二因素试验组合

	B1	B2
A1	A1B1	A1B2
A2	A2B1	A2B2
A3	A3B1	A3B2

（4）回归设计：回归设计的统计目的是建立试验因素和试验效应之间的定量关系，其设计方法与试验因素效应变化特点及描述回归关系的数学模型有密切关系。

2. 方法设计

方法设计就是根据既定的试验方案和试验材料特点制定试验方案的实施方法。其主要内容包括试验小区及区组的形状和大小，小区及区组的排列组合方式及试验重复次数的确定等。

（1）设计原则。

重复原则。同一处理在试验中出现的次数称重复，只重复一次的试验称为无重复试验。科学试验一般都是抽样试验，在 Sx＝S/N 中，Sx 是总体变异程度的无偏估计，S 是样本平均数标准差，N是样本容量，重复次数。对既定试验条件只有设置重复并适当增加重复次数才能估计和减少试验误差。田间小区试验的重复次数一般为3~4次。对回归设计，如果回归模式已经确定，只要试验方案符合回归设计的要求，有足够剩余自由度，也可以不设重复。随机排列其实质是使各试验处理占有不同试验材料或遭遇不同试验条件的机会相等。即任何处理都有同等机会分配给任何一个试验小区。通过查随机表或抽签等方法可以使处理对小区的分配随机化。

局部控制原则。一般来说，试验条件越一致，试验误差越小，处理之间的可比性就越大。但在田间试验中，特别是处理较多时，很难找到大面积肥力水平均匀的地块，因此，要对试验条件进行局部控制。局部控制的实质就是将试验条件划分为若干个相对一致的组分。这些组分是不同处理小区的组合，称为区组，将要比较的全部或部分处理安排在同一区组中能增加区组内处理间的可比性。至于区组间的差异，可以作为试验系统误差用统计分析的方法检验和剔除。

（2）设计内容。

方法设计的主要内容是确定试验小区的形状、面积、排列方法等。

小区形状：小区形状指方形小区的长宽比例。试验误差的大小与小区形状有关，空白试验结果表明，在小区面积相等情况下，沿着土壤肥力变异较大的方向增加小区面积能更为有效的降低试验误差。对于土壤肥力局部差异，长方形小区有利于均分它，而正方形小区可能独占它。因此，在一般情况下，小区的理想形状应为长方形。小区长宽比例并非越大越好，长宽比例范围一般为2：1~3：1。小区过长，边际效应相应增加，所谓边际效应就是指小区周围的边行与小区内部作物生长的差异。在施用氮肥、灌，水和机械耕翻条件下更应注意边际效应对试验结果的影响。为了消除边际效应的影响，保证有足够面积的计产小区，小麦试验的小区宽度一般不小于3m，玉米等中耕作物不少于4m。在微型小区试验中，应适当缩短小区长宽比例，甚至采用正方形小区，以减少边际效应的影响。此外，小区宽度应是播幅的整数倍，以便于机具作业。

小区面积：适当扩大小区面积能减少小区间土壤肥力差异，增加试验处理的可比性。试验小区的面积一般为30~150m^2，微区试验的小区面积一般只有4~6m^2。具体的小区面积还应考虑到多种因素，长期定位肥料试验、田间校验试验、灌水试验、涉及机器耕作的施肥技术和耕作方法试验以及有机肥料试验等的小区面积较大；而肥料品种、土壤供肥力、肥料利用率等试验的小区面积可适当小些；果树及高粱、玉米、棉花、烟草等中耕作物小区面积宜大些；而密植作物，如小麦、水稻、谷子等小区面积可小些；处理不多时，可采用较大小区，而处理较多时，应适当减少小区面积，否则将使整个试验地面积过大；在丘陵、山地、坡地做试验，因难以选到面积大土壤条件均匀的地块，小区面积宜小，而在平原和川地做试验，小区面积可大些；土壤肥力变异系数大，小区面积宜大，土壤肥力变小，小区面积可适当小些。

小区排列：排列是指在同一区组内对各处理小区的排列位置；组合是指各小区合成区组的方式。排列组合的基本原则是：尽可能减少区组内不同处理小区的土壤肥力差异。因此小区应采用长方形，使小区的排列方向与土壤肥力递变方向垂直；区组形状应尽可能取正方形，使区组的排列向与土壤肥力递变方向相一致。这样的排列组合减少了小区之间的土壤变异。

（3）设计方法。

顺序排列的试验设计：①对比法设计：这种设计常用于少数品种的比较试验及示范试验，其排列特点是每一供试品种均直接排列于对照区的旁边，即每隔2个供试品种设一对照区，使每一小区可与临旁的对照区直接比较，故叫对比法。②间比法设计：试验的品种（系）数多，要求不太高，而用随机区组排列有困难时，可用间比法。间比法设计的特点是，在一条地上，排列的第一个小区和末尾的小区一定是对照区，每2个对照之间排列相同数目的处理小区，通常是4个或者9个。各重复可排成一排或多排式，排成多排时可采用逆向式。

随机排列的试验设计：①随机区组设计：随机区组设计的基本原则是将试验地划分成若干区组，将不同处理小区在区组内随机排列。如果同一区组包括了全部处理，则一个区组就是一次重复，这种区组设计称为完全随机区组设计。区组方位确定后，可以用抽签或查随机表的方法实现区组内不同处理小区排列的随机化。完全随机区组设计在田间试验中应用最为广泛。其主要优点是设计简单，重复数与区组数相同。据土壤变异情况，不同区组可以组合在一起，也可彼此分开。处理数的多少也比较灵活，但一般不超过10个，处理太多难以局部控制。在处理数偏多的情况下，为避免区组内首尾小区相距太远，土壤肥力差异过大，也可将一个区组内各处理小区排成两行。但要注意试验地东西向与南北向土壤肥力差异不可过大，并且适当缩小小区的长宽比例。②拉丁方设计：拉丁方是行数与列数相等且在行、列两个方向上完全随机化的字母方阵。用拉丁方安排试验称拉丁方设计。拉丁方设计的处理数＝重复数＝区组数＝行数＝列数，因此，行、列均作为区组，能在二个方向上剔除土壤系统误差，所以具有很高的试验精度。其不足之处是对试验条件要求比较苛刻，它要求试验地方整，处理数一般为4~8个。该设计一般用于2个方向上土壤变异较大、土壤变异规律不清楚或精度要求较高的试验。拉丁方设计的第一步是根据处理数从附表选择标准方，即首行、首列均为顺序排列的拉丁方。然后按一定随机数字对标准方进行、列随机变换即得拉丁方设计方案。③裂区试验设计：又称为分割试验设计，把一个或多个完全随机设计、随机区组设计或拉丁方设计结合起来的试验方法。其原理为先将受试对象作一级实验单位，再分为二级实验单位，分别施以不同的处理。实验单位分级是指当实验单位具有隶属关系时，高级实验单位包含低级实验单位。当试验单位不存在明显的隶属关系时，实验单位分级可按因素的主次确定。在裂区试验中一级处理与一级单位混杂，而二级处理与二级单位不混杂。因此，设计时将最感兴趣或最主要的因素，差异较小、要求精度较高、试验条件较少、工序较易改变的因素作为二级因素。由于副区之间比主区之间更为接近，占据的试验条件为一级，加之副处理的重复次数是主处理的若干倍（倍数即主水平数），因此，副水平之间的差异比较比主水平之间的差异比较更为精确，特别适宜于下列几种情况下采用：A 一个因素的各个水平比另一个因素各个水平需要更大的面积时将要求面积大者作为主水平，如施肥、灌溉、耕作方式等；B 一个因素的主效应比另一个因素的主效应更为重要，要求精度高时，或者两因素的交互作用研究比其主效更为重要时，将精度要求高的因素安排成副水平；C 根据以往研究，知某因素的效应比另一些因素效应更大时，将可能表现更大差异的因素安排成主水平。

（二）试验方案的编制

试验方案指试验中进行比较的一组试验处理的总称。试验方案是全部试验工作的核心，它是围绕研究课题，根据试验的目的和要求制订的，其内容包括试验因素、试验水平、试验指标和试验处理。

1. 试验因素

在控制影响试验结果的其他条件的情况下，人为变动的一个或几个试验条件。如品比试验、密度试验中的品种、密度即是。

2. 试验指标

衡量试验因素效应的指示性状，如比较两个品种优劣的试验，试验指标就可以是产量或者是收获物中某一种经济性状。试验指标对试验（处理）因素效应的定量表达就是试验数据。

3. 试验水平

试验因素从质或量的方面分成不同的等级，其中的每一个等级就是一个水平，如品比试验中的每一个品种就是从质的方面来策划分水平的，密度试验中的密度就是从量的方面来划分水平的。

4. 试验处理

如试验中仅一个因素，则该因素的每一个水平就是一个试验处理；如果试验中包括两个或两个以上的因素，则试验处理就是这些因素各个水平的组合，简称组合或水平组合。例如：有一特早熟扁豆栽培试验方案，A 因素为追肥，分花前追肥与对照（不追肥）两个水平，B 因素为品种，分红花一号，白花二号，C 因素为密度，设 4 种株距（行距为 1.5m）即 45cm、70cm、95cm、120cm，重复 2 次，则水平组合数为 2×2×4＝16 个。

四、方法步骤

（一）试验方案编制

（1）抓主要矛盾，力求试验因素简单明确；因素过多时先选一、两个关键性因素进行试验，然后再作比较复杂的试验，这样先简后繁，结论明确。或者先做预备试验，再做能完成多元统计分析的模式试验。

（2）同一因素各水平间的差别要拉开档次；从量的方面划几个水平时，等比级数比等差级数好（旋转组合设计二者兼顾）。

（3）每个因素所设水平数要适当；水平数太少了容易漏掉有用的信息，多了增加工作量。

（4）方案中要明确中心水平（处理）；中心水平即预计结果可能最优的水平，其余水平都是围绕该水平展开设置（如回归设计）。

（5）尽量排除非试验因素的限制，使其处于比较良好的状态，有助于因素效应的充分发挥。

（6）差异比较法必须建立在单一差异原则的基础上，以保证试验具有严密的可比性。因此试验因素以外的其他条件应相对一致，谨防干扰，试验处理中应设置作为比较标准的处理，也就是要有对照（CK）。

（二）绘制田间布设图

范例见图 6-1-1。

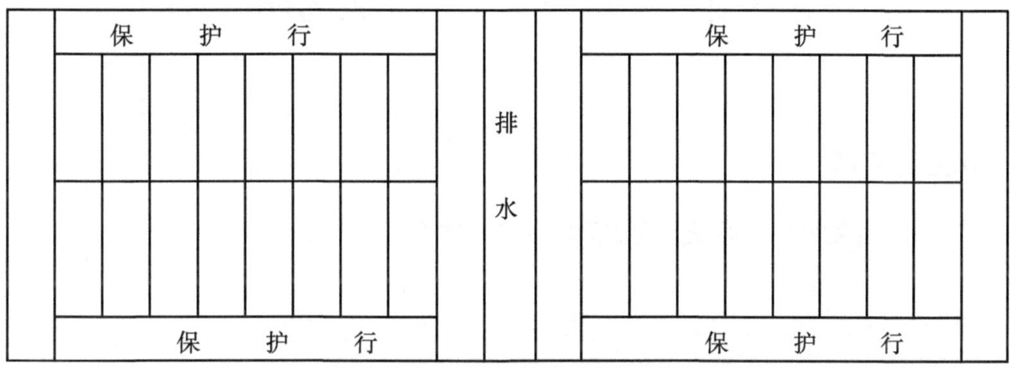

图 6-1-1　特早熟扁豆栽培试验的田间布置

（三）田间区划

1. 试验小区规划

（1）区划总体轮廓图：按照田间试验设计总体图，确定基线离田坎、地边、田埂或路边 3~5m，定以基点，划一条基线，以基点为端点，根据勾股定律，确定直角，划两直边的延长线，至设计的长和宽。

（2）区划小区和行距：根据设计图，按照要求，留出走道，小区划好以后，按照要求走向在第一个小区的第一边上插一木牌。

（3）对照图谱检查区划工作有无差错，以便纠正。要求测量准备、区道分明、标牌整齐。

2. 试验小区田间区划

在试验地整好地后，播种前要按照田间布置图，把试验的各个重复和小区区划出来。首先要划出试验区的四条边界，先用皮尺量出一条宽边的总长度，并在两端打上木桩，以这条宽边作为标准线，于其一端拉一条与它垂直的长边，为使长边与宽边垂直，在划好的宽边上用皮尺量出 3m 长（AB 边），再拐向长边量 4m 长（BC 边）的一段，用 5m 长的一段连接 AC 边作为三角形的斜边，这样 ABC 即为直角三角形，长边与宽边相互垂直。然后用皮尺量出长边的总长度，并在长边的终点打上木桩。采用相同的方法在长边的终点划出另一条宽边，两条宽边的顶端连接起来，如果其长度与长边的总长度相差不大，即可移动宽边顶端的木桩，调整到与长边的总长度相吻合。如果相差较大，则需重新测定。试验区的 4 个角确定后，可用测绳拉成直线，沿直线用锄头划出 4 条边界。

划出 4 条边界后，如果重复是多排式排列，可用皮尺在两条长边上按照小区的长度和重复间走道的宽度，量出各个重复的 4 个角，打上木桩，然后用测绳和锄头划出各个重复的界线。再在不同重复按小区的宽度划出小区的界线。最后用划行器划出各个小区的行印和试验区周围保护行的行印。

（四）试验地区划要求

1. 设计要符合试验设计的基本原则和田间小区技术的要求。
2. 图形中的长度要与实际长度符合比例。
3. 用黑色或蓝色笔绘制，一律采用实线，并力求美观、整洁。

作业与实践

设计某一作物肥料试验图并在田间区划布设试验。

实训二　作物根系的研究方法

一、目的要求

了解研究作物根系的主要方法；掌握根系长度、重量、体积的测定方法。

二、实训条件

材料：小麦或玉米生长的田块。小麦、玉米成株根系；小麦、玉米幼苗根系。
用具：绘图纸、量筒、直尺、筛子、甲烯蓝溶液。

三、内容说明

根系是作物的一个主要器官，对于根系的研究，主要从形态、生理、生化和生态方面进行。生理、生化方面的研究需要许多仪器设备，操作比较复杂，而形态方面的研究需仪器少，操作也比较简单，本实验是侧重于形态方面的研究方法。

（一）根系研究方法

1. 田间生长研究方法

田间作物生长的作物根系研究方法主要有下列几种。

（1）壕沟法。

壕沟法是研究根系的常用方法。主要观测根系的垂直与水平分布，也可测定根数和根重（根据土层内根系重量换算出总根系重量）。具体步骤为：①在作物根际，挖一壕沟，一般调查面 $1m^2 \times 1m^2$。壕沟的断面应在挖好后加工整理，使之与地面垂直、平正，并剪尽所有露出的根。②用一块大小合适的玻璃板接在断面上，先把植株和土壤剖面描画在玻璃板上，然后取掉玻璃板，用水冲洗或用锥子等剥掉调查面上的一层土壤（剥土厚度前期可为5cm，中后期可为2~3cm），使根露出。再把那层玻璃板按在原位置上，描绘根系的分布，这样就测得一张根系的垂直分布图。

（2）整段土样法。

该方法的优点是取样容易、操作方便、省工，对土壤的破坏性也小。

具体步骤为：①取样：先在取样点把取样框打入地下，再沿取样框的外缘打入大切割板，然后穿上木棍，拔取土样。②浸泡：土样从取样器内取下后，应先搬到洗涤台上，应连同洗涤台一起浸入水槽中浸泡0.5~1d。③冲洗：用喷雾器冲洗，尽可能保证根系在冲洗时保持原有形态，不被移动，根据需要进行形态、湿重、干重、根长等方面的调查。

（3）根室法。

事前挖好1个根室，深度一般要求在2m以上，四周设置玻璃面。播种后逐日观察根系在观察面上的生长量，每出1条根以大头针插悬纸牌于出现部位。根室保持双层密闭状态，尽量不受外界温湿度的影响。这种方法的缺点是，由于根系穿透土层后，生长在空气中，而不是土壤中。可能与实际情况有所差异。

(4) 大口径钻头取根法。

该法主要研究根系生物量的增长情况，就是用大口径钻在作物垄中或行间。分不同层次（如每10cm一层），打钻取根，仔细捡出全部根系，烘干称重。

2. 室内生长研究方法

做一个盆钵或根箱，填入土壤，种植作物，在规定的时间，冲洗出根系。为防止根系生育的失真，根箱需埋入地下，土表要与地面平齐，种子播在根箱的中心。根系的冲洗方法同整段土样法。

3. 根系生长动态的研究方法

利用根箱或壕沟，在其一侧的垂直剖面上镶上一块玻璃，当根系生长到与玻璃接触时根系则沿玻璃表面延伸，这样就可从玻璃面上观察根系的生长动态。采用这种方法观察到的根系生长动态。由于根系生长在一种特殊条件下，与自然状态下的根系有差异，但作为两种以上处理间的比较，是有一定参考价值的。

（二）根系参数的测定

1. 根量的测定

(1) 根系长度的测定。

作物根系长度的表示有两种：一种是以根系中最长的1条根（一般为主根）来代表根长，另一种是求根的总长度。

①测定1条根的长度：把根洗净（或不洗）拉直，直接尺量。也可将湿根放入1个盛有少量水分的玻璃平盘或大培养皿内，将标有毫米尺寸的绘图纸（方格纸）放于玻璃平盘或大培养皿底部。用镊子拉直根系，使它们彼此不要重叠，并处于玻璃平盘的部位。然后对着绘图纸（方格纸）记录其长度。

②直接法测定总根长：将大张绘图纸压在大块玻璃板下，在玻璃板上加一薄层水，将洗净的根系不重叠地平铺在玻璃板上，逐条测定并累计总长度。

③间接交叉法测定总根长：用透明的有机玻璃（或玻璃）制成30cm×40cm的平盘，下面垫1张方格纸作为框格，在盘内加1层浅水。然后，将湿根放入盘内，用镊子或针把根系随意拨开，不要使其彼此重叠。对于较长的分枝测根，可切成较短的节段。最后，在静止不动的情况下，查算根系与框格（方格纸）的垂直线和水平线的交叉点数。由交叉点数按下式（March，1971；Tennant，1975）计算根总长度。

根总长=长度转换系数×交叉点数

长度转换系数=11/14×方格间距

框格大小视待测根量多少而定。总长少于1m的短根样品，可用1cm框格；总长约5m的大样品，可用2cm的框格；总长超过15m的特大根系样品，可用5cm的框格。采用1cm、2cm、5cm框格时，其长度转换系数分别为0.786；1.571和3.930。一个根系样品须计数的交叉点数一般50~400个。

(2) 根系重量的测定。

一般是把根系样品放入桶内，用喷水的胶管一边冲，一边用手松开土块，使断根悬于水中。再将上层水液倒入土壤筛或尼龙筛网（筛孔的大小一般以0.5mm为宜），收集根系，以上过程必须重复数次，直至全部根样收回为止。

根系重量的测定包括鲜重和干重两部分。测定鲜重最简易的方法，是利用吸水纸吸干或用低速离心机适当甩干根系表面的水分，然后称重。测定鲜重后，将根样置入105℃烘箱烘0.5~2h，再在60~70℃下烘至恒重称重。

（3）根系体积的测定。

根系体积的测定方法有参数估算法和排水法两种。参数估算法是利用已测定根系的平均直径和根长，求出体积，实践中应用很少。排水法是根据阿基米德原理，根系浸没在水中，它排开水的体积即为根系本身的体积。当测定幼苗少量根系时，可以直接放入量筒中测定，一般利用根系体积仪进行测定。测定方法如下。

①仪器装置：用橡皮管连接作为体积计的长足漏斗和移液管，然后将其固定在铁架上，使移液管成一倾斜角度，角度越小，则仪器灵敏度越高。整个装置如图所示。

②测定方法：将欲测作物的根系小心掘出，用水轻轻漂洗至根系上无沙土为止，应尽量保持根系完整无损，切勿弄断幼根，用吸水纸小心吸干水分。加水入体积计，水量以能浸没根系为度，调节刻度移液管位置，以使水面靠近橡皮管的一端，记下读数 A_1。将吸干水分后的根系浸入体积计中，此时移液管中的液面即上升，记下读数 A_2。取出根系，此时移液管中水面将降至 A_1 以下，加水入体积计，使水面回至 A_1 处。用移液管加水入体积计，使水面自 A_1 升至 A_2，此时加入的水量即代表被测根系的体积。

（4）根系直径的测定。

测量根系直径之前，先要把洗净的根系样品置于水里浸泡数小时，使根系恢复原有的形状。然后，借助于装有接目测徽计的显微镜，直接测量其直径。如果单根直径不同，可每隔一定的长度进行测量。

2. 根系表面积的测定

测定根系表面积的方法可归纳为直接测量法和间接测量法两类。直接测量法是测量大量单根的平均直径及每个样品的总根长，按 $S=\pi RL$（R 表示直径，L 表示总长）的公式估算根系表面积。也可通过测定根直径和根体积，估算出根表面积。直接测量法工作量大，精度差。间接测量法有下列几种。

（1）重量法。

将洗净风干根浸入浓硝酸钙溶液中10s后捞出，由浸根前后硝酸钙溶液的重量差做为相对值来表示根系的表面积。

（2）滴定法。

将洗净风干的根系浸入 $3mol \cdot L^{-1}$ 的 HCl 溶液中（500mL）15s 后涝出，将根悬吊放置5min，除去多余的盐酸后再浸入蒸馏水（250ml）漂洗10min以上。取浸过根系的 HCl 和水各100mL，用 $0.3mol \cdot L^{-1}$ 的 NaOH 进行滴定（以酚酞为指示剂），以 NaOH 的滴定值（mL单位）相对表示根系的表面积。

（3）叶面积仪法。

将洗净吸干附着水的根系，浸入到 $0.2mol \cdot L^{-1}$ 的甲烯蓝溶液中15min后涝出，用吸水纸吸干附着溶液。将根散铺在透明塑料薄膜上成长条形（注意不能重叠），再把多余的塑料薄膜折盖并夹住根系，用光电叶面积仪像测叶面积一样测定，所得测定值再乘以 π（取3.14）值，即为根系表面积。如果根系不透明时，不必染色。

（4）染色液蘸根法。

这是比较普遍使用的一种方法，既可测定总吸收面积，还可区分活跃吸收面积。所利用的基本原理是，植物根系对物质的吸收，最初是吸附作用。根系的活跃部分把原来吸附着的物质解吸到细胞中去后，还可继续吸附。因此，可以根据根系对某种物质的吸附量测定根的吸收面积。一般常用甲烯蓝作为被吸附物质。其被吸附量可以根据供试液浓度的变化，用比色法准确地测出。已知在单分子吸附饱和情况下 1mg 甲烯蓝可覆盖 1.1m^2 的面积，据此可求得根系的总吸收面积。其具体步骤如下：①绘制甲烯蓝溶液标准曲线。取 7 支试管缩号，按表 6-2-1 配成甲烯蓝系列标准液，把各管混匀后，用分光光度计在 660nm 波长下测定光密度并绘制浓度光密度曲线。②用前述方法测定根系总体积。③把 0.000 2mol·L^{-1}甲烯蓝溶液（75mg 甲烯蓝溶液定容至 1 000mL），分别倒入 3 个编号的烧杯中，每杯中溶液的量约 10 倍于根系的体积，准确记下每杯的溶液用量。④从量筒中取出根系，小心地用吸水纸把水吸干（勿伤根系），放入第一个盛有甲烯蓝溶液的小烧杯中，浸 1.5min 之后立即取出，使根系上多余的甲烯蓝液流回到原烧杯中去。再放入第二个小烧杯中浸 1.5min. 取出后同样使根系上多余的甲烯蓝液流回到原烧杯中去。最后再浸入到第三个小烧杯中程 1.5min，取出使根系上多余的甲烯蓝液流回到原烧杯中去。⑤从上述三个烧杯中各取出 1mL 甲烯蓝溶液，分别加入 3 个试管各稀释 1~10 倍，摇匀后在 600nm 波长下测定光密度，并在标准曲线上查出相应的浓度（mg·mL^{-1}），再乘以稀释倍数，即为浸根后甲烯蓝浓度。如浸根后浓度降低很多，也可不稀释直接测定光密度。

表 6-2-1　甲烯蓝系列标准液配置体积

试管号	1	2	3	4	5	6	7
0.01mg·mL^{-1}甲烯蓝液加入量（mL）	0	1	2	3	4	5	6
加蒸馏水量（mL）	10	9	8	7	6	5	4
甲烯蓝液浓度（mg·mL^{-1}）	0	0.001	0.002	0.003	0.004	0.005	0.006

（5）结果计算。

总吸收面积（m^2）= [（$C_0 - C_1$）× V_1 +（$C_0 - C_2$）× V_2）] × 1.1

活跃吸收面积（m^2）= [（$C_0 - C_3$）× V_3] × 1.1

活跃吸收面积（%）= [活跃吸收面积（m^2）/总吸收面积（m^2）] ×100

比表面积=根系总吸收面积（m^2）/根系的体积（cm^3）

式中：C_0——甲烯蓝溶液原浓度（0.075mg·mL^{-1}）；C_1、C_2、C_3分别为 1、2、3 烧杯浸根后溶液的浓度（mg·mL^{-1}）；V_1、V_2、V_3分别为 1、2、3 烧杯中加入 0.002mol·ml^{-1}甲烯蓝溶液的体积（mL）。

四、方法步骤

1. 用直接法和间接法分别测定小麦、玉米成株根系的总长度。
2. 测定小麦、玉米成株根系的鲜重。
3. 测定小米、玉米幼苗根系的体积。

4. 用染色蘸根法测定小麦、玉米幼苗根系的体积。

作　业

1. 田间生长作物根系的研究方法有哪些？各有何特点？
2. 根据实验结果，比较直接法和间接法测定根系总长度的结果。
3. 设计表格，填写根系鲜重、体积、表面积测定结果。

实训三　田间调查抽样的方法

一、目的要求

掌握作物田间调查主要项目和田间取样方法、取株面积与收获计产面积确定的方法和考种方法。

二、实训条件

记录本、铅笔、细绳、标牌、计算器、卷尺、天平（感量0.01g）等。

三、内容说明

（一）抽样调查的意义

抽样调查是一种非全面调查，它是从全部调查研究对象中，抽选一部分样本进行调查，并据以对全部调查研究对象作出估计和推断的一种调查方法。显然，抽样调查虽然是非全面调查，但它的目的却在于取得反映总体情况的信息资料，因而，也可起到全面调查的作用。

（二）抽样调查的特点

抽样调查数据之所以能用来代表和推算总体，主要是因为抽样调查本身具有其他非全面调查所不具备的特点。

（1）调查样本是按随机的原则抽取的，在总体中每一个单位被抽取的机会是均等的，因此，能够保证被抽中的单位在总体中的均匀分布，不致出现倾向性误差，代表性强。

（2）是以抽取的全部样本单位作为一个“代表团”，用整个“代表团”来代表总体。而不是用随意挑选的个别单位代表总体。

（3）所抽选的调查样本数量，是根据调查误差的要求，经过科学的计算确定的，在调查样本的数量上有可靠的保证。

（4）抽样调查的误差，是在调查前就可以根据调查样本数量和总体中各单位之间的差异程度进行计算，并控制在允许范围以内，调查结果的准确程度较高。

基于以上特点，抽样调查被公认为是非全面调查方法中用来推算和代表总体的最完善、最有科学根据的调查方法。

（三）随机抽样种类

1. 简单随机抽样法

这是一种最简单的一步抽样法，它是从总体中选择出抽样单位，从总体中抽取的每个可能样本均有同等被抽中的概率。这种抽样方法简单，误差分析较容易，但是需要样本容量较多，适用于各个体之间差异较小的情况。

2. 系统抽样法

这种方法又称顺序抽样法，是从随机点开始在总体中按照一定的间隔（即“每隔第几”的方式）抽取样本。此法的优点是样本分布比较好，有好的理论，总体估计值容易计算。

3. 分层抽样法

这种方法是根据某些特定的特征，将总体分为同质、不相互重叠的若干层，再从各层中独立抽取样本，是一种不等概率抽样。分层抽样利用辅助信息分层，各层内应该同质，各层间差异尽可能大。这样的分层抽样能够提高样本的代表性、总体估计值的精度和抽样方案的效率，抽样的操作、管理比较方便。

4. 随机抽样

随机抽样也称为多阶段抽样法，这种方法是采取两个或多个连续阶段抽取样本的一种不等概率抽样。多阶段抽样的单元是分级的，每个阶段的抽样单元在结构上也不同，多阶段抽样的样本分布集中，能够节省时间和经费。调查的组织复杂，总体估计值的计算复杂。

5. 等距抽样

等距抽样也称为系统抽样、或机械抽样，他是首先将总体中各单位按一定顺序排列，根据样本容量要求确定抽选间隔，然后随机确定起点，每隔一定的间隔抽取一个单位的一种抽样方式。等距抽样的最主要优点是简便易行，且当对总体结构有一定了解时，充分利用已有信息对总体单位进行排队后再抽样，则可提高抽样效率。

6. 双重抽样

双重抽样又称二重抽样、复式抽样，是指在抽样时分两次抽取样本的一种抽样方式，其具体为：首先抽取一个初步样本，并搜取一些简单项目以获得有关总体的信息，然后在此基础上再进行深入抽样。在实际运用中，双重抽样可以推广为多重抽样。

7. 按规模大小成比例的概率抽样

这种方法简称为PPS抽样，它是一种使用辅助信息，从而使每个单位均有按其规模大小成比例的被抽中概率的一种抽样方式。其抽选样本的方法有汉森-赫维茨方法、拉希里方法等。PPS抽样的主要优点是使用了辅助信息，减少抽样误差；主要缺点是对辅助信息要求较高，方差的估计较复杂等。

四、调查取样方法

（一）抽样程序

（1）界定总体。

（2）制定抽样框。

（3）实施抽样调查并推测总体。

（4）分割总体。

（5）决定样本规模。

（6）决定抽样方式。

（7）确定调查的信度和效度。

（二）选取样点方法

1. 五点取样法

从田块四角的两条对角线的交驻点，即田块正中央，以及交驻点到四个角的中间点等5点取样或者，在离田块四边4~10步远的各处随机选择5个点取样，是应用最普遍的方法。

2. 对角线取样法

调查取样点全部落在田块的对角线上，可分为单对角线取样法和双对角线取样法两种。单对角线取样方法是在田块的某条对角线上，按一定的距离选定所需的全部样点。双对角线取样法是在田块四角的两条对角线上均匀分配调查样点取样。两种方法可在一定程度上代替棋盘式取样法，但误差较大。

3. 棋盘式取样法

将所调查的田块均匀地划成许多小区，形如棋盘方格，然后将调查取样点均匀分配在田块的一定区块上。这种取样方法，多用于分布均匀的病虫害调查，能获得较为可靠的调查。

4. 平行线取样法

在桑园中每隔数行取一行进行调查。本法适用于分布不均匀的病虫害调查，调查结果的准确性较高。

5. “Z”字形取样法（蛇形取样）

取样的样点分布于田边多，中间少，对于田边发生多、迁移性害虫，在田边呈点片不均匀分布时用此法为宜，如螨等害虫的调查。

若试验区过小也可选取3个点，大的可以取9个点。如果调查产量结果，在取样调查的基础上，应当将整个试验小区产量打出来按实际产量折合亩产。

（三）样点调查面积和株数的选定

1. 确定面积

调查种植密度和产量时（株数、分蘖数、穗数），应按面积调查。一般水稻、小麦、谷子、大豆等矮秆密植作物每点应取1~2m^2。玉米、高粱等高秆作物和甜菜、马铃薯等稀植作物每点应10m^2，按面积取样，要注意边行的行距。

2. 确定样株

在调查生长状况（如株高、穗长、粒数等）要按每个作物、每个项目的调查标准来取样，规定多少株数、多少穗数就取多少株数多少穗数，不要随意减少或增加。如玉米株高、选有代表性的植株10株，平均后以cm表示。

3. 确定调查时间

根据调查项目要求，植株外部特征表现明显时进行调查或测定。

五、调查取样步骤

1. 取样调查

按试验方案设计的调查项目、取样方法及时到田间进行调查与取样。

2. 测量、记载

按调查项目及时填写调查日记或调查表，记载要清楚、准确、简明易懂。

3. 田间调查结果的备份

将田间调查记载的结果带回室内，把记载数据或资料再重新抄写到另一个记录本上作为副本以备用。

示例：小麦产量调查

一、调查内容

1. 小麦各生育时期记载：记录小麦播种、出苗、三叶、分蘖、拔节、孕穗、开花、灌浆和成熟期的各时期。

2. 苗情调查：在小麦2叶1心时框定1×0. 15 m^2，定点调查基本苗和最高苗。

3. 小麦生长期病虫害发生调查：田间主要发生病害有条锈病、白粉病、赤霉病。

4. 小麦成熟期有效穗调查：调查1幅小麦有效穗数（5粒以上可算有效穗），测量调查区域面积，计算亩有效穗。

5. 穗粒数、千粒重及其他农艺性状调查：①连续取样30株，取3次，3次重复：分别调查株高、穗长、节间长、叶片间距（计算叶姿）、结实小穗数、不实小穗数；②将穗子剪下，脱粒，计算穗粒数，晒干后称量，计算千粒重（两个500）粒；将剩余茎秆、颖壳、穗轴合在一起，晒干后称重，计算生物产量，用籽粒产量除以生物产量，得到经济系数。

二、调查区域

面积：$4m^2 \times 1m^2 = 4m^2$

从田间中取小麦样的30株×3次重复，在实验室测得其穗粒数、千粒重和农艺性状等，记录表格，算得其平均值。

作　业

1. 先将学生分组，每组3~5人，由教师带队到校园实验地进行调查，并将整个田间试验期间调查项目全部记载。

2. 在主要性状出现后进行取样调查，按试验方案要求的取样方法进行取样，分析并比较取样方法对试验结果的影响程度，总结调查取样应注意的问题。

实训四　作物生长分析法

一、目的要求

通过对作物生长发育过程的分析，了解作物群体和个体的干物质增长及其在不同器官中的分配规律，并掌握对这些规律进行定量研究的方法。

要求熟练掌握仪器，实验步骤合理、方法正确、分析有理、报告认真规范。

二、实训条件

材料：安排种植不同品种或同一品种不同种植密度的材料（小麦）。若需要考虑作物根系生长量时，应安排盆栽或大田状态下用塑膜袋装土，在袋中播种后置于作物群体中，以确保根系的全量取样。

用具：配备精度为 0.01～0.001g 天平，剪刀、求积仪、白宣纸、光电叶面积仪、烘箱、铝盒（或 8cm×10cm 牛皮纸袋），大牛皮纸袋（14cm×14cm×30cm）。

三、内容说明

作物的经济产量是由生物产量中经济价值高的部分组成，经济产量的形成则是以生物产量的形成为基础的，一般条件下，二者呈正相关；但在同一生物产量水平下，光合产物向形成经济产量的器官分配比例大时经济产量就高（经济系数大）。生长分析就是以干物质重量的积累与分配来衡量作物的生育状态，找出它与产量形成的关系，推测产量形成过程，反过来去指导作物生产。

四、方法和步骤

两人一组在预定供试的作物田块中，每隔 1～2 周或适当间隔期，分两次进行取样，每次每组在群体中取有代表性植株（可不包括根）15～20 株，测定植株各器官及总干物质重，同时调查群体密度，然后根据前后两次获得的各项数据进行下列计算。

（一）相对生长率 RGR（Relative Growth Rate）

单位时间内单位干物质重增长速率就叫相对生长率或相对生长速度（RGR）。按照生物生长量呈几何级数或指数函数的增加规律，植物在生长过程中，植株越大，其生长效能就越高，形成的干物质也越多。表达式为：

$R=(1/W)\cdot dw/dt$

式中 W 表示某个阶段的植物体重；t 表示时间；dw/d_t 表示某个阶段的生长速度。

在实际测定中，为了求出 t_1-t_2 间的平均生长率（R），则采用下式计算：

$R=(1/W)\cdot dw/dt=(\ln w^2-\ln w^1)\cdot(t_2-t_1)$

上式中 t_1、t_2 为时间，W_1、W_2 则为 t_1、t_2 时植株的干物质重。R 的表示单位为 g/g · d（周、年、小时）

（二）净同化率 NAR（Net Assimilation Rate）

单位时间内单位叶面积干物质增重速率，它大体相当于用气相分析法所测定的单位叶面积同化效率的数值。是由植物体干物质增长与植物叶片表面积测定法二者间接计算出来的。它是从叶片真正同化作用中，减去了叶片、茎部和根系等呼吸作用所消耗的部分，以及脱落器官损失部分。通过间隔一定时间取整株样品求得的 NAR 是不同年龄阶段叶片同化效率的平均值。方法简便，无须复杂仪器设备。可根据实测值按下式计算：

$NAR=1/L \cdot dw/dt=[(\ln L_2-\ln L_1)/(L_2-L_1)]\cdot[(w_2-w_1)/t_2-t_1]$

式中 L、W、t 分别表示叶面积、个体干物重、时间。NAR 的表示单位为 $mg/cm^2/d$、$g/dm^2/d$ 或 g/m^2/周。

（三）叶面积比率 LAR（Leaf Area Ratio）

即叶面积对相应植株的干重之比。

$LAR=L/W=[(\ln w_2-\ln w_1)/(w_2-w_1)]\cdot[(L_2-L_1)/(\ln L_2-\ln L_1]$

LAR 的表示单位为 m^2/g 或 cm^2/g。

因此，相对生长率也可应用叶面积比率和净同化率的乘积表示。

$RGR=LAR\times NAR$

（四）比叶重 SLW（Specific Leaf Weight）和比叶面积 SLA（Specific Leaf Area）

比叶重 SLW 是指单位叶面积的叶片重量（干重或鲜重），通常用干重来表示，是衡量叶片光合作用性能的一个参数，它与叶片的光合作用，叶面积指数，叶片的发育相联系。

$SLW=L_W/L=1/2[(L_{W1}/L_1)+(L_{W2}/L_2)]$

L 为叶面积，L_W 为叶的干重。

比叶重的倒数称为比叶面积 SLA（Specific Leaf Area），它是单位叶干重的叶面积，表示叶片的厚薄。在同一个体或群落内显示受光越弱而比叶面积（cm^2/g）越大的倾向，一般作为表示叶遮荫度的指数而使用。但在同一叶片，则显有随着叶龄的增长而减少的倾向。

$SLA=L/L_W$

（五）作物生物率 CGR（Crop Growth Rate）

作物在群体生长情况下，其群体产量可以用单位土地面积上的干物重来表示，因此群体干物重增长速率称作物生长率，它是单位时间内、单位土地面积上、作物群体干物质增长率，可用下式表示：

$CGR=(W_2-W_1)/(t_2-t_1)$

式中 W_1、W_2 是时间 t_1、t_2 内单位土地面积上全部植株的干物重。CGR 的表示单位为（$g/m^2/d$）。

（六）干物质分配率 R（Dry Matter Partitioning Ratio）

干物质分配率是同一时期内，增加的叶、茎、根、花等各器官的干重占植株总增重的百分比，以确定干物质分配规律。

$$R(\%) = [(C_1-C_2)/(W_2-W_1)] \times 100$$

C_1、C_2为某器官在某段时间内的初始和最终干物质重量，W_1、W_2为全株该段时间内的初始和最终干物质重量。

作　业

分别就前后两次测定的有关数据（表Ⅰ）计算 RGR、NAR、LAR、CGR、SLA 填入表Ⅱ，就各次测定结果计算干物质在务器官中的分配率填入表Ⅲ，并分析不同作物或栽培措施下，不同时期光合产物的生产与积累率及其在务器官中的分配。

表Ⅰ　测定结果记载表

测定日期＿＿＿＿＿　作物或栽培措施

株号	株高（cm）	主茎叶数	分蘖数	叶面积（cm^2）	干物重（g）			
					叶片	茎（鞘）	穗（花果）	全株
1								
2								
3								
…								
…								
合计								
平均								

表Ⅱ　计算结果表

作物或栽培措施	时期	RGR	NAR	LAR	SLA	CGR

表Ⅲ　干物质在各器官的分配率　（%）

作物或栽培措施	测定时期	器官	分配率
		叶片	
		茎（鞘）	
		穗（花果）	
		叶片	
		茎（鞘）	
		穗（花果）	

（续表）

作物或栽培措施	测定时期	器官	分配率
		叶片	
		茎（鞘）	
		穗（花果）	

实训五　作物冠层结构的分析

一、目的要求

作物冠层结构是作物群体结构的重要组成部分，它对作物群体的物质生产及经济产量的形成有重要的影响，因此，作物冠层诸指标也成为评价作物群体结构优劣及探讨不同群体生产能力大小的重要依据。通过本项综合试验，使学生掌握与冠层结构有关的诸指标的涵义，并学会这些指标的测定和求算方法，用测定结果对作物群体结构进行评价和比较。

二、实训条件

测定对象：选择生育正常，生长均匀的接近最高叶面积指数期的小麦和大豆群体，分别代表禾谷类作物群体和阔叶作物群体。

试验用具：米尺、剪刀、铺有湿纱布的带盖搪瓷盘、天平、叶面积仪、皮尺（50m）、刻度标杆、单对数纸、塑料袋（或牛皮纸袋）、细绳。

仪器与设备：照度计（单点式，如 ST-80 型；棒式，如 LI-188B 积分量子辐射光度计），叶面积仪、天平、烘箱。

三、内容与方法

（一）作物叶面积指数的测定方法

测定叶面积指数是在测定单叶面积、单株叶面积的基础上，再根据单位土地面积内的作物株数，就可以计算叶面积指数。

首先应调查单位土地面积上（每平方米或若干平方米）的作物实有株数。根据地块大小和地势等，确定 3~5 处有代表性的观测点。确定测点后，分别查出每观测点内的实有株数，并计算出每平方米内的植株数。

在查出株数后，在各测点内再选有代表性的若干植株，如小麦等可选 10 株（共 50 株），大豆等可选 5 株（共 15 株），测定单株叶面积。

为了测定单株叶面积，首先应测定单叶面积。在测定单叶面积时，可采用长宽系数法或叶面积仪法进行离体或活体的单株叶面积测定。再由各观测点若干株的单株叶面积测定值，求出观测点的平均单株叶面积值。最后，按下式计算叶面积指数：

叶面积指数=平均单株叶面积（cm^2）÷10 000（$cm^2 \cdot m^{-2}$）×测点的株数/测定面积（m^2）

（二）作物群体消光系数的测定

由关系式 $K=2.3(\log I_0-\log IF)F-1$ 可知，只要测知叶面积指数（F）、冠层顶部的自然光强（I_0）和群体内的光强（IF）就可算出 K 值。

（1）按前述方法测定叶面积指数。

（2）I_0和 IF 值的测定在晴天正午或阴天，用照度计测定群体冠层顶部的自然光强 I_0和群体内的光强 IF。群体内光强可以是地面处的光强度，也可以是某一高度处（如植株 1/2 高度）的光强度，与此相应的叶面积指数，前者是作物群体从上到地面的累计总叶面积指数，后者是从作物群体顶部至光强高度处的累计叶面积指数。

在晴天，用单点式照度计测定时，因群体内有直射光斑，而且单点式照度计的测定面积很小，所以需要进行多点测定。用米尺平行地面摆好（横垄），手持照度计的探头平放在尺面上，每移动 10cm，读取 1 次照度值，取 10 次测定值的平均值，为该测点的光照强度值。用棒式照度计时，因其探头部分很长（1m），1 次测定值就是测点处光照状况的平均值，所以，取 3 次测定的平均值即可。

（3）计算消光系数　将测出的 F、I_0、IF 代入下式计算群体消光系数值。

$K=2.3\ (\log I_0-\log IF)\ /\ F$

（4）绘制作物群体的消光曲线：用各层（不同高度）透光率的对数（$\ln IF/I_0$）和相应的 F 值绘制群体消光曲线图。也可以用相对照度和群体不同层次的相对高度作图，绘制群体的消光曲线。

（5）最适叶面积指数的计算：假定某作物光补偿点时的光强（IF）为 2 000Lux，再考虑到为了补偿夜间的消耗取 2 倍于光补偿点的光强，即以 4 000Lux 计，自然光强（I_0）平均以 70 000Lux 计，再由所求 K 值，就可算出最适叶面积指数，

即由 $K=2.3\ (\log I_0-\log IF)\ /F$ 得 $F=2.3\ (\log I_0-\log IF)\ /\ K$

（三）作物群体结构的测定

（1）测点的准备：测点的大小因作物而不同，稻、麦、大豆等矮秆密植作物以 $1m^2$为宜，玉米等高秆作物以 $2m^2$为宜。选好测点后，用米尺量取正方形或长方形，在四角插立刻度标杆，使贴近地面的刻度高度一致。从茎基部量起，每 10cm（或 15cm）为一高度层，用细绳在标杆上对角拉一水平线，注意不要损伤植株和群体的自然分布状态，将群体分为若干层。

（2）测定各层的照度：测定冠层顶部和群体内自上而下各层的光强。在晴天用单点式照度计测定群体内各层的照度计时，为减少直射光斑的影响，每层内都应取同一水平面上 10 处测定值的平均值，用棒式照度计时，也应取 3 次的平均值。在云层均匀的半阴天，作物群体内无直射光斑时，在同一层内，用单点式照度计测定 3 次取平均值，用棒式照度计测定 1 次即可。

（3）分层割取：以每层的拉绳高度为准，从上向下进行分层切取。如果由于剪掉了上层，有些枝叶跷起来时，可用手将它按回到原来的层位中剪取。把各层的剪取材料分别装入牛皮纸袋内带回室内。

在室内将每层的叶、茎、穗分别剪开，一般把叶鞘和茎合在一起。

（4）测定叶面积和重量：将每层的叶、茎、穗分别称量鲜重，再测每层叶片的总叶面积，以平方米计，可得每层和总的叶面积指数。最后将材料全部烘干，分别称量每层各部分的干重。

（5）绘制群体结构图：用所测干重、叶面积指数、相对照度，参照图 6-5-1，按各层高度绘制群体结构图。

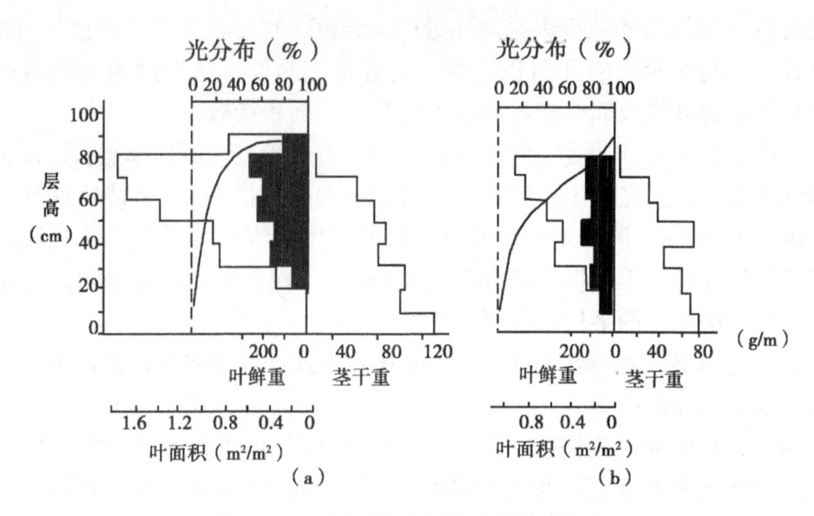

图 6-5-1　不同作物群体冠层特点比较

四、结果分析

1. 不同作物群体冠层特点比较

详见表 6-5-1。

表 6-5-1　小麦大豆冠层特点比较

项目	叶面积指数	消光系数	最下层相对照度	最适叶面积指数
小麦群体				
大豆群体				
差值				

2. 不同群体冠层结构及光分布图的绘制

包括：相对照度曲线、叶干重分布、叶面积分布、茎鞘分布。（参照例图 6-5-1 进行）。

作　业

1. 不同作物群体冠层特点有何差别？产生这种差异的原因是什么？
2. 从光能利用的角度分析，高产群体冠层应该是怎样的？
3. 本试验过程中哪个环节最难操作？哪个环节最易产生误差？

实训六　地膜覆盖栽培技术设计与实践

一、目的要求

掌握地膜覆盖栽培的基本技术原理和方法，学会针对不同类型的作物选择合适的覆膜方式。

二、实训条件

已进行深耕的土地；玉米等大田作物种子；白色、黑色、双色地膜。

三、内容说明

（一）地膜作用

地膜覆盖栽培增产效应是覆盖地膜具有保温、保墒、保肥、抑制杂草、减轻病虫害、早熟的作用，有色地膜如黑膜、绿膜、黄色膜对于调控生育进程和预防有害生物危害等作用明显，但增产效应不明显。

1. 增温保湿

地膜覆盖栽培的最大效应是提高土壤温度。春季低温期间采用地膜覆盖白天受阳光照射后，0~10cm 深的土层内可提高温度 1~6℃，最高可达 8℃以上。由于薄膜的气密性强，地膜覆盖后能显著地减少土壤水分蒸发，使土壤湿度稳定，并能长期保持湿润，有利于根系生长。

2. 促进土壤养分活性

地膜的增温保湿作用有利于土壤微生物的增殖，加速腐殖质转化成无机盐的速度加快，促进作物吸收功能。据测定，覆盖地膜后速效性氮可增加 30%~50%，钾增加 10%~20%，磷增加 20%~30%。地膜覆盖后可减少养分的淋溶、流失、挥发，可提高养分的利用率。

3. 改善土壤结构

地膜覆盖可以避免因灌溉或雨水冲刷而造成的土壤板结现象，可以减少中耕的劳力，并能使土壤疏松，通透性好，土壤的总孔隙度增加 1%~10%，容重降低 0.02~0.3 $g \cdot cm^{-3}$，土壤的稳性团粒可增加 1.5%，使土壤中的肥、水、气、热条件得到协调。同时可防止返碱现象发生，减轻盐渍危害。

4. 延缓下部叶片衰老，提高其光合能力

地膜覆盖后，中午可使植株中、下部叶片多得到 12%~14% 的反射光，比露地增加 3~4 倍的光量，可推迟中、下部叶片的衰老期，促进干物质积累。

5. 防控有害生物危害

地膜与地表之间在晴天高温时，经常出现 50℃左右的高温，致使草芽及杂草枯死。在盖膜前后配合使用除草剂，更可防止杂草丛生，可减去除草所占用的劳力。覆盖地膜后由于植株生长健壮，可增强抗病性，减少发病率。覆盖银灰色反光膜更有避蚜作用，可减少病毒病的传播危害。因此，采用地膜覆盖栽培必须掌握一定条件才能达到早熟高产，稳产目的。

（二）地膜类型

按地膜的功能和用途可分为普通地膜和特殊地膜两大类。普通地膜包括广谱地膜和微薄地膜；特殊地膜包括黑色地膜、黑白两面地膜、银黑两面地膜、绿色地膜、微孔地膜、切口地膜、银灰（避蚜）地膜、（化学）除草地膜、配色地膜、可控降解地膜、浮膜等。

1. 广谱地膜

多采用高压聚乙烯树脂吹制而成。厚度为0.012~0.016mm，透明度好、增温、保墒性能强，适用于各类地区、各种覆盖方式、各种栽培作物、各种茬口。每亩理论用量约7~8kg。

2. 微薄地膜

半透明，厚度为0.006~0.10mm。增温、保墒性能接近于广谱的膜。但由于厚度减薄，强度降底，而且透光性不及广谱地膜，一般不宜用于地膜沟畦、高畦沟植、高垄沟植、阳坡垄沟植、平畦近地面、地膜小拱棚等覆盖栽培方式。每亩田用4~5kg。

3. 黑色地膜

是在基础树脂中加入一定比例的碳黑吹制而成。厚度为0.015~0.025mm。增温性能不及广谱地膜，保墒性能优于广谱地膜。黑色地膜能阻隔阳光，使膜下杂草难以进行光合作用，无法生长，具有除草功能。宜在草害重、对增温效应要求不高的地区和季节作地面覆盖或软化栽培用。每亩菜田用量7.4~12.3kg。

4. 黑白色两面地膜

一面为乳白色，一面为黑色。使用时黑色面贴地，增加光反射和作物中下部功能叶片光合作用强度、降低地温、保墒、除草，适用于高温季节覆盖栽培。厚度为0.025~0.4mm，每亩菜田用量约12.3~19.8kg。

5. 银黑两面地膜

使用时银灰色面朝上。这种地膜不仅可以反射可见光，而且能反射红外线和紫外线，降温、保墒功能更强，还有很强的驱避蚜虫、预防病毒功能，对花青素和维生素丙的合成也有一定的促进作用。适用于夏秋季节地面覆盖栽培。厚度为0.03~0.05mm，每亩菜田用量14.8~24.7kg。

6. 绿色地膜

这种地膜能阻止绿色植物所必须的可见光通过，具有除草和抑制地温增加的功能，适用于夏秋季节覆盖栽培。厚度为0.015~0.02mm，每亩菜田用量7.4~9.9kg。

7. 微孔地膜

每平方米地膜上有2 500个以上微孔。这些微孔，夜间被地膜下表面的凝结水封闭阻止土壤与大气的气、热交换，仍具保温性能；白天吸收太阳辐射而增温，膜表凝结的水蒸发，微孔打开，土壤与大气间的气、热进行交换，避免了由于覆盖地膜而使根际二氧化碳郁积，抑制根呼吸，影响产量。这种地膜增温、保湿性能不及普通地膜，适用于温暖湿润地区应用。

8. 切口地膜

把地膜按一定规格切成带状切口。这种地膜的优点是，幼苗出土后可从地膜的切口处自然长出膜外，不会发生烤苗现象，也不会造成作物根际二氧化碳郁积。但是增温、保墒性能不及普通地膜。可用于撒播、条播蔬菜的覆盖栽培。

9. 银灰（避蚜）地膜

蚜虫对银灰色光有很强的反趋向性，有翅蚜见到银灰光便飞走。银灰（避蚜）膜利用蚜虫的这一习性，采用喷涂工艺在地膜表面复合一层铝箔，来驱避蚜虫，防止病毒病的发生与蔓延。这种地膜厚度一般为0.015~0.02mm，可用于各种夏秋蔬菜覆盖栽培。

10. （化学）除草地膜

覆盖时将含有除草剂的一面贴地，当土壤蒸发的气化水在膜下表面凝结成水滴时，除草剂即溶解在水中，滴入土表，形成杀草土层。这种膜同时具有增温、保墒和杀草三种功能。

11. 配色地膜

是根据蔬菜作物根系的趋温性研制的特殊地膜。通常是黑白双色，栽培行用白色膜带，行间为一条黑色膜带。这样白色膜带部位增温效果好，在作物生育前期可促其早发快长，黑色膜带虽然增温效果较差，但因离作物根际较远，基本不影响蔬菜早熟，并具有除草功能。进入高温季节，可使行间地温降低，诱导根系向行间生长，能防止作物早衰。

12. 可控降解地膜

此类地膜覆盖后经一段时间可自行降解。防止残留污染土壤。目前我国可控降解地膜的研制工作已达到国际先进水平。降解地膜诱导期能稳定控制在60d以上；降解后的膜片不阻碍作物根系伸长生长，不影响土壤水分运动。

（三）地膜覆盖的方式

地膜覆盖的方式依当地自然条件、作物种类、生产季节及栽培习惯不同而异。

1. 平畦覆盖

畦面平，有畦埂，畦宽1~1.65m，畦长依地块而定。播种或定植前将地膜平铺畦面，四周用土压紧。或是短期内临时性覆盖。覆盖时省工、容易浇水，但浇水后易造成畦面淤泥污染。覆盖初期有增温作用，随着污染的加重，到后期又有降温作用（图6-6-1）。

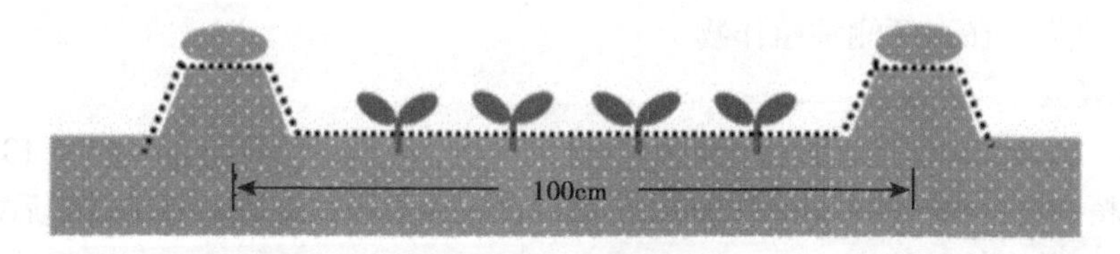

图6-6-1　平畦覆盖

2. 高垄覆盖

畦面呈垄状，垄底宽50~85cm，垄面宽30~50cm，垄高10~15cm。地膜覆盖于垄面上。垄距50~70cm，高垄覆盖受光较好，地温容易升高，也便于浇水，但旱区垄高不宜超过10cm（图6-6-2）。

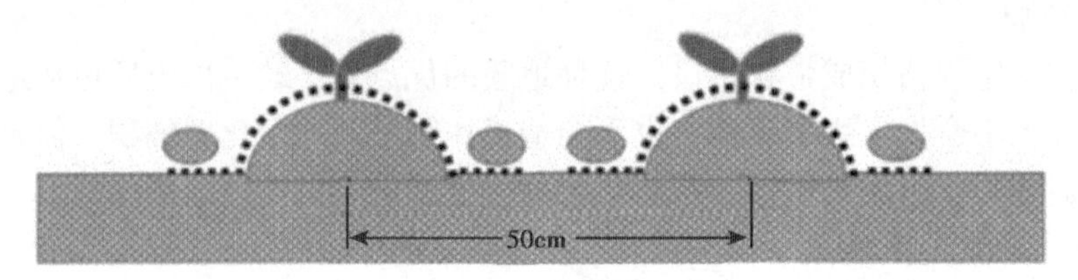

图 6-6-2　高垄覆盖

3. 高畦覆盖

畦面为平顶，高出地平面 10~15cm，畦宽 100~150cm。地膜平铺在高畦的面上。高畦高温增温效果较好，但畦中心易发生干旱（图 6-6-3，图 6-6-4）。

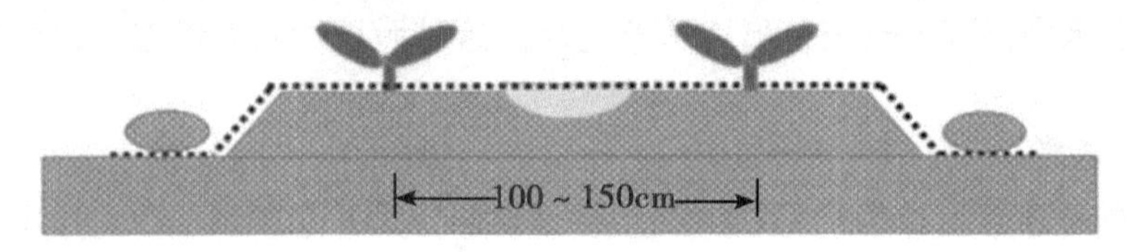

图 6-6-3　高畦覆盖

4. 沟畦覆盖

将畦做成 50cm 左右宽的沟，沟深 15~20cm，把育成的苗定植在沟内，然后在沟上覆盖地膜，当幼苗生长顶着地膜时，在苗的顶部将地膜割成十字，进行放风。晚霜过后，苗自破口处伸出膜外生长，待苗长高时再把地膜划破，使其落地，覆盖于根部。俗称“先盖天，后盖地”。如此可提早定植 7~10d，保护幼苗不受晚霜危害。既保苗，又护根，而达到早熟、增产增加收益的效果（图 6-6-4）。

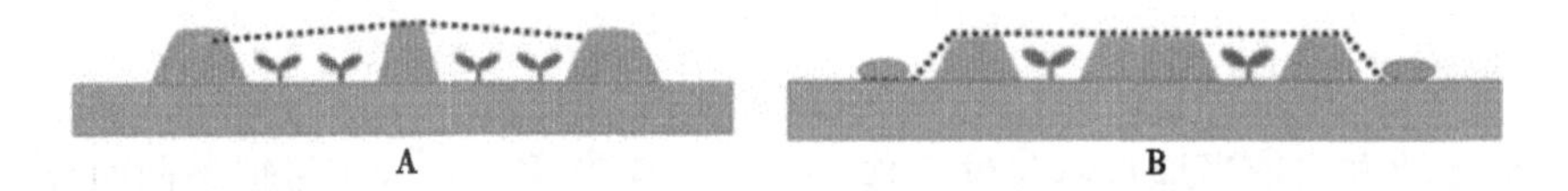

图 6-6-4　沟畦覆盖

5. 沟种坡覆

在地面上开出深 40cm，上宽 60~80cm 的坡形沟，两沟相距 2~5m，两沟间的地面呈垄圆形。沟内两侧随坡覆 70~75cm 的地膜，在沟两侧的地面呈垄圆形。沟内两侧随坡覆 70~75cm 的地膜，在沟两侧种植作物。

6. 穴坑覆盖

在平畦、高畦或高垄的畦面上用打眼器打成穴坑，穴深 10cm 左右，直径 10~15cm，空内播种或定植作物，株行距按作物要求而定然后在穴顶上覆盖地膜，等苗顶膜后割口放风。

7. 全膜双垄沟播种技术

划行每幅垄分为大小两垄，垄幅宽 110cm。用木材或钢筋制作的划行器（大行齿距 70cm、小行齿距 40cm），一次划完一幅垄，划行时，首先距地边 35cm 处划一边线，然后沿边线按照一小垄一大垄的顺序划完全田（图 6-6-5）。

选用厚度 0.008~0.01mm、宽 120cm 的地膜。沿边线开 5cm 深的浅沟，地膜展开后，

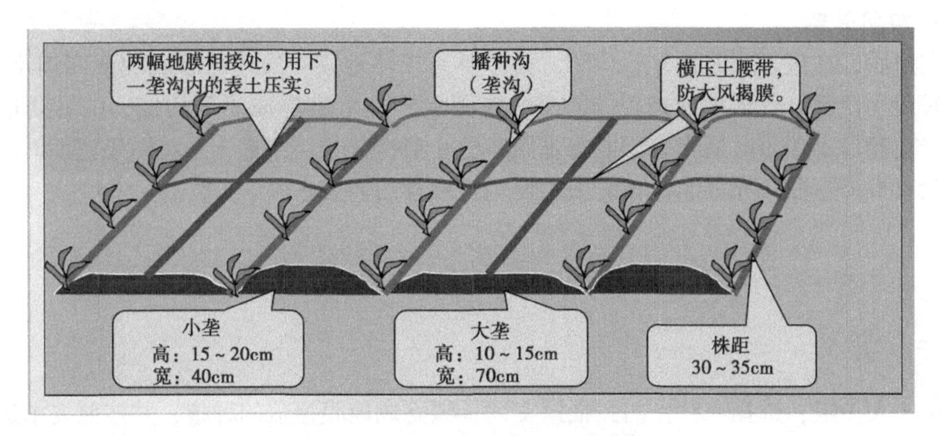

图 6-6-5　全膜双垄沟播种示意图

靠边线的一边在浅沟内，用土压实；另一边在大垄中间，沿地膜每隔 1m 左右，用铁锹从膜边下取土原地固定，并每隔 2～3m 横压土腰带。覆完第一幅膜后，将第二幅膜的一边与第一幅膜在大垄中间对接，膜与膜不重叠，从下一大垄垄侧取土压实，依次类推铺完全田。覆膜时要将地膜拉展铺平，从垄面取土后，应随即整平。

四、方法与步骤

1. 地膜的选择

根据作物的类型、根据早春气候特点选择合适规格和颜色的地膜。

2. 整地与铺膜

（1）重施底肥。覆盖地膜前应重施底肥，一般按该作物一季所用总肥量的 60%～70% 作为基肥一次性施入。基肥以有机肥为主，果菜类应适当增施磷钾肥。底肥采取窝施或沟施的方式，在栽苗前 3～5d 施入，然后覆土。

（2）整理畦面。畦面土壤充分欠细整平，做成瓦背形，用木板擀平并稍微拍实土表盖严地膜。

（3）覆膜。地膜必须拉紧铺平无皱折，并与厢面紧贴，膜的四周用土压紧压实，对杂草较多的地块，可在盖膜前厢面均匀喷施除草剂，这样除草、保温、保湿效果更好。

3. 适时播种

春播比露地种植提早播种 5～10d，秋播比露地推迟播种 5～7d。按要求的行株距将地膜划破小口，苗子栽入穴中，定植应选在冷尾暖头的晴天，带土移栽。定植后及时浇“定根水”，然后用细土肥定植孔封严以保温、湿，促进幼苗生长。

4. 放苗

当苗顶上地膜时，及时放苗。齐苗后，若晚霜已过，应破孔放苗。放苗过早. 不能齐苗，全苗，过晚不利壮苗，若遇高温，常引起烫苗。条播的应按株蹈打孔放苗，穴播的，按苗打孔。破膜放苗后，在破口处埋土，防跑墒、降温、大风揭膜和杂草生长。放苗时要掌握放绿不放黄，即子叶平展的棉苗可以放，未平展的黄瓣苗放苗易被风吹干或晒死，不能破孔放苗。放苗时间，阴天可全天放苗，晴天宜在早展露水干以后和下午三四点钟以后。中午烈日照射，此时放苗易伤苗。

5. 田间管理

定植后，在进行农时操作管理时，要尽量不损坏地膜，发现地膜破裂或四周不严时，应及时用土压紧，保证地膜覆盖的效果。在肥水管理上应掌握“前期控、中后期追”的原则，在春旱不严重时适当控制肥水施用，防止植株徒长。当进入开花结果盛期时，要及时追肥或根外追肥，充分满足植株中后期生长发育的需要。

作　业

每3人一组，选择一种作物，根据实训步骤完成地膜覆盖的种植，并按照要求进行田间管理。

实训七　土壤施肥制的设计（农田养分平衡分析）

一、目的要求

学习拟定施肥制的目的，在于使学生明确按不同轮作特点施肥的重要性，并掌握施肥制的拟定方法，为设计一个生产单位的耕作制度奠定基础。本实验要求根据轮作中各作物对养分的要求和在轮作中的地位，合理分配本单位的有机与商品肥料，以求农田养分的平衡，生产的稳步发展。

二、设计原理

估算一个合理的施肥量，必须考虑作物的计划产量，土壤供肥情况、肥料特性、农业技术措施和气候条件统筹，也就是说必须结合本地区具体情况进行。

养分平衡施肥估算法是根据作物计划产量需肥量与土壤供肥量之差计算施肥量。其计算公式为：

$$施肥量（kg）=\frac{农作物需肥量（kg）-土壤供肥量（kg）}{肥料中有效养分含量（\%）\times 肥料利用率（\%）}$$

其中：肥量是按 N、P_2O_5和 K_2O 计算的。

三、估算步骤

1. 目标产量的确定

目标产量即计划产量，是决定肥料需要量的依据。目标产量应根据土壤肥力来确定，通常用经验公式来表达。先做田间试验，用不施任何肥料的空白区产量和最高产量区（或最经济产量区）产量进行比较。在不同土壤肥力条件下，通过多点试验，获得数据，以空白产量作为土壤肥力的指标，用 x 表示自变量，其最高产量用 y 表示，为应变量，求得一元一次方程的经验公式：

$y=b_0+b_1x$ 或 $y=x/（b_0+b_1x）$

式中：x——空白产量；y——最高产量；b_0——基础最高产量；b_1——产量增加系数。

应用上述公式，只要得到当地空白产量 x，就可求得目标产量。

2. 依据目标产量求出所需养分总量

有了目标产量，参考作物养分需求量，即可求出实现目标产量所需养分总量，计算公式如下：

目标产量所需养分总量=（作物目标产量指标/100）×形成 10kg 经济产量所需养分数量　（1）

3. 估算土壤供肥量

作物在不施任何肥料的情况下，所得的产量称空白田产量，所吸收的养分，全部取自土壤，通过空白区产量就可估算出土壤供肥量。按下式进行估算：

土壤供肥量=空白区作物产量/100×形成10kg经济产量所需要养分数量 (2)

4. 求肥料利用率

肥料利用率是把营养元素换算成肥料实物量的重要参数，它对肥料定量的标准性影响很大。因此，对不同作物和同一作物不同地区都要测定肥料的利用率。在进行求肥料利用率的田间试验时，可安排单施某一营养元素肥料和不施任何肥料两个小区，分别收割作物地上部分的产量，然后按下列公式计算肥料利用率：

$$\text{某元素肥料利用率（\%）}=\frac{\text{施肥区作物含该元素总量}-\text{空白区作物含该元素总量}}{\text{施入肥料中含该元素总量}}\times 100 \quad (3)$$

当然，也可以利用前人这方面所做工作找出某种作物对某种肥料的利用率、最好是本地区的资料。

5. 估算施肥量

由（1）式估算的实现目标产量所需养分总量减去土壤供肥量，即为需要通过施肥补充的养分量，而后根据具体作物确定基肥和追肥的比例及肥料利用率，按下式分别估算出基肥与追肥的计划施肥量：

$$\text{计划施肥量}=\frac{\text{需要通过施肥补充的养分数量}}{\text{该肥料某种养分含量（\%）}\times\text{该肥料的利用率（\%）}} \quad (4)$$

四、估算实例

某农户通过试验发现不施任何肥料时小麦产量为：4 650kg/hm^2，施磷钾肥时，产量为4 950kg/hm^2，施氮钾肥时，产量为6 120 kg/hm^2，施氮磷肥时，产量为分6 030kg/hm^2，施氮磷钾肥时，产量为6 450kg/hm^2，该户计划公顷产小麦7 050kg，现备有碳铵、猪圈肥和过磷酸钙，问每公顷得施多少有机肥和化肥？

估算步骤如下。

1. 所需肥量

查表可知，实现小麦7 050kg的目标产量所需：

N=7 050/100×3=211. 50kg/hm^2

P_2O_5=7 050/100×1. 25=88. 13 kg/hm^2

K_2O=6 030/100×2. 5=176. 25kg/hm^2

2. 土壤供肥量

根据题意，可知土壤供肥量为：

N=4 950/100×3=148. 5kg/hm^2

P_2O_5=6 120/100×1. 25=76. 5kg/hm^2

K_2O=6 030/100×205=150. 75kg/hm^2

3. 用肥量

按碳铵的利用率为40%，含氮量为17%，优质猪圈肥含氮量为0. 5%，利用率100，含五氧化二磷0. 19%，利用率为10%；氧化钾0. 6%，利用率为25%；过磷酸钙含五氧化二磷12%，利用率15%。氮肥的2/3为基肥（以有机肥为主），1/3为追肥，磷、钾肥都做底肥，则每公顷用肥量为：

N（基肥）=［（211.50-148.5）×2/3］/（0.5%×25%）= 33 600（kg/hm^2）（有机肥）

N（追肥）=［（211.50-148.5）×1/3］/（17%×40%）= 307.5（kg/hm^2）（碳铵）

施 33 600kg 有机肥所提供的磷量为 6.384kg。

该土壤需要补充的磷量=88.13-76.5=11.63kg

通过有机肥补充 6.384kg，还差 5.241kg，用过磷酸钙的量为：

5.241/（12%×15%）= 291kg

钾的补充量为 176.25-150.75=25.5kg

因有机肥提供的钾量为：33 600×0.6%×40%=80.64kg，故不需补充钾肥。

五、注意事项

（1）在推广用试验法确定目标产量时，常常不能预先获得空白田产量，可采用当地前三年作物的平均产量为基础，增加 10%~15%作为目标产量较为合适。

（2）所计算出的施肥量不必保留小数，应取整数。

（3）是否施钾肥也要看当地肥力状况和有机肥含钾量。

（4）计算的施用量是否合适，最好做一些小试验，以便校验估算的正确性，也便于第二年继续推广应用。

作　业

1. 利用养分平衡法估算施肥量有何优缺点？

2. 一生产单位在不施任何肥料时小麦产量为：6 000kg/hm^2，施氮磷肥时，产量为 7 000kg/hm^2，施磷钾肥时，产量为 6 500kg/hm^2，施氮钾肥时，产量为 6 750kg/hm^2，施氮磷钾肥时，产量为 7 200kg/hm^2，该户计划公顷产小麦 7 500kg，现备有尿素、人粪尿和过磷酸钙，氮肥的 2/3 为基肥（以人粪尿 80%、尿素 20%），1/3 为追肥（尿素 80%），磷、钾肥都做底肥，问每公顷施多少有机肥和化肥较为合理？

实训八　间混套作复合群体及农田小环境观察

一、目的要求

通过对复合群体及农田小环境的测定，进一步了解间套作增产的机理；学习测定复合群体农田小气候的方法。

二、实训条件

测定作物准备：在田间布设种植小麦、玉米、大豆单作田和小麦玉米套作、玉米大豆间作田。

仪器与用具：照度计、热球式电风速计、遥测通风干湿表、半导体温度计、地温表、烘箱、取土钻、天平、铝盒、钢卷尺、皮卷尺、测杆、支架、木箱、细绳、记录纸等。

三、内容说明

（一）间套作复合群体的测定

选择群体生长高产期或近收获期，在田间测定间套作与单作的生长发育与作物间的相互关系。测定项目包括：群体密度、带距、株行距、间距、植株高度差、宽度、叶片与根系交叉状况、发育进程、LAL、地上部分生物量等。

（二）农田小气候观测

包括复合群体内光照、温度、水分、风速的测定。

1. 光照强度的测定

光照强度的测定所用仪器是各种类型的照度计。原理：照度计通常是用光敏半导体元件的物理光电现象制成的测量仪器，用于测定单位面积上物体所截取的光通量—光照强度，又称照度，其单位是 lx。仪器由受光元件和电流表组成。当受光元件硒光电池受光后，产生一定电流，并通过电流表，直接反映出照度值。

2. 温、湿度测定

湿、温度观测常用的仪器有观测空气温、湿度的玻璃液体温度计、机动通风干湿表、遥测通风干湿表测定空气温度、湿度的方法，其他参考农业气象学和土壤学实习指导。通风干湿表由感应部分、通风器、水盒三部分组成：感应部分是二支铜电阻温度表，分别作为干球和湿球。直流电动机带动通风器以进行通风，此外还附有水盒插座，指示箱上有湿度开关和通风开关。测湿度的原理同干湿球温度表原理一样，观测时，首先测出干、湿球温度值，然后查表求得湿度，如调节测湿旋钮后，也可以测定相对湿度，其湿度比查表法偏低。

3. 土壤湿度测定

土壤湿度检测仪它通过发光管点亮的数目反映土壤的干湿程度 。其工作原理酸、碱、盐都是电解质，它们在水中发生电离而导电。土壤中含有大量的各种无机盐 。土壤的含水量不同即湿度不同，导电性能也不同。湿度大，导电能力强，即电 阻小；土壤干，导电能力差，即电阻大。检测仪正是利用土壤的温度不同，电阻不同，通过电路使显示的发光管数目不同而制作的。

（三）分析单作与间套作的群体效益

单作效益（元/hm^2）= 作物产量（kg/hm^2）×产品单价

间作套作效益=主作物产量（kg/hm^2）×产品单价+间套作物产量（kg/hm^2）×产品单价

四、农田小环境观测方法

（一）观测地段的选择和测定设置

1. 观测地段的选择

要注意两点，首先必须是典型而有代表意义的。其次，为了便于比较，必须在相同条件下研究某一问题的独特性。

2. 测点设置

无论是间作或套作与单作进行比较，还是间作或套作不同作物间比较，以及带状间套作中同一作物不同行间（或株间）对比，都要按科学的要求选择观测点，测点要力求有代表性，各测点的距离不宜太大，既能客观反映所测农田小气候特点，又不受周围环境所影响，特别要防止人为因素的干扰，测点的数目要根据观测的要求、人力和仪器设备等情况来确定。

（1）风速测定测点高度要根据作物生长情况、待测气候要素特点和研究目的来确定。通常农田温度和湿度观测取 20cm、2/3 株高和 150cm 3 个高度。20cm 处代表贴地层情况，2/3 株高处作为作物主要器官所在部位，也是叶面积指数最大的部位，150cm 处目的是便于与大气候观测资料比较。高秆作物观测高度和层次应适当增加。风速测定可每隔一定距离均匀设点，在农田中一般测定 20cm、150cm 或 200cm。但应着重观测 2/3 株高处的风速，因为此处风速与叶面积蒸腾关系密切。

（2）光照强度观测层次要密些，可等距离分若干层次，自上向下，再自下而上往返测一次。但无论分几层测定，株顶高度一定要测定，以便取得自然光照，计算透光率。

（3）土壤温度观测一般取 0cm、5cm、10cm、15cm、20cm 5 个深度，农田水温可取水面和水泥交界面 2 个部位观测。

3. 观测时间

一般依观测目的和作物生长阶段而定。为观测间套作复合群体间的小气候变化，必须在不同作物的共存期进行观测。具体观测的时期可结合作物生育期选择典型大气候（如晴天、阴天等）来确定。

如要了解间套作条件下小气候的日变化或某要素的变化特征，可在作物生育的关键时期，选择典型天气，每间隔 1h 或 2h 进行全日的连续观测，但为了能在短暂的观测时间内得出小气候的特征，也可采用定时观测（2h、8h、14h、20h 4 次观测值的平均值作为日平均值)，以便于和气象台站观测进行比较。在观测进程中，各处理、各项目、各高度的观测时间都要统一到一个平均时间上。

4. 测定仪器安置

各测点的仪器安置，应根据仪器特点，参照气象仪器安置的一般要求，高的仪器放在低的仪器北面，并按观测程序安排，仪器间应相互不影响通风和受光。由于间套作条件下，不同行间的小气候也有较大的差异，因而仪器宜排测在同一行间。安置仪器及观测过程中尽可能保持行间原来自然状态。

（二）观测方法与步骤

1. 光照强度

（1）测定方法：观测使用前调整电流表指针正确指在零位上，然后将罩上减光罩的减光探头接线插入电表插入孔内，把减光头水平放在测定部位，打开减光罩，即可从电流表上读出指示值。由于田间透光率不匀，在每个观测部位上均应水平随机移动测量数次，以其平均值代表该部位的光照强度，测定时可用数台仪器，在各测点同一部位同时进行，可用其中一台测定自然光照，以便计算主观部位的透光率，透光率计算公式如下。

透光率（%）= 某一部位光照强度/自然光照强度×100

（2）注意事项：①在任何情况下不得将感光探头直接暴露于强光下，以保持其灵敏度。②光探头要准确水平地放置在测定位置，使光电池与入射光垂直，并将电流表放平，保证读数可靠。③每一次测定遵循从高档（×100）到低档（×10，×1）的顺序。④每次测定完毕应即将量程开关拨在“关”的位置，将光电池盖上。

2. 温、湿度

（1）测定方法：先把感应部分的保护盒取下，通过其底架上的固定孔，用螺针平衡地安装在被测部位的中心位置，随后把有防护罩一端的电缆线插好，引出与指示箱联接。感应器的水盒中注入蒸馏水（若在负温时，测量湿度可在储水箱中用33%酒精和蒸馏水来保证）。

打开指示器盖，置电表锁紧器至各点位置（松开位置），再调整零点平衡，将通风开关置于“接”的位置上，通风2~3min后即可进行读数。读数前先将干湿球开关置于“干球”位置上，再按当时气温，估计拨动零上或零下开关，之后旋开关到“初测”位置，调节×10℃，×1℃的温度读数旋钮，使电表的指针在零附近摆动，此时“湿度”开关不打开。在完成初测后，随即将“初测”开关置于“精测”位置上，再仔细调节×10℃，×0. 1℃的温度某一部位光照强度（lx）。

自然光照强度（lx）读数旋钮，使电表指针完全平衡地指在零上，拨开“初测”“精测”控制开关于中间空档位置，记下温度旋钮读数，即×10℃+×1℃+×0. 1℃加调整值，即为预测的空气温度值。

湿球温度测定操作方法向上，只是把“干球”开关扳至“湿球”位置上，根据观测的干湿球温度，再查表计算核对湿度。

（2）注意事项：①仪器使用前后，指示箱上的通风开关和控制开关都应还原。②在观测数较多时，指示器电桥如发现拨动×℃，偏转减少时，应立即更换电桥的电池。③铜电阻温度表使用一年后或停用一阶段再使用时应重新鉴定和校正，以确保其测定精度。

3. 风速

测定方法如下。

(1) 使用前观察电表的指针是否指于零点，如有偏移可轻轻调整电表上的机械零螺丝，使指针回到零点。

(2) “校正开关”置于“零位”的位置，慢慢调整“粗调”及“细调”两个旋钮，使电表指在零点的位置。

(3) 将测杆插在插座上，上端的螺塞压紧使探头密封“校正开关”旋至“满度”位置，慢慢调整“满度调节”旋钮，使电表针指在满刻度的位置上。

(4) 然后再拨动“校正开关”置于“零位”的位置，慢慢调整“零位粗调”和“零位细调”旋钮，使电表指针回到零点位置上。

(5) 经以上步骤后，轻轻拉动螺塞，测杆探头露出，即可进行观测。测定时，使测头上的红点面对风向，从电表上读出风速的大小。因风是阵性的，指针左右摆动，所以定出所需测定的时间内读数次数（一般在 1~2min 内读 10 个数），再取平均数，最后根据所得的平均数查仪器所附的校正曲线，得出被测风速。

(6) 在测定若干分钟（10min）后必须重复以上（3）（4）步骤一次，使仪器内的电流得到标准化。

注意事项如下。

(1) 在风速测定中，无论测杆如何放置（垂直向上，倒置或水平位置），探头上的红点一边必须面对风向，在进行“满度”“零位”调整时，测杆必须处于向上放置。

(2) 测杆引线不能随意加长或缩短，如导线有变动，仪器须重新校对后方可使用。

(3) 如果敏感部件热球上有粉尘，可将探头在无水乙醇中轻轻摆动，去掉粉尘，切不可用刷以及其他用具清洗，以免损坏热球及使热球位置改变，影响测量的准确性。

4. 土壤湿度测定

用取土法或目测法（其方法见土壤实验指导）。本装置操作极为简单，手持湿度检测仪，把两探针全部插入土壤。按下按钮，观察发光管点亮的数目即可知道土壤湿度及植物生长状况，以采取相应措施。大田土壤湿度测量，只需将探针加长至 10ea，R6 改为 8.2K 即可 。

五、观测资料的整理

在完成各个测点及各项观测内容后，首先将多项测记录进行误差订正和查算，并检查观测记录有无陡升或陡降的现象，找其原因决定取舍，然后计算读数的平均值，最后查算出各气象要素的值。

为了从测点的小气候特征中寻找它们的差异必须根据实验任务进行各测点资料的比较分析。在资料统计中，对较稳定的要素（如温度或湿度）可用差值法进行统计，而对易受偶然因素影响或本身变化不稳定的要素（如光照强度和风速）宜用比值法进行统计。这样得出的数据既便于说明问题，又利于揭示气象要素本身的变化规律。此外，应根据资料情况用列表法将重点项目反映在图表上。当平行资料不多或时间又连续的时候，用列表法比较适合，但在资料长而时间的连续性又显著的情况下，应力求用图示法来反映重要的变化特征。

作　业

1. 取实测中的时间、测定位置（高度或深度）作出间套作模式，单作条件下一天内的光强变化曲线或模拟方程（列表亦可）空气温度、湿度、土壤湿度、风速的差异。

2. 根据测定资料，对单作与间套作复合群体的植株状况与农田小气候作出综合评价。

实训九 作物布局优化方案的设计与效益分析

一、目的要求

作物布局是耕作制度设计中的一个重要环节，是组织管理农业生产的一项重要措施，它关系到能否因地制宜、充分合理地利用当地农业资源，达到农业生产的高产、稳产、高效、低成本的问题。

二、实训原理

本实验利用线性规划进行作物布局设计，线性规划是系统工程中最优化技术方法之一，它主要解决两方面的问题：一是“省”——利用最少的资源，完成既定的任务；二是“多”——充分合理地利用现有资源来完成最大量的任务。运用到作物布局中就是要解决：①在一定自然条件和生产条件下，使该单位产量最高（总产、单产、产量/劳力或资金等）或经济效益最大（总收入、人均收入、单位面积收入等）。②要完成一定的生产任务，使得花费的资源最少。

三、内容说明

线性规划是运筹学的一个重要分支，研究多变量函数在变量约束条件下的最优化问题，即求一组非负变量 Xj（j=1，2，……）在满足一组条件（线性等式或不等式）下，使一组线性函数取得最大值或最小值。

用线性规划方法确定作物布局（也可应用于复种或整个种植制度），其参数比较容易取得，求解方法标准，便于借助于计算机求解，结果比较实用。但是，由于所用参数基本上都不够精确等原因，造成与实际有一定差异。其原因主要有以下几点。

（1）线性规划的约束方程中，将构成目标函数和约束条件的等式及不等式联立方程都认为是线性的，而实际农业中生物与环境因素的关系往往不是线性的。故采用线性规划方法会导致一定偏差，因而有人提出非线性规划方法。

（2）线性规划中资源的数量、投入产出系数、资源决策变量都被看作是固定的，静态的，而农业生产中许多因素却是动态的、变化的。线性规划较难处理这种动态变化。故有人提出用动态的方法，有的学者还将非线性规划与动态规划结合起来，比较好地解决了农业问题的非线性和动态性。

（3）在线性规划中目标函数只能是一个，即在产量最高、经济效益最高、生产成本最低，生态效益最高等目标中选择一个，而生产实践中往往是多目标的。单目标函数的线性规划的优化结果，往往与实际要求不相符合。为克服这一矛盾，可采用目标规划来解决多目标的问题。

（4）农业生产系统中诸多因素是未知的，或者是难以量化的，有些量化指标，其确定性也因环境的变化而变化。由于农业的这种复杂性、多目标性和不确定性，给农业系统中各种优化方法带来了许多偏差，有时数学上的优化与实际相差甚远。这就要求将优化结果与实际情况进行核对和修正。也有人提出用灰色系统的方法来解决农业系统中问题的复杂性、不确性和未知性。

四、方法步骤

凡目标函数和约束条件均为线性函数的规划问题称为线性规划。线性规划的求解方法主要有：图解法、单纯形法、匈牙利法等，而以单纯形法最常用，可用于农林牧结构、作物结构、复种类型结构等方面。

举例：一块面积 95 亩的小麦田收后种玉米、谷子、马铃薯 3 种作物，历年来 3 种作物平均产量分别为 600kg、400kg、300kg，并知要达到此产量水平分别需有机肥 6 车、5 车、2 车；化肥 50kg、20kg、不需要；投工 12 个、10 个、16 个。当地可提供的量为：有机肥 400 车、化肥 2 000kg、投工 1 200 个，问如何安排这 3 种作物才能使总产量最高？

1. 确定目标函数

设玉米 X_1 亩、谷子 X_2 亩、马铃薯 X_3 亩，则：$F=600X_1+400X_2+300X_3$ Max

2. 选择约束条件

耕地：$X_1+X_2+X_3\leqslant 95$

有机肥：$6X_1+5X_2+2X_3\leqslant 400$

化肥：$50X_1+20X_2\leqslant 2\ 000$

投工：$12X_1+10X_2+16X_3\leqslant 1\ 200$

变量：$X_1\geqslant 0$　　$X_2\geqslant 0$　　$X_3\geqslant 0$

3. 建立数学模型

求 X_1、X_2、X_3满足

$X_1+X_2+X_3\quad\leqslant 95$

$6X_1+5X_2+2X_3\leqslant 400$

$50X_1+20X_2\leqslant 2\ 000$

$12X_1+10X_2+16X_3\leqslant 1\ 200$

$X_1\geqslant 0$、$X_2\geqslant 0$、$X_3\geqslant 0$ 使 $F=600X_1+400X_2+300X_3$　　àMax

4. 引入松弛变量（附加变量、闲置变量、剩余变量），化成标准型（将不等式变为等式）

求 X_1、X_2、X_3、X_4、X_5、X_6、X_7满足

$X_1+X_2+X_3+X_4=95$

$6X_1+5X_2+2X_3+X_5=400$

$50X_1+20X_2+X_6=2\ 000$

$12X_1+10X_2+16X_3+X_7=1\ 200$

（$X_1\geqslant 0$　$X_2\geqslant 0$　$X_3\geqslant 0$　$X_4\geqslant 0$　$X_5\geqslant 0$　$X_6\geqslant 0$　$X_7\geqslant 0$　使 $F'=-F=-600X_1-400X_2-300X_3+0X_4+0X_5+0X_6+0X_7$

5. 列出初始单纯形表

（1）把标准形式中约束条件方程的系数和常数项列成表，形成系数矩阵和增广矩阵。

可以看出，在系数矩阵中右边形成一个单位矩阵。那么所在列的变量就是基变量，先

作为基底，其余的变量为非基变量。

（2）把目标函数所对应的系数变号列在表 6-9-1 中，叫做检验数。

（3）这里，基底所对应的 b 项就是一个初始基可行解。

表 6-9-1　目标函数所对应的系数

基底	非基变量			基变量				b_i
	X_1	X_2	X_3	X_4	X_5	X_6	X_7	
X_4	1	1	1	1	0	0	0	95
X_5	6	5	2	0	1	0	0	400
X_6	50 *	20	0	0	0	1	0	2 000
X_7	12	10	16	0	0	0	1	1 200
F'（C）	600	400	300	0	0	0	0	0

6. 最优解的判别准则

（1）当所有的检验数都非正数，即 $C_i \leqslant 0$（$i=1$，2，……n），则对应的基可行解为最优解。

（2）若检验数存在一个 $C>0$，且所对应的列向量都非正（$a \leqslant 0$），则可判别此无最优解。

（3）若检验数存在一个 $C>0$，且所对应的列向量中有 $a>0$，说明此基可行解不是最优的，可进行改进，求出新的基可行解进行换基迭代（初等变换），得出新的基可行解。

7. 找到最优解

进行换基迭代（初等变换），得出新的基可行解，列出新的单纯形表，并用判别准则判别，直到找到最优解或无最优解为止。

（1）确定换入变量：$C>0$ 所在列的变量都可以作为换入变量，一般取左边一项（或者取值较大的 C 所在列的变量，能使目标函数改进最快）（取 X_1 为换入变量）。

（2）确定主元和换出变量：以换入变量所在列的各正向量作除数去除右边的常数项，取最小值所在行的变量为换出变量。换入变量和换出变量相交的项为主元（用 X_1 所在列的数作除数去除常数项，那么，第三行的变量 X_6 为换出变量，50 作为主元以 * 标记）。

（3）调换基底（换出 X_6 换入 X_1）。

（4）进行初等变换：把主元变成 1，所在列的其余数变为 0。变换方法：某行的所有数同乘一个非零数；某行的所有数同乘一个非零数加到另一行的对应项上（表 6-9-2）。

表 6-9-2　初等变换

基底	非基变量			基变量				b_i
	X_1	X_2	X_3	X_4	X_5	X_6	X_7	
X_4	0	0. 6	1	1	0	−0. 02	0	55
X_5	0	2. 6	2	0	1	−0. 12	0	160

（续表）

基底	非基变量			基变量				b_i
	X_1	X_2	X_3	X_4	X_5	X_6	X_7	
X_1	1	0.4	0	0	0	0.02	0	40
X_7	0	5.2	16 *	0	0	−0.24	1	720
$F'(C)$	0	160	300	0	0	−12	0	−24 000
基底	非基变量			基变量				b_i
	X_1	X_2	X_3	X_4	X_5	X_6	X_7	
X_4	0	0.275	0	1	0	−0.005	−0.062 5	10
X_5	0	1.95 *	0	0	1	−0.09	−0.125	70
X_1	1	0.4	0	0	0	0.02	0	40
X_3	0	0.325	1	0	0	−0.015	0.062 5	45
$F'(C)$	0	62.5	0	0	0	−7.5	−18.75	−37 500
基底	非基变量			基变量				b_i
	X_1	X_2	X_3	X_4	X_5	X_6	X_7	
X_4	0	0	0	1	−0.141 3	0.007 7	−0.004 5	0.128 2
X_2	0	1	0	0	0.512 8	−0.046 2	−0.064 1	35.897 4
X_1	1	0	0	0	−0.205 1	0.038 5	0.0256 41	25.641 0
X_3	0	0	1	0	−0.166 7	0	0.083 3	33.333 3
$F'(C)$	0	0	0	0	−32.051 3	−4.615 38	−14.743 6	−39 743.6

8. 结果与分析

玉米 $X_1=25.6$ 亩，谷子 $X_2=35.9$ 亩，马铃薯 $X_3=33.3$ 亩，使总产最高 $F=-F'=$ 39 744kg。

9. 灵敏度分析

将各资源限量分别增加一定数量（如1%），求最优解的变化情况，方法同上。

五、注意事项

1. 应用线性规划的前提

（1）线性性：全部问题必须符合线性条件。要注意农业上的一些问题往往不是线性关系。

（2）确定性：资源数量、投入产出系数、资源决策变量的各项系数都必须市正确的、固定的。要注意农业上许多问题往往是不确定的（如天气），往往为确定这些系数的过程甚至比建立和求解线性规划问题本身更为复杂和困难。

（3）目的性：解问题的目的要明确。要注意线性规划目标函数只是单一的，这与农业系统问题本身的多目标是相矛盾的由于以上特性和方法上的不足，再加上农业本身的复杂性和农业指标的不确定性，在运用线性规划时要谨慎研究以上问题。同时线性规划数学上的最优解要用实际情况加以核对修正，要与其他方法和指标相结合来研究解决农业上多因素的问题。

2. 线性规划问题可用 Excel 中的“规划求解”解决

方法如下：输入条件→“工具”菜单中单击“规划求解”命令→“目标单元格”编辑框中，键入单元格引用或目标单元格的名称。目标单元格必须包含公式。并选“最大值”、“最小值”或“目标值”复选框，然后在右侧的编辑框中输入数值→在“可变单元格”编辑框中，键入每个可变单元格的名称或引用，用逗号分隔不相邻的引用。可变单元格必须直接或间接与目标单元格相联系。最多可以指定 200 个可变单元格→如果要使“规划求解”根据目标单元格自动设定可变单元格，请单击“推测”按钮→在“约束”列表框中，输入相应的约束条件→单击“求解”按钮→如果要在工作表中保存求解后的数值，请在“规划求解结果”对话框中，单击“保存规划求解结果”→如果要恢复原始数据，请单击“全部重设”。

作　业

1. 某农户，欲在 12 亩同类型耕地上种植玉米、大豆、小麦 3 种作物，并可为此提供 48 个单位劳动力和 360 元资金。并已知玉米和大豆每亩各需要 6 个单位劳动力，小麦每亩需要 2 个劳动力，玉米、大豆、小麦每亩各需要资金分别为 36 元、24 元和 18 元。又知种植玉米、大豆和小麦每亩可得净收入为 40 元、30 元和 20 元，问 3 种作物各种多少亩，才能使净收入最高？

2. 试建立宁县中村作物布局线性规划模型，以使得净总产值最高，并求解（参考资料见本章附录 1~8）。宁县中村对农产品的要求量如下。

（1）粮食总产量 50.5 万 kg。玉米总产 10 万 kg，小麦总产 20 万 kg，燃料产量 25 万 kg。

（2）谷子总产 1 万 kg；粗饲产量 34.5 万 kg。

（3）大豆总产 1.5 万 kg；精饲料 9.94 万 kg。

（4）苜蓿面积 170 亩；饲草产量 20 万 kg。

可提供 ①有机肥 3 386 车；②氮肥 6.5 万 kg；③磷肥 5.4 万 kg；④春季灌水 7.2 万 m^3。

实训十　作物不同种植模式效益评价

一、目的要求

对不同地区种植模式的综合效益进行分析，了解该地区的资源利用状况、生产潜力，为进一步发挥当地有利资源因素，挖掘潜在资源，提高资源转化率，达到高产、稳产、优质、低成本的目的提供依据。通过实验，了解不同复种（种植）方式资源利用效益，掌握经济效益评价的基本方法，培养与提高学生分析问题和解决生产实际问题的能力。

二、实训内容

（一）资源利用率评价

（二）经济效益分析

三、实训原理

（一）资源利用率

评价资源利用率的主要指标及计算方法有：

1. 产量效益

指一种耕作制度或种植方式所产生的目标产品的数量与质量。通常用经济产量、生物产量、蛋白质产量、能量产量等，计算公式为：

经济产量= 主产品产量（kg）/ 总耕地面积（$667m^2$）

生物产量=作物光合总量（kg）/总耕地面积（$667m^2$）

热能产量=Σ（主产品产量高×折能系数+副产品产量×折能系数）/总耕地面积（$667m^2$）

蛋白产量=主产品总量（kg）×蛋白质总量（kg）/总耕地面积（$667m^2$）

主产品是指栽培所需要的产品（如谷粒、皮棉、薯块等）。

2. 光能利用率

表示单位时间（年、生长期或小时等）单位面积上植物通过有机干物质积累的能量与同期投入该面积上的太阳辐射能（或光合有效辐射能）之比。是光合面积、光合时间、光合速率的综合反映。

某种植模式光能利用率=该种植模式单位总产出能/单位面积年总辐射量

总辐射量，单位 $Kcal/cm^2$（1Kcal≈4185.85J，全书同。可用辐射计测定或用附近气象站资料）。

$$E\% = \frac{\Delta W \times H}{\Sigma Q} \times 100\%$$

其中，△W：单位土地面积干物质增加量；H：单位干物质产热率，一般碳水化合物为 4 250cal/kg，粗脂肪 4 000cal/kg，粗蛋白 5 700cal/kg，玉米为 4 070cal/kg，大豆 5 520 cal/kg，水稻 3 750~4 300cal/kg。

∑Q：同期总辐射量，单位 $Kcal/cm^2$（可用辐射计测定或用附近气象站资料）。

庆阳市属大陆性气候，夏热丰雨。降雨量南多北少，2007 年全市降水量 382.9~602.0mm，降雨多集中在 7—9 月。气温南部高于北部，年平均气温 9.5~10.7℃，无霜期 140~180d。年日照 2 213.4~2 540.4h，太阳总辐射量 $125 \sim 145kCal/m^2$，地面平均蒸发量为 520mm，总体呈干旱、温和、光富的特点。

3. 叶日积（LAI×D）

叶日积是指叶面积与光合时间的乘积。即：LAI×D= LAIi×Di

式中 LAI×D 为叶日积；LAI 为第 *i* 生育阶段的平均叶面积；Di 为第 *i* 生育阶段持续时间。

4. 热量利用率

热量利用率（*T%*）是指某一作物或种植方式中作物生长期间的积温占全年积温（>0℃或>10℃）的百分率。分三步计算：①计算各种作物从出苗到成熟的日数；②根据气象资料计算出作物生育期间的积温；③求出全年>0℃积温，最后求出热量利用率。计算公式如下。

$$T\% = \frac{\Sigma ts \geqslant ℃}{\Sigma t \geqslant ℃}$$

T%：热量利用率；∑ts≥℃：生长期积温；∑t≥℃：全年积温。

热量利用率反映不同作物或不同熟制对热量的利用程度。由于对作物有效的热量指标较难测定，故一般用作物生长期的积温代表作物所利用的热量。这种计算方法不足之处是未能考虑极端温度对作物的不利影响。热量利用率不能反映作物产量的高低，作物热量利用率高不一定产量也高，故采用每百度积温所产生的干物质作为辅助指标，反映作物对热量资源的利用率。

5. 水分利用率

水分利用率是单位土地总产出（总生物产量）与当年总降水量之比。

6. 生长期利用率（*D%*）

指作物（或复种方式）实际利用的生长期（*Un*）占作物可能生长期（通常用无霜期表示）（*Dn*）的百分数。

7. 土地当量值

同一农田中两种或两种以上作物间混作时的收益与各个作物单作时的收益之比率。衡量间混作比单作增产程度的一项指标。如玉米间作大豆时，土地当量比（LER）=（玉米间作时的产量/玉米单作时的产量）+（大豆间作时的产量/大豆单作时的产量）。

若 LER 大于 1，即表示间作比单作效率高。当 LER 为 1.4 时，即表示单作时要用 1.4 公顷的土地才能达到间作时 1 公顷土地的产量。

8. 固定资产利用率

是指销售收入与固定资产净值的比率。属于劳动密集型企业时，这一比率就可能没有太大的意义，所以种植业一般不测算。

9. 劳动力利用程度

反应劳动力利用程度指标有劳动力利用率和劳动力出勤率等。

劳动力利用率=已使用的劳动力资源/劳动力资源存量×100%

(二)经济效益分析

1. 成本与收益

(1)每公顷成本(元)=物化劳动+活劳动

(2)千克成本(元)=亩成本/亩产量

物化劳动是指生产过程中所消耗的各种生产资料,活劳动是指劳动力消耗。

(3)每公顷产值(元)=单价(元)乘以每公顷产量

(4)每公顷净产值(元)=每公顷产值-物质费用

(5)每公顷纯收入(元)=每公顷产值-每公顷成本

2. 劳动生产率

指单位时间所生产的农产品的数量或单位农产品所消费的劳动时间,反映农产品数量与劳动消耗的数量关系。

(1)劳动生产率=农产品总产值(元)/ 活劳动消耗量(工日)

(2)劳动产值率=农产品总产值(元)/消耗活劳动(个)

(3)劳动净产值率= 农产品总产值(元)-生产总费用(元)/消耗活劳动(个)

(4)劳动盈利值= 农产品总产值(元)-生产总费用(元)-工资总额(元)/消耗活劳动(个)

(5)每个劳动力(或工日)产粮=主产品总量(kg)/劳动力(工或日)×总数(个)

3. 资金生产率

(1)每元生产费用产值=农产品总产值(元)/生产费用投资总额(元)

(2)每百元资金产品率=农产品总产值(元)/生产费用投资总额(百元)

(3)农产品商品率=农产品商品量(kg)×100%/农产品总产量(kg)

或:农产品商品率=出售农产品收入(元)×100%/农产品总收入(元)

(三)生态效益分析

能量转化效益:指在一定条件下,单位时间、单位土地面积上总的产出能与同时期面积上总的投入能比例(也叫做能量的产投比)。

能量产投=农产品的总产出量(Kcal)/投入农田生态系统中的总能量(Kcal)

关于物质循环状况(有机质、氮、磷、钾的平衡)以及水分平衡分析需单独进行,本实训不进行此项分析。

劳动力利用程度用劳动力出勤工日利用率表示。

劳动力出勤工日利用率:指某种植模式所耗用的劳动日数占该生产单位最大劳动日数的百分率。按每年劳动力年出勤 300d 计计算公式如下。

劳动力出勤工日利用率=某种种植模式耗用的劳动工日/本单位劳动力总数×300d

四、实训方法

1. 搜集资料：参阅当地农业资源利用的材料等，关键是对一些变量参数的确定。
2. 计算各种种植方式的效益。
3. 对各种种植方式效益进行分析比较。

作　业

某生产单位有耕地 46.7hm²，年平均降水量为 260mm，降雨集中在七八月份，蒸发量 2 220mm；年太阳辐射量为 6.44×10^5 J/cm²，生理辐射率为 50%，全年日照时数3 222h；年≥10℃积温 3 020℃，大于≥0℃积温 3 583℃；初霜期 9 月 26 日，终霜日 4 月 22 日，可灌溉，土壤肥力中等，有机质含量 1.85%。有关种植模式及产投资料见附表，根据附录 9～15 资料，对该单位的种植模式进行综合分析，完成下表资料分析，并简要进行评价。

生产单位种植模式综合效益分析

指标	小麦/玉米	小麦/葵花	小麦单作	玉米单作	葵花单作
每公顷经济产量（kg）					
每公顷生物产量（kg）					
每公顷热能产量（万千卡）					
每公顷蛋白产量（kg）					
每公顷产值（元）					
每公顷成本（元）					
每公顷净产值（元）					
每公顷纯收入（元）					
劳动产值率（元/工）					
劳动盈利率（元/工）					
每工日产粮（kg）					
每元生产费用产值（元）					
能量产投比					
光能利用率（%）					
热量利用率（%）					
土地当量比					

实训十一　农业生态系统的调查分析

一、目的要求

掌握物质循环规律及物质流分析的方法；通过对农业生态系统的能流分析，掌握农业生态系统能流规律和能流的分析方法，增强学生对生态系统的理解和认识。

二、实训原理

农业生态系统的的物质循环和能量流动关系到农业持续生产性，物质循环和能量流动的平衡是创建作物连年高产的基础。物质循环和能量流动是农业生态系统的基本功能之一。研究农业生态系统的物质流，主要是研究生态系统的营养元素及物质的循环平衡、利用效率等问题。不同的生态系统，由于系统的组成和结构不同，其能流途径、能量的输入、输出结构及各环节的能量转化效率等能流特征也各不相同，通过能流分析，可以查明农业生态系统的结构特征，为调整结构增强系统功能提供依据。

三、方法步骤

（一）物质循环

1. 确定研究对象和系统边界（同能流分析）

物流与能流分析的研究对象是一个生态系统，这个生态系统可以是各种不同层次的，不同类型的生态系统，如，可以是一个单独的农田生态系统、林木系统、畜禽系统或鱼塘系统，也可以为一些由作物、畜禽、鱼塘、梨园、菜园等亚系统构成的一个完整的农业生态系统。系统边界的划分应根据研究目的而定，可以好似国家、省、市、县、村、农户的自然疆界，或是占有土地的大小，对边界的描述应说明其时空范围和系统属性，并定义进入或移出边界的能量为输入与输出。

2. 物质模型库的划分

一般为土壤库、作物库、牲畜库和人群。

3. 物质分析对象

N、P、K 有机质等。

4. 确定养分输入、输出项目，并调查、测定各种形态的物质流量

（1）输入项：① 外来养分：化肥、降水、灌溉水等输入；② 系统内交换：种子、粪便、秸杆、各种农副产品等；③ 区域性副富集；④ 生物固氮。

（2）输出项：① 目标性输出：农畜林果等产品；② 非目标性输出：流失、淋失、燃烧、反硝化、挥发等。

5. 根据实物量折算为养分的有效成分

（1）生物固氮量换算降水、灌溉水中的 N、P_2O_5、K_2O 的估计（见表 6-11-1，6-11-2）。

（2）农田养分淋失速率受气候、土壤、施肥量、灌溉管理等因素的影响。如葫芦河沿河道地区稻田每年随水分的渗漏而带走的 N、P_2O_5、K_2O 分别为 0.7~1.35 kg/667m^2、0.025~0.095 kg/667m^2、0.6~1.25 kg/667m^2。随外水流失的 N、P_2O_5、K_2O 分别为 0.5~2kg/667m^2、0.035~0.14kg/667m^2、1~1.75 kg/667m^2。至于氮素的挥发与硝化，每年约为 12.7 kg/667m^2。

表 6-11-1　农业与非农业环境的生物固氮量

	农业环境			非农业环境		
	豆科作物	稻	其他	林地	草地	未利用土地
固氮量（kg/667m^2）	9.33	2.0	0.33	0.67	1.0	0.133

表 6-11-2　关中灌区麦田降水与灌溉水的养分输入

	N	P_2O_5	K_2O
降水量（g/m^2）	1.0~3.0	0.06~0.3	1.0~3.0
灌溉水含量（g/m^2）	1.0~3.0	0.06~0.3	2.0~5.0
随降水的输入（kg/667m^2·年）	1.0~1.75	0.05~0.25	1.0~1.5
随灌溉水输入（kg/667m^2·年）	0.7~1.85	0.035~0.2	1.0~3.0

（3）主要农作物的养分含量（见表 6-11-3）。

表 6-11-3　主要农作物三要素含量　（%）

作物	籽实（块、根、茎）			根、茎、叶蔓副产品		
	N	P_2O_5	K_2O	N	P_2O_5	K_2O
大麦	1.75	0.75	0.5	0.5	0.2	0.6
小麦	2.1	0.7	0.5	0.5	0.2	0.6
水稻	1.4	0.6	0.3	0.5	0.28	2.7
玉米	1.6	0.6	0.4	0.5	0.4	1.6
豆类	5.3	1.0	1.3	1.3	0.35	0.9
甘薯	0.3	0.1	0.5	0.3	0.05	0.5
马铃薯	0.35	0.15	0.5	0.3	0.05	0.5
芝麻	4.40	0.8	0.8	0.6	1.4	0.9
油菜	3.54	1.0	1.0	0.82	0.22	1.12
花生	4.4	0.8	0.8	3.2	0.4	1.2
籽棉	3.7	1.1	1.1	0.6	1.4	0.9

（4）主要蔬菜、绿肥、饲料作物、畜禽鱼产品折素系数（见表 6-11-4）。

表 6-11-4　主要蔬菜、绿肥、饲料作物、畜禽鱼产品折素系数　（%）

作物	N	P_2O_5	K_2O	畜禽鱼	N	P_2O_5
蔬菜类	0.4	0.1	0.2	猪肉	2.704	0.101
紫云英	0.33	0.08	0.23	牛肉	3.216	0.124
苕子	0.56	0.13	0.43	羊肉	1.776	—
水葫芦	0.24	0.07	0.11	兔肉	3.376	0.175
水浮莲	0.22	0.06	0.1	鸡	3.44	0.019
红三叶	0.36	0.06	0.24	鸡蛋	2.352	0.21
黄花苜蓿	0.54	0.14	0.4	鸭	2.64	—
紫穗槐	1.32	0.3	0.79	鸭蛋	2.272	0.276
红萍	0.3	0.04	0.13	鹅	1.728	0.023
瓜类	0.1	0.06	—	鹅蛋	1.968	0.243
				鲢鱼	3.2	0.216

（5）人畜粪便数量估计（见表 6-11-5）。

表 6-11-5　粪肥三要素含量　（%）

名称	有机质	N	P_2O_5	K_2O
人粪	20.0	1.00	0.5	0.37
人尿	3.0	0.5	0.13	0.19
猪粪	15.0	0.56	0.4	0.44
猪尿	2.5	0.31	0.12	0.95
牛粪	15.0	0.32	0.25	0.15
牛尿	2.5	0.5	0.03	0.85
羊粪	14.5	0.65	0.5	0.25
羊尿	28.0	1.4	0.03	2.1
鸡粪	25.5	1.63	1.54	0.85
鸭粪	26.2	1.10	1.4	0.62
鹅粪	23.4	0.55	0.5	0.95
兔粪	—	1.72	2.95	1.00

6. 关于土壤有机质盈亏和土壤 C/N 率的计算

土壤有机质（%）可以通过实测获得，土壤中补充的有机质的千克数可以通过计算得到，方法是将施入土壤中的各种有机质先折干，然后分别乘以腐殖质化系数，再相加。土壤有机质的矿化数量（kg）一般以土壤容重计算出耕作层的土体重乘以测定的土壤有机质的百分数，再乘以矿化率，可得到每亩土壤有机质被矿化的千克数（见表 6-11-6）。

表 6-11-6　各种有机质折干与腐殖化系数

	猪粪	人尿粪	稻草	稻麦根茬	垃圾
折干系数	0.2	0.1	0.7	0.7	0.06
腐殖化系数	0.2	0.13	0.22	0.17	0.10

通过每年输入和被矿化的有机质，可了解土壤有机质的盈亏，另外，还需求出 C/N 率，如果 C/N 率小于 10，不利于土壤有机质的积累，将加速土壤有机质的矿化。

7. 列出养分平衡表，根据输入输出的 N、P_2O_5、K_2O、有机质等流动量列出平衡表（表 6-11-7）。

表 6-11-7　养分平衡表

	土壤库		作物库		牲畜库		人群		系统	
	输入	输出	输入	输出	输入	输出	输入	输出	输入	输出
作物吸收										
挥发										
淋失										
种苗										
化肥										
秸秆										
…										
合计										
平衡项										
产投比										

注：其他具体作物、蔬菜、肥料、饲料、果木、畜禽产品、农药与燃料等的折能系数资料，请同学们自己根据自己的需要查详细资料，一般的生态学教材或参考资料上都有具体列表数据

8. 绘出物流图

9. 结果分析

（1）农田（土壤库养分来源和去向及平衡状况分析）。

（2）土壤有机质的盈亏分析。

（二）能量流动

1. 确定研究对象与系统边界（同物质流动）

2. 确定系统的组成成分及相互关系，绘出能流关系图

系统组成的排分可粗、可细，原则是组分内应具有较大的同质性。一般把农作物、林

果和草类分别划分为 3 个组分，根据研究需要也有更细的划分具体到物种；也有将生产者作为 1 个组分。一般 1 个复杂的农户生态系统为：农田、山场、畜禽、鱼塘等组分。分组后可以进一步分析各个组分的农户生态系统能流关系，列出各组分输出、输入项，并绘出能流简图。

3. 搜集资料，确定各种实物的输入和输出量

（1）对于一个预先设计的实验来说各种实物输入、输出量可以通过详细的测定和记录得到。

（2）对于大范围的生态调查研究，可以通过 3 个途径进行。①实地调查获取，如座谈访问、抽样测定。②间接估算，如畜禽的饲料量，粪便量，人粪尿，秸杆等常用现有研究成果，按一定系数进行估算，如通过经济产量推算生物学产量；通过人口数与牲畜头数估算人畜粪尿数量。③从有关统计资料中获取，如各种报表等。

（3）将具体数量按组分或亚系统的输出、输入标在能流关系图上。

4. 将不同质、不同量纲的实物流换算成能量流

各种实物的折算系数，可以直接用仪器测定，也可以采用他人的研究成果，来制订折能系数表以进行能量换算。有关折能系数和参数见本章附录。

5. 列出能量平衡表，绘制能流图

分别填写个组分能量投入和产出量，列出能量平衡表（见表 6-11-8）。绘出能流图，能流图采用 H. T. odum 提出的能流符号。一般研究可以用能流简图。

表 6-11-8　能量平衡表　　单位：千卡

组分 项目	农田		林地		畜禽		鱼塘		其他		整个系统	
	投入	产出	投入	产出	投入	产出	投入	产出	投入	产出	投入	产出
化肥												
农药												
粮食												
鱼产品												
…	…	…	…	…	…	…	…	…	…	…	…	…
合计												
产出/投入												

6. 结果分析

在获得了个组分的各项能流数据之后，从以下几个方面进行分析。

（1）辅助能输入结构分析。目的在于了解各种辅助能的输入比例（见表 6-11-9）。

表 6-11-9　辅助能输入结构　　单位：千卡

能量结构		工业辅助能					生物辅助能					总计
		机械机具	农药	化肥	燃料	小计	人力	畜力	种苗	有机肥	小计	
农田	能量											
	%											100

（续表）

能量结构		工业辅助能					生物辅助能					总计
		机械机具	农药	化肥	燃料	小计	人力	畜力	种苗	有机肥	小计	
果园	能量											
	%											100
畜禽	能量											
	%											100
…	…	…	…	…	…	…	…	…	…	…	…	…
整个系统	合计											
	%											100

（2）产出生物能的流向分析。目的在于了解系统产出的生物能在系统内和系统外，及系统内各组分之间的分配比例，从而说明生物能多级利用的程度（见表 6-11-10）。

表 6-11-10　产出生物量流向　　单位：千卡

源	总产出生物		流向				
	能量		农田	林地	鱼塘	…	系统外
农田						…	
果园						…	
…	…	…	…	…	…	…	…
整个系统	能值					…	
	%	100				…	

（3）能效分析。分析组分内和组分间转化效率，了解各组分对能量的利用和转化功能，主要有：①光能利用率（%）= 植物有机干物质×100/生育期内接受的太阳能；②畜禽饲料能利用率（%）= 畜禽躯体和粪便中的能×100/生育期内消耗的饲料能；③鱼类饵料能转化率（%）= 各种鱼体的生物能×100/投入饵料能；④食用菌能量转化效率（%）= 食用菌体中的生物能×100/基料中的生物能；⑤沼气能量转化效率(%) = 年产沼气的渣水折能×100/投入原料折能；⑥辅助能利用效率（%）= 产出生物能×100/投入辅助能。

（4）农田能流密度：①产出生物能密度 = 产出生物能/公顷；②人工辅助能投入密度 = 总投入辅助能/公顷；③流通量 =（产出生物能+总投入辅助能）/公顷。

作　业

调查分析当地某一典型农户的物流情况（农田生产情况、农田投入情况、养殖生产情况、鱼塘生产情况）并写出调查报告。

附录 6-1 主要作物生理需水

作 物	蒸腾系数	适宜雨量（mm）	需水特性
冬小麦	513	380~800	喜水，需水多
玉米	368	500~1 000	喜水，喜湿，需水多
高粱	322	430~630	较耐旱
谷子	271	450~550	耐旱
马铃薯	250~500	450	耐旱，无性繁殖
大豆	520~1 000	550~650	喜水，喜温
烟草	600		苗期喜水，喜温
西瓜	368~469	400~600	较耐旱

附录 6-2 主要作物所需土壤条件和因土种植

作物	对土壤、肥力、土质、pH 值的要求
小麦	适宜在各种土壤中生长。pH 值 6~ 8.5。土质：粘壤土适宜小麦的生长，黄土、蒙金土好。小麦是胎里富作物，地肥产量高。砂质土，发小苗不发老苗，黏土不发苗。
玉米	对土壤肥力条件要求比较高，消耗土壤中的养分，有机质较多，要求土壤的通透性能好(玉米根系比小麦大 10 倍)。 对土壤质地要求不严格，pH 值 6.5~7.0 为宜。
谷子	对土壤质地要求不严，耐瘠、耐酸、碱、旱。 喜高燥地，pH 值中性最宜。
高粱	适应性广，耐瘠薄，地力消耗厉害。耐盐碱、耐涝。
大豆	对土壤要求不严，pH 值在 6.5 为宜。肥地、薄地都可生长。
马铃薯	碱性大的二合土较好，较耐瘠薄。 较耐酸，pH 值 5.0~6.0 为宜。
水稻	只要能保水保肥，各种土壤都可种植。 一般以黏土为好。盐碱地经过洗碱可获得丰产。
棉花	任何土质都可生长。以土层松厚，通透性好，肥力中上等为宜。pH 值 6~8，耐盐碱，盐分 0.4%受害。
苜蓿	要求土壤湿润，能耐旱，不耐涝。地下水位高对其生长不利。
糜黍	耐旱、耐瘠。
大麦	要求一定水分，怕涝、较耐瘠。
燕麦	对土壤要求不严格。
亚麻	对土壤要求不严格，较耐寒。

附录 6-3 形成 100kg 经济产量所吸收的养分（kg）

作物	N	P_2O_5	K_2O
水稻	2.10~2.40	0.90~1.30	2.10~3.30
冬小麦	3.00	1.25	2.50
春小麦	3.00	1.00	2.50
大麦	2.70	0.90	2.20
玉米	2.57	0.86	2.14
谷子	2.50	1.25	1.75
高粱	2.60	1.30	3.00
甘薯（鲜）	0.35	0.18	0.55
马铃薯（鲜）	0.50	0.20	1.06
大豆	7.20	1.80	4.00
豌豆	3.09	0.86	2.86
花生	6.80	1.30	3.80
棉花（籽棉）	5.00	1.80	4.00
油菜（籽）	5.80	2.50	4.30
芝麻	8.23	2.07	4.41
甜菜（块根）	0.40	0.15	0.60
甘蔗（茎）	0.19	0.07	0.30

附录 6-4 作物各器官养分含量（%）

作物	器官	N	P_2O_5	K_2O
小麦	籽粒	2.08	0.7	0.5
	基叶	0.5	0.2	0.6
玉米	籽粒	1.28	0.6	0.4
	基叶	0.78	0.4	0.6
大豆	籽粒	5.09	1.0	1.3
	基叶	1.07	0.3	0.5
甘薯	干块根	0.96	0.5	2.5
	基叶	1.65	0.25	2.5
水稻	籽粒	1.4	0.6	0.3
	基叶	0.6	0.1	0.9
棉花	籽棉	3.7	1.1	1.1
	基叶	0.6	1.4	0.9

（续表）

作物	器官	N	P_2O_5	K_2O
花生	籽粒	4.4	0.5	0.8
	基叶	3.2	0.4	1.2
绿肥（鲜）		0.5	0.1	0.4

附录 6-5　主要作物播种——成熟所需积温及生育期

作物				积温（℃）				生育期（d）			代表品名
类型	种类	季节型	品种类型	℃	幅度	平均	选择指标	幅度	平均	选择指标	
耐寒	春小麦			≥0	1 700~1 900						
低温	冬小麦				2 200~2 400						
中温	玉米	春	早中熟	≥10	2 461~2 882			116~132			
		夏	早熟		2 060~2 337	2 175.3	2 100~2 360	81~93	87	85±	
			中熟		2 144~2 547	2 343.5	2 300~2 500	85~107	97	95±	
	高粱	春	早熟	≥10	2 200			<100			
			中熟		2 500~3 000			100~120			
			晚熟		>3 000			>100			
		夏	早中熟		2 100~2 500						
中温	谷子	春	特早熟	≥0	1 612~1 957	1 774	1 770	104~112	109	105	
			早 熟		1 952~2 155	2 051	2 100	93~94	94	95	
			中 熟		2 232~2 550	2 435	2 400~2 500	100~119	113	105~120	
		夏	早 熟		2 089~2 097	2 093	2 100	83~85	84	85	
			中 熟		2 094~2 368	2 244	2 200	84~95	89	90	
	大豆	夏	晚熟	≥10	2 987~3 163	3 075		>161			
			早熟		2 070~2 281	2 217		<90			
			中熟		2 509~2 750	2 601		101~110			
中温	马铃薯	春		≥10	低限 2 100			≥90			
		夏			2 600			≥70			
喜温	烤烟			≥10	3 600~3 800			≥120			
	西瓜			≥10	3 600~4 000			>120			
	花生	春		≥10	4 500			>120			
		夏									

附录 6-6　宁县中村各月各旬平均降水量（mm）

月旬	1	2	3	4	5	6	7	8	9	10	11	12	全年
上	0.5	1.9	3.1	6.7	8.3	22.4	56.1	63.3	25.1	9.0	6.2	2.1	
中	0.7	1.9	1.2	10.1	7.3	14.8	71.7	67.3	13.0	7.6	3.2	1.1	
下	2.0	1.5	1.9	7.1	14.9	34.0	104.2	42.9	12.2	8.4	3.4	1.3	
合计	3.2	5.3	6.2	23.9	30.5	71.2	232.0	173.5	50.3	25.0	12.8	4.5	638.4

附录 6-7　宁县各月各旬平均气温（℃）

月旬	1	2	3	4	5	6	7	8	9	10	11	12	全年
上	−3.7	−2.8	2.8	10.7	18.6	23.5	26.2	26.8	22.4	16.1	8.4	0.4	
中	−3.9	−1.0	5.9	14.3	20.7	25.0	26.7	25.2	20.9	14.2	5.7	−1.4	
下	−4.0	0.4	8.2	16.4	22.3	26.3	26.8	24.7	18.7	11.6	1.9	−3.5	
合计	−3.9	−1.2	5.7	13.8	20.6	24.9	26.6	25.6	20.6	13.9	5.3	−1.6	12.6

附录 6-8　中村土壤类型分布图

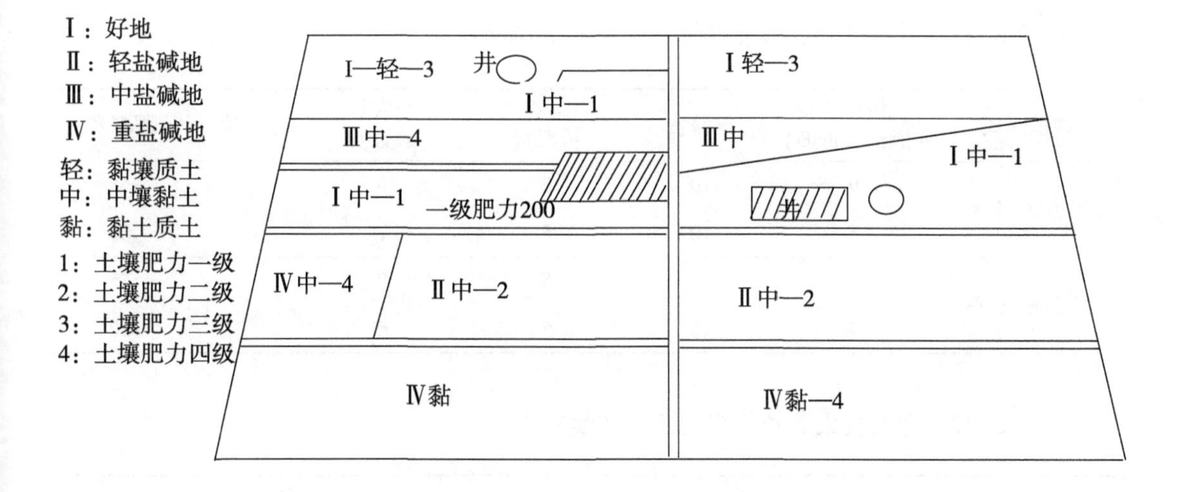

附录 6-9　种植模式产投情况表

种植模式	生育期（日/月）			肥料（kg/667m²）			机械（马力）
	出苗	成熟	天数	农肥	尿素	磷二铵	
冬小麦/玉米	20/9	26/6		2 000	30	20	0.53
	10/5	25/9		2 000	40	20	0.27

（续表）

种植模式	生育期（日/月）			肥料（kg/667m²）			机械（马力）
	出苗	成熟	天数	农肥	尿素	磷二铵	
冬小麦/油葵	22/9	21/6		2 000	30	20	0.53
	20/5	25/9		2 000	20	20	0.27

注：单作玉米、小麦与葵花各项指标同套作田

附录 6-10　种植模式产投情况表（续）

种植模式	燃油 kg/667m²	电力（千瓦时）	农药（纯 kg）	人工 工日/667m²	畜工 工日/667m²	种子（kg/667m²）	单产 kg/667m²
冬小麦/玉米	3.27		0.71	14	2	25	300
	1.63		0.45	12	2	4	650
小麦/油葵	3.27	—	0.71	14	2	25	350
	1.63	—	0.30	8	1.5	1	150

注：单作玉米单产为 700kg/亩、小麦为 400k/亩、葵花为 200kg/亩

附录 6-11　种植模式各项投资情况表（元/667m²）

种植模式	机械作业费（燃油、折旧）	排灌费	固定资产折旧费	小农具购置费	电费	肥料费
冬小麦/玉米	9	10	5	9		55
	5	10	5	7		60
冬小麦/油葵	9	10	5	9		55
	5	10	5	6		50

附录 6-12　种植模式各项投资情况表（续）

种植模式	农药费	人工费	畜力费	种子费	农田基本建设费	其他费用
冬小麦/玉米	5	140	20	50	4	30
	3	120	20	12	3	30
冬小麦/油葵	5	140	20	50	4	30
	2	80	15	60	2	30

附录 6-13　各种农副产品价格表（元/ kg）

产品	小麦	玉米	油葵	备注
主产品	2.4	2.0	6.8	籽粒
副产品	0.30	0.20	0.30	秸秆

注：仅供本实验用参考数据

附录 6-14　各作物主、副产品蛋白质含量及经济系数

作物种类	冬小麦	玉米	油葵	大豆
主产品蛋白质含量（%）	14.5	10.8	24.5	40.0
副产品蛋白质含量（%）	4.1	5.0	5.3	8.9
经济系数	0.38	0.45	0.25	0.28

注：仅供本实验用参考数据

附录 6-15　投入能量折算标准

项目	1 000Kcal/kg	来源	备注
无机投能			
农业机具	50.0	吴湘淦	将田间动力机械、排灌机械及水泵、机引农具等马力数或台数折成重量为 77kg、11kg、289kg，再乘以 0.1（折旧系数）
燃油	11.0	国家标准局	农田系统中主要是动力机械和排灌机械耗水，加工、副业等不计
电力	3.0/度	国家标准局	主要包括排灌用电，不计照明、加工与副业用电，以度计
农药（纯成分）	24.4	综合	
化肥（按有效成分计）			
N	22.0	综合	
P_2O_5	3.2	综合	
K_2O	2.2	综合	
有机能投入			
1. 劳动力	836/人	综合	按每劳动力一年工作 300d 计，每天需要食物能 3 000Kcal，扣除粪便部分的能
2. 畜力	5 000/畜	综合	疫畜一年工作 250d，每天需食物能 30 000Kcal，扣除粪便部分的能量
3. 种子	3.8	综合	可按作物种子折能系数分别计算
4. 有机肥	3.2	综合	每畜或人一年粪便中有机质 kg 数，马骡 764kg，牛 800kg，羊 82kg，猪 150kg，鸡鸭 2.5kg，成人 18kg

第七章　作物生产综合实习

实习一　高级农艺工综合训练

一、目的要求

农艺工技能训练是以农业产业化和可持续发展理论为指导，以提高学生综合素质和促进其全面发展为宗旨，以培养高素质农业科技人才为目标，从北方农业生产实际出发，以掌握基本的农业生产技能为前提，使学生具有较强的现代农业生产能力，培养适于北方作物生产的高级农业技术人才。

二、内容说明

1. 农艺工

农艺工就是从事大田作物粮、棉、油、烟、糖、麻的耕作（包括机械作业）栽培、改良土壤、繁殖良种、病虫防治、水肥管理、中耕除草、收获贮藏等技术活动的所有人员。

2. 农艺工职业等级

农艺工职业资格鉴定考核共设五个等级，自高到低依次分别为：初级农艺工（五级农艺工）、中级农艺工（四级农艺工）、高级农艺工（三级农艺工）、农艺工技师（二级农艺工）、农艺工高级技师（一级农艺工）；目前农艺工鉴定站一般只鉴定初级、中级、高级农艺工。

3. 高级农艺工报考

高级（三级）农艺工报考条件必须具备下列条件之一。

（1）取得高级技工教育毕（结）业证书或取得高等职业教育毕（结）业证书的。

（2）取得中级（四级）农艺工职业资格证书并取得高级技能培训合格证书的。

（3）取得中级（四级）农艺工职业资格证书满2年以上的。

（4）各类高等院校大三、大四和即将毕业的技工院校高技班在校学生。

（5）连续从事本职业（工种）工作10年以上人员（须单位出具原始证明并盖公章）。

农艺工由各地职业技术鉴定指导中心鉴定，鉴定合格者按照有关规定统一核发人社部门相应等级的农艺工《中华人民共和国职业资格证》，此证全国通用。

4. 农艺工证件作用

农艺工职业资格证，是表明农艺工具有从事农艺工职业所必备的学识和技能的证明。它是农艺工人员求职、任职、开业的资格凭证，是用人单位招聘、录用劳动者的主要依据，也是境外就业、对外劳务合作人员办理技能水平公证的有效证件。

5. 农艺工技能要求

（1）掌握作物生产管理管理规程。了解作物轮作布局和间套作复种的一般知识。

（2）掌握农作物的生长习性和生长规律及其田间管理要求。掌握大田作物选种及处理、种植方式、播种规格等种植技术。

（3）掌握常见田间病虫害发生规律及常用药剂的使用方法。了解新药剂（包括生物药剂）的应用。

（4）掌握当地土壤改良方法和肥料的性能及使用方法。

（5）掌握常用农田机具性能及操作规程。了解一般原理及排除故障办法。

三、训练项目

1. 土壤结构及土壤类型识别

提供土壤样品 10 个，分别编号 1~10 号。

（1）辨认 1 号、2 号、3 号土壤样品，识别耕作层、心土层、底土层。

（2）区分 4 号、5 号、6 号、7 号土壤样品，识别农田土壤、草原土壤、森林土壤、风沙土。

（3）区分 8 号、9 号、10 号土壤样品，按质地从好到差顺序排列。

2. 肥料种类识别

提供各种肥料样品 20 个，分别编号 11~29 号，进行辨别。

（1）请区分 11 号、12 号肥料样品，辨别有机无机复合肥料和氮磷钾复合肥料。

（2）请区分 13 号、14 号样品，辨别微肥和植物生长调节剂。

（3）请区分 15 号、16 号、17 号样品，辨别厩肥、炕灰和煤灰。

（4）请区分 18 号、19 号样品，辨别植物生长调节剂和农药。

（5）请区分 20 号、21 号肥料样品，辨别尿素和氮硫肥。

（6）请区分 22 号、23、24、25、26 号肥料品种，辨别磷二铵和 BB 肥料。

（7）请区分 27 号、28 号、29 号微肥品种，辨别硼砂、硫酸铜和硫酸亚铁。

3. 地膜种类识别即选择

提供不同地膜样品，分别编号 31~32 号，进行辨别。

（1）请区分 30 号、31 号、32 号样品，哪一种是液体地膜、白色地膜、黑色地膜？

（2）根据当地气候及作物正确选择地膜种类。

4. 作物缺素症判断

（1）玉米表现为叶脉间失绿或发白，是缺哪一种元素导致的？

（2）小麦叶片在分蘖期由下部至上部叶片叶尖开始变黄，是缺哪一种元素导致的？

5. 作物留种及种子处理

6. 土壤样品采集

土壤样品的最佳采集时间；土壤样品的最佳采集周期；土壤样品采样深度；土壤样品采样点数量；每个样品采样点的多少取决于采样单元的大小、土壤肥力的一致性等。

7. 作物生产技术

（1）耕地质量检查。

（2）生产方案制定。

（3）施肥方式、施肥时期、肥料种类及一般用量。
（4）间苗、定苗、打顶、抹芽、整枝等人工作物调控方式。
（5）种植方法、地膜覆盖。

附录7-1　高级农艺工组卷

职业技能鉴定国家题库

高级农艺工技能《组卷计划书》

编制说明

07012-02

一、组卷目的和适用范围说明

（1）本卷着重考察高级农艺工春小麦丰产栽培方案的制定和油葵苗期中耕质量检查的技能水平。适用于能同时种植小麦和油葵花的地区。

（2）整卷共有2题

第一题春小麦丰产栽培方案的制定；

第二题油葵苗期中耕质量检查。

（3）整体考核时间：120分钟。

（4）其他主要特点说明：本卷第2题的中耕质量检查适应于各种中耕作物。

二、组卷计划表

行业：农业　　工种：农艺工　　等级：高级　　鉴定方式：技能　　编号：第二套

项目名称	题量	鉴定点代码	重要程度	题型	难度等级	分数
制定丰产措施	1		×	A	4	60
整地质量检查	1		×	A	3	40
合计	2					100

三、评分人员要求

（1）遵守考评各项规则要求。

（2）考评人员必须具备所要求的相应专业技术职务及以上资格，同时经过专门培训、考核，对鉴定工作应熟悉。

（3）现场各考点考评员与统计员构成为3∶1。

（4）现场监考人员应该提前15分钟到场，按实际操作做好考场的各项准备工作。

（5）成果型考核，评分人员应回避现场，各考评员按照评分标准各自独立评分。

（6）统计员做好分数统计及保密工作，评分表不得有改动。

附录 7–2　高级农艺工技能试卷

高级农艺工技能试卷

070132–02

一、说明

1. 本试卷遵循实用性、可行性、重在提高的指导思想。

2. 编制依据《中华人民共和国农艺工工人技能等级标准》（199 年　月）和《中华人民共和国农艺工职业技能鉴定规范》（199 年　月）。

3. 本卷适用于同年种植小麦和油葵的地区。

二、项目

1. 题目：第一题春小麦丰产栽培方案的制订（占总分的 60%）（根据当地土壤、气候、主栽品种的特点制订方案）；第二题油葵苗期中耕质量检查（占总分的 40%）。

2. 技术要求。

三、考核总时间

1. 准备时间：15 分钟。

2. 正式考核时间：120 分钟。

3. 规定时间内全部完成，不加分也不扣分。每超 3 分钟扣 1 分，总超 30 分钟停止考试。

四、考核评分

1. 第一题 100 分乘以 60%，第二题 100 分乘以 40%，第一、二题得分相加。

2. 100 分为满分，60 分为合格。

五、考核分配及评分标准

1. 春小麦丰产栽培方案的制订考核指标及评分标准如下表所示。

序号	考核方式	考核内容及要求	配分	评分标准	备注
1	笔答	计划内容全面正确	90		
		其中：播前整地 20 分			
		全层施肥 10 分			
		适时播种 10 分			
		合理密植 10 分			
		田间管理 40 分			

（续表）

序号	考核方式	考核内容及要求	配分	评分标准	备注
2		计划书通顺简练	10		
小计			100		

2. 油葵苗期中耕质量检查考核指标及评分标准如下表所示。

序号	考核方式	考核内容及要求	配分	评分标准	备注
1	操作	质量检查全面正确	90		
		其中：布点正确 10 分			
		耕深测量 20 分			
		耕幅测量 20 分			
		耕堡测量 20 分			
		保护株苗 20 分			
2		检查报告文字工整简炼	10		
小计			100		

附录 7-3　高级农艺工技能评分标准

职业技能鉴定国家题库

高级农艺工技能考试评分计录表

070132-02

准考证号：__________姓名：__________性别：__________单位：__________

1. 春小麦丰产栽培方案的制订评分计录表如下。

项目	评分要素	配分	评分标准	扣分	得分	备注
1	播前整地：冬前整地	10	冬前耕平耙达待播状态			
	播前耙地	10	达到六字标准			
2	全层施肥	10	氮磷比例和施肥总量合乎			
			要求			
3	适时播种	10	适时早播和顶凌播种			
4	合理密植	10	确定合适的播量			
5	田间管理，其中：		适时、适量、方法、质量			
	苗期耙地	10	达到要求			
	适时浇水	10	达到要求			

（续表）

项目	评分要素	配分	评分标准	扣分	得分	备注
	施肥	10	达到要求			
	化学除草	10	达到要求			
6	书写计划书	10	文字工整、通顺简练			
小计		100				

2. 油葵苗期中耕质量检查评分计录表如下。

项目	评分要素	配分	评分标准	扣分	得分	备注
1	布点	10	对角线取10点			
2	中耕深度	20				
3	中耕	20				
4	中耕堡面	20	松、碎、平			
5	植株安全	20	不埋苗、不压苗、不铲苗			
6	中耕质量检查报告	10	文字工整、简练通顺			
小计		100				

实习二　主要作物优质高产方案设计

一、目的要求

通过查阅资料、走访调查，系统掌握当地作物的基本生产过程及适用于当地生产的主要先进栽培管理技术方法；掌握主要作物的产量水平，高产品种的适应性，正确选择品种，确定合理的高产目标；通过看录相、幻灯等相关资料，结合参观校内外科研与生产实践田，了解正在研究的作物新品种、新的栽培技术和相关种植制度，制定作物的农事历；结合所学理论知识，对当地主要作物生产中存在的问题进行分析，提出高产、优质、高效、绿色发展的对策和具体措施，培养综合分析问题和解决问题的能力。

二、方案的编制

为了有计划、有目的、有条不紊地进行农作物生产。每组学生必须提前编制试验设计方案，写出高产设计方法、实施步骤等。一般情况下，一份试验设计方案应包括以下几个方面。

1. 目的和意义

这部分内容主要写明进行该项试验研究的目的和意义，一般要求简单明了，使人一看就能知道你所研究的作物是什么？实现预期目标产量通过要解决什么问题，在生产中的可行性和可操作性。在这一部分中，为了进一步说明研究目的和意义，也可简单概括的阐述一下前人在该领域里所做的工作及尚未解决的问题。

2. 试验设计、材料和方法

要求写出实施高产所用的材料、仪器和方法，内容要具体。但要注意，在选择材料和方法时，一定要认真考虑高产的要求，选择的材料、方法要适当，要便于解决主要优质高产限制因素，说明问题，切忌把一些毫不相干的栽培管理方法搬来套用。

作物栽培学研究的方法甚多，目前除传统的研究方法外，各种数学方法及计算机技术都应用于栽培研究领域。不论采用何种方法进行，都要严格按要求进行，数据计算要精确，且要多次复查核定，以免因设计错误出现人为误差。

地应按要求施用基肥，厩肥必须是充分腐熟并充分混合的，不仅质量一致，而且要施得均匀，施用时最好采用分格分量的方法。高产田施肥整地后，即可按设计与种植计划进行田间区划。通常可先计算好整个试验区的总长度和总宽度，然后在划分株行距。

3. 栽培管理技术

在田间进行作物生产时，不同作物对田间管理措施有不同的要求。要求在某一生育时期给予特殊的管理措施。无论对田间管理病虫害预防在种植前，还是种植后，都要先根据要求和种植作物种类事先考虑实施方案。作物小区面积应为20~40m^2。

作物种植之前，要犁好耙平。犁耙时要求做到犁耕深度一致，犁地的方向应与将来管理措施的要求相关性，都应在设计方案中写明。生产措施主要包括供试作物的播种量、施肥量、施肥时期、灌水量、灌水次数、中耕除草、防虫治病等一般田间管理措施及特殊管理措施。

4. 观察记载测定项目

观察记载测定项目，主要根据研究内容确定，有些试验观察记载内容简单，而有些试验观察记载测定项目比较复杂。一般来说，栽培试验观察记载测定内容还是比较多的，尤其是栽培生理方面的内容更多。在试验中正确选择试验观察记载测定指标，也是搞好试验的关键因素，观察指标太少，数据不充分，不能说明问题；观察指标太多工作量大，费工费时，难以应付，有时还会顾此失彼。所以，观察记载测定的指标除考虑研究内容外，还应考虑实际条件，如参加试验的人力，仪器设备等，要量力而行，突出重点。

注意事项：每组选择一种作物进行高产设计。

三、实习内容

（一）小麦高产栽培管理技术措施

1. 目的

熟悉田间取样的方法。掌握小麦田间出苗率的调查方法。了解小麦的分蘖习性和拔节期的田间诊断方法。识别麦田燕麦及其他杂草。制定当地小麦高产、优质、高效栽培措施。

2. 内容

（1）播前准备工作的调查了解：前茬作物、整地、种子准备、基肥种肥、播量等。

（2）田间取样区、点的选定方法，取样数量的确定等。

（3）出苗情况的调查了解：播种质量（播期、墒情、播深、播法、保墒方法等）、密度、行距，田间出苗率，苗期病虫害及栽培管理措施等。

（4）根据当前群体结构主要性状的测定，进行麦田田间诊断。

观察测定的指标包括：基本苗、主茎叶龄、分蘖习性和分蘖情况、总茎数、平均单株分蘖数、分蘖的消长（成长蘖、空心蘖、缩心蘖、心叶停长蘖）、分蘖的类型（深分蘖、浅分蘖、普通分蘖）、群体的高度（由地面量到最上一叶的叶尖，单位 cm）、群体的整齐程度、叶色、长相、株形、封垄情况（已封垄、半封垄、未封垄），拔节状况，根系生长状况，病虫杂草危害，主要栽培管理技术措施等。

（5）麦田杂草的识别，特别是燕麦草和小麦的区别。

（6）中后期栽培管理技术措施调查了解。

（7）产量性状预测等。

（二）玉米高粱及粟类作物高产途径

1. 目的

调查了解玉米、高粱及粟类作物对环境条件要求的差异。调查了解玉米、高粱在苗期阶段生长发育的差异及栽培管理上的不同点。调查了解粟类作物在苗期阶段生长发育的差异及栽培管理上的不同点。掌握玉米、高粱、粟类作物抗旱播种、蹲苗措施、地膜覆膜等旱作栽培技术要点。分析当地玉米、高粱、粟类作物的生产中存在的问题，并提出相应的发展对策措施。

2. 内容

（1）播前准备工作的调查包括：前茬作物、整地、种子准备、基肥种肥、播量、覆膜情况等。

（2）田间取样区、点的选定方法，取样数量的确定等。

（3）出苗情况的调查了解：播种质量（播期、墒情、播深、播法、保墒方法等）、密度、株行距，田间出苗率，苗期病虫害及栽培管理措施等。

（4）根据当前群体结构主要性状的测定，进行田间诊断。

主要观测指标包括：基本苗、叶龄、群体的高度（由地面量到最上一叶的叶尖，单位 cm）、群体的整齐程度、叶色、长相、株形、封垄情况（已封垄、半封垄、未封垄），根系生长状况，拔节状况，病虫杂草危害，主要栽培管理技术措施等。

（5）了解抗旱播种、覆膜栽培技术要点、是否进行蹲苗，效果怎样。

（6）中后期栽培管理技术措施调查了解。

（7）产量经济性状预测等。

（三）薯类作物栽培

1. 目的

参观了解马铃薯“无毒种薯脱毒技术”生产的主要环节。掌握马铃薯对环境条件的要求及栽培技术关键。掌握起马铃薯垄播种、培土措施、覆膜栽培等技术要点。了解加工型马铃薯的栽培管理技术。掌握甘薯等其他薯类作物对环境条件的要求及关键栽培技术。

2. 内容

（1）播前准备工作的调查了解：前茬作物、整地、种子准备、基肥种肥、播量、覆膜情况等。

（2）田间取样区、点的选定方法，取样数量的确定等。

（3）出苗情况的调查了解：播种质量（播期、墒情、播深、播法、保墒方法等）、密度、株行距，田间出苗率，苗期病虫害及栽培管理措施等。

（4）根据马铃薯苗期群体结构主要性状的测定，进行田间诊断。主要观测指标包括：基本苗数、群体的高度（由地面量到最上一叶的叶尖，单位 cm）、群体的整齐程度、叶色、长相、株形、封垄情况（已封垄、半封垄、未封垄），根系生长状况，病虫杂草危害，主要栽培管理技术措施等。

（5）了解抗旱播种、培土措施，覆膜栽培技术要点。

（6）中后期栽培管理技术措施调查了解。

（四）油菜、胡麻的栽培管理技术措施

1. 目的

掌握对油菜、胡麻的苗情壮弱主要性状指标的测定方法。熟悉和掌握油菜、胡麻的栽培管理的主要环节和关键技术。分析当地油菜、胡麻生产中存在的问题并提出优质高产高效发展的对策。

2. 内容

（1）播前准备工作的调查了解：前茬作物、整地、种子准备、基肥种肥、播量等。

（2）出苗情况的调查包括：播种质量（播期、墒情、播深、播法等）、密度，田间出苗率，间定苗的时间，苗期病虫害及栽培管理措施等。

（3）根据当前群体结构主要性状的测定，进行油菜、胡麻田间诊断。主要内容有：基本苗、主茎叶片数、根粗、入土深度、群体的高度（由地面量到最上一叶的叶尖，单位cm）、群体的整齐程度、叶色、长相、株形、病虫杂草危害、主要栽培管理技术措施等。

（4）中后期栽培管理技术措施调查了解。

（5）产量经济性状预测等。

（五）豆类作物栽培管理技术措施

1. 目的

熟悉和掌握豆类作物栽培管理的主要技术环节；了解豆类作物在当地作物种植结构中的比例和生物培肥的作用。

2. 内容

（1）播前准备工作的调查包括：前茬作物、整地、种子准备、基肥种肥、播量等。

（2）出苗情况的调查包括：播种质量（播期、墒情、播深、播种方式等）、密度，田间出苗率，苗期病虫害及栽培管理措施等。

（3）全生育期栽培管理技术措施调查。

（4）豆类作物在当地作物种植结构中的比例和生物培肥的作用。

四、设计指导

1. 步骤和要求

（1）复习所种植作物形态特点及生理特性，了解栽培地自然条件及生产水平，查阅作物优质高产文献资料。

（2）每2~3人为一组，根据所学知识编制一份作物栽培高产方案（每组只限选一种作物）。

（3）依据本人设计试验方案中的田间布置图，在田间进行实际操作。

（4）制定较为详尽的农事操作历。

（5）实践报告每组一份。

2. 设计按照如下例表格或图示：

（1）设计制定农事历，具体参见表7-2-1。

（2）设计相关调查及措施，不同作物种植设计见表7-2-2、表7-2-3、表7-2-4、表7-2-5、表7-2-6。

表7-2-1　生产实习教学及农事操作历

月份	教学内容	农事操作			
		玉米	大豆	小麦	油菜
9	油菜育苗移栽技术 油菜底施硼肥（讲授、看录相）				

（续表）

月份	教学内容	农事操作			
		玉米	大豆	小麦	油菜
10	小麦栽培技术要点 油菜栽培技术要点（讲授、看录相）				
11	小麦苗期记载标准及定点观察记载 油菜苗订壮苗标准及移栽田定点观察				
12	油菜三大类型期参观并看录相 油菜、小麦越冬前苗情调查（12 月 20—30 日） 油菜、小麦苗期现场评比				
1					
2	油菜现蕾抽苔期苗情调查				
3	油菜植物学形态及三大类型识别（实验）现场评比小麦、油菜生产情况				
4	麦类形态识别（实验）水稻育秧技术（讲授）棉花育苗移栽技术（讲授）				
5	油菜、小麦测产、考种（实验） 中稻栽培技术要点（讲授） 棉花、水稻定点观察				
6	现场评比棉花、水稻生长情况 水稻形态及籼、粳、糯稻的识别（实验）结合早稻及秧苗进行棉花栽培技术要点（讲授）				
7	棉花壮、弱、旺苗，春玉米、甘薯参观（标本图） 水稻中期长势相观察 烟草、芝麻、花生形态类型（实验）棉花伏前桃调查（7/15）				
8	棉花、水稻现场评比棉花伏桃（8/15）和早秋桃（8/31）调查				
9	棉花、中稻测产考种（实验） 棉花、麻类作物形态识别				
10	豆类作物形态识别（实验） 玉米、甘薯、马铃薯、形态识别（实验）				
11	整理观察记载、考种材料写总结				
12	写总结、交流				

7–2–2　小麦种植设计

种子处理	播深（cm）	计划保苗（万/hm^2）	播量	播期	行距	播种方法	保墒措施	备注

表 7–2–3　玉米种植方案设计

地块名称	品种	地势土质	前茬作物	整地质量	土壤墒情	基肥	种肥	种薯情况	种薯处理
播深（cm）	播期	计划保苗（万/hm^2）		行距（cm）	株距（cm）	播种方法	保墒措施	中耕次数	预计产量

表 7–2–4　薯类作物种植设计

<table>
<tr><td>地块名称</td><td>品种</td><td>地势土质</td><td>前茬作物</td><td>整地质量</td><td>土壤墒情</td><td colspan="2">基肥</td><td>种肥</td><td>种子发芽率%</td><td>千粒重（g）</td></tr>
<tr><td></td><td></td><td></td><td></td><td></td><td></td><td colspan="2"></td><td></td><td></td><td></td></tr>
<tr><td rowspan="2">种子处理</td><td rowspan="2">播深（cm）</td><td rowspan="2" colspan="2">计划保苗（万/hm^2）</td><td rowspan="2">穴（行）播量</td><td rowspan="2">播期</td><td colspan="2">行距</td><td rowspan="2">株距</td><td rowspan="2">播种方法</td><td rowspan="2">保摘措施</td></tr>
<tr><td>宽</td><td>窄</td></tr>
<tr><td></td><td></td><td colspan="2"></td><td></td><td></td><td colspan="2"></td><td></td><td></td><td></td></tr>
</table>

表 7–2–5　胡麻种植设计

地块名称	品种	地势土质	前茬作物	整地质量	土壤墒情	基肥	种肥	种子发芽率%	千粒重（g）
种子处理	播深（cm）	计划保苗（万/hm^2）		播量	播期	播种方法	保墒措施	预计产量	备注

表 7–2–6　豆类作物种植设计

地块名称	品种	地势土质	前茬作物	整地质量	土壤墒情	基肥	种肥	种子发芽率%	百粒重（g）
种子处理	播深（cm）	计划保苗（万/hm^2）		播量	播期	播种方法	保墒措施	预计产量	备注

实习报告

1. 每2~3人为一组，根据所学知识按下表内容编制一份作物栽培高产方案（每组只限选一种作物）。

××××作物优质高产栽培设计表

<table>
<tr><td rowspan="5">播种</td><td colspan="2">时间</td><td></td><td rowspan="5">种植</td><td>株距</td><td></td></tr>
<tr><td colspan="2">方法（露地、覆盖）</td><td></td><td>行距</td><td></td></tr>
<tr><td colspan="2">播种深度</td><td></td><td>每行株数</td><td></td></tr>
<tr><td colspan="2" rowspan="2">种子品种
处理方式</td><td></td><td>$20m^2$株数</td><td></td></tr>
<tr><td></td><td>亩株数</td><td></td></tr>
<tr><td rowspan="5">基肥</td><td rowspan="2">氮肥名称</td><td></td><td rowspan="5">数量</td><td></td><td rowspan="5">施肥方法</td><td></td></tr>
<tr><td></td><td></td><td></td></tr>
<tr><td rowspan="2">磷肥名称</td><td></td><td></td><td></td></tr>
<tr><td></td><td></td><td></td></tr>
<tr><td>农家肥</td><td></td><td></td><td></td></tr>
<tr><td>备注</td><td colspan="6">施肥量计算过程：</td></tr>
<tr><td>预计
产量</td><td colspan="6">目标产量确定依据：</td></tr>
</table>

2. 依据本人设计试验方案中的田间布置图，在田间进行实际操作。例：玉米田间种植图如下。

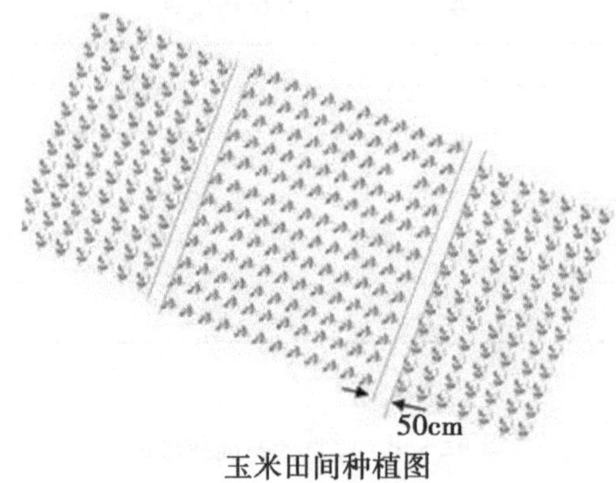

玉米田间种植图

3. 按下表制定较为详尽的农事操作历。

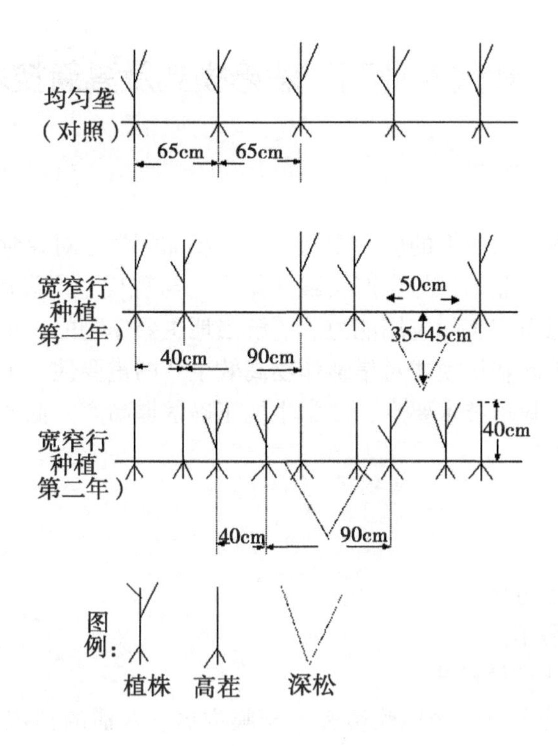

生产实习教学及农事操作历

时间	管理内容	农事操作	具体措施
	催芽播种		
	收获		

4. 实践报告每组一份。

实习三　现代农业高产栽培模式及高新技术考察

一、目的要求

了解现代高新技术在农业上的应用现状，进一步加深学生对课堂教学及实验教学的感性认识，更好地将农业专业知识与生产实践相结合、与现代生产设施和高新技术相结合，培养学生不断创新的意识和实际应用能力。了解当地主要作物的种植方式，使学生能正确认识不同生态条件下不同栽培模式对旱地作物高效生产的重要性。了解当地主要作物不同品种类型的特征特性及栽培技术要点，使学生能正确掌握高产、低产田的栽培方法，并提出低产转高产的解决方法。

二、实习内容

1. 考察现代农业示范区。

2. 参观农业科技展馆。

3. 实地测定现代化种植模式方式。

4. 调查了解玉米等主要作物地膜覆盖、全膜沟播、穴播的种植方式；掌握田间测定种植密度的方法；熟悉地膜覆盖栽培各个环节的技术要点。

5. 调查了解小麦、玉米与其他作物间混套作的种植方式，玉米与大豆、马铃薯等间种，小麦与油菜带状种植等种植方法；学会测量复合体群体密度，估测小麦玉米等主要作物产量。

6. 高产田小麦经济性状及产量的考察评估方法。

7. 认识小麦成熟过程中各期的形态特征，掌握小麦优质高产的栽培要点，掌握小麦收获前产量的预测方法。

8. 调查了解当地主要豆类作物、油料作物高产栽培模式，学会根据种子、幼苗、植株的形态特征区别主要豆类作物及不同油料作物的能力。

三、方法与要求

（一）方法

1. 教学实习计划 10 学时，折合 5d，分集中实习和分散实习两种。

2. 集中实习一般在每年 6 月中下旬进行，为期 5～7d，主要以学院周边省市县区的农业示范园区、种植专业户为主，进行参观见习。

3. 分散实习，主要在学校试验农场和校外实习基地，结合理论教学进度、农事季节和教师的科研课题，进行实验内容的延伸和实践技能训练。

4. 实习期间的组织工作由主讲教师全面负责，外出考察由 1～3 名教师指导讲解，并邀请当地农业生产者或管理者现场讲解。

（二）要求

1. 每个小组到田间观察生长情况，互相配合，观察苗情，测定数据，及时做好记录，共同分析讨论。

2. 学生在见习指导教师的指导下完成全部实习内容。要求每个学生必须参加，并独自提交实习报告或论文。

3. 在乘车外出和田间实习时必须注意安全，听从统一指挥，有事必须按程序请假。

4. 实践成绩评定：实习报告（论文）占 50%；实习中的表现，观察、分析问题的能力占 30%；实习纪律与参与次数占 20%。

5. 成绩评定分为合格与不合格。凡未交原始记录资料和实习报告或伪造资料或抄袭别人的实习报告者均作不合格处理。

四、考察地点及简介

学校可根据实际情况选择当地或周边地区具有高科技含量、并有一定规模效应的农业科技示范园、农业龙头企业、专业合作社等现代农业经营主体进行考察学习。

下面以陇东学院为例介绍当地及周边的几个现代农业示范园区的情况。

（一）杨凌农业高新技术产业示范区。

1. 考察地点

陕西省杨凌高新农业示范区。

2. 基本情况

示范区按照突出特色、发挥优势，勇于创新的思路，在科教体制改革、人才培养、行政体制管理、旱作农业和对外开放等方面进行了实践和探索，既加快了自身建设，又带动了周边地区及其他省区的发展，各项事业取得了显著成绩。初步形成了以生物工程、环保农资、绿色食品、农业科技旅游为特色的产业格局。科技创新能力明显增强，动物克隆技术、干细胞研究、杂交小麦等研究跻身世界先进行列。示范区通过“政府组织、企业带动、科技支撑、农户实施”的方法，探索出了农科教、产学研紧密结合的新路子，科技辐射带动作用日益增强。几年来，共引进、推广国内外名优动植物良种 1 600 多种，累计培训农民 300 多万人次，推广农业实用技术 1 000 余项，示范推广农作物良种面积近 2 亿亩，治理水土流失面积 200 平方公里。在全国 20 个省（市）不同生态类型地区，建立了 108 个农业科技示范推广基地，示范点 1 285 个。受益农民 5 264. 5 万人，年均产生经济效益 120 多亿元。

（二）西北农林科技大学农业科技示范园

1. 考察地点

西北农林科技大学农业科技示范园，位于杨凌邰城南路。

2. 基本情况

该园是目前陕西省内及至西北地区最大的农业高新科技示范基地，占地 200 亩，建有连栋温室大棚 4 座，双拱节能日光温室 7 座，组培楼、科研培训楼等设施齐全。棚内设施具有国内先进水平，光、温、湿均采用电控装置；蔬菜、花卉种植采用无土栽培，采用基质、水培等多种栽培方法；施肥灌溉采用滴灌技术，电脑自动控制。先进的设施和种植技术，展现了现代农业全新发展模式。园区现已成为科研、教学、实习、培训、推广、旅游的基地，也是对青少年进行科普教育的理想场所。

（三）杨凌新天地农业股份有限公司

1. 考察地点

陕西省杨凌高新示范区。

2. 基本情况

新天地农业股份有公司在杨凌农科城中以其农业科学考察、生态观光旅游、农林科普教育等高科技资源优势和独特的园林风格，发挥着重要的农业科考观光旅游作用。园区落成及投产两年来，共接待海内外来宾及观光旅游数万人次。其克隆植物工厂化育苗、设施农业、自控温室、无土栽培以及各种名优特种质资源令人叹为观止。生产的苗木销售到全国 10 个省（市），获得了较大的经济效益。

（四）杨凌国际节水科技博览园

1. 考察地点

陕西省杨凌高新示范区。

2. 基本情况

该园位于杨凌水上运动中心西侧，占地 258 亩，是国家节水灌溉杨凌工程技术研究中心建立的具有一流水平的节水灌溉技术与设备展示基地。它荟萃了国内外节水设备的精品，多功能性和园中内部设计，使它成为农科城中的奇葩。在博览园内荟集了国内 90%、国外 60%以上的先进节水灌溉产品，体现了节水技术的丰富性、综合性、先进性。

（五）西北农林科技大学博览园

1. 考察地点

西北农业科技大学北门外。

2. 基本情况

西北农林科技大学博览园作为一个学科展示平台，主要为教学和科研服务，并面向社会开展科普教育，推进素质教育、爱国主义教育，促进先进科技与先进文化相结合，提高民族科学文化水平，在创建和谐社会中发挥重要作用。博物馆不仅有丰富的标本、实物、文物和模型，还利用多种现代化展示手段，形象、生动、系统、科学地介绍与人类关系密切的动物、昆虫、植物、土壤知识和农业科技史，展示我国农业科技和生物技术发展取得的辉煌成就，面向公众传播农业文化和科学知识。

（1）昆虫博物馆：该馆是植物保护专业重要的教学实践和科学研究基地。自 1987 年创建以来，经过 18 年的建设发展，总建筑面积达到 10 000 多平方米。作为昆虫标本收藏、科学研究、人才培养和科普宣传的学科基地，昆虫博物馆包括昆虫标本馆、科研实验室、图书馆、多媒体软件研发工作室、学术报告厅、会议室、展览馆、温室、网室和室外园区，已成为全球最大、配套设施最全、有较高知名度的综合型昆虫专业博物馆。博览园建设占地 200 亩，总建筑面积 16 000 多平方米，包括逸夫科技馆动物博物馆和昆虫博物馆，土壤博物馆、植物博物馆、中国农业历史博物馆 5 个专业博物馆和蝴蝶园、植物分类园、树木园及多种种质资源圃等，是集教学、科研、科普于一体的重要学科基地。

（2）动物博物馆：该馆收藏了积累了 8 000 余件极为珍贵的动物标本。总建筑面积 4 300 余平方米，馆藏各种珍贵标本 8 000 余件。根据动物馆总体展示内容，动物馆分为 8 个展厅，包括生命起源与动物进化展厅、珍稀动物展厅、宠物与观赏动物展厅、动物体的结构与功能展厅、动物养殖与人类文明展厅、动物疾病与人类健康展厅、动物生产与生态环境展厅、动物生物技术展厅。

（3）植物土壤馆：该馆始建于 1936 年，分为植物标本馆和土壤博物馆。植物标本馆珍藏有自 20 世纪 20 年代以来采自我国西北、华北、西南等地的植物标本约 55 万余份，是我国目前馆藏量最为丰富的植物标本馆之一，也是我国西北地区收集最全、规模最大、建馆历史最为悠久的植物标本馆。该标本馆的馆藏标本不仅是植物种类异常丰富，涵盖了从地衣、苔藓、蕨类、裸子植物到被子植物的所有类群，而且采集地点遍布全国，尤其是秦岭和黄土高原的植物标本最为详尽，其丰富程度和现有的珍藏价值在国内外享有盛誉，还藏有植物模式标本 300 余份，植物照片 3 万余张。该标本馆先后出版和参与编写了《中国植物志》《秦岭植物志》《黄土高原植物志》《Flora of China》《中国滩羊区植物志》《华北植物区系地理》等植物学专著，在秦岭地区和黄土高原地区乃至西北地区植物学研究中占据着重要地位。土壤博物馆收集了 50 多年来，西北农林科技大学的土壤科学工作者在不同时期采集自全国各地的典型土壤剖面，包括整段标本、微型盒装标本和反映土壤发生演化过程的形态标本等。除此之外，还有许多反映世界上其他国家土壤特征的一些照片和文字材料。土壤博物馆分 4 个展厅，分别是：土壤的形成与演化厅、中国土壤分类与分布厅、中国与世界土壤主要剖面厅、土壤与环境及人类的关系厅。

（六）三原县玉圆食用菌专业合作社

1. 考察地点

陕西省三原县。

2. 基本情况

该合作社位于三原县裕原路农业科技示范园中段，内设三原县食用菌研究所，三原县食用菌协会。从事双孢菇、黑木耳、灵芝、平菇的菌种制作及栽培技术推广，开展技术培训，提供原辅材料服务。合作社占地 30 亩，现有专、（兼）职讲师 5 名、技师 15 名、技术员 30 名，制种设备齐全，技术领先，内设菌种厂，培训教室和粗加工厂厂房，合作社下设 100 亩的示范基地。形成科研、培训、示范、加工、销售为一体的综合行服务体系。并注册“玉圆”商标，统一收购和销售菇农产品。合作社拥有会员 10 000 余名，为周边各市县培训技术人才两万余人，为陕西省食用菌产业发展创建了广阔的平台。2009 年被中国科协、财政部授予“全国科普惠农兴村先进协会”，2011 年 3 月被陕西省 授予“省级百强合作社”。

（七）天水神舟绿鹏农业科技有限公司

1. 考察地点

甘肃省天水市。

2. 基本情况

该公司成立于2001年，专业从事航天农作物新品种选育、制种、推广及产业化开发。是中国空间技术研究院下属企业，中国航天科技集团公司航天育种创新基地，甘肃省农业产业化重点龙头企业。2013年批准组建甘肃省航天工程生物育种重点实验室，2014年甘肃省院士工作领导小组批准成立了企业院士专家工作站。2014年作为18个单位之一，被选定加入了敦煌种业领衔的“甘肃省玉米产业技术创新战略联盟”，同时被选定加入了晨光生物领衔的“国辣椒产业技术创新战略联盟”，并进入全国由5个成员组成的“辣椒育种及加工适宜性评价技术研究”战略组。

公司现有职工148人，其中技术人员78人，包括高级职称5人，中级职称35人，硕士研究生7人。聘请了国内大专院校、科研院所的1位院士、29位教授、研究员组成了专家委员会，加强了科研创新队伍。现拥有通过航天搭载的航天蔬菜、粮油、花卉、牧草等9大类农作物999个品系，通过选择优良变异株系，已育成24 207份优异种质材料，育成了38个航天农作物新品种通过了科技成果鉴定和甘肃省农作物新品种审（认）定，其中蔬菜品种36个，冬小麦品种1个，5叶型紫花苜蓿品种1个。育成品种占全国航天农作物新品种总数的46.4%。

（八）宁夏现代生态循环农业示范园

1. 考察地点

宁夏回族自治区（简称“宁夏”，全书同）固原市西吉县。

2. 基本情况

宁夏向丰现代生态循环农业示范园位于固原市西吉县马莲乡张堡塬村，总占地面积361亩，是由宁夏向丰农牧业开发有限公司联合宁夏向丰家庭农场、西吉县向丰马铃薯种薯繁育推广合作社、宁夏国丰商贸有限公司和西吉县万里淀粉有限公司，依托宁夏农业勘察设计院、宁夏农林科学院等科研院所，按照肉牛标准化规模养殖—牛粪加工有机肥—有机肥还田种植马铃薯、绿色蔬菜、优质牧草—牧草饲养肉牛的生态循环模式，高起点、高标准、高水平打造的现代生态循环农业示范园，构建起“种、养、加、销”和“从农田到餐桌”的全程生态循环产业链。

（九）宁夏西夏种业现代农业科技示范园

1. 考察地点

宁夏银川市贺兰县。

2. 基本情况

宁夏西夏种业现代农业科技示范园区位于贺兰县习岗镇，占地面积600亩，长期开展玉米、马铃薯、蔬菜、小杂粮等多种农作物新品种展示、示范，与山东省农科院、辽宁省农科院、以色列海泽拉公司等多家国内外公司及科研院所合作筛选、展示各类农作物新品种，年均展示试验品种1 000多个。

（十）宁夏农垦平吉堡现代农业科技示范园

1. 考察地点

宁夏银川市平吉堡。

2. 基本情况

现代农业示范园区建设总面积50 000亩，其中核心区3 318.4亩。主要由核心区、示范区两大板块组成，其中核心区分为：良种种苗繁育中心、冷链储藏保鲜中心、农业科技创新及培训中心；示范区分为设施园艺示范区、休闲农业观光示范区、粮食高产示范区。由500亩“百果园”、500亩“百树园”、5 000m^2智能温室、1 125m^2马铃薯种薯脱毒繁育原原种无菌组培室、7 744m^2单联栋网室、242栋日光温室、52栋大弓棚、6 900m^2冷藏储运中心、3 600m^2科技创新中心、100多亩“开心农场”、8栋1 300m^2欧式风格小木屋等组成。园区集现代农业种植、展示产业发展及经营、观光旅游、休闲娱乐为一体，四季有绿、四季有花、四季有果。园区内的马铃薯脱毒繁育中心和冷藏储运中心对宁夏特色现代农业的发展、农业产业结构的进一步调整和农业增产、农民增收产生着积极而深远的影响。

（1）示范园区的马铃薯种薯脱毒繁育中心：是马铃薯种薯脱毒繁育无菌接种扦插苗培育、日光温室原原种培育、连栋网室原种培育、一级种薯培育的三级繁育体系科研试验示范建设区，占地面积382亩，年可生产脱毒种薯苗4 000~4 500万株、微型薯3 400万粒；中心在宁夏固原、内蒙和伦贝尔以及陕西北部建有种薯繁育基地，年可生产原种1.5万吨、一级种15万吨；主要品种包括中薯3号、克庄薯3号、夏波蒂、陇薯3号、青薯168、黑美人、底西芮、布尔班克、青薯9号等，可为1万亩原种生产提供原原种，满足10万亩一级种薯生产需要，为100万亩商品马铃薯生产优质、高产、抗病的一级种薯。

（2）冷藏储运中心：储藏着南方北方的新鲜水果和蔬菜，每天向银川市批发市场和超市供应，保障银川市民的菜篮子安全。冷藏储运中心的西面是一片现代日光温室区，主要生产西红柿、茄子、辣椒等反季节蔬菜；东面是一片大弓棚，主要栽培桃、李子、葡萄等春提前、秋延后品种的果树。利用现代新技术，引进新品种，为市民增加供应，休闲采摘，为农民增收致富。

五、教学指导

1. 考察动员教育

对学生进行实习实践目的意义、专业目标任务考核要求，及实习实践安全纪律等方面的教育和告示。

2. 考察地点及内容选择

现代农业示范区至少选择5个点考察，考察5d。当地农业示范园区、专业合作社至少考察2~3个点，考察2d。

（1）路线一：杨凌农业高新技术产业示范区参观两个点以上，用时1.5d；天水航育种心考察1.5d；沿线参观考察定西农科院小麦育种基地1d；武山设施生产基地1d。庆阳市正宁县农业示范园区、专业合作社考察1.5d。

（2）路线二：庆阳市庆城县设施生产基地一处，用时 1d；宁夏中卫水稻生产基地 1d；吴中粮食作物现代种植基地 1d；贺兰县国家高新农业示范园考察 1.5d。庆阳市正宁县农业示范园区、专业合作社考察 1.5d。

3. 考察办法

以观摩为主，聘请示范园区、专业合作社的相关专家或解说员现场讲解。观看相关资料和实物，了解现代高新技术的应用现状和取得的成就，了解现代农业的发展思路。

作　业

1. 完成考察实习报告，填入下表。

××××学校××××专业实习报告表

考察学生		学　号		所在班级	
考察地点		考察时间		指导老师	
考察企业和项目					
考察内容					
考察的基本情况					
现代农业发展的启示					
获得的经验					

2. 参考下列两个方面，完成一篇较高质量的调查报告。

（1）观察当地主要作物生产情况，了解旱地作物栽培特点及其种植方式，对调查资料和数据加以整理分析，并写出调查报告。

（2）分析当地或家乡农业生产与高新区农业生产的差异和原因，提出农业优质高效绿色发展的对策和措施，并撰写调查报告。

第八章　作物田间试验观测项目及考种的基本方法

从事作物栽培管理和科学研究工作，要经常进行观察记载和取样考种，目的是为了分析田间试验的结果，积累研究资料和科学数据，及时了解作物生育状况，正确地掌握作物的生长发育规律以及对环境条件的反应，有根据地分析作物增产、增效或减产、减效的原因，确定各项农业技术措施的应用效果，做出明确的结论。

因此，试验观察项目和取样考种的方法是否科学合理，记载标准是否统一规范，对结果的准确性和科学性影响很大。正确的方法和科学的标准是及时总结作物田间试验和生产经验，指导农业生产计划，研究和解决生产中的问题所必不可少的重要依据。

一、观测和记载的主要内容

（一）田间技术措施的记载

包括田间基本情况和各项耕作管理措施的时间、方法、质量和效果。一般包括前茬、土质、土壤养分状况、种植方式、播种期、密度、施肥、灌溉、管理、作物品种、病虫草害防治、收获。

（二）天气情况的记载

在附近气象站提供一般气象资料的基础上，要对局部和特殊的天气变化，如霜冻、雹灾、寒潮、大风、暴雨等进行记载。在条件具备时，根据需要，也可以进行经常性的或一段时间的气温、地温、雨量等记载。

（三）生育时期的调查

播种期、出苗期、分蘖期、拔节期、抽穗期、结果期、开花期、成熟期、收获期等物候期的生育天数。

（四）生育性状的调查

1. 生育性状

幼苗性状（茎色、叶色）、有效分蘖数、缺株率、株高、穗长、穗粗、分枝数、节数、空秕粒数，植株整齐度等。

2. 经济性状

单位面积株数、单位面积穗数、每穗粒数、每穗粒重、单株荚数、单株粒数、荚粒数、单株块茎数、千粒重（百粒重）等，以及籽实、谷草、块茎、皮棉等小区产量和折合产量、增减产幅度等。

3. 抗逆性

对病虫、旱、涝等自然灾害的抵抗能力及发生情况，抗倒伏性、耐旱性、耐涝性、耐寒性等。

（五）特殊项目的调查记载

根据生产的需要，在作物生育的关键时期，或发生特殊情况时进行的记载。这种调查比一般生育调查的目标更为集中，要求也更为深入。要调查作物的长势（数量变化）长相（形态特征）和必要的环境因素（土壤理化性质、天气情况）以及植株内部的生理变化等。

试验目的不同，作物不同，观察记载的项目有差异。一般来说，要根据试验目的来确定调查项目的多少，种类、力求简单，关系密切的要详细记载。例如：耕作试验，可增加根部形态的调查。镇压防倒伏试验，可增加茎部特征的调查。移栽试验，可增加秧苗生长情况调查。品种试验，可增加叶部形态，穗根部形态的详细调查。防治病虫害试验，应详细调查病虫害发生时期，发病危害程度，防治方法、防治效果、产量结果等。

二、记载和取样的方法

调查记载和考种一般是通过取样的方式进行的，用小面积取样来判断全田的情况，如果取样方法不好，常会导致很大的误差，因而取样要力求做到公平合理和具有足够的代表性。调查取样及记载的方法，亦因目的和内容而有不同，但一般应遵循以下几点原则。

（一）取样要有代表性和典型性

1. 注意“边际效应”

地头、边行、缺苗、断垄的地方，及植株生长明显特殊，不能代表全田的真实情况之处，取样时应避免在此类区域取样。

2. 观察点的确定

取样调查有固定观察点与不固定观察点两种。如系统性、连续性观察生长动态的项目就可以在试验的每个小区内选择有代表性的地方固定一定的长度并做好标记，每次观察都在此处进行。不固定点可随查随取样。

3. 观察点的数量

一般采用五点取样法，即在每个试验区内随机或按对角线方法选取有代表性 5 点进行调查，若试验区过小也可选取 3 点。如果调查产量结果，在取样调查的基础上，应当将整个试验小区产量折合成单位面积产量，如公顷产量等。

（二）取样数量上的代表性

1. 调查种植密度和产量时取样数量

一般水稻、小麦、谷子、大豆等矮秆密植作物每点应取 $1\sim2m^2$。玉米、高粱等高秆作物和甜菜、马铃薯等稀植作物每点应取 $10m^2$，按面积取样，要注意边行的行距。

2. 调查生长状况（如株高、穗长、粒数等）时取样数量

要按每个作物、每个项目的调查标准来取样，不能随意减少或增加。如玉米株高、选有代表性的植株 10 株，测其由地面到雄花序顶尖的高度，平均后以 cm 表示。

（三）取样标准性和及时性

1. 标准性

应遵照统一的调查标准进行，若已有国家标准或地方标准（例如区试试验），则应结合实际，按照颁布的有关标准进行记载。对形态特征的调查，要看大多数的表现，记清本来的特征，用词恰当。

2. 及时性

对自然灾害和病虫害的调查，要及时调查，要按规定标准调查，严格掌握面积、百分比和等级标准。

（四）其他应注意的事项

进行田间调查不仅是机械地求得数据，调查过程也是思考和探求的过程。上面所述的调查记载，是总结生产经验和进行科学研究的手段之一。要真正掌握作物生产技术，必须亲自参加生产技术实践，并与农民群众的经验相结合。

（1）必须尊重客观规律，实事求是地反映真实情况。

（2）某一次或某一项调查，一般应在同一天内进行。

（3）调查时应注意爱护作物，切忌影响作物的生育，否则就影响了调查的准确性。

（4）每次调查后应及时整理数据，进行分析并存档。

冬小麦

一、物候期调查

播种期：记载播种的日期，某年某月某日。

出苗期：全田50%以上的幼苗露出地面2cm时为出苗期。

分蘖期：全田50%以上的植株第1个分蘖露出叶鞘，并长达0.5~1cm时为分蘖期。

越冬分蘖存活百分率：结冻前在全田（或小区内）选3~5个具有代表性的地段，每地段固定包括2~3行（以播种工具确定行数），每行取1m长麦垄，并数清各样段的分蘖，求其平均数。翌年小麦返青时，就原样地段求平均分蘖数，按以下公式计算：

越冬分蘖存活百分率=返青期样段平均分蘖数/越冬前样段平均分蘖数×100%

返青期：50%的植株显绿，开始恢复生长。当年后新长出的叶片由叶鞘长出1~2cm时为返青期。

起身期：50%的植株由匍匐状开始直立生长，年后第1个伸长叶鞘显著伸长，其叶耳和年前最后一叶的叶耳距离（即叶耳距）约1.5cm左右。穗分化时期达到二棱期。

拔节期：全田50%的植株主茎基部第1伸长节间露出地面1.5~2cm为拔节期。

挑旗期：50%植株的旗叶叶片全部伸出叶鞘为挑旗期。

抽穗期：50%植株的穗子顶端（不连芒）由叶鞘伸出1/3时为抽穗期。棒状穗以叶鞘侧面露出1/2时为准。

开花期：50%麦穗中上部小穗开花为开花期。

成熟期：按成熟程度分为3个时期，分别为。①乳熟期：50%麦穗的籽粒接近正常大小，呈绿黄色，籽粒内充满乳状液；②蜡熟期：50%麦穗的籽粒大小、颜色接近正常，内部呈蜡状。易被指甲划破，腹沟带绿色；③完熟期：籽粒坚硬，手搓不碎，用牙咬时有清脆的声音。籽粒呈现各品种特有的颜色。

收获期：正式收获的日期，某年某月某日。

二、生育性状调查

1. 个体性状调查

小麦栽培试验生育期间的调查需取样后在室内进行。取样时在田间进行多点随机取样，回到室内后一般分别取样本数量为20~30株。

（1）株高：室内生育期间调查株高，是从分蘖节量到把叶片拉直后的最长叶尖为准，求出平均数，以cm计。

（2）单株分蘖数：把全部样本逐个数清单株分蘖数（包括主茎），并求出平均数，以个/株表示。

（3）单株次生根：把全部样本逐个数清分蘖节处的次生根条数（包括胚芽鞘处的次生根），并求其平均数。

（4）主茎展开叶及可见叶数：计数全部样本每个单株的主茎可见叶和展开叶数，并记载。

（5）分蘖叶片数：计数样本单株的各级分蘖叶片数，并记载。

（6）单株叶片长宽：把单株叶片逐个分别测量其长和宽（展开叶），以 cm 计。

（7）单株叶面积：小麦叶面积由长（L）乘上叶宽（W）被 1.2 除得之。把样本的所有叶均求出其叶面积，然后积加，被样本数除之即得单株叶面积。

2. 群体性状调查

（1）基本苗：一般在出苗后到三叶期以前定点，确定基本苗。根据试验小区或田块面积的大小，一般取 3~4 个点，样点面积为 0.5~1m^2（取 2~4 行）。

（2）幼苗习性：分蘖盛期观察，分 3 级：①匍匐②半匍匐③直立。

（3）群体总茎数：一般在确定的样点内，定期数清所有的分蘖数，换算成每平方米或每公顷茎数。

（4）叶面积指数：叶面积指数是指绿色叶面积与土地面积之比，一般用下列公式求得：

叶面积指数=平均单株叶面积（m^2）×基本苗（万株/10 000m^2）

在实际工作中，计算单株叶面积的方法很多。如计算法、重量法、仪器测量法等。计法是逐个把叶片量出长和宽求之，数据较多，计算繁琐。重量法目前常用，也较简便。

（5）群体干物质积累调查：先求出单株干物重，然后根据基本苗换算成每公顷干物重。在实际操作时，生育期间的调查往往和单株性状及叶面积的样本是同一个样本，不再另取样。其他指标测定后，剪掉根系（从分蘖节处）洗净，在 105℃ 的条件下杀青 30min，在 80℃条件下烘干 24h，称重。在收获期测定干物重时，最好分成两份样本：一份为参考样本，另一份为测干物质样本，这样可以减少干叶的损失。

测定干物质积累量和叶面积以后，计算净光合生产率。

净光合生产率（$g/m^2/d$）＝（W_2-W_1）/（S_2-S_1）/2

式中，W_1、S_1和 S_2、W_2分别为第一次和第二次测定的干物质和叶面积，2 为两次测定的间隔天数。

3. 考种及产量性状调查

（1）株高：由底部分蘖节量至穗顶部（不连芒）的长度。

（2）单株有效穗数：单株能结实的穗数。

（3）各节间长、粗度：主茎基部节间长度及直径（第 1、2 节间）和主茎各节间长度。

（4）穗长：测定样本各单株的所有穗，从穗轴基部量至穗顶（不连芒）的长度，以厘米计。

（5）总小穗数：分别记录单株各有效穗的总小穗数（包括不孕小穗和结实小穗）。

（6）不孕小穗数：样本单株各个有效穗的不孕小穗数。

（7）结实粒数：样本单株各个有效穗的结实粒数。

（8）千粒重：样本测定完以上指标后脱粒，选清洁的种子 2 组，每组 500 粒，每组分别称重（2 组误差不得超过其平均数的 5%），如符合要求，则 2 组的平均数乘以 2 即为样本千粒重。

（9）秆谷比：是样本秸秆和籽粒的重量比值。以籽粒重量为 1，秸秆重是籽粒重的倍数表示。

（10）熟相：根据茎叶落黄情况分为好、中、差3级，分别以1、3、5表示。

（11）芒：分5级。①无芒：完全无芒或芒极短；②顶芒：穗顶部有芒，芒长5mm以下，下部无芒；③曲芒：芒的基部膨大弯曲；④短芒：穗的上下均有芒，芒长40mm以下；⑤长芒：芒长40mm以上。

（12）穗形：分5级。①纺锤形，穗子两头尖，中部稍大；②椭圆形，穗短，中部宽，两头稍小，近似椭圆形；③长方形，穗子上、中、下正面与侧面基本一致，呈柱形；④棍棒形，穗子下小、上大，上部小穗着生紧密，呈大头状；⑤圆锥形，穗子下大，上小或分枝，呈圆锥状。

（13）壳色：分两级。①白壳（包括淡黄色）；②红壳（包括淡红色）。

（14）经济系数：指经济产量占总生物学产量的比值，用百分数或小数表示。

三、抗逆性调查

1. 耐寒性

地上部分冻害，冬麦区分越冬、春季两阶段记载，春麦区分前期、后期两阶段，均分5级，分级标准如下。

（1）无冻害。

（2）叶尖受冻发黄。

（3）叶片冻死一半。

（4）叶片全枯。

（5）植株或大部分分蘖冻死。

2. 耐旱性

发生旱情时，在午后日照最强、温度最高的高峰过后，根据叶萎缩程度分5级记载，分级标准如下。

（1）无受害症状。

（2）小部分叶片萎缩，并失去应有光泽。

（3）叶片萎缩，有较多的叶片卷成针状，并失去应有光泽。

（4）叶片明显卷缩，色泽显著深于该品种的正常颜色，下部叶片开始变黄。

（5）叶片明显萎缩严重，下部叶片变黄到变枯。

3. 耐湿性

在多湿条件下于成熟前期调查，分3级记载。

（1）茎秆呈黄熟且持续时间长，无枯死现象。

（2）有不正常成熟和早期枯死现象，程度中等。

（3）不能正常成熟，早期枯死严重。

4. 耐青干能力

根据穗、叶、茎青枯程度，分无、轻、中、较重、重5级，分别以1、2、3、4、5、表示；同时记载青干的原因和时间。

5. 抗倒伏性

分最初倒伏、最终倒伏（日期及累计倒伏程度、面积）两次记载，以最终倒伏数据进行汇总，分级标准如下。

（1）不倒伏。

（2）倒伏轻微，植株倾斜角度小于30°。

（3）中等倒伏，倾斜角度30°~45°。

（4）倒伏较重，倾斜角度45°~60°。

（5）倒伏严重，倾斜角度大于60°。

6. 落粒性

完熟期调查，分3级。

（1）“口紧”，手用力搓方可落粒，机械脱粒较难。

（2）“口适中”不易落粒，机械脱粒容易。

（3）“口松”，麦粒成熟后，稍加触动容易落粒。

7. 穗发芽

在自然状态下目测，分无、轻、重3级以1、3、5表示。

四、病虫害

1. 锈病

对最主要的锈病记载普遍率、严重率和反应型，具体如下。

（1）普遍率：目测估计病叶数（条锈病、叶枯病）占叶片的百分比或病秆数（秆锈病）占总数的百分比。

（2）严重度：目测病斑分布占叶（鞘、茎）面积的百分比。

（3）反应型：分5级。①免疫：完全无症状，或偶有极小淡色斑点。②高抗：叶片有黄白色枯斑，或有极小孢子堆，其周围有明显枯斑。③中抗：夏孢子堆少而分散，周围有绿或死斑。④中感：夏孢子堆很多，较大，周围无退绿现象。⑤高感。

对次要锈病，可将普遍率与严重度合并，分为轻、中、重3级分别以1、3、5表示。

2. 赤霉病

（1）病穗率：目测病穗占总穗数百分比。

（2）严重度：目测小穗发病严重程度，分5级。分级标准为①无病穗。②25%以下小穗发病。③25%~50%小穗发病。④50%~75%小穗发病。⑤75%以上小穗发病。

3. 白粉病

一般在小麦抽穗时白粉病盛发期分5级记载。分级标准如下。

（1）叶片无肉眼可见症状。

（2）基部叶片发病。

（3）病斑蔓延至中部叶片。

（4）病斑蔓延至剑叶。

（5）病斑蔓延至穗及芒。

4. 叶枯病

目测病斑占叶片面积的百分率，分5级。

（1）免疫：无症状。

（2）高抗：病斑占1%~10%。

（3）中抗：病斑占11%~25%。

（4）中感：病斑占26%~40%。

（5）高感：病斑占40%以上。

5. 根腐病

反应型按叶部及穗部分别记载。

（1）叶部：于乳熟期调查，分5级。① 1级：旗叶无病斑，倒数第二叶偶有病斑。② 2级：病斑占旗叶面积25%以下，小。③ 3级：病斑占旗叶面积25%~50%，较小，不连片。④ 4级：病斑占旗叶面积50%~75%，大小中等，连片。⑤ 5级：病斑占旗叶面积75%以上，大而连片。

（2）穗部：分3级，分别用1、3、5表示。① 1级：穗部有少数病斑。② 3级：穗部病斑较多，或1~2个小穗有较大病斑或变黑。③ 5级：穗部病斑连片，且变黑。

记载时以叶部反应型作分子，穗部反应型作分母，如3/3表示叶部与穗部反应型均为3级。

6. 黄矮病

（1）普遍率：发病株数占总数的百分比。

（2）严重度：分5级。① 1级：无病株。② 2级：个别分蘖发病，一般仅旗叶表现病状，植株无低矮现象。③ 3级：半数分蘖发病，旗叶及倒二叶发病，植株有低矮现象。④ 4级：多数分蘖发病，旗叶及倒二、三叶发病，明显低矮。⑤ 5级：全部分蘖发病，多数叶片病变，严重低矮植株超过50%。

7. 其他病虫害

如发生散黑穗病、黑颖病、土传花叶病、蚜虫、粘虫等时，亦按3或5级记载。

大　麦

一、物候期调查

播种期：播种的日期，以日/月表示（下同）。

出苗期：50%以上种子出苗的日期。

分蘖期：50%以上植株第一叶腋出现分蘖的日期。

拔节期：50%以上植株主茎第一节抽出地面1cm左右的日期。

抽穗期：50%以上的穗部顶端小穗（不算芒）露出旗叶的日期。

成熟期：籽粒腹沟褪色变黄、呈现本品种特征的日期。

生育期：出苗到成熟的天数。

二、植物学特征

幼苗习性：苗期调查。分匍匐、直立、半直立。

叶片颜色：分为深绿、绿和浅绿3种。

叶耳颜色：分为白、浅绿、红和紫色4种。

分蘖力：分为强、中、弱3个等级。

株型：分为紧凑、中间、松散3种。分别为①紧凑型：叶片上冲，茎、穗挺直；②松散型：叶片平展或下披，穗基部略弯曲；③中间型：处于紧凑和松散型中间。

整齐度：分为整齐、中等和不整齐3个等级。

棱型：分为2棱和6棱。

芒型：分为长芒、短芒和等穗芒三种类型。分别为①长芒：芒长大于穗长；②短芒：芒长短于穗长；③等穗芒：芒长等于穗长。

芒性：分为齿芒和光芒两种。

籽粒带壳性：分为带皮和裸粒两种。

三、生物学特征

1. 抗旱性

分3级记载，注明干旱出现时期、持续时间。①1级：植株叶片生长正常无萎蔫现象。②2级：部分植株叶尖枯黄，叶片略有卷曲现象。③3级：大部分植株叶片卷缩枯黄。

2. 抗倒性

记载每次倒伏发生的时间、面积、程度和倒伏类型及恢复能力，并根据下列各项指标，分为强、中、弱3级，进行综合评价。

（1）倒伏面积：发生倒伏面积占小区试验面积的百分数，分4级记载，①0级：未倒伏；②1级：0~15%；③2级：15%~45%；④3级：45%以上。

（2）倒伏程度：分为4级，①0级：未倒伏；②1级：植株倾斜与地面的夹角大于45°；③2级：植株倾斜与地面的夹角为15°~45°；④3级：植株倾斜与地面的夹角小于15°。

（3）倒伏类型：分为根倒、茎倒两种。

（4）倒伏时间：以月/日表示，同时注明倒伏原因。

（5）倒伏恢复情况：以能、否表示。

3. 抗病性

分为高抗、抗、中抗、感病和高感 5 个等级（记载病害名，发生时间，调查发病株数和指数)。主要病害有条纹病、网斑病、黄矮病、根腐病、云纹病。

四、经济性状

基本苗：分蘖开始前调查，每区取 100cm 调查苗数，折算单位面积苗数。

茎蘖数：拔节期每区取 100cm 调查总茎数，折算单位面积茎蘖数，以万/667m^2表示。

株高：植株基部至穗顶端长度，以 cm 表示。

穗长：穗基至穗顶长度，不包括芒，用 cm 表示。

穗数：每小区取 100cm 调查穗数，折算单位面积穗数。

穗粒数：成熟后，随机取代表性穗子 10~20 个计数，计算平均每穗结实粒数。

穗粒重：小区产量/小区穗数。

千粒重：1 000粒种子重量，重复 2 次，误差不超过 5%，以 g 表示。

小区产量：小区种子重量，以 kg 表示。

亩产量：以 kg/667m^2表示。

公顷产量：以 kg/hm^2表示。

五、综合评价

苗期评价：拔节期进行，对所有参试品种的长势、长相、整齐度以及苗期特征特性进行评价，对每个品种形成评价意见。

成熟期评价：成熟期进行，对所有参试品种的熟性、抗逆性、生长势、整齐度以及成熟期特征特性等进行评价，对每个品种形成评价意见。

品质评价：结合米色、口感等品质性状指标进行评价，形成评价意见。

综合评价：综合各品种长相长势、整齐度、成熟度、抗旱性、抗病性、产量、品质等，与对照或与当地主推品种对比，提出推广意见。

六、管理记载

生态区域基本情况：试验点的海拔、平均气温、年均降雨量以及前作、土壤基本情况。

种子准备：种子准备和处理方法等。

整地与土壤墒情：施肥水平、种类、整地措施、土壤处理方法、土壤墒情等。

播种时间：记载播种期。

播种技术与方法：如垄作、平作、覆膜播种、人工开沟播种、机械播种等。

间苗、定苗：时间、留苗数。

其他管理措施：其他田间管理措施，如病虫害防治等。

燕　麦

一、物候期

播种期：播种的日期，以日/月表示（下同）。
出苗期：50%以上出苗的日期。
分蘖期：50%以上植株第一叶腋出现分蘖的日期。
拔节期：50%以上植株主茎第一节抽出地面 1cm 左右的日期。
抽穗期：50%以上的穗抽出旗叶叶鞘的日期。
成熟期：籽粒变硬、呈现本品种特征的日期。
生育期：出苗到成熟的天数。

二、植物学特征

幼苗习性：出苗后 50d 记载。分匍匐、直立、半直立。
基本苗：分蘖期前调查，取 1~2 行（或 100cm）调查其苗数，折算单位面积苗数。
穗型：周散形、侧散形。
铃型：鞭炮形、串铃形、纺锤形。

三、生物学特性

抗旱性：强、中、弱。
抗倒伏性：强、中、弱（注明茎倒、根倒）。
落粒性：轻、中、重。
抗病性：无、轻、中、重（记载病害名，发生时间，调查发病株数和指数）。

四、经济性状

株高：植株基部至穗顶端的长度，以 cm 表示。
穗数：区取 1~2 行（或 100cm）调查其穗数，折算单位面积穗数。
穗铃数：样本铃数/样本穗数。
穗粒数：样本粒数/样本穗数。
饱满度：1、2、3 级。
千粒重：1 000 粒种子重量，重复 2 次，误差不超过 5%，以 g 表示。
小区产量：小区种子重量，以 kg 表示。
亩产量：以 $kg/667m^2$ 表示。
公顷产量：以 kg/hm^2 表示。

水 稻

一、试验概况

1. 试验田基本情况

土壤质地：按我国土壤质地分类标准填写。

土壤肥力：分肥沃、中上、中、中下、差5级。

2. 秧田

种子处理：种子翻晒、清选、药剂处理等措施及药剂名称与浓度。

播种期：实际播种日期，以日/月表示。

播种量：秧田净面积播种量，以 $kg/667m^2$表示。

育秧方式：水育、半旱、旱育等及保温防护措施。

施肥：施肥日期及肥料名称、数量。

其他田间管理措施：除草、治虫等措施及药剂名称与浓度。

3. 本田

前作：冬闲田、绿肥田、水稻（小麦、油菜、蔬菜等）生产田等。

耕整情况：机耕、畜耕、耙田等日期及次数。

田间排列：完全随机区组排列（区试）、大区随机排列（生产试验）。

重复次数：区试重复3次，生产试验不设重复。

保护行设置：对应小区（大区）品种。

小区（大区）面积：实插面积，以亩表示，保留小数点后2位。

移栽期：实际移栽日期，以日/月表示。

行株距：以寸×寸表示。

每穴苗数：1粒谷苗、2粒谷苗、3粒谷苗、4粒谷苗等。

基肥：肥料名称及数量。

追肥：施肥日期及肥料名称、数量。

病、虫、鼠、鸟等防治：防治日期、农药名称（或措施）及防治对象。

其他田间管理措施：除草、耘田、搁田等措施及日期。

4. 气象条件

生育期内气象概况及其对试验的影响。

5. 特殊情况说明

如病虫灾害、气象灾害、鸟禽畜害、人为事故等异常情况及其对试验的影响，声明试验结果可否采用。

二、试验结果

在填写书面记载表和制作电脑文件时，中籼、晚籼、晚粳区试及生产试验各组按统一编号顺序、早籼区试及生产试验各组按试验方案中的品种顺序填写，以便电脑汇总分析。

（一）生育特性

播种期：实际播种日期，以日/月表示。

移栽期：实际移栽日期，以日/月表示。

秧龄：播种次日至移栽日的天数。

始穗期：10%茎秆稻穗露出剑叶鞘的日期，以日/月表示。

齐穗期：80%茎秆稻穗露出剑叶鞘的日期，以日/月表示。

成熟期：籼稻85%以上、粳稻95%以上实粒黄熟的日期，以日/月表示。

全生育期：自播种次日至成熟之日的天数。

（二）主要农艺性状

基本苗：移栽返青后在第Ⅰ、Ⅲ重复小区相同方位的第3纵行第3穴起连续调查10穴（定点），包括主苗与分蘖苗，取2个重复的平均值，折算成每亩基本苗，以万/667m^{2}表示，保留小数点后1位。生产试验、筛选试验不查苗。

最高苗：分蘖盛期在调查基本苗的定点处每隔3d调查一次苗数，直至苗数不再增加为止，取2个重复（单元）最大值的平均值，折算成每亩最高苗，以万/667m^{2}表示，保留小数点后1位。

分蘖率：（最高苗-基本苗）/ 基本苗×100，以%表示，保留小数点后1位。

有效穗：成熟期在调查基本苗的定点处调查有效穗，抽穗结实少于5粒的穗不算有效穗，但白穗应算有效穗。取2个重复（单元）的平均值，折算成每亩有效穗，以万/667m^{2}表示，保留小数点后1位。

成穗率：有效穗/最高苗×100，以%表示，保留小数点后1位。

株高：在成熟期选有代表性的植株10穴（生产试验20穴），测量每穴之最高穗，从茎基部至穗顶（不连芒），取其平均值，以厘米表示，保留小数点后1位。

耐寒性：早稻苗期在遇寒后根据叶色、叶形变化记载苗期耐寒性，中、晚稻孕穗抽穗期及后期遇寒后根据叶色、叶形、谷色及结实情况记载中后期耐寒性，分强、中、弱3级。

群体整齐度：根据长势、长相、抽穗情况目测，分整齐、一般、不齐3级。

杂株率：在抽穗前后适当阶段调查明显不同于正常群体植株的比例，以百分率（%）表示，保留小数点后1位。

株型：分蘖盛期目测，分紧束、适中、松散3级。

叶色：分蘖盛期目测，分浓绿、绿、淡绿3级。

叶姿：分蘖盛期目测，分挺直、一般、披垂3级。

长势：分蘖盛期目测，分繁茂、一般、差3级。

熟期转色：成熟期目测，根据叶片、茎秆、谷粒色泽，分好、中、差3级。

倒伏性：记载发生日期、面积（%）和程度。倒伏程度分直、斜、倒、伏4级。①直：茎秆直立或基本直立；②斜：茎秆倾斜角度小于45°；③倒：茎秆倾斜角度大于45°；④伏：茎穗完全伏贴于地。

落粒性：成熟期用手轻搓稻穗，视脱粒难易程度分难、中、易3级。难：不掉粒或极少掉粒；中：部分掉粒；易：掉粒多或有一定的田间落粒。

（三）主要经济性状

收获前1~2d，在同一重复的保护行非边行中每品种取有代表性的植株3穴（中籼和单季晚粳2穴），作为室内考种样本。生产试验、筛选试验不考种。

穗长：穗节至穗顶（不连芒）的长度，取3（或2）穴全部稻穗的平均数，以cm表示，保留小数点后1位。

每穗总粒数：3（或2）穴总粒数/3（或2）穴总穗数，保留小数点后1位。

每穗实粒数：3（或2）穴充实度在1/3以上的谷粒数及落粒数之和/3（或2）穴总穗数，保留小数点后1位。

结实率：每穗实粒数/每穗总粒数×100，以%表示，保留小数点后1位。

千粒重：在考种后完全晒干的实粒中，每品种各随机取两个1 000粒分别称重，其差值不大于其平均值的3%，取两个重复的平均值，以g表示，保留小数点后1位。

（四）产量测定

按品种成熟先后及时收获，分小区（大区）单收、单晒、称产，稻谷完全晒干（含水量籼稻<13.5%，粳稻<14.5%）扬净后称重，以kg表示，保留小数点后2位，再换算成公顷产量。

（五）对主要病害的田间抗性

1. 叶瘟

分无、轻、中、重4级记载，分级标准如下。

（1）“无”：全部没有发病。

（2）“轻”：全试区1%~5%面积发病，病斑数量不多或个别叶片发病。

（3）“中”：全试区20%左右面积叶片发病，每叶病斑数量5~10个。

（4）“重”：全试区50%以上面积叶片发病，每叶病斑数量超过10个。

2. 穗颈瘟

分无、轻、中、重4级记载，分级标准如下。

（1）“无”：全部没有发病。

（2）“轻”：全试区1%~5%稻穗及茎节发病，有个别植株白穗及断节。

（3）“中”：全试区20%左右稻穗及茎节发病，植株白穗及断节较多。

（4）“重”：全试区50%以上稻穗及茎节发病。

3. 白叶枯病

分无、轻、中、重4级记载，分级标准如下。

（1）“无”：全部没有发病。

（2）“轻”：全试区1%~5%左右面积发病，站在田边可见若干病斑。

（3）“中”：全试区10%~20%面积发病，部分病斑枯白。

（4）“重”：全试区一片枯白，发病面积在50%以上。

4. 纹枯病

分无、轻、中、重 4 级记载，分级标准如下。

(1) “无”：全部没有发病。

(2) “轻”：病区病株基部叶片部分发病，病势开始向上蔓延，只有个别稻株通顶。

(3) “中”：病区病株基部叶片发病普遍，病势部分蔓延至顶叶，10%~15%稻株通顶。

(4) “重”：病区病株病势大部蔓延至顶叶，30%以上稻株通顶。

(六) 品种综合评价

根据品种在本试点产量、抗性、熟期、米质以及主要农艺性状的综合表现对品种作“好（A)、较好（B)、中等（C)、一般（D）”4 级评定，并简要说明其主要优、缺点。

玉 米

一、物候期

播种期：记载播种的日期，某年某月某日。

出苗期：全田50%的幼苗出土的日期。

拔节期：全田50%的植株靠近地面茎秆用手摸到有节，茎节总长度2~3cm的日期为拔节期。

抽雄期：全田50%的植株雄穗尖端露出旗叶叶鞘的日期。

开花期：全田50%的植株雄穗开始开花的日期。

吐丝期：全田50%的植株雌穗花丝吐出的日期。

成熟期：全田90%的植株苞叶变黄而松散，籽粒硬化，粒色固定的日期。

生育期：从出苗到成熟的总天数。

二、形态特征

幼苗叶鞘色：展开2叶之前，目测幼苗第一叶的叶鞘出现时的颜色，分绿色、紫色。

叶片色：在植株生长到3~4叶时目测，分淡绿、绿、深绿等。

叶缘色：在植株生长到3~4叶时目测，分白色和紫色等。

花丝颜色：吐丝期，新鲜花丝长出约5cm时观测雌穗新鲜花丝颜色，分绿、浅紫、紫、深紫、黑紫等。

花药颜色：散粉盛期观测雄穗主轴上部1/3处新鲜花药颜色，分绿、浅紫、紫、深紫、黑紫等。

颖壳色：散粉盛期观测雄穗主轴上部1/3处的颖壳，分绿、紫等。

三、生长发育特性

苗势：幼苗健壮程度，分强、中、弱3级。

生长速度：出苗后至抽穗每7~15d测量一次，每区固定取样20株，测量自地面至最长叶顶端的平均长度，以cm/d表示。

幼苗干重：定苗时每区取50株，称量幼苗的烘干重，求得平均值，以g表示。

株型：抽雄后目测，分平展、半紧凑、紧凑型记载。

株高：乳熟期连续取小区内正常的植株10株，测量地表到雄穗顶端的高度，求其平均值，用cm表示，保留整数。

穗位：测量株高的同时测量植株从地表到最上部果穗着生节的高度，求其平均值，用cm表示。

倒伏率（根倒）：乳熟末期，植株倾斜度大于45°但未折断的植株占该试验小区总株数的百分率。

倒折率（茎折）：乳熟末期，果穗以下部位折断的植株占该试验小区总株数的百分率。

空秆率：收获时调查不结果穗和果穗结实20粒以下的植株占全区总株数的百分率。

双穗株率：收获时调查结有双穗（每穗结实20粒以上）的植株占全区株数的百分率。

叶面积：指绿叶面积，是表示绿色植株进行光合作用的主要器官——绿叶大小的参数。

单叶的叶面积（cm^2）= 叶片中脉长度（cm）×叶片最大宽度（cm）×0.7

上式中的0.7实际数值为0.695 83，为计算系数。即用求积仪测量的实际面积与长×宽的面积比例。

单株叶面积（cm^2）= 全株各叶片中脉长度与最大宽度乘积之和（cm^2）×0.7

每公顷叶面积（m^2）= 平均单株叶面积（cm^2）×每公顷株数/100 00（cm^2/m^2）

上式中平均单株叶面积的计算通常需在20株以上。

在叶面积测定过程中，应将测定植株始终固定，对其绿叶面积予以系统的测定，一般每隔7~10d测定一次。但在某一措施（如施肥、灌水）实施后或受某种特殊条件影响后，均应及时测定叶面积的变化，而不必受7~10d的限制。

叶面积指数：表示单位土地面积上的绿叶面积。其计算公式如下。

叶面积指数=每公顷叶面积（m^2）÷10 000（m^2）

光合势：是在一定土地面积上一定时期内，每天增加绿色面积的总和。

光合势（$m^2 \cdot d/m^2$）=（LA_2-LA_1）×该时期的总天数（d）

式中，LA_1为某一时期开始时的单位土地绿叶面积，LA_2为某一时期结束时的单位土地绿叶面积。光合势和叶面积的单位分母中的m^2也可以是hm^2。全生育期的光合势应等于全生育期中各时期光合势的总和。

净同化率：指通过光合作用进行干物质生产的效率，是反映光合作用能力的指标，即$1m^2$绿叶面积工作一天实际累积的干物质的克数。其计算公式如下：

净同化率（$g/m^2/d$）= 某时期内增加的干物质重量（g/m^2）÷该时期的光合势（$m^2 \cdot d/m^2$）

测定净同化率的取样株数，通常每次每一处理在20株以上，取样区内应不包括受边际影响的植株，每次取样的生长情况应力求接近。测定时，将取样植株齐地面砍下，在105℃烘箱中杀青30min，然后降低至80℃烘干至恒重时称其干物质重，如风干则乘以系数0.86即得干物质重。

根系分布：每处理取代表性植株1株，挖一个80cm深的剖面，绘制根的分布图。

根量：每处理取代表性植株一株，测定不同土壤层次（0~20cm、20~40cm、40~60cm和60~80cm）根的重量，取样面积为单株营养面积的1/4。然后换算成单株不同层次的根重，以g表示。

四、自然发病记载

黑穗病株率：全田染病植株占全部植株的百分数。

螟虫株率：全田被螟虫为害的植株占全部植株的百分数。

除丝黑穗病与茎腐病用百分率表示外，均采用1、3、5、7、9五级记载标准。

五、果穗性状

每处理取20穗（第一穗），在室内逐穗测定以下内容。

穗长：测量从穗基部到顶端的长度，求其平均值，以cm表示。

秃尖长：测量果穗顶端不结实部分的长度，求其平均值，以cm表示。

穗型：分筒型、锥型。

穗粗：果穗头尾相间排成一行，测量果穗中部长度，求其平均值，以cm表示。

穗行数：果穗中部的籽粒行数，求其平均值并标明行数变幅。

行粒数：每穗数一中等长度行的粒数，求其平均值。

粒色：分黄、白、橙红、浅黄。

粒型：以果穗中部籽粒为准，分硬粒型、半马齿型、马齿型3种。

轴色：分红、紫、粉、白等。

百粒重：随机取100粒籽粒称重，重复取样3次，取相近两个数的平均数，用g表示。

小区产量：将小区计产样本的果穗风干后脱粒，称其籽粒干重，按标准水分（14%）折算出小区产量，保留两位小数，用kg表示，再换算成公顷产量。

出籽率：籽粒干重占果穗干重的百分率，籽粒干重/果穗干重×100%。

饲用高粱

一、物候期

极早、早、中、晚、极晚熟品种和超晚熟品种：地方品种调查时，按具体栽培地区成熟期的习惯，可按实际生育天数划分。生育天数在100d以下者为极早熟，101~115d者为早熟，116~130d者为中熟，131~145d者为晚熟，146d以上者为极晚熟品种。在北方地区不能抽穗或9月中旬后才开始抽穗，不能成熟的饲用品种为超晚熟品种，超晚熟品种与高生物质能高粱基本类同，主要物候期如下。

播种期：指播种当日。

出苗期：指75%的幼苗出十“露锥”（即子叶展开前）达75%时的日期。

分蘖期：指75%的幼苗在苳的基部苳节上生长侧芽1cm以上的日期。

拔节期：指75%的植株可观察到第1个节露出地面1~2cm的日期。

孕穗期：指75%的植株出现剑叶（旗叶）的日期。

抽穗期：指75%的植株穗部开始突出剑叶鞘达75%的日期。

开花期：指75%的穗开花占全穗75%的日期。

乳熟期：指75%以下的植株穗下部籽粒内含物变为稠乳状的日期。

成熟期：指75%以上的植株穗下部籽粒达蜡状硬度的日期。

二、主要农艺性状

芽鞘色：第1片真叶展开时，幼苗芽鞘的颜色。一般以整个小区的幼苗芽鞘为观察对象，采用目测方法，观察芽鞘的实际颜色，如紫、绿、白等。如果芽鞘颜色不一致，以多数幼苗的芽鞘颜色为准。

幼苗叶色：3~5叶期时群体幼苗已展儿叶片的颜色。以整个小区的幼苗正面叶片为观察对象，一般以实际颜色表述，如绿、红、紫等。

中脉颜色：叶中脉的颜色（第5叶完全发育时）。以整个小区的叶片为观察对象，采用目测方法，一般以实际颜色表述。如白色、褐色等。

株高测定：由地面到植株顶部最高叶子或者穗顶的高度（也称自然高度）。各小区随机选取10株，测量植株高度，计算平均数，以cm为单位。有些品种由于生长阶段顶部不好确定，可以最顶叶基为最高点来确定植株高度。通常株高分特矮、矮、中、高、极高5类，成熟时100cm以下的为特矮，101~150cm的为矮，151~250cm的为中，251~350cm的为高，351cm以上为极高。

茎粗测定：指植株地表起1/3处节间大径的直径。各小区随机选取10株，用游标卡尺测量植株的茎粗，计算平均数，以mm为单位。

分蘖数测定：即植株地下部缩生节（也称根冠）位腋芽萌生的一次分蘖的数量。各小区随机选10株，计数分蘖总数（不含主茎），计算平均数，以个为单位。通常在主穗开花时调查植株地下部缩生节位腋芽萌生的一次分蘖的数量。

叶长测定：指叶基部（叶领）到叶尖的距离，以茎秆中部叶片（或生长后期从顶部包括旗叶下第 3 叶）为测量对象。各小区随机选取 10 株，测量植株叶长，计算平均数，以 cm 单位。

叶宽测定：指叶片中部的宽度，以茎秆中部叶片（或生长后期从顶部包括旗叶下第 3 叶）为测量对象。各小区随机选取 10 株，测量植株叶宽，计算平均数，以 cm 为单位。

茎叶比测定：茎叶比=风干或烘下后茎的重量/风干或烘干后叶的重量。各小区随机选取 10 株，将茎叶（包括花序和穗）分开，待自然风干或烘干后各自称重，计算茎叶比平均数。

秆长测定：除去顶端叶片后茎秆的长度。各小区随机选取 10 株，测量植株秆长，计算平均数，以 cm 为单位。

茎节数测定：从植株基部到顶部茎节的个数。各小区随机选取 10 株，计数植株茎节数，计算平均数，以个为单位。

小区茎数（秆）测定：每次刈割测产前统计测产小区内所有单株的有效茎数，然后换算成单位面积下的小区茎数或秆数，以“个/hm^2”或“个/m^2”为单位。

穗长测定：自穗下端枝梗叶痕处到穗尖的长度，不包括穗柄。各小区随机选取 10 株，测量植株穗长，计算平均数，以 cm 为单位。

穗型：以整个小区的所有植株为观测对象，成熟期肉眼观察穗部枝梗的长短和籽粒着生的紧密程度，分紧、中紧、中散、散 4 种。枝梗紧密、手握时有硬性感觉者为紧穗型。枝梗紧密、手握时无硬性感觉若为中紧穗型。第一、二级分枝虽短，但穗子不紧密，向光观察时枝梗间有透明现象者为中散穗型。第一级分枝较长，穗子一经触动，枝梗动摇且有下垂表现者为散穗型，其中枝梗向一个方向垂散者为侧散穗型，向四周垂散者为周散穗型。

穗形：成熟期，按穗的实际形状记载，如纺锤形、牛心形、圆筒形、棒形、杯形、球形、伞形、帚形等。

壳色：成熟期按颖壳的实际颜色，如载，如红、黑、褐、黄、白等。

粒色：按成熟籽粒的实际颜色记载，如红、黑、褐、黄、白等。

粒形：按成熟籽粒的实际形状记载，如圆形、椭圆形、卵形、长圆形等。

籽粒大小：用千粒重量的多少表示，以为单位。分极小、小、中、大、极大 5 级。千粒重 10g 以下为极小，10~25g 为小粒，25~30g 的为中粒，30~35g 的为大粒，35g 以上的为极大粒。

穗粒重：单穗脱粒后的籽粒风干质量，以 g 为单位。

千粒重：1 000 个完全籽粒的风干质量，重复 1 次，取平均值，以 g 为单位。

穗粒数：1 000×穗粒重/千粒重。

籽粒整齐度：以成熟籽粒大小整齐度分整齐、不整齐 2 种。同等粒占 95%以上者为整齐，占 94%以下者为不整齐。

着壳率：脱粒后籽粒的带壳程度，以%为单位，分少、中、多 3 级。着壳 4%以下的为少，5%~7%为中，8%以上为多。

茎叶早衰程度：穗子成熟或收获时茎秆上干枯叶片死亡变黄的积度。分无早衰、轻度早衰、中度早衰、重度早衰和严重早衰 5 个等级。

茎秆髓部质地：穗子成熟或收获时茎秆中部茎节的充实情况，分蒲心、半实心和实心

3 种状况。

茎秆汁液及甜味：收获时茎秆中部茎节内是否有汁液，汁液口感是否有甜味。

再生性：植株留茬 10～15cm 刈割后，从根茎部再次长出植株的能力。不同品种在相同条件下用再生株的高度作为再生性能的比较指标，从低到高可分为 5 个级别。

三、经济性状

草产量：单位面积土地上所收获的地上部分的全部产量，以 t/hm^2 或 kg/hm^2 为单位。试验每次测产时，距离地而 10～15cm 刈割，将每个小区两侧边行及行头 50cm 去除，收中间行。以小区为单位称其鲜草重量，换算出 hm^2 鲜草产量；并通过水分测定后，计算出 hm^2 含水量为 65%的鲜草产量及干物质产量，其中水分采用 105℃恒重法测得。

鲜干比：鲜干比＝植株总鲜重/植株总干重。刈割时各小区随机选取 10 株，称其鲜重；待自然风干或烘干后称量干重，计算鲜干比，并计算出平均数。

籽粒产量：若收获籽粒时，将小区计产样本的穗子风干后脱粒，称其籽粒干重，按标准水分（14%）折算出小区产量，保留两位小数，用 kg 表示，再换算成公顷产量。

粒茎比：指籽粒干重与地上部植株其余部分（除籽粒外）干重的比例。

干物质积累量：干物质积累量＝平均单株干物质重量×留苗密度。每隔 7d 取代表性植株 10 株，人工将其切成长 1cm 的片段，待自然风干或烘干后称重，计算平均单株干物质重量。

粗蛋白质产量：粗蛋白质产量＝单株平均干物质重量×留苗密度×粗蛋白含量（干基），其中粗蛋白含量采用凯氏定氮法测定得出。

四、抗性性状

1. 耐低温性

在北方地区，一般 4 月下旬播种后，苗期生长较快的品种，被认为是耐低温的品种。不同品种在相同条件下用植株高度作为耐低温性的比较指标，从低到高可分为 5 个级别。

2. 倒伏性

以倒伏百分率和级别两个参数表示。按植株倾斜角度，分 4 级。①直立者为 1 级；②倾斜不超过 15°者为 2 级；③倾斜不超过 45°者为 3 级；④倾斜达到 45°以上者为 4 级。

3. 抗（耐）旱性

根据田间生育表现凋萎程度，分强、中、弱 3 级。在干旱情况下生育正常的为强，生育较差的为中，生育极差的为弱。

4. 叶部病害

根据发病盛期的叶部病害轻重，分无、轻、中、重 4 级。叶部无病斑的为无，病斑占叶面积 20%以下的为轻，占叶面积 21%～40%的为中，占叶面积 41%以上的为重。

5. 螟虫、蚜虫

根据自然发生的轻重程度，分轻、中、重 3 级。

6. 黑穗病

用 0.6%菌土接种，调查病株百分率。

五、品质性状

1. 测定分析指标

包括水分（%）、粗蛋白（CP,%）、粗脂肪（EE,%）、粗纤维（CF,%）、粗灰分（ASH,%）、中性洗涤纤维（NDF,%）、酸性洗涤纤维（ADF,%）、总能（GE，kJ/g）、茎秆含糖锤度（%）、氢氰酸（HCN，mg/kg）、亚硝酸盐（NIT，mg/kg）。

茎秆含糖锤度（%）：植株从基部起1/3处的茎中部节间汁液的糖锤度或上、中、下各取1节测定其单株均值记录。各小区随机选取10株，在刈割后用糖锤度仪测定，并对测得数值进行温度较正，计算平均数值。

除糖锤度外，其他指标均取植株地表以上部分（3个重复），切断切碎充分混匀后测定。

2. 计算分析指标

无氮浸出物（NFE,%）、干物质采食量（DMI,%）、可消化干物质（DDM,%）、相对饲用价值（RFV）计算方法如下。

无氮浸出物（NFE,%）=（1-粗蛋白-粗脂肪-粗纤维-粗灰分）×100%

DMI（%，BW）=120/NDF（%，DM）

DDM（%，DM）=88.9-0.779ADF（%，DM）

RFV=DMI×DDM/1.29

此处引用RFV进行饲用高粱草品质评定，还可采用粗饲料相对质量（RFQ）、粗饲料分级指数（GI）、质量指数（QI）、产奶二千（Milk 2 000）、体外有机物质消化率（IVOMD）、体外干物质消化率（IVDMD）和体外真消化率（IVTD）等方法进行评定。

谷　子

一、物候期

出苗期：幼苗猫耳展开第1片真叶露出叶鞘为出苗。目测各品种小区出苗数占全区应出苗数的50%的日期，以日/月表示。

抽穗期：植株的主穗尖端已抽出剑叶鞘时为抽穗，目测抽穗数占全区应抽穗数的50%的日期，以日/月表示。

成熟期：占取样范围内90%以上的主穗的谷粒已显现原品种成熟时的颜色，且谷粒内含物呈粉状而坚硬时，为成熟期，以日/月表示。

生育期：从出苗的当日算起，到成熟期之日止的天数。

二、生长发育特性

株高：植株生长定型后，取样10株调查分蘖节至穗基部的高度为株高，以cm表示。

穗长：由穗基部最后穗码到顶端（包括无效码）的长度，以cm表示。

单位面积穗数：收获时调查小区实有效穗数，折算成公顷穗数，以万/hm^2表示。

穗型：谷穗上穗码的长短、大小构成谷穗的形状，分纺锤、圆锥、棍棒、圆筒、猫爪、鸭咀等类型。

抗倒伏性：谷子生育期间，于风雨灾害后及成熟前目测各品种倒伏程度，倒伏面积，倒伏后的恢复情况及对产量的影响，将倒伏性分为5级，分别以0、1、2、3、4表示。0级：无倒伏症状或者稍微倾斜，但能很快恢复直立对产量无影响；1级：倾斜角度≤30°，倒伏面积15%，对产量有轻微影响；2级：倾角30°~45°，倒伏面积为30%以上，对产量有影响；3级：45°~60°，倒伏面积为50%以上，对产量有较大影响；4级：倾角≥60°以上，倒伏面积为50%以上，并严重减产。

调查时记明倒伏部位和生育阶段。注意钻心虫等虫害及人为因素造成的倒伏与健株倒伏的区别。

三、病虫害

于病害发展高峰期，取样调查各小区计产行数，根据不同病害，分别以病株、病叶率和病害严重率表示。

1. 白发病、黑穗病、线虫病、病毒病等类型病害

以病株率表示危害程度，计算公式如下。

病株率（%）= 发病茎数/取样茎数×100

2. 谷锈病

于病害盛发期，目测各品种病株率和严重率分别予以记载，严重率分5级，分级标准如下。

0级：全株叶片无病斑点（高抗）；

1 级：植株下部叶片有零星病斑（抗）；

2 级：植株中部中叶片有中量病斑，下部叶片有枯死（中抗）；

3 级：上部叶片有中量病斑，中部叶片有枯死（感）；

4 级：上部叶片有多量病斑，全株基本枯死（重感）。

3. 谷瘟病

于病害盛发期，目测病斑占总叶面积的百分数，分 5 级，分级标准如下。

0 级：植株叶面无病状（高抗）；

1 级：病斑占叶面积的 10%以下（抗）；

2 级：病斑占叶面积的 10%~25%（中抗）；

3 级：病斑占叶面积的 25%~40%（感）；

4 级：病斑占叶面积的 40%以上（重感）。

4. 纹枯病

此病目前尚无统一调查标准，暂时按下列标准记载，于灌浆中后期调查，分为 5 级，分级标准如下。

0 级：无发病症状（高抗）；

1 级：主茎茎部 1~2 片叶叶鞘有轮纹状病斑（抗）；

2 级：主茎地上部 3~5 片叶叶鞘有轮纹状病斑（中抗）；

3 级：主茎地上部 6 片叶以上叶鞘有轮纹状病斑（感）；

4 级：全株叶鞘均出现轮纹状病斑（重感）。

5. 虫害

主要指钻心虫蛀茎，于成熟前调查 100 株，计算蛀茎株占总株数的百分比。

四、室内考种

单穗重：取样 10 株，计其谷穗数，称量，以谷穗数平均之，用 g/穗表示。

单穗粒重：取样 10 株，计其谷穗数，脱粒称重平均之，以 g/穗表示。

出谷率：单穗粒重占单穗重的百分比。

千粒重：称谷粒 2g，计其粒数换算成千粒重，重复 3 次，取其相近 2 次结果的平均值，换算成千粒重，以 g 表示。

出米率：随机取谷粒样品两次，每次 1~5kg，碾成小米称重，小米重除以谷粒重，以百分率表示（由指定单位进行测定）。

籽实产量：将小区内收获的谷穗风干至恒重时，脱粒称重，并分别折算成单位面积产量，以 kg/hm^2。

五、其他记载项目

前茬：前茬种植作物名称。

播种期：播种当天的日期，以月/日表示。

浇水：浇水次数、日期、方法。

施肥：基肥记单位面积数量、肥质量；追肥记次数、日期、数量、肥名称、方法。

除虫：次数、用药名称、虫子名称、日期、方法。
中耕锄草：次数、日期。
鸟害：目检测为害百分数。
收获期：收获当天的日期，以月/日表示。
遇旱、涝灾害年份，分别记载抗旱、耐涝性。

糜　子

一、物候期

播种期：播种的日期，以日/月表示。
出苗期：50%以上种子出苗的日期。
拔节期：50%以上植株主茎第一节抽出地面1cm左右的日期。
抽穗期：50%以上的穗抽出旗叶叶鞘的日期。
成熟期：70%以上的籽粒变硬、呈现本品种特征的日期。
生育日数：出苗到成熟的天数，以d表示。

二、植物学特征

叶片颜色：分为深绿、绿和浅绿3种。
穗型：直、侧、散、密。
花序色：紫、绿。
粒色：白、黄、红、褐、黑及复色。
粳糯性：粳、糯。

三、生物学特征

抗旱性：强、中、弱。
抗倒伏性：强、中、弱（注明茎倒、根倒）。
落粒性：轻、中、重。
抗病性：无、轻、中、重（记载病害名，发生时间，调查发病株数和指数）。

四、经济性状调查

基本苗：分蘖开始前调查小区株数，每区6行，调查每一行苗数，合算为小区苗数。
株高：植株基部至穗顶端的长度，以cm表示。
主茎节数：主茎基部至穗部节间的数目。
主穗长：穗基部到穗顶端的长度，以cm表示。
穗数：收获前调查小区穗数或结合收获调查小区穗数。
穗粒数：成熟后，随机取代表性穗子10~20个计数，计算平均每穗结实粒数。
穗粒重：小区产量/小区穗数。
千粒重：1 000粒种子重量，重复2次，误差不超过5%，以g表示 。
小区产量：各小区种子重量，以kg表示。
亩产量：以kg/667m^{2}或表示。
公顷产量：以kg/hm^{2}表示。

五、综合评价

1. 苗期评价

拔节期进行，对参试品种的抗旱性、长势、整齐度进行评价，在中期检查报告中说明。

2. 成熟期评价

成熟期进行，对参试品种的熟性、抗旱性、抗病性，生长势、整齐度等进行评价；与对照品种或与当地主推品种相比，有何优缺点，在年度总结报告中说明。

3. 黄米品质评价

（1）米色：白、淡黄、黄、深黄。

（2）粳（糯）性：粳性、糯性。

（3）出米率：试验碾米机碾 100g 种子，得到的米的重量，以百分数表示。

（4）饭色：白、淡黄、黄、深黄。

（5）口感：分 5 个等级打分。5 级最好，1 级最差。

（6）黄米品质评价意见：根据评价结果评选出优良品种（系）。

六、管理记载

生态区域基本情况：试验点的海拔、平均气温、年均降雨量；以及前作、土壤基本情况。

种子准备：种子准备和处理方法等。

整地与土壤墒情：施肥水平、种类、整地措施、土壤处理方法、土壤墒情等。

播种时间：记载播种期。

播种技术与方法：垄作、平作、覆膜播种、人工开沟播种、机械播种等。

间苗与定苗：时间、留苗数。

其他管理措施：其他田间管理措施，如病虫害防治等。

荞　麦

一、物候期

播种期：播种的日期，以日/月表示。
出苗期：50%以上种子出苗的日期。
分枝期：50%以上植株出现第一次分枝的日期。
现蕾期：50%以上植株现蕾的日期。
开花期：50%以上植株开花的日期。
成熟期：70%以上籽粒变硬、呈现本品种特征的日期。
生育日数：出苗到成熟的天数，以 d 表示。

二、植物学特征

叶片颜色：分为深绿、绿和浅绿 3 种。
株型：松散、紧凑。
花色：白、粉白、粉红、红、绿。
粒色：黑、褐、棕、灰色等，异色率。
粒形：长棱锥、短棱锥、桃形、不规则形等，异型率，一致性。

三、生物学特征

抗旱性：强、中、弱。
抗倒伏性：强、中、弱（注明茎倒、根倒）。
落粒性：轻、中、重。
抗病性：无、轻、中、重（记载病害名，发生时间，调查发病株数和指数）。

四、经济性状

基本苗：分枝期调查小区苗数。
株高：主茎基部到顶端的长度，以 cm 表示。
亩株数：收获前或收获时调查小区株数，折合成亩株数，以万/667m^2表示。
分枝数：开花期调查，调查主茎一级分枝数，每小区 10 株。
主茎节数：主茎基部到顶端节间数目。
株粒重：小区产量除以基本株数。
千粒重：1 000 粒种子重量，重复 2 次，误差不超过 5%，以 g 表示。
小区产量：小区种子重量，以 kg 表示。
亩产量：以 kg/667m^2表示。
公顷产量：以 kg/hm^2表示。

五、综合评价

1. 苗期评价

分枝开花期进行，对参试品种的抗旱性、长势、整齐度、花期集中程度、花色的一致性进行综合评价，中期检查报告中提交。

2. 成熟期评价

成熟期进行，对参试品种的熟性、抗旱性、抗病性，生长势、结实率、粒型整齐度、包括粒落粒性等进行评价；与对照或与当地主推品种相比，提出推广意见，年度总结报告中提交。

六、管理记载

生态区域基本情况：试验点的海拔、平均气温、年均降雨量、以及前茬、土壤基本情况。

种子准备：种子准备和处理方法等。

整地与土壤墒情：施肥水平、种类、整地措施、土壤处理方法、土壤墒情等。

播种时间：记载播种期。

播种技术与方法：如垄作、平作、覆膜播种、人工开沟播种、机械播种等。

间苗与定苗：时间、留苗数。

其他管理措施：其他田间管理措施，如病虫害防治等。

大 豆

一、物候期

播种期：播种当天的日期。

出苗期：子叶出土后展开的幼苗数达2/3以上日期。

出苗率：在出苗后真叶展开的时期调查，分良、中、不良。出苗率90%以上为良，70%~90%为中，70%以下为不良。

开花期：开花株数达50%以上的日期。

成熟期：荚完全成熟呈现本品种固有颜色，粒型、粒色已不再变化；或摇动植株时有响声的植株达50%以上的日期。

生育期：从出苗期至成熟期的总日数。

二、生育特性

活动积温：统计从出苗期至成熟期≥10℃的积温之和。

花色：花的颜色，分为白花、紫花。

叶形：开花期调查植株中部叶片，分为尖、圆。

茸毛色：植株茸毛的颜色，分为灰色、棕色。

荚皮色：成熟期调查，分为褐、黄褐和黑色。

结荚习性：分为无限、有限和亚有限3种。

（1）无限：植株自下而上，叶渐少，茎渐细，荚分布均匀，植株项端着生少数荚。

（2）有限：植株上部叶片较大，上下往往同时开花，花期短，植株顶端着生一簇荚。

（3）亚有限：介于有限、无限之间，植株顶端着生一簇荚。

株型：成熟期观察。分3种：①收敛、开张、半开张。收敛是下部分枝与主茎角度小，在15℃以内，上下均紧凑。②开张是分枝角度45℃以上，上下均松散。③半开张是介于上述两者之间。

底荚高：田间调查从地面量至最低结荚部位的距离。取连续10株平均值，以cm（厘米）表示。室内考种时从茎基部子叶痕处量至最低结荚部位。

倒伏性：用目测法记载倒伏日期、原因、程度、面积。倒伏面积（率）为目测田间倒伏的实际面积，以m^2（平方米）表示。倒伏率为倒伏面积占小区面积的百分比，以百分率（%）表示。

倒伏程度分为5级，分级标准如下。

0级：全区植株不倒。

1级：植株与地面倾斜度不超过15°。

2级：植株与地面倾斜度15°~45°之间。

3级：植株与地面倾斜度45°~85°之间。

4级：植株与地面倾斜度超过85°以上。

裂荚性：分不裂、轻、重，在收获前晴日午后记载。

平方米（m^2）收获株数：调查田间有代表性的中间两行中部的实际收获株数，如70cm 垄距量 1.43m 长，60cm 垄距量 1.67m 长，查取样株数除以 2 既得 m^2株数。

缺区调查：凡是小区缺苗断条超过 30cm 以上时，则应测量其长度，并将每段测得数减去 30cm 后相加，则为该小区缺区长度，缺区面积（m^2）= 缺区长度×垄距。

小区实收面：以 m^2表示。

三、抗病性

在盛花期和花荚期等易发病期进行抗病性调查，不同病害的分级标准如下。

1. 细菌性斑点病

分 5 级，分级标准如下。

0 级：没有发病植株。

1 级：个别植株发病。

2 级：部分植株发病。

3 级：50%以下的植株发病。

4 级：50%以上的植株发病。

2. 霜霉病

分 5 级，分级标准如下。

0 级：没有植株发病。

1 级：个别植株叶背面有霉状菌。

2 级：全区有 1/3 植株发病。

3 级：全区有 1/2 以下植株发病。

4 级：全区有 1/2 以上的植株发病。

3. 灰斑病

分 6 级，分级标准如下。

0 级：全区植株叶片无病。

1 级：部分叶片发病，发病叶片病斑数在 5 个以下。

2 级：全区少量植株有病斑，病斑分布面积占叶面积 1/4 以下。

3 级：全区植株大部分发病，病斑分布面积占叶面积 1/2。

4 级：全区植株叶片普遍有病斑，少数叶片因病提早枯死。

5 级：全区植株叶片普遍有多量病斑，多数叶片因病提早枯死。

4. 花叶病毒病

分 5 级，分级标准如下。

0 级：叶片无症状或其他感病标志，无褐斑粒。

1 级：叶片有轻微明显斑驳，植株生长正常，褐斑粒率 1%~5%。

2 级：叶片斑驳明显，有轻微皱缩花叶花有褐脉，植株生长无明显异常，褐斑粒率5%~25%。

3 级：叶片有泡状隆起，叶缘卷缩，植株稍矮化，褐斑粒率 25%~50%。

4 级：叶片皱缩畸形呈鸡爪状，全株僵缩矮化，结少量无毛畸形荚，褐斑粒率 50%

以上。

注：以上各项均在发病盛期调查。

5. 线虫病

分 5 级，分级标准如下。

0 级：完全无病症。

1 级：发育基本正常。

2 级：症状明显。

3 级：生育明显受阻。

4 级：植株矮小黄萎、甚至死亡。

注：此项在大豆出苗后 40d 调查。

四、室内考种

取试验小区内中间两行正常无缺株的连续 10 株为考种样本，不用边行边株，3 个小区各取 1 次，记明取自那个小区，其产量应补入该区。将以上 3 个样本各算其平均值，取均值较近的两个算均值。以下项目凡有数据者除粒重外，每重复均用 10 株数字平均。

株高：子叶节到植株顶端的高度（不包括顶花序），以 cm 表示。

主茎节数：指主茎，从子叶节以上起数到顶端节，不包括子叶节及顶端花序。

结荚高度：从子叶节到最下部豆荚的高度，以 cm 表示。

有效分枝数：指主茎上结荚的有效分枝数，有效枝至少有 2 个节，不计再分枝。

单株荚数：一株上有效荚和无效荚数各有多少。

有效荚数：指含有一粒以上饱满种子的荚数。

单株粒数：除未成形粒外，所有未成熟粒、虫食粒、病粒均包括在内。

单荚粒数：用单株粒数除以单株有效荚数之商。

单株粒重：将 10 株豆粒筛去杂质，但包括未熟、虫食及病粒，称重平均（g）。

荚熟色：豆荚成熟时的颜色，分为灰褐、淡褐、褐、深褐、黑、黄等。

荚形：分为葫芦形、弯镰形、扁平形 3 种。

粒形：指籽粒形状，分为：圆形、椭圆形、扁椭圆形、长椭圆形、肾形。

粒色：即籽粒颜色，分为黄、青、黑、褐、双色。

子叶色：分黄、绿两种。

脐色：分浅黄、黄、淡褐、褐、深褐、蓝、黑 7 种。

种皮光泽：分强光、微光和无光 3 类。

百粒重：随机选取完整成熟豆粒 100 粒称重（g），称两个 100 粒，若两次差异超过 0.5g，重新取样称重。

虫食粒率、紫斑率、褐斑粒率：随机取豆粒 300 粒，各挑出以上 3 种病虫粒，计算出百分率。

产量：指全小区籽粒产量，晒干扬净后称重（kg），取样区应将取样豆粒重量加入。根据小区产量再换算出单位面积产量，一般用 $kg/667m^2$ 或 kg/hm^2 表示。

蚕　豆

一、物候期

播种期：播种的日期，以日/月表示。
出苗期：70%以上种子出苗的日期。
开花期：50%以上植株第1朵花开的日期。
成熟期：70%以上的豆荚变黑、籽粒变硬的日期。
收获期：实际收获的日期。
生育日数：出苗到成熟的天数，以d表示。

二、植物学特征

花色（旗瓣）：白色、紫色、紫褐色、纯白色、紫红色等。
粒色：乳白、绿色、紫色、紫红色、褐色等。
粒形：薄、中、厚。
脐色：白色、黑色、灰色、红褐色。

三、生物学特性

耐旱性：强、中、弱。
抗倒伏性：轻、中、重。
耐寒性：分为4级，分别以1、2、3、4表示。1级：分枝顶端生长点未冻死；2级：20%以下冻死；3级：20%~40%冻死；4级：40%以上冻死。
抗病性：无、轻、中、重（记载病害名，发生时间，调查发病株数和指数）。

四、经济性状

基本苗：分枝期后分别调查小区每行株数，折算小区苗数。
株高：主茎基部至顶端生长点的长度，以cm表示。
分枝数：主茎一级分枝的数目，以枝表示。
主茎节数：主茎基部至顶端生长点的节间数目。
单株荚数：样本荚数/取样株数。
荚长：荚基部至顶端的长度，以cm表示。
荚粒数：样本粒数/样本荚数。
单株粒重：小区产量/小区株数，以g表示。
百粒重：取100粒称重，重复3次，误差不超过0.5g。以g表示。
小区产量：小区种子重量，以kg表示。
亩产量：以$kg/667m^2$表示。
公顷产量：以kg/hm^2表示。

五、综合评价

1. 苗期（冬后苗期）评价

春播区在苗期进行，秋播区越冬后对参试品种的耐寒性、抗旱性、长势进行评价，对每个品种形成评价意见。

2. 花期评价

在开花盛期对参试品种抗病性、整齐度进行评价，对每个品种形成评价意见。

3. 成熟期评价

成熟期或第一次采摘期进行，对参试品种的纯度（可根据株高、成熟期、结荚习性、荚形、成熟荚色等性状调查鉴定）、熟性、抗旱性、抗病性，生长势、结荚整齐度等进行综合评价；与对照品种或与当地主推品种相比，有何优缺点，在年度总结报告中说明。

4. 商品性评价

收获脱粒后，对籽粒的色泽、形状、大小、整齐度等外观商品性进行综合评价，并推选出商品性优良的品种（系）。

六、管理记载

生态区域基本情况：试验点的海拔、平均气温、年均降雨量；以及前作、土壤基本情况。

种子准备：种子准备和处理方法等。

整地与土壤墒情：施肥水平、种类、整地措施、土壤处理方法、土壤墒情等。

播种时间：记载播种期。

播种技术与方法：如垄作、平作、覆膜播种、人工开沟播种、机械播种等。

间苗与定苗：时间、留苗数。

采摘时间：采摘的时间、数量。

其他管理措施：其他田间管理措施，如病虫害防治等。

豌　豆

一、物候期

播种期：播种的日期，以日/月表示。
出苗期：70%以上种子出苗的日期。
开花期：50%以上植株第一朵花开的日期。
成熟期：70%以上的豆荚变白（黄）、籽粒变硬的日期。
收获期：实际收获的日期。
生育日数：出苗到成熟的天数，以 d 表示。

二、植物学特征

生长习性：直立、半蔓生、蔓生。
花色：白、紫、红。
荚色：白、黄、绿色等。
粒色：绿、白、黄、橘黄、黄绿、深绿、紫。
粒形：圆、扁圆、皱缩、凹形。

三、生物学特征

抗旱性：强、中、弱。
耐寒性：强、中、弱。
抗倒伏性：强、中、弱。
抗病性：无、轻、中、重（记载病害名，发生时间，调查发病株数和指数）。

四、经济性状

基本苗：分枝期后分别调查小区每行株数，折算小区苗数。
株高：主茎基部至顶端生长点的长度，以 cm 表示。
分枝数：主茎一级分枝的数目，以枝表示。
主茎节数：主茎基部至顶端生长点的节间数目。
单株荚数：样本荚数/取样株数。
荚长：荚基部至顶端的长度，以 cm 表示。
荚粒数：样本粒数/样本荚数。
单株粒重：小区产量/小区株数，以 g 表示。
百粒重：取 100 粒称重，重复 3 次，误差不超过 0.5g。以 g 表示。
小区产量：小区种子重量，以 kg 表示。
亩产量：以 $kg/667m^2$ 表示。
公顷产量：以 kg/hm^2 表示。

五、综合评价

1. 苗期（冬后苗期）评价

春播区在苗期进行，秋播区越冬后对所有参试品种的耐寒性、抗旱性、长势进行评价，对每个品种形成评价文字意见。

2. 花期评价

在开花盛期对所有参试品种抗病性、整齐度进行评价，对每个品种形成评价文字意见。

3. 成熟期评价

成熟期或第一次采摘期进行，对参试品种的纯度（可根据株高、成熟期、结荚习性、荚形、成熟荚色等性状调查鉴定）、熟性、抗旱性、抗病性，生长势、结荚整齐度等进行综合评价；与对照品种或与当地主推品种相比，有何优缺点，在年度总结报告中说明。

4. 商品性评价

收获脱粒后，对籽粒的色泽、形状、大小、整齐度等外观商品性进行综合评价，并推选出商品性优良的品种（系）。

六、管理记载

生态区域基本情况：试验点的海拔、平均气温、年均降雨量；以及前作、土壤基本情况。

种子准备：种子准备和处理方法等。

整地与土壤墒情：施肥水平、种类、整地措施、土壤处理方法、土壤墒情等。

播种时间：记载播种期。

播种技术与方法：如垄作、平作、覆膜播种、人工开沟播种、机械播种等。

间苗与定苗：时间、留苗数。

采摘时间：采摘的时间、数量。

其他管理措施：其他田间管理措施，如病虫害防治等。

小　豆

一、物候期

播种期：播种的日期。以日/月表示。
出苗期：70%以上种子出苗的日期。
开花期：50%以上植株第 1 朵花开的日期。
成熟期：70%以上的豆荚变黄、籽粒变硬的日期。
收获期：实际收获的日期。
生育日数：出苗至成熟的天数，以 d 表示。

二、植物学特征

生长习性：直立、半蔓生、蔓生。
花色（旗瓣）：白色、红色、紫色、黄色等。
荚色：黄、黄白、褐、黑、橙色。
粒色：红、白、黄、绿、黑、褐、花纹、花斑。
粒形：短圆柱、长圆柱、球形。

三、生物学特征

抗旱性：强、中、弱。
抗倒伏性：1、2、3 级。
抗病性：高抗、中抗、抗、感、高感（记载病害名，发生时间，并对当地主要病害调查发病株数和指数）。

四、经济性状

基本苗：分枝期后分别调查小区每行株数，折算小区苗数。
株高：主茎基部至顶端生长点的长度，以 cm 表示。
分枝数：主茎一级分枝的数目，以枝表示。
主茎节数：主茎基部至顶端生长点的节间数目。
单株荚数：样本荚数/取样株数。
荚长：荚基部至顶端的长度，以 cm 表示。
荚粒数：样本粒数/样本荚数。
单株粒重：小区产量/小区株数，以 g 表示。
百粒重：取 100 粒称重，重复 3 次，误差不超过 0.5g。以 g 表示。
小区产量：小区种子重量，以 kg 表示。
亩产量：以 $kg/667m^2$ 表示。
公顷产量：以 kg/hm^2 表示。

五、综合评价

1. 苗期评价

第1片复叶展开时进行，对参试品种的纯度（可根据幼茎色、叶形、叶色、小叶基部色等苗期性状调查鉴定）、抗旱性、长势、整齐度等进行综合评价，综合评价意见在中期检查报告中提交。

2. 成熟期评价

成熟期或第一次采摘期进行，对参试品种的纯度（可根据株高、成熟期、结荚习性、荚形、成熟荚色等性状调查鉴定）、熟性、抗旱性、抗病性，生长势、结荚整齐度等进行综合评价；与对照品种或与当地主推品种相比，有何优缺点，在年度总结报告中说明。

3. 商品性评价

收获脱粒后，对籽粒的色泽、形状、大小、整齐度等外观商品性进行综合评价，并推选出商品性优良的品种（系）。

六、管理记载

生态区域基本情况：试验点的海拔、平均气温、年均降雨量、前茬、土壤基本情况。

种子准备：种子准备和处理方法等。

整地与土壤墒情：施肥水平、种类、整地措施、土壤处理方法、土壤墒情等。

播种时间：记载播种期。

播种技术与方法：如垄作、平作、覆膜播种、人工开沟播种、机械播种等。

间苗与定苗：时间、留苗数。

采摘时间：第1次、第2次、第3次采摘的时间、数量。

其他管理措施：其他田间管理措施，如病虫害防治等。

绿　豆

一、物候期

播种期：播种的日期，以日/月表示。
出苗期：70%以上种子出苗的日期。
开花期：50%以上植株第一朵花开的日期。
成熟期：70%以上的豆荚变黑（褐）、籽粒变硬的日期（分期采摘记第一次收获期）。
收获期：实际收获的日期。
生育日数：出苗到成熟的天数，以 d 表示。

二、植物学特征

生长习性：直立、半蔓生、蔓生。
花色（旗瓣）：白色、红色、紫色、黄色等。
荚色：黑、深褐、浅褐。
籽粒颜色：绿、黄、褐、黑、青蓝。
种皮光泽：有光泽（明绿豆），无光泽（毛绿豆）。
粒形：球形、短圆柱形、长圆柱形。

三、生物学特性

耐旱性：强、中、弱。
抗倒伏性：强、中、弱。
抗病性：高抗、中抗、抗、感、高感（记载病害名，发生时间，并对当地主要病害调查发病株数和指数）。

四、经济性状

基本苗：分枝期后分别调查小区每行株数，折算小区苗数。
株高：主茎基部至顶端生长点的长度，以 cm 表示。
分枝数：主茎一级分枝的数目，以枝表示。
主茎节数：主茎基部至顶端生长点的节间数目。
单株荚数：样本荚数/取样株数。
荚长：荚基部至顶端的长度，以 cm 表示。
荚粒数：样本粒数/样本荚数。
单株粒重：小区产量/小区株数，以 g 表示。
百粒重：取 100 粒称重，重复 3 次，误差不超过 0.5g。以 g 表示。
小区产量：小区种子重量，以 kg 表示。
亩产量：以 $kg/667m^2$ 表示。

公顷产量：以 kg/hm^{2}表示。

五、综合评价

1. 苗期评价

第 1 片复叶展开时进行，对参试品种的纯度（可根据幼茎色、叶形、叶色、小叶基部色等苗期性状调查鉴定）、抗旱性、长势、整齐度等进行综合评价，综合评价意见在中期检查报告中提交。

2. 成熟期评价

成熟期或第 1 次采摘期进行，对参试品种的纯度（可根据株高、成熟期、结荚习性、荚形、成熟荚色等性状调查鉴定）、熟性、抗旱性、抗病性，生长势、结荚整齐度等进行综合评价；与对照品种或与当地主推品种相比，有何优缺点，在年度总结报告中说明。

3. 商品性评价

收获脱粒后，对籽粒的色泽、形状、大小、整齐度等外观商品性进行综合评价，并推选出商品性优良的品种（系）。

六、管理记载

生态区域基本情况：试验点的海拔、平均气温、年均降雨量、前茬、土壤基本情况。

种子准备：种子准备和处理方法等。

整地与土壤墒情：施肥水平、种类、整地措施、土壤处理方法、土壤墒情等。

播种时间：记载播种期。

播种技术与方法：如垄作、平作、覆膜播种、人工开沟播种、机械播种等。

间苗与定苗：时间、留苗数。

采摘时间：第 1 次、第 2 次、第 3 次采摘的时间、数量。

其他管理措施：其他田间管理措施，如病虫害防治等。

花　生

一、物候期

播种期：播种当天的日期，以日/月表示。

出苗期：目测全小区真叶平展的幼苗数占播种粒数50%的日期。

出苗率：一般在出苗后20d调查，出苗率（%）=出苗数/播种粒数×100。

缺株率：缺株数占全小区应有总株数的百分比。

开花期：全小区累计有50%植株开花的日期。

成熟期：地上部叶片变黄绿色，地下部多数荚果成熟饱满（内果壳变成黑色或褐色）的日期。

收获期：收获当天的日期。

全生育期：从播种到成熟的天数，以d表示。

二、生长特性

种子休眠性：根据收获时种子有无发芽的情况分为3级。强（无发芽）、中（发芽少）、弱（多数发芽）。

抗旱性：在干旱期间，根据植株萎蔫程度及其在早、晚恢复快慢分强（萎蔫轻、恢复快）、中、弱（萎蔫重、恢复慢）3级。

主茎高：从第1对侧枝着分生处到顶叶叶节的长度，以cm表示。

侧枝长：第5对侧枝从主茎连接处到侧枝顶叶节的长度平均数，以cm表示。

总分枝数：全株5cm以上的分枝（不包括主茎）的总数，以个表示。

结果枝数：全株结果枝（空枝不算）的总和，以个表示。

有效枝长：第1对侧枝上最远结果（空果不算）节与主茎连接处的距离，以cm表示。

三、抗病性

1. 花生锈病

收获前10d进行调查。根据发病程度（级别）计算病情指数，按病情指数分为免疫、高抗、抗、感、高感5级，分级标准如下。

免疫：无病。

高抗：感病叶片25%以下，上部叶片产生少量孢子。

抗：感病叶片25%~50%，中、下部叶片因病出现发黄，下部叶片枯萎。叶片上有较多的孢子堆。

感：感病叶片50%~75%，同2级，但叶片上孢子堆很多。

高感：感病叶75%以上，叶片枯萎严重，枯萎叶片达50%以上。

$$病情指数=\frac{\sum（病级株数\times病级）}{调查总株数\times最高发病级}\times100$$

2. 叶斑病

收获前10d调查植株中、上部叶片，根据病斑多少，确定发病程度（级别）。计算病情指数，按病情指数分为免疫、高抗、抗、感、高感5级。分级标准同锈病。

免疫：无病。

高抗：感病叶片25%以下，上部叶片产生少量孢子。

抗：感病叶片25%~50%，中、下部叶片因病出现发黄，下部叶片枯萎。叶片上有较多的孢子堆。

感：感病叶片50%~75%，同2级，但叶片上孢子堆很多。

高感：感病叶75%以上，叶片枯萎严重，枯萎叶片达50%以上。

四、经济性状

荚果产量：晒干、无土，按生产要求经过挑选称重，以kg表示。

饱果重率：从计产的荚果中取500g，目测分饱果和秕果，称饱果重计算（重复2次，重复间差异不得大于5%，取其平均数）。

饱果重率（%）=（饱果重/总果重）×100

出仁率：将计饱果重率的500g荚果，剥壳后称籽仁重计算（重复间差异不得大于5%），取其平均数表示。

出仁率（%）=（籽仁重/荚果重）×100

籽仁产量：以荚果产量×出仁率，以kg表示。

饱仁重率：从计算出仁率的籽仁中目测分饱、秕2级，称饱仁计算。

饱仁重率（%）=（饱仁重/籽仁重）×100

荚果饱满度：出仁率×饱仁重率

单株生产力：小区实产/收获株数，以g表示。

百果重：从计算产量的材料中随机取100个饱满荚果称重，重复2次，重复间差异不得大于5%，取其平均值，以g表示。

百仁重：从计饱仁重的样本中取100粒称重，重复2次，重复间差异不得大于5%，取平均值，以g表示。

饱果：荚果壳网纹清晰，籽仁饱满的荚果。

秕果：荚果壳网纹清晰（若为品种特征除外），籽仁不饱满的荚果（包括2室中有1室饱满，另1室不饱满）。

含油量：测定粗脂肪含量，以%表示。

粗蛋白含量：以含氮量×5.7（换算系数），以%表示。

小区荚果产量：收获时需调查实收获株数，收获小区的荚果干重为实收产量并按下列方法求得理论产量，以kg表示。

理论产量=实收产量+［（应有株数-实收株数）×单株生产力］

马铃薯

一、物候期

播种期：播种当天的日期。
出苗期：小区出苗率达50%的日期。开始出苗后隔天调查。
现蕾期：50%的植株现蕾的日期。开始现蕾后隔天调查。
开花期：50%的植株开花的日期。开始开花后隔天调查。
成熟期：小区50%的叶子变黄的日期。在生长后期每周调查两次。
收获期：块茎收获的日期。
生育期：出苗期到成熟期的天数。

二、植株形态特征

茎颜色：绿色、淡紫色、红褐色、紫色、绿色带褐色、紫色网、褐色带绿色网纹等。
叶片颜色：浅绿色、绿色和深绿色。
花繁茂性：在现蕾期到盛花期记载。分为：无蕾、落蕾、少花、中等和繁茂。
花冠色：盛花期上午10时以前观察刚开放的花朵。分为：白色、淡红色、深红色、浅蓝色、深蓝色、浅紫色、深紫色和黄色。
结实性：分为：无、少、中等和多。
匍匐茎长短：分为：短、中等和长。

三、生育性状

出苗率按小区调查，其他性状随机调查3个小区，每小区调查10株，共30株，取平均值。
出苗率：小区内出苗植株占播种穴数的百分数，现蕾期调查。
主茎数：从种薯或地下直接生长的茎数，开花期调查。
株高：土壤表面到主茎顶端的高度，盛花期调查。
单株块茎数：单株块茎数量，收获时调查。
单株块茎质量：收获时调查。
单薯质量：用单株块茎质量除以单株块茎数计算求出。

四、块茎性状

块茎大小整齐度：不整齐、中等和整齐。
薯形：圆形、扁圆形、长圆形、卵圆形、长卵圆形、椭圆形和长椭圆形等。
皮色：乳白色、淡黄色、黄色、褐色、粉色、红色、紫红色、紫色、深紫色和其他。
肉色：白色、乳白色、淡黄色、黄色、红色、淡紫色、紫色和其他。
薯皮类型：光滑、略麻皮、麻皮和重麻皮及其他。
块茎芽眼深度：芽眼与表皮的相对深度，分外突、浅、中、深，深度<1mm为浅、

1～3mm 为中、>3mm 为深。

商品薯率：收获时块茎按大小分级后称重，计算商品薯率。

鲜薯食用型品种：西南区、二季作区、冬作区单薯质量 50g 以上，一季作区单薯质量 75g 以上为商品薯；薯条加工型品种单薯质量 150g 以上为商品薯；薯片加工型品种单薯直径 4～10cm 为商品薯。

块茎生理缺陷：①二次生长：收获时每小区随机连续调查 10 株，共调查 30 株，计算发生 2 次生长块茎百分数。②裂薯：收获时每小区随机连续调查 10 株，共调查 30 株，计算裂薯块茎百分数。③空心：收获时每小区随机连续调查 10 个块茎，共调查 30 个，计算空心块茎百分数。

五、主要病害

1. 马铃薯花叶病毒病

开花后期调查，共分 5 级，计算发病率和病情指数，分级标准如下。

0 级：无任何症状。

1 级：植株大小与健株相似，叶片平展但嫩叶或多或少有大小不等的黄绿斑驳。

2 级：植株大小与健株相似或稍矮，上部叶片有明显的花叶或轻微皱缩，有时有坏死斑。

3 级：植株矮化，全株分枝减少，多数叶片重花叶、皱缩或畸形，有时有坏死斑。

4 级：植株明显矮化，分枝少，全株叶片严重花叶、皱缩或畸形，有的叶片坏死、下部叶片脱落，甚至植株早死。

发病率（%）= 发病株数/调查总株数×100。

病情指数 = Σ（病级株数×代表值）/（调查总株数×最高级代表值）×100。

2. 马铃薯卷叶病毒病

开花后期调查，共分 5 级，计算发病率和病情指数，分级标准如下。

0 级：无任何症状。

1 级：植株大小与健株相似，顶部叶片微束、退绿或仅下部复叶由顶小叶开始，沿边缘向上翻卷成匙状，质脆易折。

2 级：病株比健株稍低，半数叶片成匙状，下部叶片严重卷成筒状，质脆易折。

3 级：病株矮小，绝大多数叶片卷成筒状，中下部叶片严重卷成筒状，有时有少数叶片干枯。

4 级：病株极矮小，全株叶片严重卷成筒状，部分或大部分叶片干枯脱落。

3. 环腐病

植株幼苗期、开花期田间调查；块茎在收获后随机取 30 个切开块茎脐部调查，计算发病率和病情指数。

（1）植株症状分级标准如下。

0 级：无任何症状。

1 级：植株少部分叶片萎蔫。

2 级：植株大部分或部分分枝萎蔫、叶脉间黄花，叶缘焦枯。

3 级：全株萎蔫、黄花、死亡。

（2）块茎症状分级标准如下。

0 级：无症状。

1 级：有明显的轻度感病，感病部分占维管束环 25%以下。

2 级：感病部分占维管束环 25%~75%。

3 级：感病部分占维管束环 75%以上。

4. 青枯病

记载小区最早出现病株日期，首次发病后每两周调查发病株，最后计算整个生长过程中发病植株的百分率。

5. 晚疫病

小区最早出现病斑日期为发病期。首次发病后每周调查发病率和病情指数，分 0、1、2、3、4 级，分级标准如下。

0 级：无任何症状。

1 级：叶片有个别病斑。

2 级：1/3 叶片有病斑。

3 级：1/3~1/2 叶片上有病斑。

4 级：1/2 叶片感病。

6. 早疫病

分级标准同晚疫病。

六、收获数据

1. 收获面积：每个小区的收获面积。
2. 收获株数：每个小区的收获植株数。
3. 小区产量：小区实际收获产量，以 kg 表示。
4. 公顷产量：以 kg/hm^2 表示。

甘　薯

一、物候期

排种期：种薯排种当天的日期，以日/月表示。

出苗期：甘薯出苗达到50%的日期。

齐苗期：甘薯出苗达到70%的日期。

栽秧期：甘薯秧苗实际移栽的日期。

封垄期：甘薯茎叶基本覆盖垄面，单株分枝数和结薯数基本固定的日期。

收获期：茎叶颜色变淡落黄，基部分枝枯萎及薯叶脱落，块根膨大基本停止的日期。

二、生育特性

耐贮性：在一定条件下，出窖前检查，调查薯块萌芽、软腐、干腐等情况，进行综合鉴定分3级：耐贮、较耐贮、不耐贮。

萌芽性：根据出苗快慢、整齐度和出苗数综合评价，分为3级，以优、中、差表示。

主蔓长：测量单株最长的蔓长，10株均。生长60d左右调查。

单株总蔓长：测量每处理各株主蔓及10cm以上分枝的总长，求单株平均值。

分枝数：调查茎基部30cm范围内10cm以上的分枝数，10株平均。生长60d左右调查。

茎粗：用游标卡尺实际测量茎蔓直径（mm），10株平均。生长60d左右调查。

叶形：按叶的基本形态结合叶缘的缺刻程度进行划分。全缘叶分心脏形、肾脏形、三角形、尖心形。齿状叶分心齿形、肾齿形、心带形、肾带形、尖心带齿形等。即叶边缘有齿4个以上为齿形；1~3个为带齿。缺刻叶分浅裂单缺刻、深裂单缺刻、浅裂复缺刻、深裂复缺刻等。叶片缺刻深度≥主脉1/2为深裂；≤主脉1/2为浅裂。

叶色：分淡绿、浓绿、紫绿、褐绿等色。

茎色：分绿、绿带紫、紫红、绿带褐、褐色等。

茎叶鲜重：单株平均茎叶重量。薯块膨大期调查。

单株薯数：数计各株已经形成的薯块数，求单株平均值。薯块膨大期调查。

结薯部位：分别计算各株地下部各节的结薯数。10株平均，薯块膨大期调查。

结薯深度：指地表到结薯顶端的距离。10株平均，薯块膨大期调查。

三、经济特性

薯块鲜重：单株平均薯块重量。

单株薯数：数计各株已经形成的薯块数，求单株平均值。

薯块大小：各处理逐株称计大薯（250g以上）、中薯（100~250g）、小薯（100g以下）的重量，并计其所占百分比。

薯、蔓比例（T/R）：T/R＝茎叶鲜重/块根鲜重。

薯形：基本薯形分球形（长/径 1.4 内）、长纺锤形（长/径 3.0 以上）、纺锤形（长/径 2.0~2.9）、短纺锤形（长/径 1.5~1.9）、圆筒形（各点直径基本相同）、上膨纺锤形、下膨纺锤形。

薯皮色：白、黄白、黄、棕黄、淡红、红、紫红、紫色等。

薯肉色：白、淡黄、橘黄、橘红、红或带红、带紫晕等。

结薯习性：收获期调查结薯情况，用集中、分散、整齐、不整齐表示。

薯干品质：取中等薯块纵切 0.5cm 厚的薯片，晒干后根据薯干洁白程度和平整程度分为 3 级。

单位面积产量：现在田间测定各处理的密度，然后以单株薯重和单株茎叶重分别乘以单位面积株数，即得单位面积鲜薯产量和茎叶产量，以 kg/hm^2表示。

薯块干物质含量：晒或烘干（%）=［晒（烘）干后的薯块重量/薯块鲜重］×100

食味：蒸熟品尝，对肉质粘度、甜味、香味、面度、纤维含量等项目进行综合评价。用优、中、差表示。

四、抗病性

1. 甘薯根腐病

（1）地上部分分级标准如下。

0 级：看不到病症。

1 级：叶色稍发黄，其他正常。

2 级：分枝少而短，叶色显著发黄，有点品种显蕾或开花。

3 级：植株生长停滞，显著矮化，不分枝，老叶自下向上脱落。

4 级：全株死亡。

（2）地下部分分级标准如下。

0 级：薯块正常无病症。

1 级：个别根变黑（占总根数的 10%以下），地下茎无病斑，对结薯无影响。

2 级：少数根发黑（占总根数的 10%~25%），地下茎和薯块个别有病斑，对结薯有轻微影响。

3 级：近半数根变黑（占总根数的 25%~50%），地下茎和薯块病斑较多，对结薯有显著影响，有柴根。

4 级：多数根变黑（占总根数的 50%以上），地下茎病斑多而大，不结薯，甚至死亡。

（3）群体抗性分类标准如下。

高抗：（病情指数≤20%）。

抗病：（20%<病情指数≤40%）。

中抗：（40%<病情指数≤60%）。

感病：（60%<病情指数≤80%）。

高感：（20%<病情指数）。

2. 甘薯黑斑病

群体抗性分类标准如下。

高抗：病斑大小与对照品种大小之比在 40%以下。

抗病：病斑大小与对照品种大小之比在40%~80%。

中抗：病斑大小与对照品种大小之比在80%~120%。

感病：病斑大小与对照品种大小之比在120%~160%。

高感：病斑大小与对照品种大小之比在160%以上。

3. 甘薯茎线虫病

分级标准如下。

0级：无病。

1级：为害面积占薯块横切面积25%以下。

2级：为害面积占薯块横切面积25%~50%。

3级：为害面积占薯块横切面积50%~75%。

4级：为害面积占薯块横切面积75%以上。

油　菜

一、物候期

播种期：实际播种日期，以日/月表示。

出苗期：以预选密度的75%的幼苗出苗，子叶张开平展为标准，条播以面积计算。

移栽期：实际移栽日期。

现蕾期：以50%以上植株轻轻揭开2~3片心叶，即可见明显的绿色花蕾为标准。

抽薹期：以50%以上植株主茎开始延伸，主茎顶端离子叶节达10cm为标准。

初花期：以全区有25%植株开始开花为标准。

盛花期：以全区有75%以上花序已经开花为标准。

终花期：以全区有75%以上花序完全谢花（花瓣变色，开始枯萎）为标准。

成熟期：以全区的75%以上角果转黄色，且种子呈成熟色泽为标准。

收获期：实际收获日期。

生育日期：出苗至成熟的天数（d）。

二、生育特性

幼茎色泽：第一片真叶出现时子叶下轴的色泽，分绿、微紫色、紫色3种。

心叶色泽：指3~4片真叶尚未展开时的色泽，分绿色、紫色等。

幼苗叶片伸展状态：分匍匐型（叶片与地面呈30°以下夹角）、半直立形（叶片与地面呈30°~60°夹角）、直立型（叶片与地面呈60°以上夹角）。

叶型：分为椭圆形、长椭圆、倒卵形、长卵圆形、披针形、花叶形（形如鸡脚，有不规则的深缺刻）等。

叶缘：分全缘、波状、锯齿等。

叶柄：分长、短、无3种。

茎生叶着生状态：分抱茎、不抱茎、半抱茎3种。

绿叶数：主茎上已展开的绿色叶片的总数。

根颈粗：指子叶节与根部连接处的直径。

茎粗：子叶节以上10cm处茎秆的直径。

分枝习性：指第1次分枝在茎秆上分布的状况，分上生分枝、下生分枝和匀生分枝3种类型。

花色：分金黄、黄、淡黄、黄白色等。

角果着生状态：指果身与果轴所成的角度，分直生、平生、斜生、垂生。

幼苗生长一致性：于五叶期前后观察幼苗之大小，叶片之多少。有80%以上幼苗一致者为“一致”；60%~80%幼苗一致者为“中”；生长一致的幼苗不足60%者为“不一致”。

植株生长整齐度：于抽薹期观察植株的高低、大小和株型。有80%以上植株一致者为“一致”；60%~80%植株一致者为“中”；生长一致的植株不足60%者为“不一致”。

成熟一致性：于成熟时观察。有80%以上植株成熟一致者为“一致”；60%～80%植株成熟一致者为“中”；成熟一致的植株不足60%者为“不一致”。

三、抗逆性

1. 抗寒性（冻害）

在融雪或严重霜冻解冻后3～5d观察。以随机取样法每小区调查50株。

（1）冻害植株百分率：表现有冻害的植株占调查植株总数的百分数。

（2）冻害指数：对调查植株逐株确定冻害程度，冻害程度分5级，分级标准如下。

0级：植株正常，未受冻害。

1级：仅个别大叶受害，受害叶层局部萎缩呈灰白色。

2级：有半数叶片受害，受害叶层局部或大部萎缩、焦枯，但心叶正常。

3级：全部叶片大部受害，受害叶局部或大部萎缩、焦枯，心叶正常或受轻微冻害，植株尚能恢复生长。

4级：全部大叶和心叶均受冻害，趋向死亡。

分株调查后，按下列公式计算冻害指数：

$$冻害指数（\%）=\frac{1\times S_1+2\times S_2+3\times S_3+4\times S_4}{调查总株数\times 4}\times 100$$

式中，S_1、S_2、S_3、S_4为1～4级各级冻害株数。

2. 耐旱性

在干旱年份调查，以强、中、弱表示。叶色正常为强；暗淡无光为中；黄化并呈凋萎为弱。

3. 耐渍性

在多雨涝年份调查，以强、中、弱表示。叶色正常为强；叶色转紫红为中；全株紫红且根呈黑色趋于死亡为弱。

4. 病毒病

于苗期、成熟期前后各调查1次。每小区随机调查50株，按分级标准逐株调查记载，统计发病百分率和发病指数，计算方法同冻害指数。严重度分级标准如下。

“0”，无病。

“1”，仅1～2片边叶有病斑，心叶无病。

“2”，少数边叶（2片左右）和心叶均有病斑，但植株生长正常。

“3”，全株大部叶片（包括心叶）均产生系统病斑，上部叶片皱缩畸形。

“4”，全株大部叶片均有系统病斑，部分病叶枯凋，植株枯死或趋于枯死。

5. 菌核病

于收获前3～5d调查，取样调查方法和发病率、发病指数计算的方法与病毒病相同，分级标准如下。

“0”，无病。

“1”，1/3以下分枝发病，主茎无病。

“2”，1/3～2/3分枝发病，或主茎及1/3以下分枝发病。

“3”，主茎及 1/3～2/3 分枝发病，或主茎无病但 2/3 以上分枝发病。

“4”，全株发病。

6. 抗倒伏性

在成熟前进行目测调查，主茎下部与地面角度在 80°～90°为“直”；在 45°～80°为“斜”；<45°为倒。注明日期和原因。

7. 杂交油菜不育株

从始花至终花，整株花朵无花粉，或有微量花粉但无活力的植株。不育株率：不育株数占调查总数的百分数，按下式计算：

$$不育株率（\%）=\frac{不育株数}{调查总株数}\times 100$$

四、室内考种

株高：自子叶节至全株最高部分长度。以 cm 表示，结果保留 1 位小数。

第一次有效分枝数：指主茎上具有 1 个以上有效角果的第一次分枝数，结果保留 1 位小数。

第一次有效分枝部位：指第一次有效分枝离子叶节的长度，以 cm 表示，结果保留 1 位小数。

全株有效角果数：全株含有 1 粒以上正常种子的角果数，结果保留 1 位小数。

每角粒数：自主轴和上、中、下部的分枝花序上，随意摘取 20 个正常夹角，计算平均每角饱满或欠饱满的种子数，结果保留 1 位小数。

千粒重：在晒干（含水量不高于 10%）、纯净的种子内，用对角线、四分法或分样器等方法取样 3 份，分别称量，取其样本间差异不超过 3%或 3 个样本平均，千粒重以“g”表示，保留 2 位小数。

单株粒重：随机取典型植株 5 株，脱粒风干后称重平均（g）。

种子颜色：分淡黄、黄、红褐、褐、棕、黑、灰、杂色等。

种子形状：分圆形、扁圆形、不规则等。

小区产量：指小区籽粒产量，晒干扬净后称重（kg），保留 2 位小数。

亩产量：以 $kg/667m^2$ 表示。

公顷产量：以 kg/hm^2 表示。

胡　麻

一、生育时期

播种期：记载播种的日期，以日/月表示。

出苗期：全田有50%的幼苗出土子叶平展，以日/月表示。

枞形期：全田有50%的植株高达5cm，上部叶片聚生呈枞树状的时期，以日/月表示。

现蕾期：全田有50%的植株主茎顶端出现花蕾，以日/月表示。

开花期：全田有50%的植株主茎顶端第一朵花开放，以日/月表示。

成熟期：75%的植株上蒴果开始变病色，叶片凋萎，种子呈固有色泽，并与蒴果隔膜分离，摇动植株时沙沙作响，以日/月表示。

收获期：记载实际收获的日/月。

生育期：从出苗至成熟期的总日数。以d表示。按照生育期的天数分为早、中、晚3类。90d以下为早熟，90~110d为中熟。110d以上为晚熟，除此之外还可根据具体情况分为极早、中早、中晚等类型。

二、植物学特征

(一) 幼苗

幼苗生长习性：①直立：大部分幼苗植株直立。②匐匍：大部分幼苗植株匐匍地面。③半匐匍：介于前两者之间。

苗色：幼苗的颜色一致分深绿、绿、浅绿3种。

幼茎色：子叶露出地面，幼茎长约2cm左右时的颜色一般分紫色、绿色两种。

幼苗分茎习性：①分茎强：大部分幼苗植株在子叶处有分茎。②分茎弱：大部分幼苗植株在子叶处不分茎。

(二) 叶片

叶长：主茎第一分枝下10cm内的叶片平均长度。以cm为单位。

叶宽：主茎第一分枝下10cm长度内的叶片平均长宽度。以cm为单位。

密度：主茎第一分枝下10cm长度内着生叶片。以片为单位。

腊质：叶片上的腊质分少或无表示。

(三) 花

花色：指花的实际颜色，分白、蓝、紫蓝、粉红等色。

状：分星状、碟状、梅花形漏斗形等。

大小：指花朵开放时的花冠直径，一般2.5cm以上为大花，2~2.5cm为中花，小于2cm为小花。

（四）植株

株型：指花序侧面的形状，以花序分枝习性为准，分为紧凑、松散、中间3种类型。

株高：自子叶痕至植株顶部的长度。以cm为单位。一般根据长度分为高、中、矮3类：40cm以下者为矮，40~80cm为中，60cm以上为高。

工艺长度：自子叶痕至第一分枝点的长度。以cm为单位，可分为长、中、短3类。①25cm以下为短。②25~45cm为中。③45cm以下为长。

茎粗：主茎第1分枝下10cm处的直径，以cm为单位。

分茎数：主茎下部分枝数。以个/株为单位。

分枝数：主茎上部分枝数。以个/株为单位。

出麻率：指茎杆中长麻与短麻的实际含量。以%表示。

（五）蒴果

单株蒴果数：在成熟期调查10~20株，数其每株有效蒴果数，求其平均数，以个/株为单位。

蒴果开裂习性：一般指着生在植株上的蒴果，看每果各室间的开裂程度。分为开裂、稍开、不开裂三类。

蒴果着粒数：取植株上中下部的蒴果10~20个，数其总粒数求其平均数。以粒/果为单位。

蒴果大小：取植株上中下部的蒴果10~20个，分别量其直径，求其平均数。以cm为单位，可分为大、中、小3类。0.8cm以上为大，0.8~0.6cm为中，0.6cm以下为小。

（六）种子

种子色泽：分黄、褐、深褐等色。

千粒重：随机数取1 000粒种子称其重量，以g为单位，一般分为大中小3类：8g以上为大粒，5~8g为中粒，5g以下为小粒。

含油率：以干燥纯净的种子测定其含油量，以%表示。

单株产量：即单株生产力，取20~50株脱粒后分别称其重量，求其单株粒重和麻茎产量。以g表示。

三、生物学特性

（一）春化阶段特性

春性：对温度要求不严格，在2~12℃的温度范围内，通过春化阶段一般为5~9d，最长不超过10d。

半冬性：通过春化阶段时，对温度要求比较严格，在同样温度条件下，通过春化阶段需要15~18d。

（二）光照阶段特性

指对光照长度的反映，一般分 3 类。

反应迟钝：在每天 8h 光照条件下能现蕾开花。

反应中等：在每天 8h 光照下不能现蕾开花，但在 12h 的光照条件下，可以现蕾开花。

反应敏感：每天多于 12h 的光照条件下，才能现蕾开花。

（三）出苗特性

出苗率：出苗后 5 点取样数（条播取样 1m，撒播取样 $1m^2$）其出苗数，计算出苗率，以%表示，公式如下。

出苗率（%）=（已出苗数/播种粒数）×100

出苗整齐度：用目测分整齐、中等、不整齐 3 级。

密度：①条播：选有代表性的 2~3 行，取样长 0.5~1m 数其株数，并量其平均行距计算每亩株数，以万/株为单位。②撒播：选取平方米或平方尺，数其苗数计算每亩苗数，以万/株为单位。

缺苗：①条播：选有代表性的株行，量其缺苗断条，在 10cm 以上的总长度以取样株行总长度为 100 计算缺苗率，以%表示。②撒播：用目测法估计或用平方米取样测定空白面积计算缺苗面积占总面积的%及缺苗率。以%表示。

（四）植株生长速度

固定样段选取 10 株以上定期测量植株高度，计算其生长速度。以 cm 为单位。

（五）休眠期

种子休眠长短分两类，判定依据如下。

休眠期长：一般在完熟后需要经过一个较长的时期种子才能发芽，种子成熟后遇雨不会发芽。

休眠期短：完熟后种子很快即可发芽，收获后遇雨种子在蒴果里就可发芽。

（六）植株成活率

固定样段在苗期和成熟期其株数，计算其植株成活率，以%表示。

植株成活率（%）=（收获前株数/出苗后株数）×100

四、抗性

1. 抗旱性

在干旱条件下，根据植株叶片萎蔫、凋萎情况，分为强、中、弱 3 类。

抗旱性强：植株叶片正常或叶片稍卷。

抗旱性中：植株生长点叶片呈卷起状态。

抗旱性弱：植株生长点叶片严重卷曲，茎下部叶片变黄。

2. 倒伏性

开花后、成熟前根据倒伏情况分为强、中、弱3类。

抗倒伏性强：大部分植株直立，不倾斜或有倾斜但又能恢复直立。

抗倒伏性中：大部分植株呈15°~45°的倾斜。

抗倒伏性弱：大部分植株呈45°以上的倾斜。

3. 抗病性

对苗期3种病害（立枯、炭疽、萎焉）的抵抗能力，根据病害发生情况或人工接种下的表现，一般分为4级。

免疫：完全无病斑发生，植株无枯萎现象。

抵抗：在感病品种发病时，发生枯斑或植株稍有枯萎。

耐病：在感病品种发病时，发病较轻、进展较慢，对产量影响较小。

染病：发病多而普遍。

对其他病害的抵抗能力如对白粉病、锈病抵抗性，根据发病年度的表现可分为高度抵抗、抵抗、轻度感染、严重感染4级。

4. 抗寒性

生育期受冻后检查受害率。以%表示。也可分为强、中、弱3级。

五、经济性状

种子产量：脱粒后以实际种子产量计算单位面积产量。以 $kg/667m^2$ 或 kg/hm^2 表示。

麻茎产量：脱粒后以实际麻杆产量计算单位面积产量，以 $kg/667m^2$ 或 kg/hm^2 表示。

产油量：根据种子含油率和种子产量计算单位面积产油量，以 $kg/667m^2$ 或 kg/hm^2 表示。

产麻量：根据麻杆产量和出麻率计算单位面积产麻量，以 $kg/667m^2$ 或 kg/hm^2 表示。

种子与麻茎比值：以风干种子产量除风干后麻茎产量，即得种子与麻茎比值。

棉　花

一、生育时期

播种期：实际播种的日期，以日/月表示。

出苗期：幼苗子叶平展达50%的日期。

开花期：开花株数达50%的日期。

吐絮期：吐絮株数达50%的日期。

生育期：从出苗期至吐絮期的天数（d）。

其中开花期和吐絮期固定选取有代表性的两次重复每小区中间行的全部植株进行调查，取平均值。

二、整齐度与生长势

苗期、花期、絮期目测各小区植株形态的一致性和植株发育的旺盛程度。整齐度与生长势的优劣均用1（好）、2（较好）、3（一般）、4（较差）、5（差）表示。

三、农艺性状

第1果枝节位在棉花现蕾后调查；株高、单株果枝数、单株结铃数，黄河流域棉区和长江流域棉区在9月15日调查，西北内陆棉区在9月5日调查。其中单株结铃数调查在第1重复和第2重复，每重复顺序调查本重复一半面积的株数，其他各项调查均在取样行中进行。

第1果枝节位：棉花现蕾后从下至上第1果枝着生的节位。

株高：子叶节至主茎顶端的高度。

单株果枝数：棉株主茎果枝数量。

单株结铃数：棉株个体成铃数。横向看铃尖已出苞叶，直径在2cm以上的棉铃为大铃，包括吐絮铃和烂铃；比大铃小的棉铃及当日花为小铃，3个小铃折算为1个大铃。

四、种植密度

设计密度：按株距和行距换算出667m^2面积的株数。

实际密度：收第一次子棉时，调查每小区实际株数，换算成667m^2面积的株数。

缺株率：实际密度与设计密度的差数占设计密度的百分率。当实际密度高于设计密度，百分率前用“+”号表示，反之用“-”号表示。

五、抗病性田间调查

各组区域试验在枯萎病和黄萎病发生高峰期各调查1次（可为枯萎病和黄萎病混生结果，不分枯萎病还是黄萎病），每小区品种调查全部植株，病情分级标准采用5级法进行病情调查，取枯萎病和黄萎病发生高峰期的数值。

1. 枯萎病病情分级标准如下。

0 级：外表无病状。

1 级：病株叶片 25%以下显病状，株型正常。

2 级：叶片 25%~50%显病状，株型微显矮化。

3 级：叶片 50%以上显病状，株型矮化。

4 级：病株凋萎死亡。

2. 黄萎病病情分级标准如下。

0 级：外表无病状。

1 级：病株叶片 25%以下显病状。

2 级：叶片 25%~50%显病状。

3 级：叶片 50%以上显病状，有少数叶片凋落。

4 级：叶片全枯或脱落，生产力很低。

发病株率（%）=（发病总株数/调查总株数）×100%

病指=［各级病株数分别乘以相应级数之和/（调查总株数×最高级数）］×100

六、考种及取样

1. 单铃重

吐絮盛期，采摘第 8~15 台果枝第 1~2 果节吐絮正常的 100 个铃，收两个重复（收百铃花的原则：收中部 8~15 层果枝 1~2 果节吐絮 6~10d 籽花，不收过雨花和笑口花；晒干称重，计算单铃重，皮辊轧花计算小样衣分。

2. 子指

在测定单铃重的样品中，每品种随机取样，每份棉子 100 粒称重，所得百粒棉子的重量为子指。重复两次，取平均值。

七、收花轧花

1. 收花

收花袋根据区号及品种代码编号；在收花适期内分小区采收，新收籽棉要及时晾晒。采收、晾晒、贮藏等操作过程中要严格防止错乱。

2. 轧花

轧花前应彻底清理轧花车间和机具，每轧完 1 个样品，机具应清理干净。

八、小区产量

霜前籽棉：10 月 20 日前实收籽棉为霜前籽棉（含僵瓣）。

霜后籽棉：10 月 20 日—11 月 20 日间实收籽棉为霜后籽棉；不摘青铃。

籽棉产量：霜前籽棉和霜后籽棉的总重量。

衣分：在拣出僵瓣后充分混合的籽棉（含霜前籽棉和霜后籽棉）1kg，轧出皮棉称重，计算衣分。重复 3 次，取平均值。

皮棉产量：籽棉总产量与衣分的乘积。

霜前花率：霜前籽棉重量占籽棉总重量的百分率。

甜　菜

一、生育时期

播种期：即实际播种日期，以日/月表示。

出苗期：子叶出土、展开与地面呈平行为出苗，出苗达90%为出全苗。

叶丛繁茂期：从甜菜出现6~8片真叶至甜菜封垄所经历的天数（d）。

块根增长期：从甜菜封垄至根叶比值达1时的天数。

糖分积累期：从甜菜根叶比值达1时至收获的天数。

收获期：甜菜实际收获的日期。

二、生育特性

出苗率：第一次疏苗前，实际出苗数占计划出苗数的百分率。

生长势：苗期（定苗后10d）、叶丛繁茂期、开垅时期分前中、后3次用目测法调查各品种的生长势，分强、中、弱3级。

抽薹率：在生育中后期调查，抽薹株数占调查株数的百分率。

变异率：在生育中后期调查，明显变异以百分率记载。

保苗率：在收获前调查，收获株数占实际出苗数的百分率。

三、病害

主要调查褐斑病，丛根病，根腐病、黄化毒病。

1. 褐斑病（按5级记载）

分级标准如下。

0级：无病或少数株有少数病斑。

1级：多数植株有少数病斑或少数植株有多数病斑。

2级：多数植株有多数病斑，25%以下外叶因病枯死。

3级：多数植株有多数病斑，25%~50%外叶因病枯死。

4级：全区组内绝大部分植株叶片因病枯死。

2. 黄化毒病（按4级记载）

分级标准如下。

0级：全区内植株无病。

1级：全区内有少数植株发病。

2级：全区内有多数植株发病。

3级：全区内有多数植株发病，并在叶片上有灰黑色霉层。

3. 丛根病

在生育中期，根据叶丛表现的症状，按病株5级分级标准，调查、计算丛根病病情指数。分级标准如下。

0 级：不表现任何症状。

1 级：叶丛轻微退绿、黄脉、焦枯或混合症状，植株无明显矮化现象。

2 级：叶丛明显退绿、黄脉、焦枯或混合症状，植株轻度矮化。

3 级：叶丛明显退绿、黄脉、焦枯或混合症状，植株明显矮化。

4 级：叶丛严重退绿、黄脉、焦枯或混合症状，少数叶片枯死，植株严重矮化。

5 级：叶丛严重退绿、黄脉、焦枯或混合症状，多数叶片枯死，植株极度矮化或死亡。

4. 根腐病

在起收时进行调查，以发病株数的百分率记载。

5. 立枯病（黑脚病）

在第一次疏苗时进行调查，以百分率记载。

四、考种

根形：以楔形、圆锥形、纺锤形、梨形表示，中间类型在其根形前加形容词说明，并统计各类根形及畸形根所占的百分率。

根皮色：以根体部分的颜色为准，分白、淡黄 2 种。

根叶比值：根重与茎叶重之比，以百分率表示。

根产量：切去叶颖、根尾，削净根上的泥土，称量记载每小区实收株数的根重（kg），取样不得少于 100 株。再换算成公顷产量，以 kg/hm^2 表示。

检糖：在收获后及时进行含糖量测定，随机取样不得少于 30 株。

烟 草

一、生育期和农艺性状（YC/T142—2010）

生育期是指烟草出苗至种子成熟时的总天数，生产上指烟草出苗至烟叶采收结束时的总天数，包括苗期和大田期两大时期。

农艺性状是指具有烟草农艺生产利用价值的一些特征特性，是鉴别品种及其生产性能的重要标志，受品种特性和环境条件的影响。

（一）苗期及主要农艺性状调查

苗期：从种子播种至成苗期的总天数，主要记载播种期、出苗期、生根期和成苗期。

播种期：播种的日期，以日/月表示。

出苗期：指从种子播种至幼苗的子叶完全展开时的日期。苗床以全区 50%幼苗子叶完全平展的日期为出苗日期，以日/月表示。

小十字期：全区 50%及以上幼苗呈小十字形的日期。

生根期：幼苗自第 3 真叶至第 7 真叶出现时称为生根期。苗床全区 50%幼苗第 4、5 真叶明显上竖的日期为记载日期。

大十字期：全区 50%及以上幼苗呈大十字形的日期。

成苗期：苗床全区 50%幼苗达到适栽和壮苗标准，可进行大田移栽的日期。

苗期生长势调查：分强、中、弱 3 级。

苗色调查：分深绿、绿、浅绿、黄绿 4 级。

（二）大田期及主要农艺性状调查

根据烟株发育的进程，记载可分为现蕾前期、现蕾期、中心花开放期、打顶期和采收成熟期 5 个时段。

1. 现蕾前期主要农艺性状调查

移栽期：烟苗进行大田移栽的日期。

还苗期：烟苗移栽至成活期称为还苗期。此期根系恢复生长，叶色转绿、不凋萎、心叶开始生长，烟苗即为成活。

伸根期：烟苗从成活到团棵期间称为伸根期。

团棵期：全区 50%植株达到团棵标准，此时叶片 12~13 片，叶片横向生长的宽度与纵向生长的高度比例约 2∶1，形似半球状时。此时进行第 1 次大田生长势调查。

大田生长势：分强、中、弱 3 级。

旺长期：植株从团棵到现蕾称为旺长期。

2. 现蕾期主要农艺性状调查

现蕾期：全区 10%植株现蕾时为现蕾始期；达 50%时为现蕾盛期（花蕾完全露出）。此期进行整齐度和第 2 次大田生长势调查。整齐度分整齐、较整齐、不整齐 3 级。株高和叶数变异系数 10%以下的为整齐；25%以上的为不整齐。变异系数计算公式如下。

变异系数=（标准差/平均值）×100%

茎叶角度：指烟株叶片主脉与茎的夹角大小。分小、中、大和甚大。一般在现蕾期（打顶后7~10d）于上午10点前，每小区随机调查5株，用量角器测量中部最大叶的茎叶夹角，计算其均值确定。小（<30°）；中（30°~60°）；大（60°~90°）；甚大（>90°）。①叶片基角。茎杆和叶片平直部分的夹角称为叶片基角（简称叶基角），它决定着叶片“立”的程度。②开张角。叶耳至叶尖的连线与茎杆的夹角。③弯曲度。是开张角与叶基角的差值，它表示叶片“直”的程度。④仰角。叶片直立部分和水平面的夹角称为仰角。

叶形：根据叶片的性状和长宽比例及叶片最宽处的位置确定。分椭圆形、卵圆形、心脏形和披针形。以小区群体的腰叶为观察对象，于现蕾期采用目测法观察，根据烟草叶形模式图，确定叶片的基本形状，再依据叶片的长宽比例（或称叶形指数）均值，确定叶片的实际形状①椭圆形：叶片最宽处在中部。②宽椭圆形：长宽比为1.6~1.9∶1。③椭圆形：长宽比为1.9~2.2∶1。④长椭圆形：长宽比为2.2~3.0∶1。

叶尖：指叶片尖端的形状。分钝尖、渐尖、急尖、尾尖4种。以小区为观察对象，采用目测法，参照烟草叶尖模式图，以同一调制类型为参照，确定叶片尖端的形状。

叶面：指叶片表面的平整程度，分皱褶、较皱、较平、平4种。以小区群体为观察对象，于现蕾期观察，采用目测法，参照烟草叶面模式图，确定叶面状态。

叶色：叶片正面的颜色，分深绿、绿、浅绿、黄绿等。以小区为观察对象，于现蕾期观察，采用目测法，记载叶片正面的颜色。

主脉粗细：分粗、中、细3级。以小区为观察对象，于现蕾期调查，采用目测法。

叶缘：叶片边缘的形状，分平滑、微波、波浪、皱褶和锯齿5种。以小区为观察对象，于现蕾期观察，采用目测法，参照烟草叶面模式图，确定叶缘形态。

3. 中心花开放期主要农艺性状调查

中心花开放期：全区50%植株中心花开放时的日期。

株形：植株的外部形态，分为塔形、筒形和橄榄形。开花期（打顶后一周）调查。以小区为观察对象，于上午10时前观察，采用目测法，参照烟草株型模式图，记载植株生长形态。①塔形：植株自下而上逐渐缩小，呈塔形。②筒形：植株上、中、下3部位大小相近，呈筒形。③橄榄形：植株上下部位较小，中部较大呈橄榄形。又称腰鼓形。

4. 打顶期主要农艺性状调查

打顶期：全区50%植株可以打顶的日期。

打顶株高：打顶植株顶叶生长定型后，测量自地表茎基处至茎部顶端的高度，又称茎高。

茎粗（茎围）：于第一青果期（打顶后一周至10d内）在自下而上第5至第6叶位之间测量茎的周长。

节距：于第一青果期（打顶后一周至10d内）测量株高和叶数，计算其平均长度。

5. 采收成熟期主要农艺性状调查

烟叶成熟期：烟叶达到工艺成熟的日期。分别记载脚叶成熟期（第一次采收），腰叶成熟期和顶叶成熟期（最后一次采收）的日期。

有效叶数：有生产价值，实际采收的叶数。

叶片长宽（cm）：叶片长度为植株中部最大叶自茎叶连接处至叶尖的直线长度；宽度为叶面最宽处的直线长度。于中部叶工艺成熟期调查。

最大叶长宽：不能用肉眼观察出来时，可测量与最大叶相邻的3个叶片，取长宽乘积最大的叶片数值。

二、病虫害（GB/T 23222—2008）

1. 病害严重度分级-级指

分级标准如下。

0级：全株无病。

1级：茎部病斑不超过茎围的1/3，或1/3以下叶片轻度凋萎。

3级：茎部病斑超过茎围的1/3~1/2，或1/3~1/2叶片轻度凋萎，或下部少数叶片出现病斑。

5级：茎部病斑超过茎围的1/2，但未全部环绕茎围，或1/2~2/3叶片凋萎。

7级：茎部病斑全部环绕茎围，或2/3以上叶片凋萎。

9级：病株基本枯死。

注意事项：调查以株为单位，一般在晴天中午以后调查。

2. 调查方法

（1）普查

在发病盛期进行调查，选取10块以上有代表性的烟田，采用5点取样法，每点不少于50株，计算发病率和病情指数。

（2）系统调查

自团棵期开始，至采收末期结束，田间固定5点取样，每点不少于30株，每5d调查1次，计算发病率和病情指数。

3. 发生程度计算方法

发病率=（发病株数/调查总株数）×100%

病情指数=［Σ（各级病株×该病级指）/（调查总株数或叶数×最高级指）］×100

三、经济性状

1. 产量

以kg/hm^2表示。

2. 均价

以元/kg表示，均价=公顷产值/公顷产量。

3. 级指与产指

是指品级指数。级指愈高，商品价值愈高，烟叶品质愈好。

（1）级指=均价/C1F价格×100

（2）产指=级指×公顷产量=亩产值/C1F价格

4. 单叶重

中部叶片初烤烟随机抽取原烟100片，称得实际重量，重复4次平均，单叶重=百叶重/100 片，以 g 表示。

5. 上等烟比例

指 X1F、C1L、C2L、C1F、C2F、C3F、B1F、B2F、B1L、B1R、H1F 共 11 个等级烟叶重量之和占烟叶总重量的百分率。

6. 中等烟比例

指 X1L、X2L、X2F、X3F、C3L、B2L、B3L、B3F、B4F、B2R、B3R、H2F、S1、X2V、C3V、B2V、B3V 共 17 个等级烟叶重量之和占烟叶总重量的百分率。

计产计值方法如下。

（1）小区试验每个小区全部统计。

（2）大区试验每个处理统计 100 株，统计该 100 株每个等级的产量。然后按每亩移栽株数计算产量产值。

（3）每次采烤取 2 竿，统计等级及相应重量，计算均价。采烤各部位时统计各部位烟叶单叶重，按照下部叶×15%+中部叶×45%+上部叶×40%计算平均单叶重，根据有效叶数计算产量。

苜 蓿

一、物候期

出苗期：在水热条件适宜时，苜蓿播后 7d 左右开始出苗，出苗率达到 80%以上时为出苗期。

返青期：50%植株长出地面 1cm 的日期。陇东地区一般在每年 4 月初开始返青。

分枝期：50%植株产生第 1 个分枝的日期。在我国的北方地区，苜蓿一般在出苗或返青后约 25d 左右即进入分枝期。

现蕾期：50%～80%植株出现花蕾的日期。从分枝到现蕾约经 28d 左右的时间。

开花期：一般苜蓿开花期可持续 40～60d，又分为初花期和盛花期。初花期为 10%～20%植株开花的日期。盛花期为 80%以上植株开花的日期。

结荚期：50%植株第一个花序开始结荚的日期。

成熟期：2/3 植株下部（80%）荚果变褐色日期。苜蓿从开花到种子成熟约需 40 多天。在我国北方的大部分地区，苜蓿可在 8～9 月份达到种子成熟期。从播种到种子成熟约经过 110d 的时间。

枯萎期：全部植株地上部枯死日期。

生长期：从返青到种子成熟的时间。

二、生长特性

1. 株高

从主茎基部到顶端的伸长高度，以 cm 计。每小区测量 10 株。

2. 株型

在春天和晚秋观察返青幼苗或再生草，株型分为直立型、斜生型和匍匐型。

3. 生长势

在苜蓿生长期间，根据各材料生长繁茂程度，进行目测比较评级，综合 3 次成绩将材料生长势分为优、良、中、差 4 级。

4. 生长速度

在成熟期，第 2 茬和第 3 茬草收割期及越冬前每小区测量 10 株的株高然后求平均值，以 4 个平均数之和为基数，按株高的不同，评定其生长速度，分为快、中、慢 3 级。

5. 花色

分紫花苜蓿、黄花苜蓿、杂花苜蓿 3 种。

（1）紫花苜蓿：花色 100%为紫色，根据花色深浅又分为 3 种类型。①深紫：深紫花占总花数 50%以上。②中紫：紫色花占总花数 50%以上。③浅紫：浅紫花占总花数 50%以上。

（2）黄花苜蓿：花色 100%为黄色。

（3）杂花苜蓿：花色有紫、黄、蓝、浅蓝、黄白等各种颜色。

6. 再生性

植株留茬 10~15cm 刈割后，从根茎部再次长出植株的能力。不同品种在相同条件下用再生株的高度作为再生性能的比较指标，从低到高可分为 5 个级别。

三、抗性

1. 抗倒伏性

以倒伏百分率和级别两个参数表示。按植株倾斜角度，分 1、2、3、4 级。直立者为 1 级，倾斜不超过 15°者为 2 级，倾斜不超过 45°者为 3 级，倾斜达到 45°以上者为 4 级。

2. 抗寒性

分高抗、中抗、不抗 3 类。

(1) 高抗：越冬率在 80%以上。

(2) 中抗：越冬率在 50%~80%。

(3) 不抗：越冬率在 50%以下。

3. 抗（耐）旱性

根据田间生育表现凋萎程度，分强、中、弱 3 级。在干旱情况下生育正常的为强，生育较差的为中，生育极差的为弱。

4. 叶部病害

根据发病盛期的叶部病害轻重，分无、轻、中、重 4 级。叶部无病斑的为无，病斑占叶面积 20%以下的为轻，占叶面积 20%~40%的为中，占叶面积 40%以上的为重。

5. 螟虫、蚜虫

根据自然发生的轻重程度，分轻、中、重 3 级。

四、经济性状

1. 鲜草产量

第 1 茬及再生茬一般在现蕾期至初花期进行测产，最后一次应在其停止生长前 15~30d 进行，一般在株高 30~50cm 时刈割测产。测产时应除去小区两侧边行及小区两头各 50cm 的植株，余下面积作为计产面积。因枝条缠绕而难以区分边行的可全小区刈割测产。如遇特殊情况，每小区的测产面积应不少 $4m^2$。应用感量 0.1kg 的秤称量鲜草重量，小区测产以 kg 为称量单位，产量数据应保留两位小数。

2. 干鲜比

(1) 取样：每次刈割测产后，从每小区随机取 250g 左右完整枝条鲜草样，剪成5~10cm 长草段。将同一品种 4 次重复的草样均匀混合，编号后称量样品鲜重。

(2) 干燥：在干燥的气候条件下，应将鲜草样装入布袋或尼龙纱袋挂置于通风避雨处晾干。干燥结束时间以相邻两次称重之差不超过 2.5g 为准。在潮湿的气候条件下，应将鲜草样置于烘箱中干燥。在 60~65℃条件下烘干 12h，取出放置于室内冷却回潮 24h 后称重，然后再放入烘箱在 60~65℃条件下烘干 8h，取出放置室内冷却回潮 24h 后称重，比较两次称重之差。如称重之差超过 2.5g，应再次进行烘干和回潮操作，直至相邻两次称重之差不超过 2.5g 为止。

（3）计算干鲜比：干鲜比计算公式如下。

DF = DW/FW×100

式中：DF——干鲜比，单位为百分率（%）；DW——样品干重，单位为克（g）；FW——样品鲜重，单位为克（g）。

3. 干草产量折算

根据每小区青草产量和鲜干比计算出干草产量，计算公式如下。

DY = FY×DF

式中：DF——干鲜比；DY——样品干重，单位为千克（kg）；FY——样品鲜重，单位为千克（kg）。

4. 茎叶比测定

每年第一次刈割测产时，从每小区随机取250g左右完整枝条鲜草样。将同一品种4次重复的草样均匀混合后，将茎和叶（含花序）分开。叶应包括叶片、叶柄及托叶3部分。按照干鲜比条款要求干燥后称重，求百分比。

5. 种子产量

苜蓿荚果由绿色变为褐色，种子呈黄色时，表明种子已经成熟。当小区60%荚果种子成熟时可进行测产，一般应全小区收获测产。如遇特殊情况，每小区的测产面积应不少$4m^2$。然后脱粒，晒干收拾干净称产。应用感量0.01kg的秤称量，小区测产以kg为称量单位，产量数据应保留两位小数。

6. 粒茎比

指籽粒干重与地上部植株其余部分（除籽粒外）干重的比例。

附录8-1　常用酸碱的浓度

化合物	相对分子质量	相对密度	质量分数/%	物质的量浓度/(mol/L)	配制1mol/L所需体积/mL
HCl	36.46	1.19	36.0	11.7	85.5
HNO_3	63.02	1.42	69.5	15.6	64.0
H_2SO_4	98.08	1.84	96.0	17.95	55.7
H_3PO_4	98.00	1.69	85.0	14.7	68.0
$HClO_4$	100.50	1.67	70.0	11.65	85.7
CH_3COOH	60.03	1.06	99.5	17.6	56.9
NH_4OH	35.04	0.90	58.6	15.1	66.5

附录8-2　常用缓冲溶液的配制

1. 柠檬酸缓冲溶液

贮备液A：0.1 mol/L柠檬酸（$C_6H_8O_7$ 19.21g配成1 000mL）。

贮备液B：0.1 mol/L柠檬酸三钠（$C_6H_5O_7Na_3 \cdot 2H_2O$ 29.41g配成1 000mL）。

备注：相对分子质量，柠檬酸为192.12，柠檬酸三钠·$2H_2O$为294.10。

x mL A + y mL B，稀释成 100mL

pH	x	y	pH	x	y
3.0	46.5	3.5	4.8	23.0	27.0
3.2	43.7	6.3	5.0	20.5	29.5
3.4	40.0	10.0	5.2	18.0	32.0
3.6	37.0	13.0	5.4	16.0	34.0
3.8	35.0	15.0	5.6	13.7	36.3
4.0	33.0	17.0	5.8	11.8	38.2
4.2	31.5	18.5	6.0	9.5	40.5
4.4	28.0	22.0	6.2	7.2	42.8
4.6	25.5	24.5			

2. 磷酸缓冲溶液

贮备液 A：0.2mol/L 磷酸二氢钠（$NaH_2PO_4 \cdot H_2O$ 27.6g 配成 1 000mL）。

贮备液 B：0.2mol/L 磷酸氢二钠（$Na_2HPO_4 \cdot 7H_2O$ 53.65g 或 $Na_2HPO_4 \cdot 12H_2O$ 71.7g 配成 1 000mL）。

备注：相对分子质量，磷酸二氢钠 · H_2O 为 137.99，磷酸氢二钠 · $7H_2O$ 为 268.25，磷酸氢二钠 · $12H_2O$ 为 376.8。

x mL A + y mL B，稀释至 200mL

pH	x	y	pH	x	y
5.7	93.5	6.5	6.9	45.0	55.0
5.8	92.0	8.0	7.0	39.0	61.0
5.9	90.0	10.0	7.1	33.0	67.0
6.0	87.7	12.3	7.2	28.0	72.0
6.1	85.0	15.0	7.3	23.0	77.0
6.2	81.5	18.5	7.4	19.0	81.0
6.3	77.5	22.5	7.5	16.0	84.0
6.4	73.5	26.5	7.6	13.0	87.0
6.5	68.5	31.5	7.7	10.5	89.5
6.6	62.5	37.5	7.8	8.5	91.5
6.7	56.5	43.5	7.9	7.0	93.0
6.8	51.0	49.0	8.0	5.3	94.7

3. Tris 缓冲溶液

贮备液 A：0.2mol/L 三羟甲基氨基甲烷（tris-hydroxy methylamino methane，$C_4H_{11}NO_3$ 24.2g 配成 1 000mL）。

贮备液 B：0.2mol/L 盐酸。

备注：相对分子质量，Tris 为 121.14，Tris-HCl（trizma hydrochloride）为 157.60。

50mL A +x mL B，稀释至 200mL

pH	x	pH	x
7.2	44.2	8.2	21.9
7.4	41.4	8.4	16.5
7.6	38.4	8.6	12.2
7.8	32.5	8.8	8.1
8.0	26.8	9.0	5.0

附录 8-3　常用酸碱指示剂

指示剂名称	变色范围 pH	颜色变化	配制方法
甲基紫（第一变色范围）	0.13~0.5	黄-绿	0.1g 指示剂溶于 100mL 水中
甲酚红（第一变色范围）	0.2~1.8	红-黄	0.04g 指示剂溶于 100mL50%乙醇中
甲基紫（第二变色范围）	1.0~1.5	绿-蓝	0.1g 指示剂溶于 100mL 水中
百里酚蓝（麝香草酚蓝）第一变色范围	1.2~2.8	红-黄	0.1g 指示剂溶于 100mL20%乙醇中
甲基紫（第三变色范围）	2.0~3.0	蓝-紫	0.1g 指示剂溶于 100mL 水中
二甲基黄	2.9~4.0	红-黄	0.1g 或 0.01g 指示剂溶于 100mL 90%乙醇中
甲基橙	3.1~4.4	红-橙黄	0.1g 指示剂溶于 100mL 水中
溴酚蓝	3.0~4.6	黄-蓝	0.1g 指示剂溶于 100mL 20%乙醇中
刚果红	3.0~5.2	蓝紫-红	0.1g 指示剂溶于 100mL 水中
溴甲酚绿	3.8~5.4	黄-蓝	0.1g 指示剂溶于 100mL 20%乙醇中
甲基红	4.4~6.2	红-黄	0.1g 或 0.2g 指示剂溶于 100mL 20%乙醇中
溴酚红	5.0~6.8	黄-红	0.1g 或 0.04g 指示剂溶于 100mL 20%乙醇中
溴甲酚紫	5.2~6.8	黄-紫红	0.1g 指示剂溶于 100mL 20%乙醇中
溴百里酚蓝	6.0~7.6	黄-蓝	0.05g 指示剂溶于 100mL 20%乙醇中
中性红	6.8~8.0	红-亮黄	0.1g 指示剂溶于 100mL 20%乙醇中
酚红	6.8~8.0	黄-红	0.1g 指示剂溶于 100mL 20%乙醇中
甲酚红	7.2~8.8	亮黄-紫红	0.1g 指示剂溶于 100mL 50%乙醇中
百里酚蓝（麝香草酚蓝）第一变色范围	8.0~9.0	黄-蓝	0.1g 指示剂溶于 100mL 20%乙醇中
酚酞	8.2~10.0	无-淡粉	0.1g 或 1g 指示剂溶于 90mL 乙醇，加水至 100mL
百里酚酞	9.4~10.6	无-蓝色	0.1g 指示剂溶于 90mL 乙醇，加水至 100mL

附录 8-4　常用植物激素的一些化学特性

名称	简称	相对分子质量	溶剂	贮存
脱落酸	ABA	264.32	NaOH	0℃以下
6-苄基氨基嘌呤	6-BA	225.26	NaOH/HCl	室温
2，4-二氯苯氧乙酸	2，4-D	221.04	NaOH/乙醇	室温
赤霉酸（素）	GA，GB	346.38	乙醇	0℃
吲哚乙酸	IAA	175.19	NaOH/乙醇	0~5℃
吲哚丁酸	IBA	203.24	NaOH/乙醇	0~5℃
激动素	KT	215.22	NaOH/HCl	0℃以下
萘乙酸	NAA	186.21	NaOH	0℃

注：激动素亦称细胞分裂素。表列激素都可以高压灭菌。

附录 8-5　Hoagland 营养液配方（改良）

成分	分子质量（g/mol）	贮藏液浓度（g/L）	终溶液中贮藏液体积/L（mL）	元素	矿质元素终浓度（μm）
大量元素					
KNO_3	101.10	101.10	6.0	N	16 000
$Ca(NO_3)_2 \cdot 4H_2O$	236.16	236.16	4.0	K	6 000
$NH_4H_2PO_4$	115.08	115.08	2.0	Ca	4 000
$MgSO_4 \cdot 7H_2O$	246.48	246.49	1.0	P	2 000
				S	1 000
				Mg	1 000
微量元素					
KCl	74.55	1.864	2.0	Cl	50
H_3BO_3	61.83	0.773	2.0	B	25
$MnSO_4 \cdot H_2O$	169.01	0.169	2.0	Mn	2.0
$ZnSO_4 \cdot 7H_2O$	287.54	0.288	2.0	Zn	2.0
$CuSO_4 \cdot 5H_2O$	249.68	0.062	2.0	Cu	0.5
H_2MoO_4（85% MoO_3）	161.97	0.040	2.0	Mo	0.5
NaFeDTPA（10% Fe）	468.20	30.0	0.3-1.0	Fe	16.1~53.7
选择添加[a]					
$NiSO_4 \cdot 6H_2O$	262.86	0.066	2.0	Ni	0.5
$Na_2SiO_3 \cdot 9H_2O$	284.20	284.20	1.0	Si	1 000

来源：After Epstein 1972。

注：大量元素的贮藏液在配制过程中要分别添加，防止析出。混合贮藏液是由除铁以外的所有微量元素组成。铁元素以 NaFeDTPA 的形式添加，某些植物，例如玉米，需要如表所示更高水平的铁。

[a]镍通常以其他化学物质的污染物形式存在，因此不需要特别添加。硅，如果添加，在配置过程中应最先添加，并用 HCl 调整 pH 值，以防止其他营养物质的沉淀。

主要参考文献

曹宏. 2009. 紫花苜蓿产业化生产技术问答［M］. 甘肃：兰州大学出版社.

曹宏鑫，张春雷，金之庆，等. 2005. 数学化栽培的框架与技术体系探讨［J］. 耕作与栽培，3：4-7.

曹敏建. 2002. 耕作学（农学专业用）［M］. 北京：中国农业出版社.

曹卫星. 2006. 作物栽培学总论（全国高等农林院校规划教材）［M］. 北京：科学出版社.

陈宝书. 2001. 牧草饲料作物栽培学［M］. 北京：中国农业出版社.

陈贵，胡文玉. 1991. 提取植物体内 MDA 的溶剂及 MDA 作为衰老指标的探讨［J］. 植物生理学报，1：44-46.

陈新红. 2014. 作物栽培学实验［M］. 江苏：南京大学出版社.

陈友云，刘忠松. 1998. 新的农业技术革命之管见［J］. 湖南农业大学学报（自科版），2：163-167.

陈雨海. 2004. 植物生产学实验［M］. 北京：高等教育出版社.

迟爱民，徐兆春，鞠正春. 2005. 小麦优质高产栽培新技术［M］. 北京：中国农业出版社.

达拉诺夫斯卡娅. 1962. 根系研究法［M］. 北京：科学出版社.

邓建平，葛自强，顾万荣. 2005. 中国作物栽培科学发展的回顾与展望［J］. 中国农学通报，21（12）：179-183.

刁操铨. 1998. 作物栽培学实验指导［M］. 北京：中国农业出版社.

董树亭. 2003. 植物生产学［M］. 北京：高等教育出版社.

董钻，沈秀瑛. 2000. 作物栽培学总论［M］. 北京：中国农业出版社.

杜心田. 2007. 作物学科发展的新领域. 作物逆境生理研究进展——中国作物生理第十次学术研讨会［C］. 北京：中国作物学会：5.

段金省. 2007. 陇东黄土高原旱地农田水分盈亏与开发对策［J］. 干旱地区农业研究，25（3）：77-81.

樊廷录，李尚中. 2017. 旱作覆盖集雨农业探索与实践［M］. 北京：中国农业科学技术出版社.

范晖，韩红岩. 1989. 油料作物脂肪酸的气相色谱法测定［J］. 山东农业大学学报（自然科学版），4：50-52.

范玉红，陈春利，秦咏梅，等. 2009. 不同密度对耐密型玉米新品种产量的影响［J］. 山东农业科学，4：55-56.

范重秀. 2004. 薯类作物淀粉含量农家简易速测法［J］. 甘肃农业，5：80-80.

盖钧镒. 2007. 序 [C]. 作物逆境生理研究进展——中国作物生理第十次学术研讨会文集.

高会林, 高玮, 杨桂英. 2003. 玉米育种试验调查记载项目及标准 [J]. 农业与技术, 23 (4): 40-47.

高俊凤. 2006. 植物生理学实验指导 [M]. 北京: 高等教育出版社.

龚育西, 江莲爱. 1986. 稻米品质及其分析方法的研究——第三报稻米食味品质的检测 [J]. 湖北农业科学, 6: 3-7.

龚育西. 1985. 稻米品质及其分析方法的研究——第二报稻米的外观检测 [J]. 湖北农业科学, 4: 8-11.

郭俊庭. 2002. 旱地作物秸秆覆盖栽培技术 [J]. 中国种业, 10: 49-49.

韩建刚. 2002. 地膜覆盖对冬小麦田土壤中 N_2O 排放的影响 [D]. 杨凌: 西北农林科技大学.

韩天富. 2005. 大豆优质高产栽培技术指南 [M]. 北京: 中国农业科学技术出版社.

韩秀峰, 梁春波, 石瑛, 等. 2006. 大垄栽培条件下的土壤环境与马铃薯产量 [J]. 中国马铃薯, 20 (3): 135-139.

何振富, 贺春贵, 杨发荣, 等. 2016. 饲用高粱田间试验的记载项目及标准 [J]. 甘肃农业科技, 9: 57-61.

湖南农学院. 1988. 作物栽培学实验指导 [M]. 北京: 农业出版社.

黄高宝, 柴强. 2012. 作物生产实验、实习指导: 北方本 [M]. 北京: 化学工业出版社.

金善宝. 1996. 中国小麦学 [M]. 北京: 中国农业出版社.

金聿, 陈布圣. 1987. 棉花栽培生理 [M]. 北京: 农业出版社.

李冬梅, 田纪春. 2009. 小麦面粉蛋白质含量测定方法的比较 [J]. 湖北农业科学, 48 (3): 715-717.

李桂英, 涂振东, 邹剑秋. 2008. 中国甜高粱研究与利用 [M]. 北京: 中国农业科学技术出版社.

李金荣. 2005. 浅谈我国作物栽培技术的进展 [J]. 吉林农业科技学院学报, 14 (1): 16-18.

李玲. 2009. 植物生理学模块实验指导 [M]. 北京: 科学出版社.

李如亮. 1998. 生物化学实验 [M]. 湖北: 武汉大学出版社.

李文娟, FORBES Gregory A, 谢开云. 2012. 马铃薯晚疫病发病程度田间观察记录标准的探讨 [J]. 中国马铃薯, 4: 238-246.

李向岭, 李从锋, 葛均筑, 等. 2011. 播期和种植密度对玉米产量性能的影响 [J]. 玉米科学, 19 (2): 95-100.

李小方, 张晓玲, 孙越. 2006. 植物生理学实验课教学改革初探 [J]. 植物生理学报, 42 (5): 937-938.

李小方, 张志良. 2016. 植物生理学实验指导 [M]. 北京: 高等教育出版社.

李振陆. 2003. 植物生产综合实训教程 [M]. 北京: 中国农业出版社.

林世兰, 姚翠琴, 吴新元. 1986. 微量十二烷基硫酸钠沉淀值法间接测定小麦面粉品

质初试 [J]. 新疆农业科学，6：29-30.
凌启鸿，张洪程，丁艳锋，等. 2007. 水稻高产精确定量栽培 [J]. 北方水稻，2：1-9.
凌启鸿，张洪程. 2002. 作物栽培学的创新与发展 [J]. 扬州大学学报（农业与生命科学版），23（4）：66-69.
凌启鸿. 2003. 论中国特色作物栽培科学的不可替代性 [J]. 中国农学通报，19（4）：1-6.
凌启鸿. 2003. 论中国特色作物栽培科学的成就与振兴 [J]. 作物杂志，1：1-7.
刘国顺. 2003. 烟草栽培学 [M]. 北京：中国农业出版社.
刘后利. 1987. 实用油菜栽培学 [M]. 上海：上海科学技术出版社.
刘后利. 2001. 农作物品质育种 [M]. 湖北：湖北科学技术出版社.
刘开昌，王庆成. 2000. 密度对玉米群体冠层内小气候的影响 [J]. 植物生态学报，24（4）：489-493.
刘克礼. 2008. 作物栽培学 [M]. 北京：中国农业出版社.
刘子凡，黄洁. 2007. 作物栽培学总论 [M]. 北京：中国农业科学技术出版社.
卢庆善. 1999. 高粱学 [M]. 北京：中国农业出版社.
罗兴录. 2007. 作物栽培学科发展面临的问题与对策：中国作物学会栽培专业委员会换届暨学术研讨会 [C]. 北京：中国作物学会：3.
马国胜，薛吉全，路海东，等. 2007. 播种时期与密度对关中灌区夏玉米群体生理指标的影响 [J]. 应用生态学报，18（6）：1247-1253.
马一凡. 1978. 水稻科学实验调查标准 [J]. 北方水稻，3：43-47.
农业部小麦专家指导组. 2007. 现代小麦生产技术 [M]. 北京：中国农业出版社.
潘家驹. 1994. 作物育种学总论 [M]. 北京：农业出版社.
潘家秀. 1973. 蛋白质化学研究技术 [M]. 北京：科学出版社.
山东农学院. 1980. 植物生理学实验指导 [M]. 山东：山东科学技术出版社.
苏士琦. 2008. 优质棉花高产栽培技术规程 [J]. 北京农业，12：4-5.
孙世贤，顾慰连，戴俊英. 1989. 密度对玉米倒伏及其产量的影响 [J]. 沈阳农业大学学报，4：413-416.
唐红丽. 2014. 辽宁省大豆品种区域试验中应注意的技术问题和审定标准（英文）[J]. Agricultural Science & Technology，11：1847-1848.
万少安. 2000. 棉花品质调查与分析 [J]. 中国棉花加工，5：18-21.
王春虎，朱高岭，郭秀华. 2011. 作物类型与分类应添加新成员-能源作物的讨论 [J]. 河南科技学院学报（自然科学版），39（3）：15-17.
王红伟. 2006. 玉米种子纯度检验方法的比较 [J]. 中国种业，11：47-47.
王季春. 2012. 作物学实验技术与方法 [M]. 重庆：西南师范大学出版社.
王建林. 2014. 作物学实验实习指导 [M]. 北京：中国农业大学出版社.
王宁惠. 2008. 油菜育种中常用的几种品质分析方法 [J]. 中国种业，6：52-53.
王荣栋，尹经章. 2015. 作物栽培学 [M]. 北京：高等教育出版社.
王荣栋. 1998. 作物栽培学实验指导 [M]. 新疆：新疆大学出版社.

王树安. 1995. 作物栽培学各论［M］. 北京：农业出版社.
王云，张云华，王芳，等. 2004. 论保护性耕作及其技术体系［J］. 中国农业科技导报，6（3）：31-35.
吴玉萍，陈萍，李应金，等. 2008. 超声波提取-离子色谱法测定烟草中葡萄糖、果糖和蔗糖［J］. 分析试验室，27（s1）：138-140.
仵小南，沈曾佑，张志良，等. 1986. 水分胁迫对植物线粒体结构和脯氨酸氧化酶活性的影响［J］. 植物生理学报，4：84-91.
萧浪涛，王三根. 2005. 植物生理学实验技术［M］. 北京：中国农业出版社.
肖萍，仲伟鉴，张荣泉. 1999. SOD 活性的化学发光和化学比色测定法的比较［J］. 上海预防医学，2：54-56.
徐祎然，李海燕，李银科，等. 2010. 匀浆法提取、离子色谱法测定烟草中的糖［J］. 云南民族大学学报（自然科学版），19（1）：43-45.
许香春. 2006. 麻地膜覆盖对土壤生态与作物生长发育的影响［D］. 北京：中国农业科学院.
杨从党. 2007. 我国作物栽培学存在的问题与发展方向：中国作物学会栽培专业委员会换届暨学术研讨会［C］. 北京：中国作物学会：5.
杨国虎，李新，王承莲，等. 2006. 种植密度影响玉米产量及部分产量相关性状的研究［J］. 西北农业学报，15（5）：57-60.
杨善元. 1983. 关于测定叶绿素含量及 a：b 值等若干问题［J］. 植物生理学报，4：63-64.
杨仕华，廖琴. 2005. 中国水稻品种试验与审定［M］. 北京：中国农业科学技术出版社.
叶济宇. 1985. 关于叶绿素含量测定中的 Arnon 计算公式［J］. 植物生理学报，6：71.
于振文. 2013. 作物栽培学各论［M］. 北京：中国农业出版社.
余松烈. 2006. 我国作物栽培与作物栽培学的发展展望：全国小麦栽培科学学术研讨会论文集［C］. 北京：中国作物学会：16.
俞重根，崔广臣. 1979. 甜菜的生育过程和调查标准［J］. 中国甜菜糖业，1：47-54.
袁隆平. 1996. 从育种角度展望我国水稻的增产潜力［J］. 杂交水稻，4：1-2.
臧凤艳. 2011. 作物学实验［M］. 北京：中国农业出版社.
张保军. 2007. 中国西部作物栽培学科发展展望：中国作物学会栽培专业委员会换届暨学术研讨会论文集［C］. 北京：中国作物学会：16.
张宾，赵明，董志强，等. 2007. 作物产量"三合结构"定量表达及高产分析［J］. 作物学报，33（10）：1674-1681.
张宾，赵明，董志强，等. 2007. 作物高产群体 LAI 动态模拟模型的建立与检验［J］. 作物学报，33（4）：612-619.
张殿忠，汪沛洪，赵会贤. 1990. 测定小麦叶片游离脯氨酸含量的方法［J］. 植物生理学报，4：62-65.
张文英. 2011. 农学实验与实习指导［M］. 北京：中国农业出版社.

张英. 2014. 小麦和小麦粉湿面筋含量测定方法（手洗法）的探讨［J］. 粮食科技与经济，39（2）：45-46.
张永科. 2005. 玉米产量潜力增进技术研究［D］. 杨凌：西北农林科技大学.
张志良. 1990. 植物生理学实验指导（第二版）［M］. 北京：高等教育出版社.
赵广才. 1996. 关于调查小麦株高标准的讨论［J］. 农业新技术，14：18-18.
赵久然. 2011. 中国玉米栽培发展三十年：1981—2010［M］. 北京：中国农业科学技术出版社.
赵明，王树安，李少昆. 1995. 论作物产量研究的“三合结构”模式［J］. 中国农业大学学报，4：359-363.
赵世杰，许长成，邹琦，等. 1994. 植物组织中丙二醛测定方法的改进［J］. 植物生理学报，3：207-210.
中国科学院上海植物生理研究所. 1999. 现代植物生理学实验指南［M］. 北京：科学出版社.
中国农业科学院甜菜研究所. 1984. 中国甜菜栽培学［M］. 北京：农业出版社.
钟临渊，曾声赞. 1960. 甜菜含糖量测定方法比较试验初报［J］. 新疆农业科学，7：30-32.
庄巧生. 1993. 序言［C］. 第一届全国青年作物栽培作物生理学术会文集.
Arnon D I. 1949. Copper enzymes in isolated chloroplasts polyphenol oxidase in beta vulgaris. ［J］. Plant Physiology，24（1）：1-15.
Azumi Y，Watanabe A. 1991. Evidence for a senescence-associated gene induced by darkness. ［J］. Plant Physiology，95（2）：577-83.
Bruuinsma J. 1963. The quantitative analysis of chlorophylls a and b in plant extracts. ［J］. Photochemistry & Photobiology，2（2）：241-249.
Kochba J，Lavee S，Spiegelroy P. 1977. Differences in peroxidase activity and isoenzymes in embryogenic ane non-embryogenic ‘Shamouti’ orange ovular callus lines ［J］. Plant &Cell Physiology，18（2）：463-467.
Lowry O H. J. 1951. Protein measurement with the folin phenol reagent. ［J］. J. biol. chem，193.
Meidner H. 1984. Class experiments in plant physiology ［M］. G. Allen & Unwin.
Peterson G L. 1979. Review of the Folin phenol protein quantitation method of Lowry，Rosebrough，Farr and Randall. ［J］. Analytical Biochemistry，100（2）：201-202.
Sequeira L，Mineo L. 1966. Partial purification and kinetics of indoleacetic Acid oxidase from tobacco roots. ［J］. Plant Physiology，41（7）：1200.
Troll W，Lindsley J. 1955. A photometric method for the determination of proline. ［J］. Journal of Biological Chemistry，215（2）：655-660.